浙江省普通高校“十三五”新形态教材

21世纪高等学校计算机类课程创新规划教材 · 微课版

数据结构

——C语言描述（融媒体版）（第2版）

◎ 刘小晶 主编　朱蓉 滕姿 杜卫锋 副主编

清华大学出版社

北京

内容简介

本书是浙江省普通高校“十三五”新形态教材，内容紧扣考研大纲。本书一方面从数据结构的特点出发，系统地介绍了各种基本数据结构的存储方式、运算原理、实现方法以及它们在现实中的典型应用；另一方面从操作的实现方法出发，系统地介绍了各类排序、查找操作的算法实现。

本书条理清晰、内容精炼、重点突出，讲解循序渐进、深入浅出。强调算法实现方法的比较分析，通过丰富、典型的实例和练习、测试来强化知识的实际应用，并且融合了互联网技术，将课程的重点、难点知识的讲解全部录制成微课视频，通过二维码的形式嵌入其中，读者通过观看视频即可轻松学习，从而使学习更加高效，同时也较好地保证了教材内容的可更新性和可扩展性。本书最后附有习题的参考答案，便于自学，也便于教学。

本书可作为普通高等院校“数据结构”课程的教材，也可作为工程技术和自学数据结构人员的参考读物。

图书在版编目(CIP)数据

数据结构：C语言描述：融媒体版/刘小晶主编. —2版. —北京：清华大学出版社，2020.4(2024.8 重印)
21世纪高等学校计算机类课程创新规划教材：微课版
ISBN 978-7-302-54998-7

Ⅰ. ①数… Ⅱ. ①刘… Ⅲ. ①数据结构－高等学校－教材 ②C语言－程序设计－高等学校－教材 Ⅳ. ①TP311.12 ②TP312.8

中国版本图书馆CIP数据核字(2020)第042552号

责任编辑：黄 芝
封面设计：刘 键
责任校对：焦丽丽
责任印制：杨 艳

出版发行：清华大学出版社
网 址：https://www.tup.com.cn，https://www.wqxuetang.com
地 址：北京清华大学学研大厦A座 **邮 编**：100084
社 总 机：010-83470000 **邮 购**：010-62786544
投稿与读者服务：010-62776969，c-service@tup.tsinghua.edu.cn
质量反馈：010-62772015，zhiliang@tup.tsinghua.edu.cn
课件下载：https://www.tup.com.cn，010-83470236
印 装 者：三河市龙大印装有限公司
经 销：全国新华书店
开 本：185mm×260mm **印 张**：21.25 **字 数**：513千字
版 次：2018年12月第1版 2020年6月第2版 **印 次**：2024年8月第5次印刷
印 数：5001～6500
定 价：69.00元

产品编号：077668-01

第 2 版前言

根据本书第 1 版使用中读者的反馈意见、实际使用效果，以及编者的新认识，并结合当前新形态教材中所融合的新技术，以更加有利于读者学习为目标，制定了第 2 版的修改方案。本书第 2 版基本保留了第 1 版总体的知识框架体系，并继承了它的叙述风格，同时在实用性、针对性、简洁性和拓展性等方面也做了部分修改、增删与扩充，主要变化体现在以下几个方面。

(1) 为了促进新形态教材在"翻转课堂"教学中的应用，丰富了与该课程教学的配套资源。除有"微课件""题库"外，每章增加了对应的"学习任务单""学习导案""测试题"和"考试题"等，每个微视频还增加了"打点"测试题，能使教师的"翻转课堂"教学更轻松、有效。目前，该课程的所有教学资源都已部署到浙江省高等学校在线开放课程共享平台和超星泛雅平台，也即将在中国大学 MOOC 平台上线，需要者可在相应网络平台搜索刘小晶负责的"数据结构"课程，然后注册学习或加入课程教学团队后，便可查阅和使用完整的教学资源。

(2) 为了适应当今新技术的发展，对每章后的客观练习题进行了补充，并且全部以二维码的形式嵌入书中，读者可随时随地通过手机在线检测自己的学习效果，促进其自主学习、自主探究。

(3) 为了突出求解问题中核心算法的分析和实现，删除了大量测试程序的实例，对编程题只保留核心算法代码，使算法精简、重点突出。

(4) 为使书中例题对知识的覆盖面更具针对性和代表性，增加或更换了书中部分例题，如在第 1 章增加了"问题三"，在第 2 章和第 3 章增加了例 2-1、例 2-2 等，更换了例 2-4、例 2-6、例 2-7 等。

(5) 为了突出栈的递归应用，在第 3 章增加了"3.1.6 栈与递归"的内容，使读者能更好地理解递归实现与栈的应用之间的实质性内容，为后续递归算法的拓展应用奠定基础。

(6) 为了使算法的描述更加简洁，易于理解，修改了部分算法，如算法 5-5、算法 5-6、算法 5-7 等。

(7) 为了使抽象内容能更加生动、形象地表达出来，在第 5 章对部分算法增加了其执行过程示意图，如图 5-15、图 5-18、图 5-20、图 5-22 等，以便读者能快速领会算法的核心思想。

(8) 纠正了第 1 版中发现的错误，并进一步检测了书中算法及习题参考答案的正确性和合理性。

参加第2版各章编写的人员是：刘小晶教授、朱蓉教授、杜卫锋副教授、滕姿博士，由刘小晶策划和统稿。书中所有算法(包括习题)都在VC(或C-Free)环境下测试通过，源程序代码可扫描下方二维码下载。

教学资源扫码下载

由于数据结构知识的应用非常广泛，加之编者水平有限，书中难免会有疏漏和不足之处，敬请批评指正。

编　者

2020年1月

第1版前言

当今以MOOC(慕课)为代表的在线教育在高等教育领域迅速兴起,这不仅是教育技术的革新,更引发了教育观念、教育体制、人才培养、教学方式的深度变革。传统的课堂教学模式及学习方式正发生重大变化,仅以纸质教材为媒介的课堂教学载体已不能适应当前的教学发展需要。因在"互联网+教育"时代,传统的纸质教材存在着明显的不足,如成本高、携带不便、知识信息更新慢、知识容量有限等,而数字化的电子教材能弥补这些不足。但完全数字化的电子教材在当前国情下,受教师的教学习惯、学生的学习和阅读习惯、网络条件、设备条件等制约,难以在所有高等学校或所有课程中全面使用。为此,在"互联网"时代,传统纸质教材与数字化教学资源融合形成的新形态教材,已成为教材建设的一种新趋势,也是现实教育的迫切需求。

本教材将纸质内容与数字媒体内容进行有机融合,与传统教材相比,无论是课程内容还是内容的呈现形式都进行了一定程度上的重构,使其充分发挥纸质教材和数字媒体的优势,实现知识由静态、抽象化向动态、形象化的转变。具体特点阐述如下。

1. 对教材内容的精心设计

对于知识体系相对固定的"数据结构"课程而言,作者在"互联网+" 的思维下重新审视了课程的教学内容,对传统纸质教材的内容进行了重构。并根据使用者的特点进行了一体化的设计,以确定哪些教学内容适合印在纸质教材上,哪些内容适合以数字媒体形式放在云端。具体设计原则是纸质教材内容在紧扣计算机类考研大纲的前提下,把重点、难点、拓展资源做成微课视频或其他数字媒体资源,以二维码的形式嵌入纸质教材中,并在所有内容设计上做到:

(1) 精简内容、强化基础、突出知识的应用性。针对普通高校学生的实际情况,把握"适用"与"够用"的尺度。做到把重点放在基础知识的介绍上,缩减了一些难度较大的内容,并强调其在实际问题中的应用性,充分体现了理论与应用背景的紧密结合。

(2) 理论叙述简洁明了、重点突出、应用实例丰富。各章节都以基本概念为切入点,逐步介绍其特点和基本操作的实现,然后通过应用实例来讲述如何运用所学的原理和方法来解决实际问题,最后附有小结、习题,便于学习总结和提高。这些内容做到"环环相扣,层层推进",充分体现解析法的精髓,达到通俗易懂、由浅入深的效果,突显了教材对培养读者的算法分析与设计能力,以及知识迁移能力的作用。

2. 对教材内容呈现形式的精心设计

本教材对传统纸质教材内容的呈现形式也进行了重构,它除了呈现传统纸质的文本内容之外,还对课程中的重点、难点和拓展知识进行了分析与设计,并采用二维码的方式嵌入了对应的数字资源,读者通过使用移动终端扫描书中的二维码,就可获得以视频等媒体形式呈现的教学内容或链接到对应的互动平台,不但可突显其重点、难点知识的讲解,增强学习者的趣味性和互动性,从而提高课程教学效果;更可适应喜好不同学习方式的人群使用,实现随时随地学习、交流与互动;而且这些内容的更新不再受制于纸质教材的改版更新,可以根据需要随时更新和拓展资源内容。

本教材的内容由9章组成。

(1) 绪论,内容主要涉及数据结构课程讨论的内容;数据结构的常用术语及基本概念;数据结构算法的描述和算法分析方法以及相关约定等。

(2) 线性表,内容主要涉及线性表的抽象数据类型定义;线性表类型在顺序存储和链式存储两种存储结构下的实现方法以及线性表的应用等。

(3) 栈与队列,内容主要涉及栈与队列的抽象数据类型定义;栈与队列在顺序存储和链式存储结构下其基本操作的实现方法以及栈与队列的应用等。

(4) 串与数组,内容主要涉及串的基本概念、存储结构、基本操作实现;数组的定义、基本操作、存储结构以及矩阵的压缩存储和数组的应用等。

(5) 树,内容主要涉及树与二叉树的基本概念和存储结构;树、二叉树和森林的遍历;树、二叉树与森林之间的转换方法以及哈夫曼树与哈夫曼编码等。

(6) 图,内容主要涉及图的基本概念;图的邻接矩阵和邻接表两种最基本的存储结构;图的广度优先搜索和深度优先搜索两种最基本的遍历方法;有关最小生成树的克鲁斯卡尔(Kruskal)和普里姆(Prim)两种实现算法;拓扑排序和求关键路径等。

(7) 内排序,内容主要涉及排序的基本概念;常用内部排序(插入排序、交换排序、选择排序、归并排序和基数排序)方法的实现及性能分析以及各种内部排序方法的比较等。

(8) 外排序,内容主要涉及外部排序的方法;磁盘排序的信息存取、多路平衡归并排序、置换—选择排序和最优归并树等。

(9) 查找,内容主要涉及查找的基本概念;静态表查找(顺序查找、二分查找和分块查找)、动态表查找(二叉排序树、平衡二叉树、B树和红黑树)、哈希表查找的实现方法及性能分析等。

本教材是由课程组成员协作完成:第1～3章及第7～8章由刘小晶教授执笔,第5、9章由朱蓉教授执笔,第4、6章由杜卫锋副教授和滕姿博士执笔。全书由刘小晶策划并统稿。

本书在编写过程中参阅了大量的参考资料,列于书末的参考文献中,在此谨向其作者表达衷心的感谢。

由于编者学识所限,书中定有不足之处,敬请读者批评指正,提出宝贵意见。

目 录

第1章 绪 论

随着计算机和信息技术的飞速发展，计算机应用远远超出了单纯进行数值计算的范畴，计算机技术已渗透到国民经济的各行各业和人们日常生活的方方面面。由于现实世界中产生的大量数据只有经过计算机存储才能进行后续处理与利用，因此，数据的表示是计算机处理问题的基础。从表面上看，程序设计和编写的主要目的是实现对某类数据的处理；而实质上，更为重要的是要考虑如何在计算机中组织这些数据，以支持后续高效的处理过程。因此，深入研究各种数据的逻辑结构及其在计算机中的表示和实现，科学、合理地指导程序设计，正是我们学习"数据结构"这门课程的目的。

【本章主要知识导图】

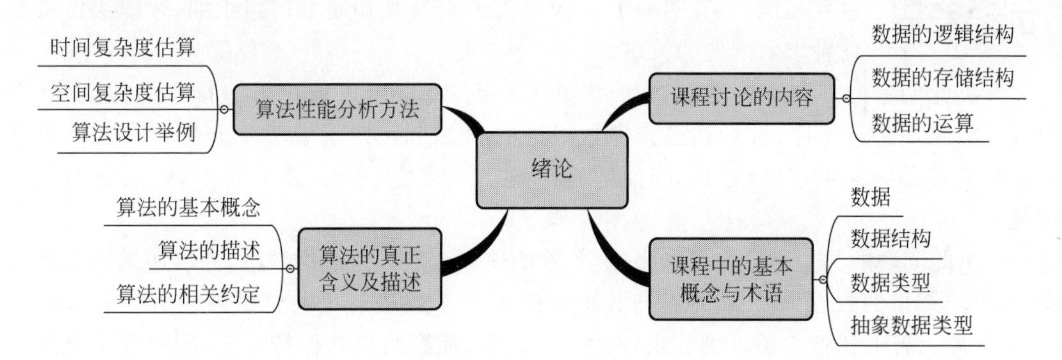

1.1 "数据结构"课程讨论的内容

Pascal 语言之父、结构化程序设计的先驱、著名的瑞士科学家威茨(Niklaus Wirth)教授曾出版过一本著名的书籍《算法＋数据结构＝程序》，他认为：程序是计算机指令的组合，用来控制计算机的工作流程，完成一定的逻辑功能以实现某种任务；算法是程序的逻辑抽象，是解决某类客观问题的策略；数据结构是现实世界中的数据及其之间关系的反映，它可以从逻辑结构和存储(物理)结构两个层面刻画，其中客观事物自身所具有的结构特点，被称为逻辑结构；而具有这种逻辑结构的数据在计算机存储器中的组织形式则被称为存储结构。可见，这个等式反映了算法、数据结构对于程序设计的重要性。

通过学习本课程，读者将体会到在解决一个现实问题时应该如何采用一种合适的方法(算法)，又应该如何编写一个高效率程序，并通过计算机实现问题的求解。

1.1.1 求解问题举例

人们利用计算机是为了能快速解决实际的应用问题,而程序是人们编写的,能让计算机按照人的旨意进行问题处理的指令的集合。因而要利用计算机实现问题的求解,就需要完成一个从问题到程序的实现过程。此过程的主要步骤归纳如下。

(1) 确定问题求解的数学模型(或逻辑结构):对问题进行深入分析,确定处理的数据对象是什么,再考虑根据处理对象的逻辑关系,并给出其数学模型。

(2) 确定存储结构:根据数据对象的数学模型及其所需完成的功能,选择一种合适的组织形式将数据对象映象到计算机的存储器中。

(3) 设计算法:讨论要解决问题的策略,即确定求解问题的具体步骤。

(4) 编程并测试结果:根据算法编写程序并上机测试,直至得到问题的最终解。

由此可见,程序设计的本质在于解决两个主要问题:一是根据实际问题选择一种"好"的数据结构;二是设计一个"好"的算法。后者的好坏在很大程度上取决于前者。

问题一:*N* 个数的选择问题。

假设有 N 个数,要求找出 N 个数中第 k 大的那个数。

要解决这个问题,首先要考虑的就是这 N 个数的取值范围是什么。也就是说,只有明确了这 N 个数在计算机中是如何组织的,才能决定采用何种求解问题的策略。

解决此问题的一种算法是将 N 个数读入一个数组中,再通过冒泡排序方法对 N 个数以递减顺序进行排序,最后在已排序数组中的第 k 个元素就是所要求的解。这种策略实施的前提是内存中有足够的空间能够容纳这 N 个数。然而,若空间不够,又该如何处理呢?

解决此问题的另一种算法是先将 N 个数的前 k 个数读入一个数组,并以递减顺序进行排序,再将剩下的数逐个读入,将它与数组中的第 k 个数进行比较。如果它不大于第 k 个数,则忽略;否则就将它插入到数组中的适当位置,使数组仍然保持有序,同时数组中的最后一个数被挤出数组。当剩下的所有数都处理完毕时,数组中位于第 k 个位置上的数就是所要求的解。

这两种算法用程序实现其编码都很简单,但哪种算法更好呢?当 N 和 k 都充分大(大于 10^6)时,这两种算法的程序在合理时间内都不能结束,它们需要计算机处理若干天后才能计算完毕,这是不切实际的,所以它们都不能被认为是好的算法。在第7章将给出解决这个问题的更好算法。

问题二:生产订单的自动查询问题。

在一个订单管理系统中,有一个实体"生产订单统计表",实体中包括若干个订单记录,它们按照每个生产订单的订单号递增顺序排列,如表1-1所示。现要求查找"张三"制作的所有订单信息。

表1-1 生产订单统计表

生产订单号	行号	物料编码	物料名称	开工时间	完工时间	计量单位	生产数量	制单人
00000010	1	12100	长针	2017-09-13	2017-09-14	根	60.00	张三

续表

生产订单号	行号	物料编码	物料名称	开工时间	完工时间	计量单位	生产数量	制单人
00000010	2	12100	长针	2017-09-14	2017-09-15	根	390.00	张三
00000011	1	10000	电子挂钟	2017-09-18	2017-09-20	个	60.00	李四
00000011	2	10000	电子挂钟	2017-09-19	2017-09-22	个	390.00	李四
00000012	1	12400	盘面	2017-09-13	2017-09-14	个	60.00	李四
00000012	2	12400	盘面	2017-09-14	2017-09-15	个	390.00	李四
00000013	1	12000	钟盘	2017-09-14	2017-09-18	个	60.00	张三
00000013	2	12000	钟盘	2017-09-15	2017-09-19	个	390.00	张三

在研究如何查找满足指定条件的订单信息时,首先必须考虑生产订单统计表在计算机中是如何组织的,每一订单包括哪些信息项,各订单之间又是按什么顺序存放的,是按订单号递增的顺序存放,还是按物料名称的顺序存放,或是按制单人的姓氏顺序存放等,然后才能根据特定的查找要求去确定某种查找方法。

上述问题中要求查找“张三”制作的所有订单信息,也就是说若在生产订单统计表中有该人制作的订单,则输出相关的所有订单信息;否则就输出该人制作的订单不存在。要解决这个问题,首先应将生产订单统计表中的数据映象到计算机的存储器中,从而形成生产订单统计表的存储结构。如何设计查找算法则取决于统计表的存储结构。一种算法可以将表中数据顺序地存储到计算机中,查找时从表的第一行记录开始,依次去核对制单人的姓名是否存在与“张三”相同的记录。若存在制单人是张三的记录,则可获得该人制作的一个订单行信息;若找遍整个表(即核对到最后一行记录),均无此制单人,则说明没有该人制作的订单。这种算法在订单数不多的情况下是可行的,但是当订单数很多时是不实用的。另一种算法可以先将生产订单表顺序地存放,再按制单人的姓氏建立一张索引表,存储结构示意图如图 1-1 所示。查找时首先在索引表中核对姓氏,然后根据索引表中的地址直接到生产订单统计表的指定地址行中查对姓名。注意,这时已经不需要查找其他不同姓氏的名字了。相比之下,第二种查找算法比第一种算法更为高效。在第 9 章将介绍更多的实现查找操作的算法。

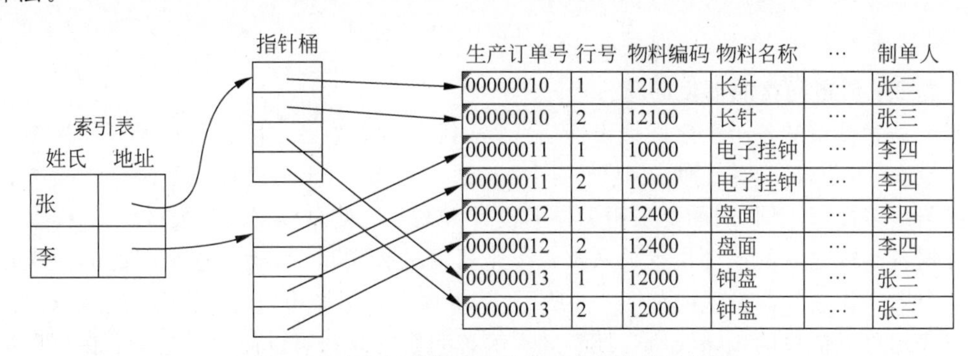

图 1-1 生产订单统计表的索引存储结构示意图

问题三:棋的人机对弈问题。

要寻求解决这个问题的方法,首先要确定人与机下什么棋,其棋盘的格局是怎么样的,下棋的规则又是什么,人机对弈的策略有多少等。简单起见,假设这个问题是实现“井字棋”

的人机对弈。要实现这个问题的求解,事先就得将人机对弈的所有策略都存入计算机。对弈开始前其初始状态是一个空的棋盘。对弈开始后,每下一步棋,则构成一个新的棋盘格局,且相对于上一个棋盘格局可能有多种选择形式,其具体形式是由下棋规则所确定的。因此,整个对弈过程就如同图1-2所示的"一棵倒挂着的树"。其中"树根"就是对弈开始之前的初始状态(空棋盘),所有的"叶子"就是可能出现的最终结局。对弈的过程就是从"根"到某一"叶子"的过程。可见,该问题的数学模型是"树",其解决方法就是在"树"中去寻求一条从"根"到"叶子"的有效路径。

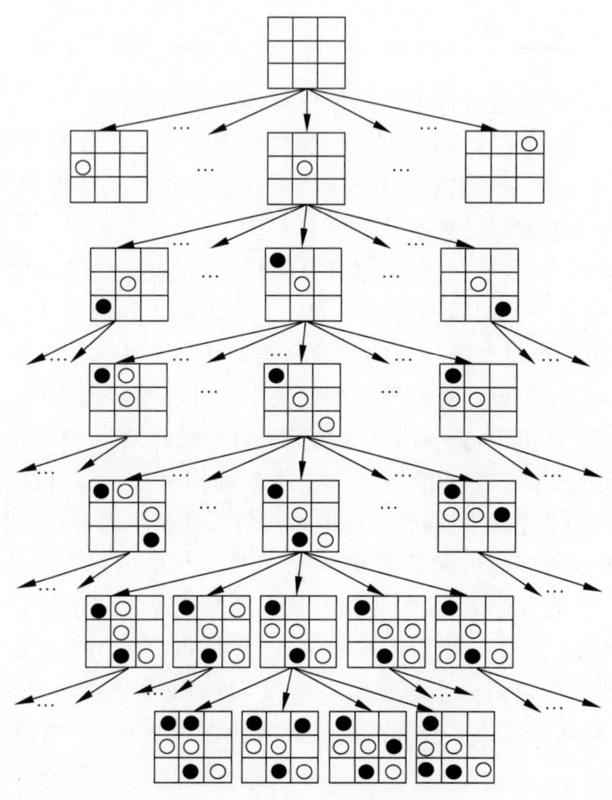

图1-2　井字棋对弈树部分图

问题四:城市网络的铺设问题。

假设需为城市的各小区之间铺设网络线路(任意两个小区之间都可以铺设),n 个小区只需铺设 $n-1$ 条线路,就能使 n 个小区网络相通。然而,由于地理环境不同等因素导致了各条线路所需投资不同,问题是采用怎样的设计方案才能使总投资成本最低?

根据各小区之间的地理位置关系及各线路所需的投资情况,确定这个问题的数学模型可用一个图来描述。假设该图如图1-3所示,其中顶点表示城市,顶点之间的连线及其上面的数值表示可以铺设的线路及所需经费。求解该问题的算法可以简单描述为:在可以铺设的所有线路中选取 $n-1$ 条,使得这 $n-1$ 条线路既能连通 n 个小区,又使总投资最少。实际上,这是一个求"图的最小生成树"的问题,图1-3对应的最小生成树可用图1-4来描述。有关求图的最小生成树的具体算法将在第6章中进行详细讨论。

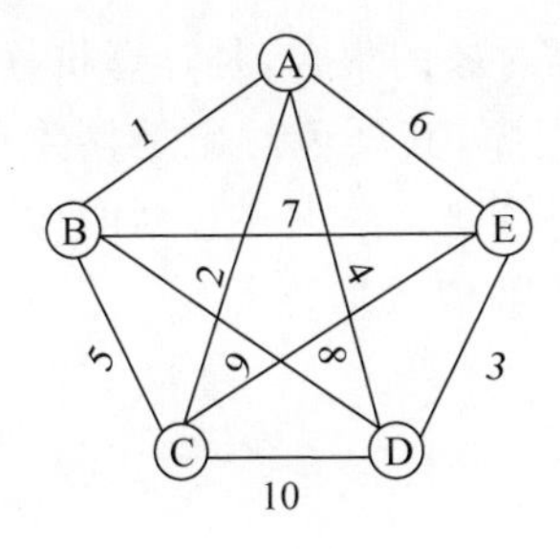

图 1-3　5 个小区的地理位置关系图

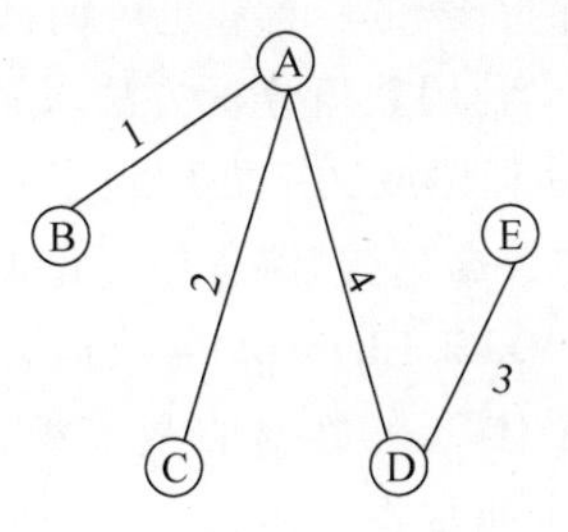

图 1-4　最小生成树

1.1.2　本课程讨论的内容

数据结构，与数学、计算机硬件和软件有着十分密切的关系。它是介于数学、计算机硬件和软件之间的一门计算机类和电子信息类相关专业的核心课程之一，是高级程序设计语言、编译原理、操作系统、数据库、人工智能等课程的基础。同时，数据结构技术也广泛应用于信息科学、系统工程、应用数学以及各种工程技术领域。

从上节讨论的几个求解问题可知，用计算机来解决一个具体问题，总是围绕以下 3 个主要步骤进行。

(1) 抽象出所求解问题中需要处理的数据对象的逻辑结构(数学模型)。

(2) 根据问题求解的功能特性，实现对抽象数据的存储结构表述。

(3) 确定并实现为求解问题而需进行的操作或运算。

事实上，只有这三者的结合，才能清晰地刻画出数据结构的本质特性。因此，通常在本课程中讨论数据结构，既要讨论在解决问题时各种可能遇到的典型的逻辑结构，又要讨论这些逻辑结构在计算机中的存储映象(存储结构)；此外，还要讨论数据结构上的相关操作及其实现。与此同时，为了构造出“好”的数据结构并加以实现，还必须考虑其实现方法的性能评价。因此，“数据结构”课程的内容体系可用表 1-2 进行归纳。

表 1-2　“数据结构”课程的内容体系

过程	数据表示	数据处理
抽象	逻辑结构	基本操作
实现	存储结构	算法
评价	不同数据结构的比较和算法性能分析	

1.2　基本概念与术语

在本节中将对“数据结构”课程中一些常用的基本概念与术语给出详细的解释，这些基本概念与术语将贯穿数据结构学习的整个过程。

1.2.1　数据与数据结构

数据(Data)：数据是信息的载体，是对客观事物的符号表示，能够被计算机程序识别、存储、加工和处理。因此，数据就是所有能够有效输入计算机中并且能够被计算机处理的符号的总称；也可谓计算机程序处理对象的集合，是计算机程序加工的“原料”。例如，一个利用数值分析方法求解代数方程的程序，其处理对象是整数和实数等数值数据；一个编译程序或文字处理程序的处理对象是字符串。数据还包括图像、声音、视频等非数值数据。“数据结构”课程中讨论的对象主要是非数值数据。

数据元素(**Data Element**)：数据元素是数据中的一个“个体”，是数据的基本组织单位。在计算机程序中通常将它作为一个整体进行考虑和处理。在不同条件下，数据元素又可称为结点、顶点和记录。表1-1中的一行数据可称为一个数据元素或一条记录。在树或图中，一个数据元素用一个圆圈表示。在图1-5中，每一个圆圈所表示的就是一个数据元素，或称为一个顶点。

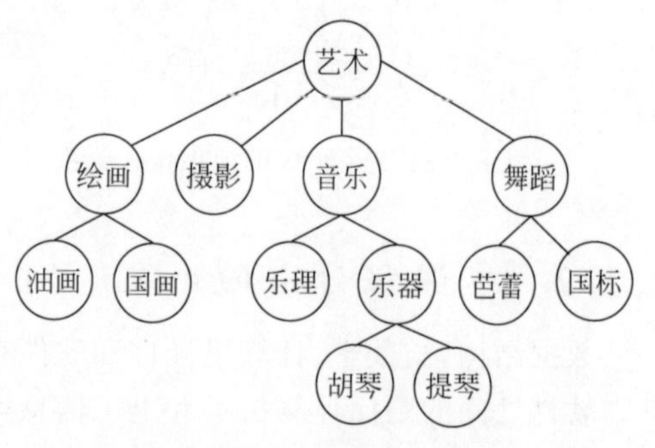

图1-5　艺术分类结构图

数据项(**Data Item**)：数据项是数据元素的组成部分，是具有独立含义的标识单位。一个数据元素可以由若干数据项组成。表1-1中的每一列，“生产订单号”“物料名称”等，都是一个数据项。数据项又可分为两种，一种是简单数据项；另一种是组合数据项。如图1-6所示是一个教师的数据元素描述。其中“姓名”“单位名称”“职务”“职称”“工作业绩”是简单数据项，它们在数据处理时不能再被分割；而“出生日期”则是一个组合数据项，它可以进一步划分为“年”“月”和“日”等更小的数据项。

姓名	出生日期	单位名称	职务	职称	工作业绩

图1-6　一个教师的数据元素描述

数据对象(**Data Object**)：数据对象是性质相同的数据元素的集合。例如，在对生产订单进行查询时，计算机所处理的数据对象是表1-1中的数据，这张表就可以看成是一个数据对象；整数的数据对象是集合{0,±1,±2,…}等。

除了最简单的数据对象之外，一般说来，数据对象中的数据元素不会是孤立存在的，而是彼此相关的，这种彼此之间的关系称为“结构”。例如，表1-1所示的生产订单统计表，其中所有订单按生产订单号递增顺序排列，所有的订单记录都处在一种有序的线性序列中；又如，图1-5所示的艺术分类结构中，所有的艺术分类之间形成一种树形关系；还有，图1-3所示的5个小区之间的地理位置关系中，所有的小区之间的关系形成一种图形关系。由此，可以引出下面有关数据结构的定义。

数据结构(**Data Structure**)：数据结构是相互之间存在一种或多种特定关系的数据元素的集合。其实关于数据结构这个概念，不同的教材有不同的提法，至今还没有一个被一致公认的定义。但无论是何种定义，对于数据结构的不同理解，实际上都离不开对数据的逻辑结构、数据的存储结构和数据的操作3个方面的考虑。

1. 逻辑结构

数据的逻辑结构(Logic Structure)是指各个数据元素之间的逻辑关系，是呈现在用户面前的，能感知到的数据元素之间的组织形式，它是从具体问题抽象出来的**数据模型**。

表 1-1 中第一个数据元素是生产订单号为 00000010 的订单记录，这条记录可被称为**开始结点**；最后一个数据元素是生产订单号为 00000013 的订单记录，这条记录可被称为**终端结点**。表 1-1 中其他数据元素的前、后都有且仅有一个数据元素与它相邻，分别被称为此数据元素的**前驱**和**后继**。这就是表 1-1 中数据元素之间所具备的逻辑结构特性。

按照数据元素之间逻辑关系的特性来分，可将逻辑结构归纳为以下 4 类。

1）集合

集合中数据元素之间除了"同属于一个集合"的特性外，数据元素之间无其他关系，也可称它们之间的关系是**松散性**的，如图 1-7(a)所示。

2）线性结构

如果数据元素之间存在"**一对一**"的关系，则称此数据结构为线性结构。所谓"一对一"即若结构非空，则它有且仅有一个开始结点和一个终端结点，其余结点有且仅有一个前驱和一个后继，如图 1-7(b)所示。表 1-1 中数据元素之间的关系反映的就是一种线性结构。

注意：没有前驱的结点就是开始结点，没有后继的结点就是终端结点。

3）树形结构

树形结构中数据元素之间存在"**一对多**"的关系。即若结构非空，则它有且仅有一个称为根的结点，此结点无前驱结点，可能有多个称为叶子的结点，这些结点无后继结点；其余结点有且仅有一个前驱，所有结点都可以有多个后继，如图 1-7(c)所示。图 1-2 和图 1-5 中数据元素之间的关系反映的就是一种树形结构。

4）图形结构

图形结构中数据元素之间存在"**多对多**"的关系。即若结构非空，则在这种数据结构中任何结点都可能有多个前驱和多个后继，如图 1-7(d)所示。图 1-3 中数据元素之间的关系反映的就是一种图形结构。

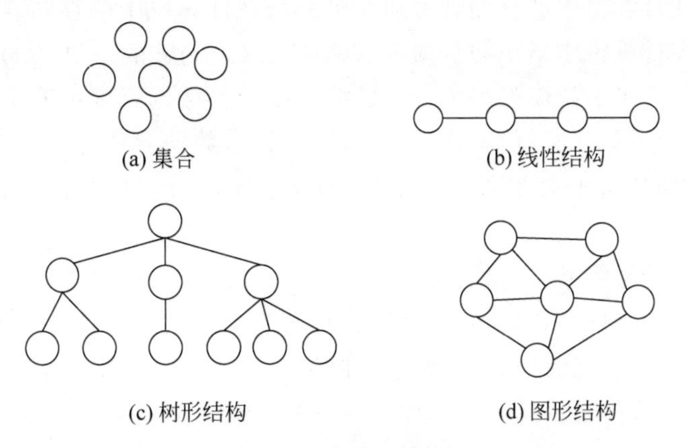

图 1-7　4 类逻辑结构图

有时也将逻辑结构分为两大类，一类为**线性结构**，另一类为**非线性结构**。其中树、图和集合都属于非线性结构。

综上所述，逻辑结构表述涉及两个方面的内容，一方面是数据元素，另一方面是数据元

素之间的关系。因此,逻辑结构可采用式1-1所示的二元组进行形式定义:

$$\text{Data\_Structures}=(D,R) \tag{1-1}$$

其中,D是数据元素的有限集,R是D上关系的有限集。R中关系描述了D中数据元素之间的逻辑关系,也即数据元素之间的关联方式(或邻接方式)。设$R_1 \in R$,则R_1是一个$D \times D$的关系子集。若$a_1,a_2 \in D$,$\langle a_1,a_2 \rangle \in R_1$,则称$a_1$是$a_2$的前驱,$a_2$是$a_1$的后继,对$R_1$而言,$a_1$和$a_2$是相邻的结点。

【例1-1】 数据的逻辑结构定义为$B=(D,R)$,其中$D=\{a_1,a_2,\cdots,a_9\}$,$R=\{\langle a_1,a_2\rangle,\langle a_1,a_3\rangle,\langle a_3,a_4\rangle,\langle a_3,a_6\rangle,\langle a_6,a_8\rangle,\langle a_4,a_5\rangle,\langle a_6,a_7\rangle,\langle a_7,a_9\rangle\}$,则其描述的逻辑结构如图1-8所示,它是一个树形结构。其中a_1为根结点,a_2、a_5、a_8、a_9是叶子结点。

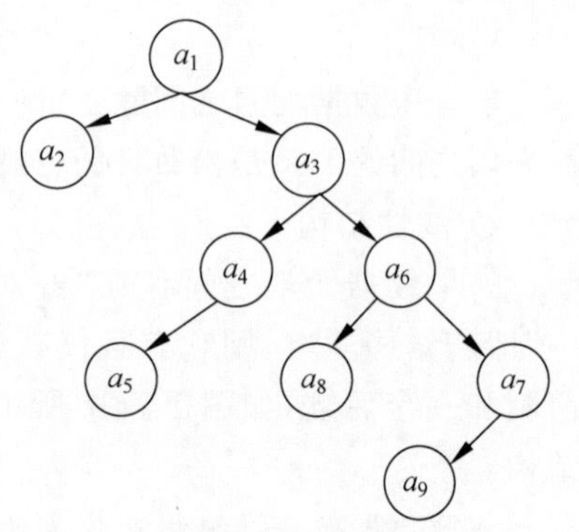

图1-8 树形结构

【例1-2】 矩阵$\begin{bmatrix} a_1 & a_2 & a_3 \\ a_4 & a_5 & a_6 \\ a_7 & a_8 & a_9 \end{bmatrix}$中9个元素之间存在两种关系,一种是行关系,另一种是列关系,则可用二元组将它的逻辑结构定义为$B=(D,R)$,其中

$$D=\{a_1,a_2,a_3,a_4,a_5,a_6,a_7,a_8,a_9\}$$
$$R=\{\text{ROW},\text{COL}\}$$
$$\text{ROW}=\{\langle a_1,a_2\rangle,\langle a_2,a_3\rangle,\langle a_4,a_5\rangle,\langle a_5,a_6\rangle,\langle a_7,a_8\rangle,\langle a_8,a_9\rangle\}$$
$$\text{COL}=\{\langle a_1,a_4\rangle,\langle a_4,a_7\rangle,\langle a_2,a_5\rangle,\langle a_5,a_8\rangle,\langle a_3,a_6\rangle,\langle a_6,a_9\rangle\}$$

2. 存储结构

数据的逻辑结构是从数据元素之间的逻辑关系来观察数据,它与数据的存储无关,是独立于计算机之外的。数据的存储结构(物理结构)是数据的逻辑结构在计算机中的实现。它包括数据元素值在计算机中的存储表示和逻辑关系在计算机中的存储表示这两部分,是依赖于计算机的。在计算机中最小的数据表示单位是二进制数的一位(bit),故通常用一个由若干二进制位组合起来的位串来表示一个数据元素。当数据元素由若干个数据项组成时,位串中对应于各个数据项的子位串称为数据域。所以,数据元素值在数据域中是以二进制的存储形式表示,而数据元素之间逻辑关系的存储表示则通常有以下4种方式。

1) 顺序存储方式

顺序存储方式是指将所有的数据元素存放在一片连续的存储空间中,并使逻辑上相邻的数据元素其对应的物理位置也相邻,即数据元素的逻辑位置关系与物理位置关系保持一致。这种方式所表示的存储结构称为**顺序存储结构**。图1-9(a)是包含数据元素$a_1,a_2,\cdots,a_n$的顺序存储结构示意图。其中$0,1,2,\cdots,n-1$为数据元素$a_1,a_2,\cdots,a_n$在数组中的位置或下标。

注意:*第i个数据元素a_i在数组中的存放位置是下标为$i-1$的数组存储单元。*

2) 链式存储方式

链式存储方式不要求将逻辑上相邻的数据元素存储在物理上相邻的位置,即数据元素可以存储在任意的物理位置上。每一个数据元素所对应的存储表示由两部分组成,一部分存放数据元素值本身，另一部分存放表示逻辑关系的指针，即数据元素之间的逻辑关系是由附加的指针来表示的。这种方式所表示的存储结构称为**链式存储结构**。链式存储结构通常可以借助C程序设计语言(后文简称为“C语言”)中的“结构体”和“指针”类型来加以实现。图1-9(b)是包含数据元素 $a_1, a_2, \cdots, a_n$ 的链式存储结构示意图。

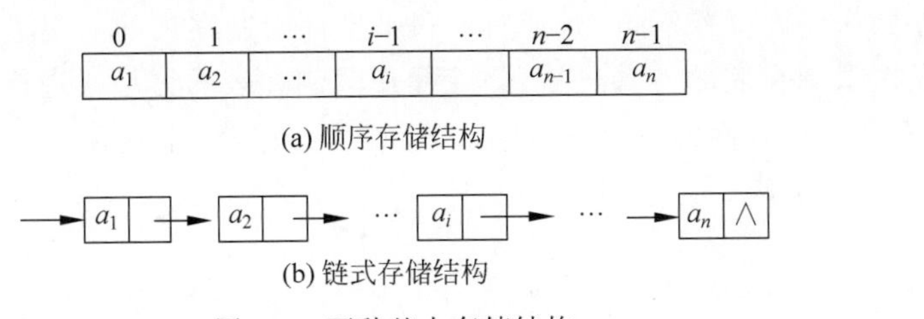

图 1-9　两种基本存储结构

3）索引存储方式

索引存储方式是在存储数据元素的同时，还增设了一个索引表。索引表中的每一项包括关键字和地址，其中关键字是指能够标识一个数据元素的数据项，地址是指数据元素的存储地址或存储区域的首地址。这种方式所表示的存储结构称为**索引存储结构**。如图1-1所示就是一种索引存储结构示意图。

4）散列存储方式

散列存储(也称哈希存储)方式是指将数据元素存储在一片连续的区域内，每一个数据元素的具体存储地址是根据该数据元素的关键字值，通过散列(哈希)函数直接计算出来的。这种方式所表示的存储结构称为**散列(哈希)存储结构**。

在以上4种存储方式中，顺序存储和链式存储是两种最基本、最常用的存储方式。索引存储和散列存储是为了提高查找效率而经常采用的两种存储方式。数据结构的存储方式并不局限于这4种方式，它也可以由基本的顺序存储和链式存储组合成其他的存储方式。在实际应用中，选择何种存储方式存储数据结构，要分别根据各种存储结构的特点和处理问题时需进行的操作特性视具体情况而定，总体原则就是操作方便、高效。

3. 数据的操作

数据的操作就是对数据进行某种方法的处理，也称数据的运算。只有当数据对象按一定的逻辑结构组织起来，并选择了适当的存储方式存储到计算机中时，与其相关的运算才有了实现的基础。所以，数据的操作也可被认为是定义在数据逻辑结构上的操作，但操作的实现却要考虑数据的存储结构。

对于不同的逻辑结构数据，其对应的操作集也可能不同。常用的操作可归纳为以下几种。

(1) 创建操作：建立数据的存储结构。

(2) 销毁操作：对已经存在的存储结构将其所有空间释放。

(3) 插入操作：在数据存储结构的适当位置上加入一个指定的新的数据元素。

(4) 删除操作：将数据存储结构中某个满足指定条件的数据元素进行删除。

(5) 查找操作：在数据存储结构中查找满足指定条件的数据元素。

(6) 修改操作：修改数据存储结构中某个数据元素的值。

(7) 遍历操作：对数据存储结构中每一个数据元素按某种路径访问一次且仅访问一次。

数据的逻辑结构、存储结构和操作是数据结构讨论中不可分割的3个方面,它们中任何一个不同都将导致不同的数据结构。例如,在后续章节中将要介绍的顺序表与单链表、栈与队列。其中,顺序表与单链表具有相同的逻辑结构,但由于它们的存储结构不同,所以赋予了不同的数据结构名。栈与队列不但具有相同的逻辑结构,而且如果给定相同的存储结构,但由于它们的插入和删除操作允许位置不同,则将插入和操作都限制在表的一端进行的线性表称为栈;而将插入操作限制在表的一端进行、删除操作限制在表的另一端进行的线性表称为队列。由此可见,只有3个方面的内容都相同,才能被称为完全相同的数据结构。

1.2.2 数据类型

如何描述数据的存储结构呢?其实在不同的编程环境中,存储结构可有不同的描述方法。当用高级程序设计语言进行编程时,通常可用高级编程语言中提供的数据类型加以描述。例如,可以借助"数组"类型来描述顺序存储结构,也可以借助C语言中的"指针"和"结构体"类型来描述链式存储结构。我们知道在用高级程序语言编写的程序中,每个数据都有一个所属的、确定的数据类型,而确定的数据类型决定了3个方面的内容:存储区域的大小(存储结构)、取值范围(数据集合)和允许进行的操作。例如:整数类型的数据如果占4字节,其取值范围就是$-2^{31}\sim2^{31}-1$,存储表示采用32位补码表示,允许进行的操作有算术运算(+、-、*、/、%)、关系运算(<、>、<=、>=、=、!=)和赋值运算(=)等。因此,数据类型是指一数据值的集合和定义在这个集合上的一组操作。

每一程序设计语言都提供了一些内置的数据类型,也称为基本数据类型。C语言中提供了3大类基本数据类型,分别为整型(short、int、long)、浮点型(float、double)和字符型(char)。基本数据类型的值是不可分解的,是一种只能作为一个整体来进行处理的数据类型。当数据对象是由若干不同类型的数据成分组合而成的复杂数据时,程序设计语言的基本数据类型就不能满足需求,它还必须提供引入新的数据类型的手段。在C语言中,引入新的数据类型的手段是自定义新的构造类型。一个构造类型将各个不同的成分按某种结构组合成一个整体,而这个整体又可以将其分解成各个不同的"成员",这些成员可以是基本数据类型,也可以是新引入的构造数据类型。C语言中的构造类型分为数组、结构体、共用体类型等。

表1-1中描述的是一个数据对象,它可以用基于数组的顺序存储结构表示。数组中的各个元素就是表中的一条订单记录,这条记录则是一个由若干不同类型的数据项所构成的复杂数据。它可用如下C语言中的构造类型进行描述。

(1) 订单记录的类型描述。

```
typedef struct {
    public String orderNum;                 // 生产订单号
    public int lineNum;                     // 行号
    public String itemCode;                 // 物料编码
    public String itemName;                 // 物料名称
    public GregorianCalendar beginTime;     // 开工时间
    public GregorianCalendar endTime;       // 完工时间
    public String unit;                     // 计量单位
    public double amount;                   // 生产数量
    public String cbill;                    // 制单人
```

```
} OrderRecord                                //自定义的订单记录类型
```

(2) 表 1-1 的基于数组的顺序存储描述。

```
#define MAXSIZE 100                          // 顺序存储空间的容量
typedef struct {
    OrderRecord listElem[MAXSIZE];           // 存放生产订单统计表中数据的存储空间
    int length;                              // 当前生产订单统计表的长度(即表中记录的个数)
}SqOrder;                                    //自定义的生产订单统计表的顺序存储结构类型
```

在"数据结构"课程中,通常把在程序设计语言固有的数据类型基础上设计新的数据类型的过程称为数据结构的设计,而固有的数据类型即为程序设计语言中已实现了的数据结构。

1.2.3 抽象数据类型

抽象数据类型(Abstract Data Type,ADT)是指一个数学模型及其定义在该模型上的一组操作。其中"抽象"(Abstract)就是抽取反映问题本质的东西,忽略其非本质的细节;"数学模型"是指数据的逻辑特性,而"操作"则是指它所提供的解决问题的实现方法。这种定义就使数据类型与数据结构等同起来。抽象数据类型具有两种特性:数据抽象性和数据封装性。用抽象数据类型描述一个实体时,强调的是其外部的逻辑特性及其所能实现的操作,还有它与外部用户的接口(即外部使用它的方法),而与其在计算机内部如何表示和实现无关,这就是数据抽象性。而所谓数据的封装性是将数据结构的外部逻辑性和其内容实现环节进行分离,并且对外部用户隐藏其内部实现细节。

依照逻辑结构的二元组形式定义,抽象数据类型可以用式(1-2)的三元组形式来描述。

$$(D,R,P) \tag{1-2}$$

其中,D 是数据对象或是数据元素的集合,R 是 D 上的关系集,D 和 R 定义了数据的数学模型,是对数据的抽象;P 是 D 的基本操作集,定义了该数学模型上的操作,是对数据操作的抽象。

其具体的三元组定义格式为:

```
ADT 抽象数据类型名
{   数据对象 D:<数据对象的定义>
    数据关系 R:<数据关系的定义>
    基本操作 P:<基本操作的定义>
} ADT 抽象数据类型名
```

其中,基本操作的说明格式如下:

```
基本操作名(参数表):操作功能描述
```

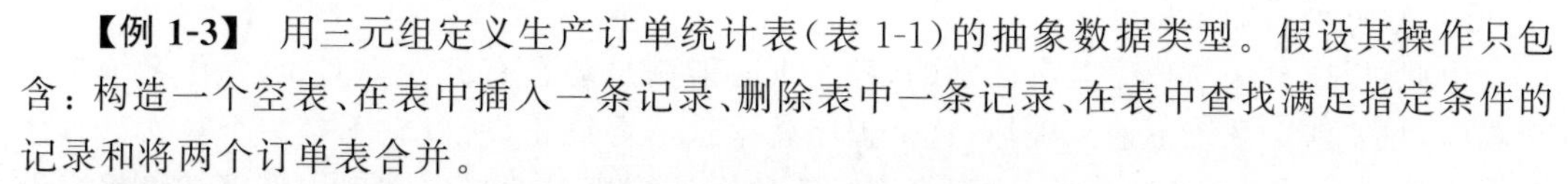

【例 1-3】 用三元组定义生产订单统计表(表 1-1)的抽象数据类型。假设其操作只包含:构造一个空表、在表中插入一条记录、删除表中一条记录、在表中查找满足指定条件的记录和将两个订单表合并。

【解】 生产订单统计表(表 1-1)的抽象数据类型定义如下:

```
ADT Order {
```

数据对象:

D = {a_i | 1≤i≤n(n为订单中记录的个数), a_i ∈ OrderRecord(订单的记录类型)};

数据关系:

R = { <a_i, a_{i+1}> | 1≤i≤n-1};

基本操作:

CreatOrder (&L): 创建一个空的订单表;

OrderInsert(&L,i,r): 在已知订单表L中的第i条记录前插入一条记录r;

OrderDelete(&L,i,&r): 将已知订单表L中的第i条记录删除,并用r返回其值;

OrderLocate(&L,name): 在已知订单表L中查找制单人为name的记录,若找到,则返回该记录在表中的位置,否则返回空位置;

OrderUnion(&L1,L2):合并两个已经存在的订单表L1和L2,并将结果保存在表L1中

} ADT Order

注意:操作说明中,其参数分为两种:一种是前面加了符号"&"的参数,称为引用参数,它表示此操作被执行时既可通过此参数接受已知输入,又可通过此参数将操作结果返回;另一种是前面没有加符号"&"的参数,称为赋值参数,此参数只能接受已知输入。

1.3 算 法

1.3.1 算法的基本概念

算法是对特定问题求解步骤的一种描述。它是指令的有限序列,其中每条指令表示一个或多个操作。算法一般应具有以下5种性质。

(1) 有穷性:无论在何种情况下,一个算法都必须在执行有限步骤之后结束,而且每一步骤都可以在有穷的时间内完成。

(2) 确定性:可以从两个方面来理解算法的确定性,一方面是指算法中每一条指令的确定性,即每一条指令都有确切的含义,不会产生二义性;另一方面是指算法输出结果的确定性,即在任何条件下,相同的一组输入总能得出相同的输出结果。

(3) 有效性:算法的有效性是指算法中每一条指令的有效性,即算法中每一条指令的描述都符合语法规则、满足语义要求,都能够被人或机器确切执行,并能通过已经实现的基本运算执行有限次来完成。例如:一个二制数与十制数之间的转换操作,其基本动作(指令)包括数的相除、求余数和商数,以及判断商是否为零等指令。这些指令不仅能够被准确无误地执行,而且每一步的执行结果都应具有确定的类型。

(4) 输入:一个算法具有零个或多个输入,这些输入是某个算法得以实现的初始条件,它取自于某个特定对象的集合,是待处理的信息。

(5) 输出:一个算法必须有一个或多个输出,这些输出是与输入有着某些特定关系的量,它是经处理后的信息。

由此可见,算法与程序是有区别的,程序未必能满足动态有穷性。例如,操作系统是一个程序,只要整个系统不遭到破坏,这个程序就永远不会终止,所以它不是一个算法。算法表示的是一个问题的求解步骤,而程序则是算法在计算机上的特定实现。当用高级程序设计语言描述算法时,算法就是程序。

在设计算法时应考虑达到以下目标。

（1）正确性：算法的执行结果应满足具体问题的功能和性能要求。它是算法中最重要的一个属性，不能正确实现其任务的算法是无用的算法。

（2）可读性：在算法正确性得到保证的前提下，算法的描述还要做到便于阅读，以利于后续对算法的理解和修改。可以采用在算法中增加注释的方法，或尽量使算法描述的结构清晰、层次分明，以增强其可读性。

（3）健壮性：算法应具有检查错误和对某些错误进行适当处理的功能。也就是说，算法要具有良好的容错性，要允许用户犯错误，但在错误出现时要具有正确的判断能力和及时的纠错能力。例如，当用户输入了非法数据时，算法要能检查出错误并能将错误信息反映给用户，同时要为用户提供改正错误的机会。

（4）高效率：算法效率的高低是通过算法运行所需资源的多少来反映的，这里的资源包括时间和空间需求量。一个好的算法要做到执行时所需时间尽量短，所需的最大存储空间尽量少。若对同一个问题有多个算法可供选择，则尽可能地选择执行时间短和所需存储空间少的算法。但实际上，时间和空间需求量是矛盾的两个方面，一个算法不可能做到两全其美，往往处理时要根据实际情况来权衡它们的得失。

1.3.2 算法的描述

算法的描述可以采用某种语言，也可以借助数据流程图来表示。描述算法的语言主要有3种形式：自然语言、程序设计语言和伪代码。自然语言用中文或英文文字来描述算法，其优点是算法简单、易懂，但严谨性不够。程序设计语言用某种具体的程序设计语言来描述算法，其优点是算法不用修改就可直接在计算机上执行，但直接使用程序设计语言来描述算法并不容易，也不直观，往往要加入大量注释才能使用户明白。伪代码用一种类似于程序设计语言的语言（由于这种描述不是真正的程序设计语言，所以被称为伪代码）来描述算法，它介于自然语言和程序设计语言之间，既可以忽略程序设计语言中一些严格的语法规则与描述细节，且比程序设计语言更容易描述和被用户理解；相对于自然语言，它能更容易地转换成能够直接在计算机上执行的程序设计语言。为学习者实践的方便，本书全部采用C程序设计语言描述算法。

读者可通过下面两个例子了解用C程序设计语言描述算法的基本方法。

【例1-4】 给出求由 n 个元素所构成的整型数组 a 中最大值的算法。

```
int MaxElem(int a[],int n ){
    int max = a[0];
    for (int i = 1;i < n;i++){
        if (max < a[i])
            max = a[i];
    }
    return max;
}
```

该算法首先将数组中第1个数据元素视为最大者，并将它保存在变量max中；然后从第2个数据元素开始将数组中它后面的所有数据元素依次与max进行值的比较，若遇到比max值更大的数据元素，则将此数据元素值存入max中。当后面的 $n-1$ 个数据元素都比较完毕后，保存在max中的值就是数组 a 中的最大值。

【例 1-5】 给出将整型数组 a 中 n 个数据元素实现就地逆置的算法。所谓就地逆置就是要求在逆转过程中利用数组 a 原有空间来存放数组 a 中逆序排放后的各个数据元素。

```
void Reverse(int a[], int n){
    for (int i = 0, j = n - 1; i < j; i++, j -- ){
        int temp = a[i];
        a[i] = a[j];
        a[j] = temp;
    }
}
```

该算法首先将数组 a 中第 1 个与第 n 个数据元素进行置换，然后将第 2 个与第 $n-1$ 个数据元素进行置换，以此类推，直到位于数组 a 中间的两个数据元素置换完毕为止，如图 1-10 所示。

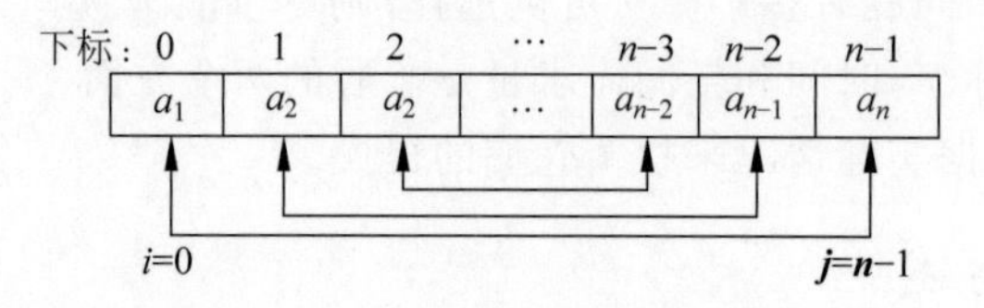

图 1-10 数组元素逆置方法示意图

1.3.3 相关约定

本书为了算法描述形式上的统一，特约定以下 5 个方面的内容。

(1) 基本操作的算法都用以下形式的函数描述：

```
函数类型 函数名(形式参数)
//操作算法说明
{
    语句序列
}//算法 x - x 结束
```

其中 x-x 是此算法在本章中的编号，前面的 x 代表这个算法所处的章号，后面的 x 代表此算法是本章算法中的序号。如"算法 2-3"表示此算法是第 2 章中的第 3 个算法。

(2) 约定 Status 为函数类型，并预定义为：

```
typedef int Status;
```

用户在使用时可根据函数返回值的具体类型进行改动。

(3) 对函数结果的状态代码约定为如下已经预定义的符号常量：

```
#define TRUE 1
#define FALSE 0
#define OK 1
#define ERROR 0
#define INFEASIBLE - 1
#define OVERFLOW - 2
```

(4) 对数据存储结构的表示全部采用 typedef 类型定义进行描述，同时约定数据元素类型泛指为 ElemType，用户在使用该数据类型时再根据具体情况自行定义。如：

```
typedef int ElemType:
typede struct LNode
{    ElemType data;
     struct LNode next;
}LinkList;
```

这描述了一个链式存储结构，其中存放的是整型数据元素，这个链式存储结构的类型名为 LinkList。

(5) 本书中所有代表算法的函数名或其他标识符一般都是“按义取名”，并用对应的英语单词或其缩写表示，若名字中含有多个单词则每个单词的首写字母用大写。

1.4 算法分析

要解决一个实际问题，常常有多种算法可供选择，不同的算法有其自身的优缺点。如何在这些算法中进行取舍呢？这就需要采用算法分析技术来评价算法的效率。算法分析的任务就是利用某种方法，对每一个算法讨论其各种复杂度，以此来评判某个算法适用于哪一类问题，或者哪一类问题宜采用某个算法。算法复杂度是度量算法优劣的重要依据。对于一个算法，复杂度的高低体现在运行该算法所需的计算机资源的多少上。所需资源越多反映算法的复杂度越高；反之，所需资源越少反映算法的复杂度越低。计算机资源主要包括时间资源和空间资源。因而，算法的复杂度通常体现在时间复杂度和空间复杂度两个指标上，本书也都是从时间和空间两方面来分析和评价算法的效率。

1.4.1 时间复杂度分析

算法时间复杂度的高低直接反映算法的执行速度，而算法的执行速度需要通过依据该算法编制的程序在计算机上执行所消耗的时间来度量。一个程序的执行时间是由多种因素综合作用而决定的，其主要影响因素概括如下。

(1) 算法本身所用的策略。

(2) 问题规模，即处理问题时所处理的数据元素的个数。

(3) 程序设计所采用的语言工具。

(4) 编译程序所产生的机器代码质量。

(5) 计算机执行指令的硬件速度。

(6) 程序运行的软件环境。

首先，我们会很容易想到同一个程序（即算法策略相同），输入相同的数据（即问题规模相同），如果在不同的计算机上执行该程序，则所需的运行时间是不同的。这是因为程序运行所需的时间依赖于计算机的软、硬件系统环境，例如：中央处理器（CPU）的速度可能相差很多；程序设计语言及其编译器不同，生成的目标代码的效率也各异；操作系统不同，程序运行时间也不相同。这表明，采用诸如微秒、纳秒这些真实的绝对时间来衡量算法的效率并不现实。因此，在这里我们抛开算法运行的软、硬件环境因素的影响。再者，即使是同一算法，对于不同的输入所需的执行时间也会不相同。例如一个排序算法，输入的待排序序列的规模和待排序数据的初始状态等这些因素都将影响到排序算法最终的运行时间。为了针对运行时间能建立一种可行、可信的评价标准，本书只考虑与算法运行时间最为关键的因素，即问题规模。这就等价于：对于一个特定的算法，其执行时间只依赖于问题的规模，即可看作是问题规模的一个函数，什么函数则要视具体算法而定。若将某一问题规模为 n 的算法所需的执行时间的量度记为 $T(n)$，并将 $T(n)$ 称为算法的**时间复杂度**。然而，随着问题规模 n 的增长，执行时间又该如何增长呢？下面给出时间复杂度的大 O 表示法，它是由保罗·巴赫曼(Paul Bachmann)于1894年提出的一种表示法。

【定义】 算法的时间复杂度 $T(n)=O(f(n))$ 当且仅当存在正常数 c 和 N，对所有的 $n(n\geqslant N)$ 满足 $0\leqslant T(n)\leqslant \mathrm{c}\times f(n)$（其中 $O()$ 读作大 O）。

上述定义表明了 $T(n)$ 与 $f(n)$ 之间的关系，函数 $f(n)$ 是函数 $T(n)$ 取值的上限；随着问题规模 n 的增长，算法执行时间的增长率和 $f(n)$ 的增长率相同。例如，执行时间为 $3n^2+8n+1$，它的时间复杂度为 $O(n^2)$。因为，$T(n)=3n^2+8n+1$，$f(n)=n^2$，存在 c=12，N=1，对所有的 $n\geqslant N$，满足 $0\leqslant T(n)\leqslant \mathrm{c}\times f(n)$，即当 $n\geqslant 1$ 时，有 $0\leqslant 3n^2+8n+1\leqslant 12n^2$ 恒成立，所以 $T(n)=O(n^2)$。

【性质】 由上述定义，可推出大 O 记号具有以下性质：

(1) 对于任一常数 $\mathrm{c}>0$，有 $O(f(x))=O(\mathrm{c}\times f(x))$；

(2) 对于任意常数 $\mathrm{a}>\mathrm{b}>0$，有 $O(n^{\mathrm{a}}+n^{\mathrm{b}})=O(n^{\mathrm{a}})$。

为此，如果 $f(n)=\mathrm{a}_m n^m+\mathrm{a}_{m-1}n^{m-1}+\cdots+\mathrm{a}_1 n^1+\mathrm{a}_0$，且 $\mathrm{a}_i\geqslant 0$，则 $f(n)=O(n^m)$。即对于一个关于数据元素个数 n 的多项式，用大 O 表示法时只需保留其最高次幂的项并去掉其系数即可。也就是说，计算这样的函数时通常只考虑大的数据，而那些不显著改变函数级的部分都可被忽略掉，其结果是原函数的一个近似值，这个近似值在 n 充分大时会足够接近原函数值。因此，这种分析方法也是渐近分析法中的一种，故使用大 O 记号表示的算法时间复杂度，也称为算法的**渐近时间复杂度**。

一种非常自然的渐近时间复杂度的计算方法，就是将时间复杂度理解为算法中各条指令的执行时间之和。假设一个算法是由 n 条指令序列所构成的集合，则：

$$\text{算法的执行时间}=\sum_{i=1}^{n}\text{指令序列}(i)\text{的执行次数}\times\text{指令序列}(i)\text{的执行时间}$$

如果指令序列的执行时间约定为一个常数，则算法的执行时间与指令序列的执行次数之和成正比。于是，我们尝试通过计算出依据算法编制的程序中每条语句的语句频度之和来估算一个算法的执行时间。所谓语句频度，就是该语句重复执行的次数。

【例 1-6】 对于如下求两个 n 阶矩阵相乘的算法，求其算法的时间复杂度。

```
1  void SquareMult(inta[][], int b[][], int c[][], int n)
2  {   for (int i = 0;i < n;i++)                       //n + 1
3          for (int j = 0;j < n;j++) {                 //n(n + 1)
4              c[i][j] = 0;                            //n^2
5              for (int k = 0;k < n;k++)               //n^2(n + 1)
6              c[i][j] += a[i][k] * b[k][j];           //n^3
7          }
```

```
8 }
```

说明：算法中每一条语句右边注释的内容为该行语句的语句频度。

解：由于此算法中所有语句的执行次数之和为 $2n^3+3n^2+2n+1$，则有 $T(n)=O(n^3)$。

【例 1-7】 对于如下计算整型数组 $a[0..n-1]$各元素之和的算法，求其算法的时间复杂度。

```
1  int Sum(int a[],int n)
2  {  int s = 0;                              //1
3     for(int i = 0;i < n;i++)                //n + 1
4        s += a[i];                           //n
5     return s;                               //1
6  }
```

解：由于此算法中所有语句的执行次数之和为 $2n+3$，则有 $T(n)=O(n)$。

在图灵机(Turing Machine，TM)和随机存储机(Random Access Machine，RAM)等计算模型中指出：指令语句均可分解为若干关键操作，而每一种关键操作都可在常数的时间内完成。为此，不妨将 $T(n)$定义为算法所执行的关键操作的次数。所谓关键操作就是算法中最主要的操作。用这种方法对算法的时间复杂度进行估算时，只需正确选择一个算法中的关键操作，并通过计算关键操作的语句频度来估算出算法的执行时间。于是，一个算法的执行时间代价主要就体现在关键操作上。例如，例 1-6 的算法中第 6 行的语句"c[i][j]+=a[i][k] * b[k][j];"是该算法执行的关键操作，它的语句频度为 n^3，同样可以得到 $T(n)=O(n^3)$；例 1-7 的算法中第 4 行语句"s+=a[i];"是该算法执行的关键操作，它的语句频度为 n，所以 $T(n)=O(n)$，这样就极大简化了估算算法时间复杂度的过程。

【例 1-8】 求如下程序段的时间复杂度。

```
1  for (i = 1;i <= n;i = 2 * i)
2    printf(" %4d", i);
```

解：该程序段的关键操作是第 2 行的语句，假设它的语句频度为 $f(n)$，则有 $2^{f(n)}\leqslant n$，即 $f(n)\leqslant \log_2 n$，所以根据时间复杂度的定义，可得到该程序段的时间复杂度为 $T(n)=O(\log_2 n)$。

注意：算法中的关键操作语句往往是算法控制结构中最深层的语句。

1. 最好、最坏和平均时间复杂度

以大 O 记号形式表示的时间复杂度，实质上是对算法运行时间的一种保守估算，即对于规模为 n 的任意输入，算法的运行时间都不会超过 $O(f(n))$，这是最坏的一个估值。但实际上，这种保守的估算并不排斥更好情况甚至最好情况的存在。例 1-9 和例 1-10 中的算法，即使问题的规模相同，若输入的数据值或输入的数据顺序不同，算法的时间复杂度也会不同。

【例 1-9】 如下算法实现的功能是在数组 $a[0..n-1]$中查找值为 x 的数据元素。若找到，则返回 x 在 a 中的位置；否则，返回 -1。求该算法的时间复杂度。

```
1  int Search(int a[],int n, int x)
2  {  int i;
3     for(i = 0; i < n && x!= a[i];i++);
```

```
4          if (i == n) return -1;
5          else return i;
6  }
```


【分析】 此算法采用的查找策略是从第一个元素开始依次将每一个数组元素与 x 进行比较,故该算法的关键操作是算法中的第3行语句的比较操作。在查找成功的情况下,若待查找的数据元素恰好是数组中的第一个数据元素,则只需比较一次即可找到,这是算法的最好情况,其 $T(n)=O(1)$。我们称最好情况下的时间复杂度为**最好时间复杂度**。若待查找的数据元素是最后一个元素,则需比较 n 次才能找到,此时是算法的最坏情况,其 $T(n)=O(n)$。我们称最坏情况下的时间复杂度为**最坏时间复杂度**;在查找不成功的情况下,无论何时进行不成功的查找都需进行 n 次比较,其 $T(n)=O(n)$。若需要多次在数组中查找数据元素,并且以某种概率查找每个数据元素,为讨论问题方便,一般假设是以相等概率查找各个数据元素。在这种情况下,成功查找时的平均比较次数 $\frac{1}{n}\sum_{i=1}^{n}i=\frac{n+1}{2}$,其 $T(n)=O(n)$,这就是算法时间代价的平均情况,我们称这种情况下的时间复杂度为等概率下的**平均时间复杂度**。这3种时间复杂度是从不同的角度反映算法的效率,各有用途,也各有局限性。在一般情况下,取最坏时间复杂度或等概率下的平均时间复杂度作为算法的时间复杂度。

【例 1-10】 如下算法是用冒泡排序法对数组 a 中的 n 个整型数据元素进行排序,求该算法的时间复杂度。

```
1   void Bubble_Sort(int a[], int n)
2   {  int temp, flag = 1;
3      for (int i = 1; i < n&&flag; i++)
4      {  flag = 0;
5         for (int j = 0; j < n - i; j++)
6         {  if (a[j]> a[j + 1])
7            {  flag = 1;
8               temp = a[j];
9               a[j] = a[j + 1];
10              a[j + 1] = temp;
11           }
12        }
13     }
14  }
```

解:此算法的执行时间随待排序数据元素的初始状态不同而不同。当待排序的数据元素初始状态为“正序”有序时情况最好,因冒泡排序算法中最深层的内循环语句(第6~10行关键操作语句)执行次数为 $n-1$,所以最好时间复杂度为 $O(n)$;而数据初始状态是“逆序”有序时情况最坏。在最坏情况下,第6行语句的执行次数为 $\sum_{i=n}^{2}(i-1)= n(n-1)/2$,第7~10行共4条语句的执行次数之和为 $4\times\sum_{i=n}^{2}(i-1)= 2n(n-1)$。因此,最坏的时间复杂度为

$$T(n)=n(n-1)/2+2n(n-1)=O(n^2)$$

【例 1-11】 如下算法是在一个含有 n 个数据元素的数组 a 中删除下标为 $i(0\leqslant i\leqslant n-1)$ 的数组元素，求该算法的时间复杂度。

```
1  Status Delete(int a[], int n, int i)
2  {  if (i<1||i>n) return ERROR;  //删除失败返回
3     for (int j = i; j<n;j++)       //将被删除数据元素位置之后的所有数据元素向前移一位
4         a[j] = a[j+1];
5     return OK;                     //删除正确返回
6  }
```

解：这个算法的时间复杂度随删除数据元素的位置不同而不同。此算法的关键操作是数组元素的移位操作（第 4 行的语句）。当删除的是最后一个位置的数组元素时为最好情况，移动 0 次；当删除的是第 0 个位置的数组元素时为最坏情况，移动次数为 $n-1$ 次。此时，算法的时间复杂度可取删除数据元素位置等概率取值情况下的平均时间复杂度。

假设等概率值为 p，则 $p=1/n$。因此，此算法的时间复杂度为：

$$T(n)=\frac{1}{n}\sum_{i=0}^{n-1}(n-i-1)=\frac{n-1}{2}=O(n)$$

2. 算法按时间复杂度分类

算法可按其执行时间分成两类：凡时间复杂度有多项式时间限界的算法称为**多项式时间算法**（Polynomial-time Algorithm）；而时间复杂度是指数函数限界的算法称为**指数时间算法**（Exponential-time Algorithm）。

多项式时间算法的时间复杂度有多种形式，其中最常见的有以下几种。

(1) 常量阶：$O(1)$。

(2) 线性阶：$O(n)$。

(3) 平方阶：$O(n^2)$。

(4) 立方阶：$O(n^3)$。

(5) 对数阶：$O(\log_2 n)$。

(6) 线性对数阶：$O(n\log_2 n)$。

它们之间随 n 增长的关系是：

$$O(1)<O(\log_2 n)<O(n)<O(n\log_2 n)<O(n^2)<O(n^3)$$

指数时间算法的时间复杂度形式为 $O(a^n)$，常见的有 $O(2^n)$，$O(n!)$，$O(n^n)$。它们之间随 n 增长的关系是：

$$O(2^n)<O(n!)<O(n^n)$$

随着 n 的增大，指数时间算法和多项式时间算法在所需时间上差距非常悬殊。表 1-3 和图 1-11 显示了几种典型的时间函数随问题规模增长的情况。从表 1-3 与图 1-11 中都可以看到 $O(\log_2 n)$、$O(n)$ 和 $O(n\log_2 n)$ 的增长比较平稳，而指数函数 2^n 随 n 的增长速度非常迅速。事实上，若一个算法需要执行的语句数目为 2^n，则当 $n=40$ 时，所需执行的语句数大概是 1.1×10^{12}。在每秒执行 10^9 条指令的计算机上，这个算法需要 18.3min。当 $n=50$ 时，同样的算法在这台计算机上将运行大约 13 天；当 $n=60$ 时，需要大约 30.05 年来运行此算法；而当 $n=100$ 时，大约需要 4×10^{13} 年。所以，具有指数复杂度的算法只限于处理规模不大于40的问题。

复杂度为高次多项式的算法也没有太大的使用价值。例如,若一个算法需要执行的语句次数为n^{10},则当$n=10$时,在每秒执行10^9条指令的计算机上运行需要10s;当$n=10^2$时,需要3171年;当$n=10^3$时,需要3.17×10^{13}年。若一个算法需要执行的语句次数为n^3,则当$n=10^3$时,需要1s;当$n=10^4$时,需要16.67min;当$n=10^5$时,需要11.57天。因此,对于规模大于或等于10^5的问题,使用复杂度为$O(n^3)$的算法是不可行的。

表1-3 复杂度函数增长情况

规模	复杂度					
	$\log_2 n$	n	$n\log_2 n$	n^2	n^3	2^n
1	0	1	0	1	1	2
2	1	2	2	4	8	4
4	2	4	8	16	64	16
8	3	8	24	64	512	256
16	4	16	64	256	4096	65 536
32	5	32	160	1024	32 768	4 294 967 296
64	6	64	384	4096	262 144	18 446 744 073 709 551 616

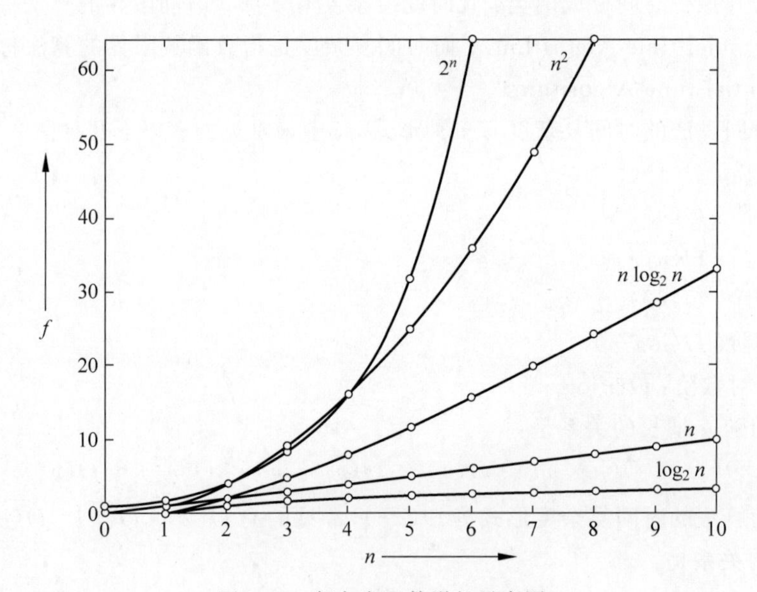

图1-11 复杂度函数增长示意图

由上分析,我们自然会想到,若要提高程序运行速度,应选择一种时间复杂度的数量级较低的程序。但特别要注意,这并不是绝对的,在确定使用多个算法中的某一个时,我们必须明确实际处理问题的规模n是否足够大。例如,我们断定时间复杂度为$O(n)$的算法一定快于时间复杂度为$O(n^2)$的算法,这在n"足够大"的前提条件下才是正确的。例如:假定算法A的实际运行时间是$10^5 n$ms,算法B的实际运行时间是n^2,当$n\leqslant10^5$时算法B的运行时间则要优于算法A的运行时间。

1.4.2 空间复杂度分析

除了考虑算法的执行时间之外,算法执行时的空间需求量也是程序设计员经常需要考虑的计算机资源。尽管近年来,在计算机处理速度提高的同时,其存储能力也大大增强了,然而可利用的磁盘或内存空间仍是对算法设计的重要限制。

类似于算法的时间复杂度,本书中以空间复杂度(Space Complexity)作为算法所需存储空间的量度。记作:

$$S(n)=O(f(n))$$

其中,n 为问题的规模,即算法的空间复杂度也以数量级的形式给出,如 $O(1)$、$O(n)$ 和 $O(\log_2 n)$等。

程序运行所需的存储空间包括以下两部分。

(1) **固定空间需求**(Fixed Space Requirement):这部分空间大小与所处理问题的规模无关,主要包括算法本身的程序代码、常量、变量所占的空间。

(2) **可变空间需求**(Variable Space Requirement):这部分空间大小与所处理问题的规模有关,主要包括输入的数据元素所占的存储空间和程序运行过程中所需要的额外空间,例如,临时工作单元和运行递归算法时的栈空间。

其中,算法本身所占用的存储空间由实现算法的语言和实现算法的描述语句所决定;输入数据所占的存储空间基本上由问题的规模决定,一般不会随算法的不同而改变;而程序运行过程所需要的额外空间则与算法密切相关,一般会随算法的不同而不同。所以在计算算法的空间复杂度时,主要考虑程序运行过程中的额外空间。例如,例 1-10 中的冒泡排序算法其空间复杂度为 $O(1)$,因为在算法实现时引入了两个辅助变量 flag 和 temp。此类仅需 $O(1)$辅助空间的算法被称为**就地算法**。若程序运行时所占空间量依赖于特定的输入,则除特别指明外,均按最坏情况进行分析。

1.4.3 算法设计举例

对于任意给定的问题,设计复杂度尽可能低的算法是用户追求的一个重要目标,下面以求"最大子序列和问题"为例,来说明设计算法时采用的不同方法和对应的实现算法及其复杂度分析。

【例 1-12】 给定一整数序列 $A_1,A_2,\ldots,A_n$(可能有负数,但不全为负数),求 $A_1\sim A_n$ 的一个子序列 $A_i\sim A_j$,使得 A_i 到 A_j 的和最大。例如:整数序列$-2,11,-4,13,-5,2,-5,-3,12,-9$ 的最大子序列的和为 $21(A_2\sim A_9)$。

对于这个问题,最简单也是最容易想到的就是采用穷举所有子序列的方法。先利用三重循环,依次求出所有子序列的和,再取最大的那个。具体实现算法如下。

【算法 1-1】 例 1-12 的设计算法 1。

```
1   int MaxSubsequenceSum_1(int A[ ], int n)
2   //用穷举法求数组 A 中 n 个数所构成的序列中最大子序列的和
3   {  int ThisSum,MaxSum,i,j,k;
4      MaxSum = 0;                          //初始化最大和值
```

```
5      for( i = 0; i < n; i++)              //从 A[ i ]开始
6         for( j = i; j < n; j++)           //结束于 A[ j ]
7         {  ThisSum = 0;
8            for( k = i; k <= j; k++)
9                ThisSum += A[k];           //求 A[i]到 A[j]之和
10           if ( ThisSum > MaxSum )
11               MaxSum = ThisSum;          //更新最大值
12        }                                 //结束 for j 和 for i
13     return MaxSum;
14  } //算法 1-1 结束
```

由于该算法中存在三重for循环,它的关键操作在于第9行,这行语句重复执行的次数为:

$$\sum_{i=1}^{n} i \times (n-i+1) = O(n^3)$$

因此,该算法的时间复杂度为$O(n^3)$。显然这种方法当n较大时是不可行的。下面对上述穷举算法稍微做一些修改:子序列的和并不需要每次都重新计算一遍。假设ThisSum(i,j)是$A_i,\ldots,A_j$的和,那么ThisSum(i,j+1)=ThisSum(i,j)+A[j+1]。利用这一个递推,我们就可以撤除算法1-1中的一个for循环,从而得到下面的改进算法1-2。

【算法1-2】 例1-12的设计算法2。

```
1   int MaxSubsequenceSum_2( int A[ ], int n )
2   //求数组 A 中 n 个数所构成的序列中最大子序列的和
3   {
4      int ThisSum,MaxSum;
5      MaxSum = 0;                          //初始化最大和值
6      for( int i = 0; i < n; i++)          //从 A[i]开始
7      {  ThisSum = 0;
8         for( int j = i; j < n; j++)       //结束于 A[j]
9         {  ThisSum += A[j];               //求 A[i] 到 A[j]之和
10           if ( ThisSum > MaxSum )
11               MaxSum = ThisSum;          //更新最大和值
12        }                                 //结束 for j
13     }                                    //结束 for i
14     return MaxSum;
15  } //算法 1-2 结束
```

该算法的关键操作是第9行和第10行,它们重复执行的次数为:

$$\sum_{i=1}^{n}(n-i) = \frac{n(n+1)}{2} = O(n^2)$$

因此,该算法的时间复杂度为$O(n^2)$。下面采用一种"分治法"的策略来解决这个问题,其思想是把问题分成两个大致相等的子问题,然后递归地对它们求解,这是"分"的部分;"治"阶段将两个子问题的解合并到一起并做一些调整后得到整个问题的解。

最大子序列和可能在3种位置出现:或整个出现在输入数据的左半部,或整个出现在右半部,或跨越输入数据的中部,位于左、右两半部分之中。前两种情况可以递归求解,第三种情况的最大和可以通过求出左半部分(包含左半部分最后一个元素)的最大和以及右半部分(包含右半部分第一个元素)的最大和,然后再将这两个和相加而得到。例如,考虑如下输入:

左半部分	右半部分
−2 11 −4 13 −5	2 −5 −3 12 −9

其中左半部分的最大子序列和为 20($A_2 \sim A_3$),而右半部分的最大子序列为 12(A_9)。前半部分包含其最后一个元素的最大和是 15($A_2 \sim A_5$),而后半部分包含其第一个元素的最大和是 6($A_6 \sim A_9$)。因此,跨越左、右两部分且通过中间的最大和为 15+6=21($A_2 \sim A_9$)。所以,在形成本例中的最大和子序列的 3 种方式中,最好的方式是包含两部分的元素,于是答案为 21。下面是实现这种策略的一种算法。

【算法 1-3】 例 1-12 的设计算法 3。

```
1   int Max3( int a, int b, int c)
2   //求 3 个数 a,b,c 中的最大数
3   {   int max = a > b?a:b;
4       max = max > c?max:c;
5       return max;
6   }                                        //Max3 函数结束

7   int MaxSum(int A[ ], int left, int right)
8   //用分治法求数组 A 中下标区域为 left~right 的数所构成的序列中最大子序列的和
9   {   if (left == right)                   //序列中只有一个数时
10          if (A[left]> 0)
11              return A[left];
12          else
13              return 0;
14      int mid = (left + right)/2;          //求出序列的中间位置
15      int MaxLeftSum = MaxSum(A, left, mid);   //递归求出序列左半部分的最大子序列和
16      int MaxRightSum = MaxSum(A, mid + 1, right);   //递归求出序列右半部分的最大子序列和
17      int MaxLeftBorderSum = 0, LeftBorderSum = 0;
18      for(int i = mid; i >= left; i -- )
19      {   LeftBorderSum +=  A[i];
20          if(LeftBorderSum > MaxLeftBorderSum)
21              MaxLeftBorderSum = LeftBorderSum;
22      }                                    //结束 for i
23      int MaxRightBorderSum = 0, RightBorderSum = 0;
24      for(int i = mid + 1; i <= right; i++)
25      {   RightBorderSum +=  A[i];
26          if(RightBorderSum > MaxRightBorderSum)
27              MaxRightBorderSum = RightBorderSum;
28      }                                    //结束 for i
29      return Max3(MaxLeftSum, MaxRightSum, MaxLeftBorderSum + MaxRightBorderSum);
30  }                                        // MaxSum 函数结束

31  int MaxSubsequenceSum_3( int A[ ], int n)
32  //用分治法求数组 A 中 n 个数所构成的序列中最大子序列的和
33  {
34    return MaxSum(A, 0, n - 1);
35  }// 算法 1 - 3 结束
```

假设 $T(n)$是求解大小为 n 的序列中“最大子序列和”问题所花费的时间。若 $n=1$,则算法1-3执行语句的第9～13行,而第9～13行语句的执行次数为1,于是 $T(1)=1$;否则,程序必须运行两个递归调用,即运行第15、16行语句,这两行是求解大小为 $n/2$ 序列中的“最大子序列和”问题(假设 n 是偶数),故它们共花费的时间是 $2T(n/2)$;算法1-3中的第18～22行和第24～28行是两个for循环,这两个for循环总共接触到 $A_1 \sim A_n$ 的每一个数据元素,所以循环体共执行 n 次,而循环体内的每个语句循环一次只会执行一次,故共花费的时间为 $O(n)$;算法1-3中其他行的语句每次执行一次,它们的运行时间可以忽略。因此,整个算法花费的总时间为 $2T(n/2)+O(n)$。于是可得到方程组:

$$T(1)=1$$
$$T(n)=2T(n/2)+O(n)$$

为了简化计算,这里用 n 代替 $O(n)$项,由于 $T(n)$最终还是要用大 O 来表示,因而并不影响答案。这样 $T(n)=2T(n/2)+n$ 且 $T(1)=1$,由此则有 $T(2)=4=2\times2$,$T(4)=12=4\times3$,$T(8)=32=8\times4$,以及 $T(16)=80=16\times5$,以此类推可以得到,若 $n=2^k$,则有 $T(n)=n\times(k+1)=n\log_2 n+n=O(n\log_2 n)$,故该算法的时间复杂度为 $O(n\log_2 n)$。这个分析当 n 为2的幂时结果才是合理的,但当 n 不为2的幂时,则需要更加复杂的分析,这里省略,但大 O 的结果是不变的。

显然,此算法比前面两个算法编程的难度要大得多,但当 n 较大时它的运行速度却比前两个算法要快得多。由此也可以明确:程序短并不总意味着程序好。

下面再运用动态规划的思想来解决此问题,能够使算法实现起来比递归算法更简单且更有效。算法实现的代码如下。

【算法1-4】 例1-12的设计算法4。

```
1    int MaxSubsequenceSum_4( const int A[ ], int n )
2    {  int ThisSum, MaxSum, i;
3       ThisSum = MaxSum = 0;
4       for ( int i = 0; i < n; i++) {
5            ThisSum += A[i];
6            if (ThisSum > MaxSum )
7               MaxSum = ThisSum;
8            else if ( ThisSum < 0 )
9               ThisSum = 0;
10      }                                         //结束 for i
11      return MaxSum;
12   }//算法 1 - 4 结束
```

很容易判断此算法的时间复杂度为 $O(n)$。整个算法只要对数组扫描一遍即可完成操作。它在从左到右扫描过程中记录当前子序列的和ThisSum,若这个和不断增加,那么最大子序列的和MaxSum也不断增加,则需不断更新MaxSum;若往前扫描中遇到负数,那么当前子序列的和将会减小,此时ThisSum将会小于MaxSum,则MaxSum就不更新;若ThisSum降到负数时,说明前面已经扫描的那一段就可以抛弃了,这时将ThisSum置为0。然后,ThisSum将从后面开始对剩下的子序列进行分析,若有比当前MaxSum大的子序列和,继续更新MaxSum。这样一趟扫描下来即可得到结果。

总而言之,对于一个具体问题的求解,要设计出效率良好的实现算法才是算法设计的根本任务，常用的算法设计方法有穷举法、动态规划法、回溯法、分治法、递归法和贪心法等。而算法分析的目的就在于从解决同一问题的不同算法中选择其中效率更优的、合适的某一个，或者是对原有算法进行改进，使其更优。

小　　结

运用计算机求解现实世界中的问题，最关键的是要考虑处理对象在计算机中的表示、处理方法和效率，这就是"数据结构"课程的研究内容，它涉及数据的逻辑结构、数据的存储结构和数据的操作三个方面。为了使读者能更快、更好地了解数据结构，适应本书的后述内容，我们在本章中介绍了数据类型、抽象数据类型等基本概念和术语，讨论了数据的逻辑结构和存储结构，并对算法的定义、描述和性能分析等做了详细的阐述。

本章开头以 4 个不同问题的求解实例来说明利用计算机求解问题的过程实质上是一个抽象出问题中数据的逻辑结构，建立数据的存储结构和设计求解问题的算法，最后选择某种编程语言来编写算法，并在计算机上测试运行的整个过程。

数据的逻辑结构其实就是从具体问题抽象出来的数学模型，它反映了事物的组成结构和组成结构中数据元素之间的逻辑关系。根据数据元素之间逻辑关系的特性来分，可将数据结构分为集合、线性结构、树形结构和图形结构 4 大类。

数据的存储结构是各种逻辑结构在计算机中的一种存储映象，它反映了具有某种逻辑关系的数据元素在计算机中是如何组织和实现的，是逻辑结构在计算机中的物理存储表示。同一种逻辑结构可以采用不同的映象方式来建立不同的存储结构。常用的映像方式有顺序映象、链式映象、索引映象和散列映象，所形成的存储结构分别称为顺序存储结构、链式存储结构、索引存储结构和散列存储结构。

数据的存储结构通常用程序设计语言中的数据类型来加以描述。对于简单数据可直接使用程序设计语言中内置的基本数据类型来描述；对于复杂数据则要根据实际情况，引用自定义的数据类型。

抽象数据类型是指一个数据值的集合和定义在这个集合上的一组操作。使用抽象数据类型可以在很大程度上帮助用户独立于程序的实现细节，更好地理解问题的本质内容，从而达到数据抽象和信息隐藏的目的。

算法是对特定问题求解步骤的一种描述，它是由有限条指令序列组成的。算法应具备有穷性、确定性、有效性、输入和输出 5 个性质。

算法设计与算法分析是保证计算机能快速、高效地实现问题求解的两个重要环节。算法设计的根本任务，是针对各类实际问题设计出高效率的算法，并研究设计算法的规律和方法。常用的设计方法有穷举法、动态规划法、回溯法、分治法、递归法和贪心法等。算法分析的根本任务是利用某一种方法，对每一个算法讨论其各种复杂度，以探讨各种算法的效率和适用性，为从解决同一个问题的多个不同的算法中做出选择，或对原有算法进行改进使其性能更优提供依据。

算法的复杂度通常体现为时间复杂度和空间复杂度两个指标，对于时间复杂度和空间复杂的估算本书采用渐近分析法。时间复杂度和空间复杂度都是问题规模的某个函数。

本章讨论的都是一些基本概念，重点在于了解有关数据结构的各个名词和术语的含义，掌握用于确定算法时间复杂度和空间复杂度的方法。

习 题 1

一、客观测试题

扫码答题

二、概念题

1. 试述数据结构研究3个方面的内容。

2. 试述集合、线性结构、树形结构和图形结构4种常用数据结构的特性。

3. 设有数据的逻辑结构的二元组定义形式为 $B=(D,R)$，其中 $D=\{a_1,a_2,\cdots,a_n\}$，$R=\{\langle a_i,a_{i+1}\rangle \mid i=1,2,\cdots,n-1\}$。请画出此逻辑结构对应的顺序存储结构和链式存储结构的示意图。

4. 设一个数据结构的逻辑结构如图1-11所示，请写出它的二元组定义形式。

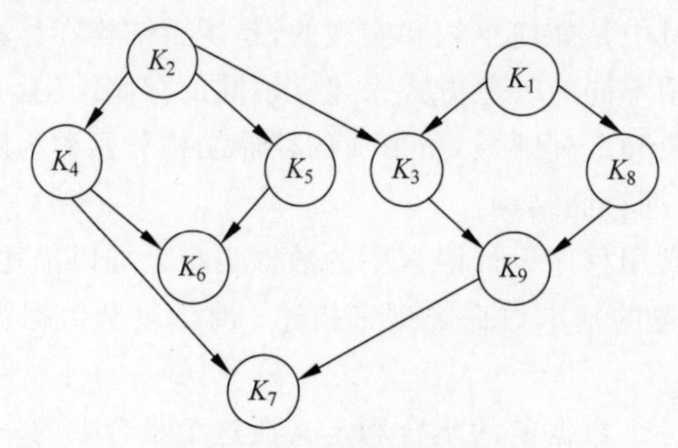

图1-12 第4题的逻辑结构

5. 设有函数 $f(n)=3n^2-n+4$，请证明 $f(n)=O(n^2)$。

6. 请比较下列函数的增长率，并按增长率递增的顺序排列下列函数：

(1) 2^{100} (2) $(3/2)^n$ (3) $(4/3)^n$ (4) n^n (5) $n^{2/3}$ (6) $n^{3/2}$ (7) $n!$ (8) $\sqrt{n}$
(9) n (10) $\log_2 n$ (11) $1/\log_2 n$ (12) $\log_2(\log_2 n)$ (13) $n\log_2 n$ (14) $n_2^{\log n}$

7. 试确定下列程序段中有标记符号“*”的语句行的语句频度(其中 n 为正整数)。

(1)
```
i = 1; k = 0;
while ( i <= n - 1) {
    k += 10 * i;                              // *
    i++;
}
```

(2)
```
i = 1; k = 0;
do {
    k += 10 * i;                              // *
```

```
        i++;
    } while(i<=n-1);
```

(3)
```
i = 1; k = 0;
while (i<=n-1) {
    i++;
    k+= 10 * i;                                    //*
}
```

(4)
```
k=0;
for( i=1; i<=n; i++) {
  for (j=1 ; j<=i; j++)
     k++;                                          //*
}
```

(5)
```
i=1; j=0;
while (i+j<=n) {
    if (i>j ) j++;                                 //*
    else i++;
}
```

(6)
```
x=n; y=0; // n 是不小于 1 的常数
while (x>=(y+1)*(y+1)) {
    y++;                                           //*
}
```

(7)
```
x=91; y=100;
while (y>0 ) {
    if (x>100 ) { x -= 10; y- -; }                 //*
    else x++;
```

(8)
```
a=1; m=1;
while(a<n)
{
  m+=a;  a*=3;                                     //*
}
```

三、算法设计题

1. 设计算法求长度为 n 的实数数组中值最大的数组元素及其在数组中的下标，并分析算法的时间复杂度。

2. 设计算法求一元多项式 $P_n(x)=\sum_{i=0}^{n}a_ix^i$ 的值 $P_n(x_0)$，并确定算法中每一条语句的执行次数和整个算法的时间复杂度。算法的输入是 $a_i(i=0,1,\cdots,n)$，n 和 x_0；输出为 $P_n(x_0)$。

习题 1　主观题参考答案

第2章 线 性 表

线性表是一种典型的线性结构,也是一种最基本的数据结构,也是在实际应用中广泛采用的一种数据结构。它是学习其他数据结构的基础。线性表在计算机中可以用顺序存储和链式存储两种存储结构来表示。其中,用顺序存储结构表示的线性表被称为顺序表,用链式存储结构表示的线性表被称为链表。链表又有单链表、双向链表、循环链表之分。

【本章主要知识导图】

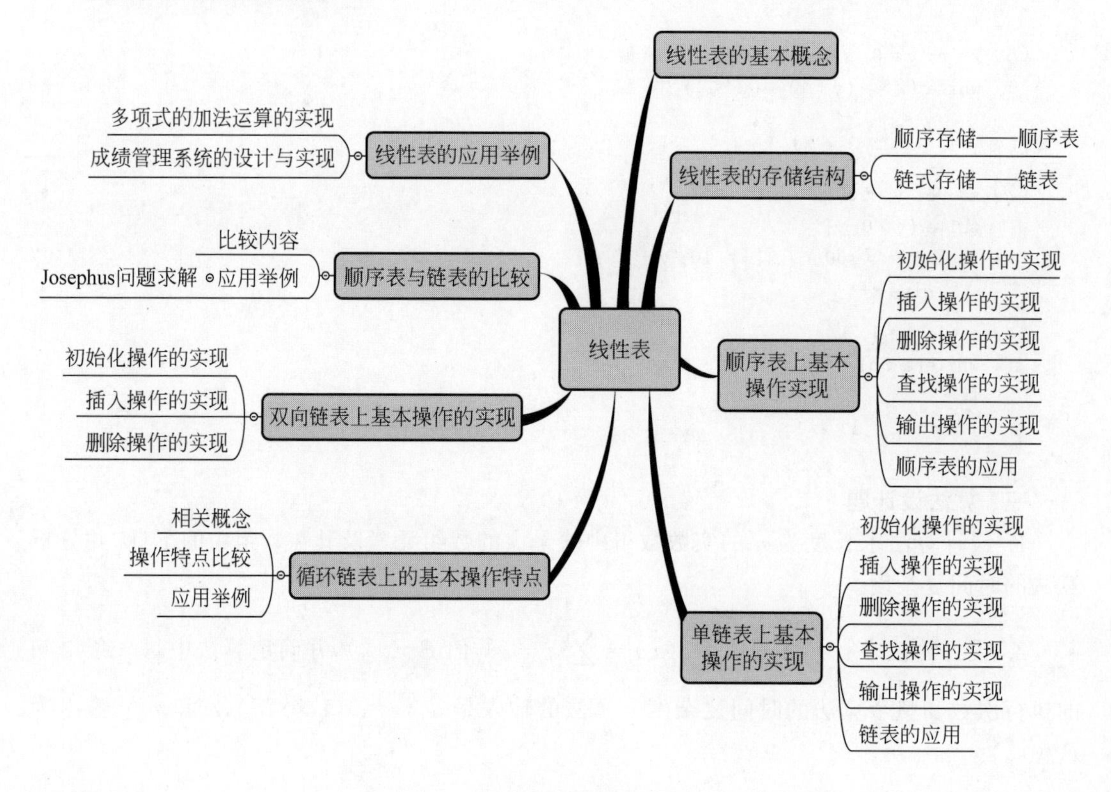

2.1 线性表概述

2.1.1 线性表的基本概念

线性表是由$n(n \geqslant 0)$个数据元素所构成的**有限序列**,通常表示为$\{a_1, a_2, \cdots, a_i, \cdots, a_n\}$。其中,下标$i$标识数据元素在线性表中的**位序号**,$n$为线性表的**表长**。当$n=0$时,此线性表为**空表**。线性表中相邻元素之间存在着序偶关系,如$\langle a_i, a_{i+1}\rangle$构成一对序偶关系,

其中 a_i 领先于 a_{i+1}，称 a_i 是 a_{i+1} 的直接前驱元素，或简称 a_i 为 a_{i+1} 的前驱；称 a_{i+1} 是 a_i 的直接后继元素，或简称 a_{i+1} 为 a_i 的后继。线性表中的数据元素 a_i 仅是一个抽象符号，在不同的场合下代表不同的含义，它可能是一个字母、数字、记录或更复杂的信息。例如：英文字母表{A,B,C,…,Z}；某单位工资表中所有职工的工资按某种顺序排列得到表{4315.50,3523.40,2000.00,…,5432.10}，这两个表都可看成是一个线性表，前者的数据元素是字母，后者的数据元素是实数，并且这两者的数据元素都属于简单类型的数据。又如表 2-1 所示的是某个班的成绩表，这个成绩表中的所有记录序列构成了一个线性表。此线性表中的每一个数据元素是由学号、姓名、大学英语、高等数学、数据结构和总分 6 个数据项所构成的复合信息。

表 2-1　成绩表

学号	姓名	大学英语	高等数学	数据结构	总分
200853174101	王一	60	81	80	221
200853174102	刘二	94	76	84	254
200853174103	张三	90	78	74	242
200853174104	李四	85	73	73	231
…	…	…	…	…	…

由上述例子可以得到：对于同一个线性表，其每一个数据元素的值虽然不同，但必须具有相同的数据类型；同时，数据元素之间具有一种"线性"的或"一对一"的逻辑关系，如图 2-1 所示。即在非空的线性表中：

（1）第一个数据元素没有前驱，这个数据元素被称为**开始结点**；

（2）最后一个数据元素没有后继，这个数据元素被称为**终端结点**；

（3）除第一个和最后一个数据元素之外，其他数据元素有且仅有一个前驱和一个后继。

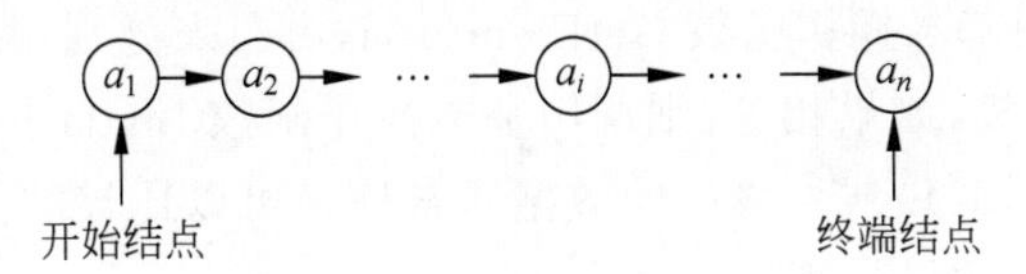

图 2-1　线性表的逻辑结构

具有上述逻辑关系的数据结构被称为线性结构，线性表就是一种线性结构。

2.1.2　线性表的抽象数据类型描述

线性表的逻辑结构简单，其长度允许动态地增长或收缩；可以对线性表中的任何数据元素进行访问和查找；数据元素的插入和删除操作可以在线性表中的任何位置上进行；可以求线性表中任意指定数据元素的前驱和后继；可以将两个线性表合并成一个线性表，或将一个线性表拆分成两个或多个线性子表等。线性表的抽象数据类型描述如下：

```
ADT List {
    数据对象:D = { ai | ai ∈ ElemType, 1≤i≤n,n≥0,ElemType 是约定的数据元素类型,使用时用户需根据具体情况进行自定义}
    数据关系:R = {< ai,ai+1 > | ai、ai+1 ∈ D,1≤i≤n-1}
```

```
    基本操作:
    InitList(&L),初始化操作:创建一个空的线性表 L。
    DestroyList(&L),销毁操作:释放一个已经存在的线性表 L 的存储空间。
    ClearList(&L),清空操作:将一个已经存在的线性表 L 置成空表。
    ListEmpty (L),判空操作:判断线性表 L 是否为空,若为空,则函数返回 TRUE;否则,函数返回
FALSE。
    ListLength(L),求线性表的长度操作:求线性表 L 中数据元素的个数并返回其值。
    GetElem(L,i,&e),读取第 i 个数据元素操作:求线性表中第 i 个数据元素的值并用 e 返回其值,
其中 i 的合法范围为:1≤i≤n。
    ListInsert(&L,i,e),插入操作:在线性表 L 的第 i 个数据元素之前插入一个值为 x 的数据元素,
其中 i 的合法范围为:1≤i≤n+1。当 i=1 时,表示在表头插入 e;当 i= n+1 时,表示在表尾插入 e。
    ListDelete(&L,i,&e),删除操作:删除线性表 L 中第 i 个数据元素,并用 e 返回其值,其中 i 的合
法范围为:1≤i≤n。
    LocateElem(L,e), 查找操作:查找线性表 L 中值为 e 的数据元素,并返回指定数据元素 e 在线性
表中首次出现时的位序号。若线性表中不包含此数据元素,则返回 0。
    DisplayList(L),输出操作:输出线性表 L 中各个数据元素的值。
}ADT List
```

线性表的基本操作的种类往往与它用于解决的实际问题有关,上述给出的仅是其中一些常用的基本操作,读者在实际应用中可酌情进行增减。如果实现了上述定义的抽象数据类型线性表,则可利用其中的基本操作来实现其他一些更复杂的操作。

【例 2-1】 编写一个算法,实现删除已知一个有序线性表中“多余”的数据元素。

【分析】 所谓“多余”是指值相同的数据元素只保留一个,如{2,5,5,5,12,36,36,47}为一个有序的线性表,删除其中“多余”的数据元素后所得的线性表为{2,5,12,36,47}。要确定删除有序线性表中“多余”数据元素的方法,首先就要抓住有序线性表的特性:**值相同的数据元素总是在相邻的位置上**。根据这一特性,则可大致给出实现上述操作的方法为:从第1个数据元素开始,依次将它与后面相邻的元素逐一进行比较,如果相等则将后面所有相等的元素从线性表中删除;如果不相等,则继续往下比较,如此重复,直到比较到最后一个元素为止。为此,可先调用基本操作函数 ListLength(L)求出线性表的当前长度,然后从第1个元素开始,依次调用基本操作函数 GetElem(L,i,&e)来分别读取到线性表中相邻两个数据元素并进行值的比较,如果相等,则调用基本操作函数 ListDelete(&L,i,&e)来删除其中一个数据元素。在此,假设线性表中的数据元素值是可以比较的。

【算法 2-1】 例 2-1 的设计算法。

```
Status DeleteUnnecessary(List &L)
//删除已知有序线性表 L 中"多余"的数据元素
{  ElemType e,e1,e2;      //e1、e2 分别用于暂存线性表中两个相邻的元素 ,e 用于暂存被删的元素
   for(int i = 1;i <= ListLength(L) - 1;i++)  //从第 1 个元素开始,到最后剩下一个元素为止
   {  GetElem(L,i,e1);                        //读取到第 i 个元素的值
      for(int j = i + 1;j <= ListLength(L);)  //j 指示与第 i 个元素相邻的元素
      { GetElem(L,j,e2);                      //读取到第 j 个元素的值
        if (e1 == e2)                         //如果两个相邻元素值相等,则将后面相同元素删除
            ListDelete(L,j,e);
        else
            break;
      }
   }
   return OK;
} //算法 2-1 结束
```

【例 2-2】 已知两个线性表 La 和 Lb 中的数据元素按值非递减有序排列,要求编写算法实现将 La 和 Lb 合并成一个新的线性表 Lc,且保持其有序性。

【分析】 假设已知 La={1,7,10},Lb={3,4,9,15,27},则按题目要求其操作结果是 Lc={1,3,4,7,9,10,15,27}。观察 Lc 可知,它就是由 La 和 Lb 中所有数据元素按从小到大的顺序有序组成的。为此,可以从一个空表 Lc 出发,然后将 La 和 Lb 中的元素按从小到大的顺序依次插入 Lc 中。具体的实现方法是先调用基本操作函数 InitList(&Lc)创建一个空表 Lc,且引进 i,j,k 3 个整型变量并置其初始值为 1,其中 i 和 j 分别是用来从左到右扫描表 La 和 Lb 中的数据元素,k 用来指示当前 Lc 的尾部位置。然后分别调用基本操作函数 GetElem(La,i,ai)和 GetElem(Lb,j,bj)读取到 i 与 j 所指示的数据元素值 ai 和 bj,若 ai≤bj(假设两者在可比较的前提下),则将较小的 ai 插入到 Lc 的尾部,且使 i 指向 La 中的下一个数据元素,否则将较小的 bj 插入到 Lc 的尾部,且使 j 指向 Lb 中的下一个数据元素。如此重复,直到其中一个表的全部元素都插入 Lc 中为止,最后再将另一个表中剩余的全部元素依次插入 Lc 的尾部即可。

【算法 2-2】 例 2-2 的设计算法。

```
Status MergeList(List La, List Lb, List &Lc)
{  int i = 1, j = 1, k = 1;
   ElemType ai, bj;
   int La_length = ListLength(La);          //求出线性表 La 的表长
   int Lb_length = ListLength(Lb);          //求出线性表 Lb 的表长
   InitList(Lc);                            //创建一个空的线性表 Lc
   while(i <= La_length&&j <= Lb_length)    //当 La 和 Lb 都非空时,则将 i 与 j 所指示的小者
                                            //插入 Lc 尾部
    {  GetElem(La, i, ai);
       GetElem(Lb, j, bj);
       if (ai <= bj)
       {  ListInsert(Lc, k++, ai);
          i++;
       }
       else
       {  ListInsert(Lc, k++, bj);
          j++;
       }
    }
   while(i <= La_length)        //如果 La 非空,则将 La 中剩余的全部元素依次插入 Lc 中的尾部
    {  GetElem(La, i++, ai);
       ListInsert(Lc, k++, ai);
    }
   while(j <= Lb_length)        //如果 Lb 非空,则将 Lb 中剩余的全部元素依次插入 Lc 中的尾部
    {  GetElem(Lb, j++, bj);
       ListInsert(Lc, k++, bj);
    }
  return OK;
} //算法 2 - 2 结束
```

【例 2-3】 已知线性表 L 是由若干数字字符或字母字符所组成,要求编写算法实现将

L 拆分成两个线性表 $L1$ 和 $L2$,其中 $L1$ 是由 L 中的所有数字字符序列组成,而 $L2$ 是由 L 中的所有字母字符序列组成。

【分析】 假设已经 $L=${'1','a','b','2','c','3','4'},按题目要求操作所得到的结果是 $L1=${'1','2','3','4'},$L2=${'a','b','c'}。操作思路是先利用基本操作 InitList 创建两个空的线性表 $L1$ 和 $L2$,然后再利用基本操作 GctElcm 将 L 中所有的数据元素依次取出再进行判断,然后利用基本操作 ListInsert 将数字字符插入当前 $L1$ 的尾部,否则插入当前 $L2$ 的尾部。重复此操作,直到 L 中所有的元素都分别插入到 $L1$ 或 $L2$ 中为止。

【算法 2-3】 例 2-3 的设计算法。

```
Status Division(List L,List &L1,List &L2)
//将线性表 L 拆分成 L1 和 L2 两个线性表,其中 L1 和 L2 分别只包含 L 中的数字字符和字母字符
{  ElemType a;
   int i = 1,j = 1;                        //i,j 分别用来指示当前表 L1、L2 中的尾部位置
   int k = 1;                              // k 用来指示当前表 L 中读取的元素位置
   int length = ListLength(L);             //求出线性表 L 的表长
   InitList(L1);                           //创建两个空表 L1 和 L2
   InitList(L2);
   for(int k = 1;k <= length;k++)
   {  GetElem(L,k,a);                      //读取到 L 中第 k 个数据元素
      if (a >= '0'&&a <= '9')
          ListInsert(L1,i++,a);            //将 L 中数字字符插入 L1 的尾部
      else
          ListInsert(L2,j++,a);            //将 L 中其他字母字符插入 L2 的尾部
   }
  return OK;
} //算法 2 - 3 结束
```

本章的重点是探讨抽象数据类型线性表中基本操作该如何实现。下面讨论基于以下两种存储结构的具体实现方法:一种是基于顺序存储的实现;另一种是基于链式存储的实现。

2.2 线性表的顺序存储及其实现

2.2.1 线性表的顺序存储

1. 顺序表的定义

所谓顺序表就是顺序存储的线性表。顺序存储是用一组地址连续的存储单元依次存放线性表中各个数据元素的存储结构。图 2-2 所示即为线性表{$a_1,a_2,\cdots,a_i,\cdots,a_n$}的顺序存储结构示意图。

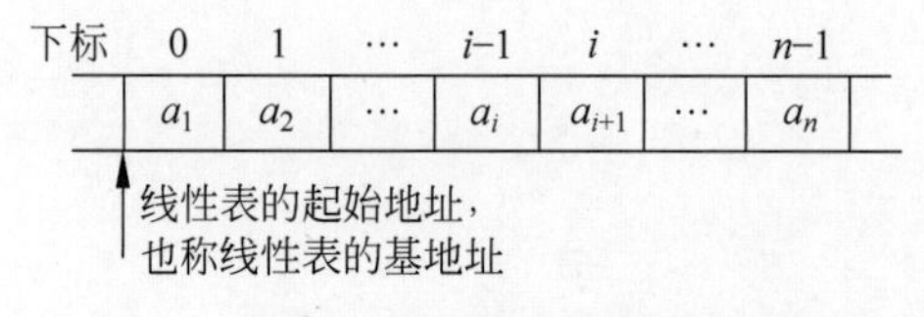

图 2-2 线性表的顺序存储结构示意图

假设线性表的数据元素类型为 ElemType，则每个数据元素所占用的存储空间大小为 sizeof(ElemType)，长度为 n 的线性表所占用的存储空间大小为 $n \times$ sizeof(ElemType)。

2. 顺序存储中数据元素的地址计算公式

因为线性表中所有数据元素的类型是相同的，所以每一个数据元素在存储器中占用相同大小的空间。假设每一个数据元素占 C 字节，且 a_1 的存储地址为 $\mathrm{Loc}(a_1)$（线性表的基地址），则根据顺序存储的特点可得出第 i 个数据元素的地址计算公式为：

$$\mathrm{Loc}(a_i) = \mathrm{Loc}(a_1) + (i-1) \times C, \quad 1 \leqslant i \leqslant n \tag{2-1}$$

以上表明，只要知道顺序表的基地址和每一个数据元素所占存储空间大小，就可以计算出线性表中任何位序号上的数据元素的存储地址。由此可知：线性表的顺序存储结构是一种**随机存取**的存储结构。

3. 线性表顺序存储的特点

(1) 在线性表中，逻辑上相邻的数据元素，在物理存储位置上也是相邻的。

(2) 存储密度高，存储密度可通过下式计算。

$$\text{存储密度} = \frac{\text{数据元素本身值所需的存储空间}}{\text{该数据元素实际所占用的空间}}$$

在线性表的顺序存储结构中，只需存放数据元素值本身，其数据元素之间的逻辑关系是通过物理存储位置关系来反映的，所以，数据元素的存储密度为 1。

(3) 便于随机存取。在线性表基地址已知的情况下，只要明确数据元素在线性表中的位序号就可由式(2-1)方便地计算出该元素在顺序存储中的地址。计算机根据地址就可快速对该地址空间中的元素进行读与写。

上述特点，可谓是线性表顺序存储的优点，但它也存在不尽如人意的地方。

(1) 要预先分配“足够应用”的存储空间，这可能会造成存储空间的浪费，也可能会造成空间不够实际应用，而需要再次请求增加分配空间来扩充存储容量。

(2) 不便于插入和删除操作。因为在顺序表上进行插入和删除操作时，为了保证数据元素的逻辑位置关系与存储位置关系一致，必然会引起大量数据元素的移动。如图 2-2 所示，要在这个顺序表中第 i 个位置前插入一个新元素，则要将第 i 个元素及其之后的所有元素都先往后移一位，使第 i 个存储单元腾空后才能将新元素插入。

4. 顺序存储结构的描述

高级程序设计语言在程序编译时会为数组类型的变量分配一片连续的存储区域，数组元素的值就能依次存储在这片存储区域中；另外，数组类型也具有随机存取的特点。因此，可用数组来描述数据结构中的顺序存储结构，其中数组元素的个数对应于存储区域的大小，且应根据实际需要定义为“足够大”，假设为 MAXSIZE(符号常量)。考虑到线性表的实际长度是可变的，故还需用一个变量 length 来记录线性表的的当前长度。下述类型说明就是线性表的静态顺序存储结构描述。

```
#define MAXSIZE 80              //线性表预分配空间的容量
typedef int ElemType;           //为方便后续算法的描述,将 ElemType 类型自定义为 int 类型
typedef struct {
    ElemType elem[MAXSIZE];     // 线性表的存储空间
    int length;                 //线性表的当前长度
}SqListTp;
```

根据上述描述，对于线性表 $L=\{34,12,25,61,30,49\}$，其顺序存储结构可用如图2-3表示。

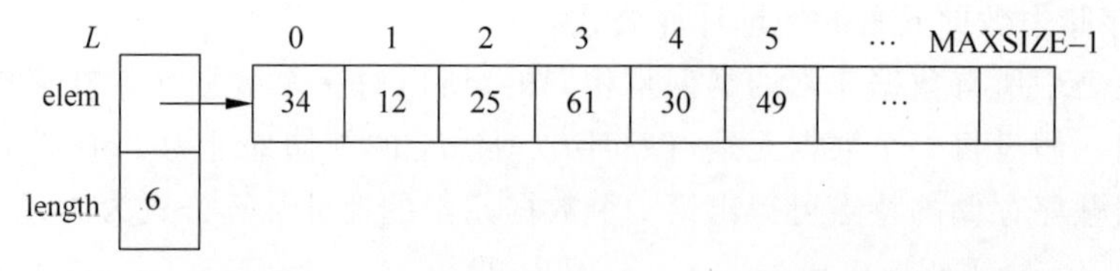

图2-3　线性表 $L=\{34,12,25,61,30,49\}$ 的顺序存储结构示意图

由于在C编程环境中数组空间是在程序编译时分配的，所以上面描述的顺序存储空间被称为静态顺序存储空间。它的容量在程序运行时是不能够根据需要进行动态增加的，这就不能满足线性表的长度在实际应用时是动态变化的需求。为此，需要使用动态的顺序存储空间来存储线性表。下述类型说明是动态顺序存储结构的描述。

```
#define LIST_INIT_SIZE 80          //线性表初始分配空间的容量
#define LISTINCREMENT 10           //线性表增加分配空间的量
typedef int ElemType;
typedef struct {
    ElemType *elem;                // 线性表的存储空间基地址
    int length;                    //线性表的当前长度
    int listsize;                  //线性表当前的存储空间容量
}SqList;
```

其中常量LIST_INIT_SIZE设定为线性表初始分配空间的容量，而常量LISTINCREMENT是在线性表需扩充空间时，而设定的增加分配空间的量。与静态顺序存储结构的描述相比，动态顺序存储结构描述中elem是用来存储连续存储空间的基地址，listsize是用来记载当前为线性表分配空间的容量值。开始时它们的值并未确定，只有在程序运行时，当为线性表分配了具体大小的存储空间后才能确定其值，并且其空间容量在程序运行时也可以根据需要进行动态的增加，从而克服了静态顺序存储结构的不足。

对于线性表 $L=\{a_1,a_2,\cdots,a_i,\cdots,a_n\}$，其动态顺序存储结构示意图如图2-4表示。

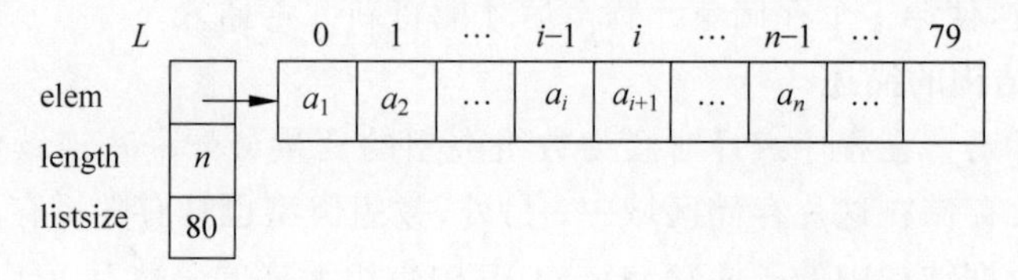

图2-4　线性表 $L=\{a_1,a_2,\cdots,a_i,\cdots,a_n\}$ 的顺序存储结构示意图

特别说明：

(1) 本书后面的顺序存储全部采用动态的顺序存储结构描述。

(2) 对于已知如图2-4所示的顺序表 L，其存储空间基地址的直接访问形式为 L.elem；第 i 个数据元素 a_i 的直接访问形式为 L.elem[i-1](注意元素在表中的位序号与它在数组中的下标之间相差1)；表长的直接访问形式为 L.length；预分配空间容量的直接访问形式是 L.listsize。

2.2.2 顺序表上基本操作的实现

从上述线性表的顺序存储结构示意图或特别说明中的内容可知，对顺序表的清空、判空、求长度和取第 i 个元素的操作都非常容易实现，算法简单。因此，下面只介绍顺序表的初始化、插入、删除和查找操作的实现算法。

1. 顺序表的初始化操作

顺序表的初始化操作 InitList(&L)的基本要求是创建一个空的顺序表 L，也就是一个长度为 0 的顺序表。其存储结构示意图如图 2-5 所示。要完成此操作的主要步骤可归纳如下。

(1) 分配预定义大小的数组空间。

数组空间用于存放线性表中各数据元素，分配空间可用 C 语言中的库函数 malloc 来实现，空间的大小遵守“足够应用”的原则，可通过符号常量 LIST_INIT_SIZE 的值进行预先设定。

(2) 如果空间分配成功，则置当前顺序表的长度为 0，置当前分配的存储空间容量为预分配空间的大小。

【算法 2-4】 顺序表的初始化操作算法。

```
Status InitList( SqList &L)
// 创建一个空的顺序表 L
{   L.elem = (ElemType * ) malloc (LIST_INIT_SIZE * sizeof (ElemType));   // 分配预定义大小的
                                                                          //存储空间
    if (!L.elem)                          //如果空间分配失败
       exit(OVERFLOW);
    L.length = 0;                         //置当前顺序表的长度为 0
    L.listsize = LIST_INIT_SIZE;          //置当前分配的存储空间容量为 LIST_INIT_SIZE 的值
    return OK;
} //算法 2 - 4 结束
```

2. 顺序表上的插入操作

顺序表上进行插入操作 ListInsert(&L,i,e)的基本要求是在已知顺序表 L 上的第 i 个数据元素 a_i 之前插入一个值为 e 的数据元素，其中 $1 \leqslant i \leqslant L.\text{length}+1$。当 $i=1$ 时，在表头插入 e；当 $i=L.\text{length}+1$ 时，在表尾插入 e。插入操作后顺序表的逻辑结构由原来的 $(a_1, a_2, \cdots, a_i, a_{i+1}, \cdots, a_n)$ 变成了 $(a_1, a_2, \cdots, a_{i-1}, e, a_i \cdots, a_n)$，且表长增加 1，如图 2-5 所示。

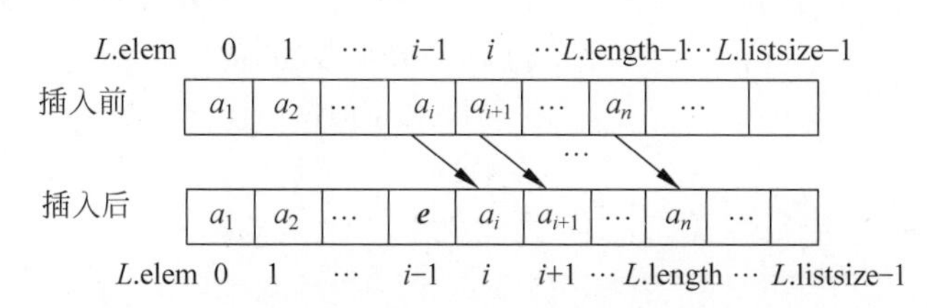

图 2-5 顺序表插入前、后的存储结构状态示意图

根据顺序表的存储特点，逻辑上相邻的数据元素在物理上也是相邻的。要在数据元素 a_i 之前插入一个新的数据元素，则需将第 i 个数据元素 a_i 及之后所有的数据元素后移一个存储位置，再将待插入的数据元素插入到腾空的存储位置上。下面将顺序表上插入操作的

主要步骤归纳如下。

(1) 插入操作的合法性判断。

在进行插入操作之前需对插入位置 i 的合法性和存储空间是否满进行判断。若 i 不合法,即 $i<1$ 或 $i>L.length+1$,则以操作失败结束算法;若当前存储空间已满,即当前存储空间中存放数据元素的个数大于或等于当前存储空间的容量($L.length \geqslant L.listsize$)时,则需对线性表的存储空间进行扩充,扩充后再进行以下操作。

(2) 确定插入位置。

此操作 ListInsert(&L,i,e)中的插入位置在已知条件中已明确规定是 i,所以无须额外考虑这一步骤的实现。如果在操作要求中没有明确规定插入位置,则需再确定插入位置。例如,若将插入操作要求改为在有序的顺序表中插入一个值为 e 的数据元素时,则插入位置必须经过一定次数的比较后才能确定。

(3) 将插入位置及其之后的所有数据元素向后移一个存储位置。

注意:*必须先从最后一个数据元素开始依次逐个进行后移,直到第 i 个数据元素移动完毕为止。*

(4) 表长加1。

【算法 2-5】 顺序表的插入操作算法。

```
1   Status ListInsert(SqList &L, int i, ElemType e)
2   // 在顺序表 L 的第 i 个元素之前插入新的元素 e, 其中 1≤i≤L.length + 1
3   {  ElemType * newbase, * p, * q;
4      if (i < 1 || i > L.length + 1)      //如果插入位置 i 不合法
5         return ERROR;
6      if (L.length >= L.listsize)        //当前存储空间已满,则增加分配
                                          //以扩充空间
7      {  newbase = (ElemType * )realloc(L.elem,(L.listsize + LISTINCREMENT) * sizeof (ElemType));
8         if (!newbase)                   //如果空间分配失败
9         {  printf("OVERFLOW");
10           return ERROR;
11        }
12        L.elem = newbase;               //修改增加空间后的基址
13        L.listsize += LISTINCREMENT;                      //修改增加空间后的存储空间容量
14     }
15     q = &(L.elem[i - 1]);              //q 指示插入位置
16     for (p = &(L.elem[L.length - 1]); p >= q;  -- p)  //p 始终指示待移动的元素
17        * (p + 1) = * p;                //插入位置及其之后的所有元素后移一位
18     * q = e;                           //e 插入腾空的位置
19     ++L.length;                        //表长增 1
20     return OK;
21  } // 算法 2 - 5 结束
```

算法 2-5 与下面的算法 2-6 实现的功能是等价的。前者在算法中是通过指针来间接访问数据元素,而后者在算法中是通过数组元素的访问形式直接访问数据元素,读者可以根据自己的理解选择使用。

【算法 2-6】 顺序表的插入操作算法。

```
1   Status ListInsert_1(SqList &L, int i, ElemType e)
2   // 在顺序表 L 的第 i 个数据元素之前插入新的元素 e, 其中 1 =< i <= L.length + 1
3   {  ElemType * newbase;
4      if(i < 1||i > L.length + 1)              //如果插入位置 i 不合法
5          return ERROR;
6      if(L.length >= L.listsize)               //当前存储空间已满,则增加分配以扩充空间
7      {  newbase = (ElemType *)realloc(L.elem,(L.listsize + LISTINCREMENT) * sizeof (ElemType));
8         if (!newbase)                         //如果空间分配失败
9         {  printf("OVERFLOW");
10           return ERROR;
11        }
12        L.elem = newbase;                     //修改增加空间后的基址
13        L.listsize += LISTINCREMENT;          //修改增加空间后的存储空间容量
14     }
15     for(int j = L.length - 1;j >= i - 1;j -- )
16         L.elem[j + 1] = L.elem[j];           //将插入位置及其之后的所有元素后移一位
17     L.elem[i - 1] = e;                       //e 插入腾空的位置
18     L.length++;                              //表长增 1
19     return OK;
20  }// 算法 2 - 6 结束
```

顺序表上的插入操作算法,其执行时间主要花费在数据元素的移动上,即算法 2-5 中的第 17 行和算法 2-6 中的第 16 行语句的执行时间上,所以此语句的操作是该算法的关键操作。若顺序表的表长为 n,要在顺序表的第 $i(1 \leqslant i \leqslant n+1)$ 个数据元素之前插入一个新的数据元素,则第 17 行或第 16 行语句的执行次数为 $n-i+1$,即会引起 $n-i+1$ 个数据元素向后移动一个存储位置,所以算法中数据元素移动的平均次数为

$$\sum_{i=1}^{n+1} p_i(n-i+1) \tag{2-2}$$

其中：p_i 是在顺序表的第 i 个存储位置之前插入数据元素的概率。假设在任何位置上插入数据元素的概率相等,即 $p_i=\dfrac{1}{n+1}$,则式(2-2)可写成：

$$\frac{1}{n+1}\sum_{i=1}^{n+1}(n-i+1)=\frac{n}{2} \tag{2-3}$$

由式(2-3)可知,算法 2-5 与算法 2-6 的时间复杂度为 $O(n)$。

3. 顺序表上的删除操作

顺序表上的删除操作 ListDelete(&L,i,&e)的基本要求是将已知顺序表 L 上的第 i 个数据元素 a_i 从顺序表中删除,并用 e 返回被删元素的值。其中：$1 \leqslant i \leqslant L.\text{length}$。

删除操作后会使顺序表的逻辑结构由原来的$(a_1,a_2,\cdots,a_{i-1},a_i,,a_{i+1},\cdots,a_n)$变成$(a_1,a_2,\cdots,a_{i-1},a_{i+1},\cdots,a_n)$,且表长减少 1,如图 2-6 所示。

删除操作后为保持逻辑上相邻的数据元素在存储位置上也相邻,就要将第 i 个数据元素 a_i 之后的所有数据元素都向前移动一个存储位置。下面将顺序表上的删除操作的主要步骤归纳如下。

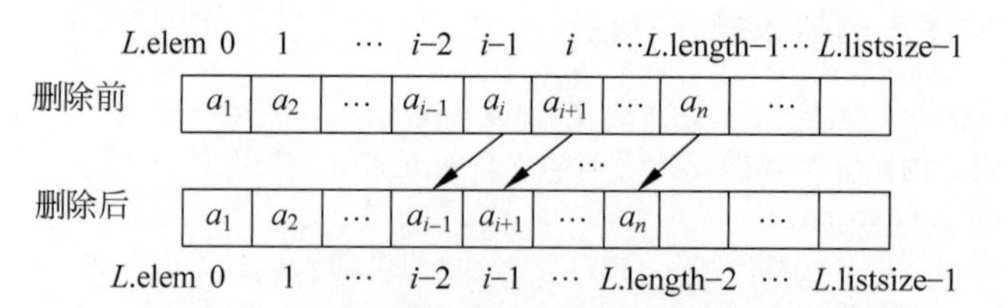

图2-6 顺序表删除前、后的存储结构状态示意图

(1) 删除操作合法性判断。

在进行删除操作之前需判断删除位置 i 的合法性,若 i 不合法,则以操作失败结束算法,否则再执行以下操作。

说明:当 $1 \leqslant i \leqslant L.length$ 时为合法值。

(2) 确定删除位置。

此操作 ListDelete(&L,i,&e)中的删除位置在已知条件中也明确规定是 i,所以也无须额外考虑这一步骤的实现。如果在操作要求中没有明确规定插入位置,则需再确定删除位置。例如,若将删除操作要求改为在顺序表中删除一个值为 e 的数据元素时,则 e 在线性表中的位置也必须经过一定次数的比较后才能确定。

(3) 将删除位置之后的所有数据元素向前移一个存储位置。

(4) 表长减1。

【算法2-7】 顺序表的删除操作算法。

```
1   Status ListDelete(SqList &L, int i, ElemType &e)
2   // 删除顺序表 L 中的第 i 个数据元素,并用 e 返回其值, 其中 1≤i≤L.length
3   {  ElemType *p, *q;
4      if ((i < 1) || (i > L.length))            //如果删除位置 i 不合法
5        return ERROR;
6      p = &(L.elem[i - 1]);                     //p 先指示被删除元素的位置
7      e = *p;                                   // 被删除元素的值用 e 保存
8      q = L.elem + L.length - 1;                //q 指示表尾元素的位置
9      for (++p; p <= q; ++p)                    //p 始终指示待移动的元素
10           *(p - 1) = *p;                      //将被删元素之后的所有元素前移一位
11     --L.length;                               //表长减 1
12     return OK;
13  }//算法 2 - 7 结束
```

注意:读者也可以按照算法2-6的实现方法来改写算法2-7,请思考并完成。其实本节中所有的基本操作算法都可以考虑用这两种方法来实现。

在顺序表中删除一个数据元素,其执行时间仍然主要花在数据元素的移动操作上,也就是算法2-7中第10行的语句执行上。这里移动的数据元素的个数与插入操作中相似,取决于被删除元素的起始存储位置。在长度为 n 的顺序表上删除第 $i(1 \leqslant i \leqslant n)$ 个数据元素会引起 $n-i$ 个数据元素发生移动,所以算法中数据元素移动的平均次数为:

$$\sum_{i=1}^{n} p_i (n-i) \tag{2-4}$$

假设在任何位置上删除元素的概率相等,即 $p_i = \frac{1}{n}$,则式(2-4)可写成:

$$\frac{1}{n}\sum_{i=1}^{n}(n-i)=\frac{n-1}{2} \tag{2-5}$$

由式(2-5)可知,算法 2-7 的时间复杂度仍为 $O(n)$。

4. 顺序表上的查找操作

查找操作一般有两种情况：一种是查找指定位置上的数据元素值,另一种是查找值满足某种指定条件的数据元素初次出现的位置。前者在顺序表的实现较简单,用随机存取的方式就可找到对应的数据元素,时间复杂度为 $O(1)$。对于后者的查找操作,如 LocateElem(L,e)的基本要求是在顺序表 L 中查找值为 e 的数据元素初次出现的位置。该操作实现的方法是将 e 与顺序表的每一个数据元素依次进行比较,若经过比较相等,则返回该数据元素在顺序表中的位序号,若所有数据元素与 e 比较但都不相等,表明值为 e 的数据元素在顺序表中不存在,返回 0。

【算法 2-8】 顺序表的查找操作算法。

```
1    int  LocateElem(SqList L, ElemType e)
2 //查找线性表 L 中值为 e 的数据元素,并返回线性表中首次出现指定数据元素 e 的位序号,若线性
3 //表中不包含此数据元素,则返回 0
4    {  int i;
5       for ( i = 1;i <= L.length&&L.elem[ i - 1]!= e;i++) ;
6       if (i <= L.length)
7           return  i;
8       else
9           return  0;
10   }//算法 2 - 8 结束
```

此算法的执行时间主要体现在数据元素的比较操作上,即算法中第 5 行语句的执行,该执行时间取决于值为 e 的数据元素所在的存储位置。若顺序表中第 $i(1\leqslant i\leqslant n)$个位置上的数据元素值为 e,则需比较 i 次；若顺序表中不存在值为 e 的数据元素,则需将顺序表中所有的数据元素都比较一遍后才能确定,所以需要比较 n 次。因此,在等概率条件下,数据元素的平均比较次数为：

$$\sum_{i=1}^{n}p_i\times i=\frac{1}{n}\sum_{i=1}^{n}i=\frac{n+1}{2} \tag{2-6}$$

由式(2-6)可知,算法 2-8 的时间复杂度为 $O(n)$。

5. 顺序表的输出操作

输出操作 DisplayList(L)的基本要求是将数组空间中的每个数据元素值依次输出。

【算法 2-9】 顺序表的输出操作算法。

```
void DisplayList(SqList L)
  //输出顺序表 L 中各数据元素值
{  for(int i = 0;i <= L.length - 1;i++)
      printf(" % 4d ", L.elem[i]);
   printf("\n");
}//算法 2 - 9 结束
```

此算法的时间复杂度为 $O(n)$。

2.2.3 顺序表应用举例

对数据结构最常用的操作就是增、删、查,但在解决实际问题时,其具体操作的已知条件往往会发生变动,所以读者在理解顺序表上这3种基本操作的实现方法时,一定要抓住其通用性的主要操作步骤和每个步骤的实现方法是什么,这样才能灵活使用这些通用性的方法去解决其他一些实际问题。下面通过一些实例来进一步熟悉常用操作的通用性方法的套用。

【例 2-4】 已经一个有序顺序表 L,设计一个算法在 L 中插入一个数据元素值为 x 新元素,并使顺序表 L 仍然保持有序。

【分析】 本题涉及的知识点是顺序表的插入操作。前面已经介绍过:若要在顺序表上实现插入操作,如果当前顺序表的存储空间未满,则主要操作步骤是先确定待插入的位置,再将插入位置及其之后的所有数据元素向后移一位,然后将待插入的数据元素插入到空出的位置上,最后表长加1。这些步骤中最关键的是如何确定待插入的位置。假设有序顺序表是一种非递减的有序表,所以要确定待插入的位置可以有两种实现方法。方法一:从顺序表的表头开始依次往后将数据元素值与 x 进行比较,当数据元素值比 x 值小时,则继续往后进行比较,直至遇到一个值比 x 大或相等的数据元素为止,则此数据元素所处的位置就是 x 待插入的位置。方法二:从顺序表的表尾开始依次往前将数据元素值与 x 进行比较,当数据元素值比 x 的值大时,则继续往前进行比较,直至遇到一个值比 x 小或相等的数据元素为止,则此数据元素所处的位置的后面一个位置则是 x 待插入的位置。当待插入的位置确定后,则要进行数据元素的移动。由于数据元素的移动都是从表尾元素开始的,因而采用方法二时,可以在确定待插入位置的同时一边进行比较,一边进行移动,这样可以简化算法的描述形式并提高算法效率。

【算法 2-10】 例 2-4 中方法一的设计算法。

```
Status SqListInsert_1 (SqList &L,ElemType x)
 {  int i;  ElemType * newbase;
    if(L.length>=L.listsize)                    //若当前顺序表分配空间满,则追加分配
    {  newbase = (ElemType *)realloc(L.elem,(L.listsize+LISTINCREMENT) * sizeof (ElemType));
       if (!newbase)                            //如果空间分配失败
       {  printf("OVERFLOW");
          return ERROR;
       }
       L.elem = newbase;                        //修改增加空间后的基址
       L.listsize += LISTINCREMENT;             //修改增加空间后的存储空间容量
    }
    for(i=0; i<L.length &&L.elem[i]<x;i++);     //确定插入位置
    for(int j=L.length-1;j>=i;j--)              //插入位置 i 及其之后的所有元素后移一位
         L.elem[j+1]=L.elem[j];
    L.elem[i]=x;                                //插入 x
    L.length++;                                 //表长加 1
    return OK;
}//算法 2-10 结束
```

【算法 2-11】 例 2-4 中方法二的设计算法。

```
Status SqListInsert_2 (SqList &L,ElemType x)
{  int i;  ElemType * newbase;
   if(L.length>=L.listsize)                     //若当前顺序表分配空间满,则追加分配
   {  newbase= (ElemType *)realloc(L.elem,(L.listsize+LISTINCREMENT) * sizeof (ElemType));
      if (!newbase)                             //如果空间分配失败
      {  printf("OVERFLOW");
         return ERROR;
      }
      L.elem = newbase;                         //修改增加空间后的基址
      L.listsize += LISTINCREMENT;              //修改增加空间后的存储空间容量
   }
   for(i=L.length-1; i>=0&&L.elem[i]>x;i--)
         L.elem[i+1]=L.elem[i];                 //一边比较,一边进行后移
   L.elem[i+1]=x;                               //插入 x 到第 i+1 个位置上
   L.length++;                                  //表长加 1
   return OK;
}  //算法 2-11 结束
```

这两种算法的时间复杂度虽然都为 $O(n)$(n 为顺序表的表长),但算法 2-10 中有两个并列的 for 循环语句,而算法 2-11 中只有一个 for 循环语句,显然,后者运行时间更少。

【例 2-5】 已知一个顺序表 L,设计一个算法删除 L 中数据元素值为 x 的所有元素。并使此操作的时间复杂度为 $O(n)$,空间复杂度为 $O(1)$,其中 n 为顺序表的长度。

【分析】 本题涉及的知识点是顺序表的删除操作。如果这题没有时间复杂度限制的话,很容易想到这种方法:从顺序表的表头开始依次对每个数据元素进行扫描,如果遇到值为 x 的数据元素则将其删除,直到所有的数据元素都处理完为止。由于在顺序表中删除一个数据元素的时间复杂度为 $O(n)$,所以要对 n 个数据元素进行处理,时间复杂度为 $O(n^2)$,所以这种设计思想是不符题目要求的。下面介绍符合题目要求的一种设计思想:

先引进一个计数变量 k,用来记录顺序表中值不等于 x 的数据元素的个数,初始值为 0,然后从顺序表的表头开始依次对每个数据元素进行扫描,边扫描边统计,当统计到第 k 个值不等于 x 的数据元素时,则将其存放到数组的第 k 个存储位置中,最后将顺序表的长度修改为 k 即可。

【算法 2-12】 例 2-5 的设计算法。

```
Status SqListdel_x(SqList &L, ElemType x)
 //删除当前顺序表中所有值为 x 的数据元素
{  int k=0;                                     //k 记录值不等于 x 的数据元素的个数
   for(int i=0;i<L.length;i++)
      if (L.elem[i]!=x)
          L.elem[k++]=L.elem[i];                //将第 k 个值不等于 x 的数据元素存放到
                                                //数组的第 k 个存储位置
   L.length=k;                                  //修改顺序表的长度为 k
```

}//算法 2-12 结束

从此算法的结构本身就可以知道它的时间复杂度为 $O(n)$,空间复杂度为 $O(1)$。

2.3 线性表的链式存储及实现

顺序存储虽然是一种很有用的存储结构,但它具有如下局限性。

(1) 若要为线性表扩充存储空间,则需重新创建一个地址连续的更大的存储空间,并把原有的数据元素都复制到新的存储空间中。

(2) 因为顺序存储要求逻辑上相邻的数据元素在物理存储位置上也是相邻的,这就使得要插入或删除一个数据元素将会引起平均约一半的数据元素的移动。也就是说,顺序存储不便于做插入和删除操作。

所以,顺序表最适合于表示"静态"线性表,即线性表一旦形成以后,就很少进行插入与删除操作。对于需要频繁执行插入和删除操作的"动态"线性表,通常采用链式存储结构。链式存储结构不要求逻辑上相邻的数据元素在物理上也相邻,**它是用一组地址任意的存储单元来存放数据元素的值**,除此之外,每个数据元素中还附加一个反映数据元素之间逻辑关系的指针。因此,链式存储结构没有顺序存储结构所具有的某些操作上的局限性,却失去了可随机存取的特点,在链式存储结构上只能沿着某个指针进行**顺序存取**。

2.3.1 单链表的表示

采用链式存储方式存储的线性表称为**链表**,链表由一个一个结点通过指针链接而成,其中每一个结点包含存放数据元素值的**数据域**和存放指向逻辑上相邻结点的**指针域**。若一个结点中只包含一个指针域,则称此链表为**单链表**(Single Linked List)。如图 2-7 所示为线性表($a_1, a_2, \cdots, a_n$)的单链表存储结构示意图。

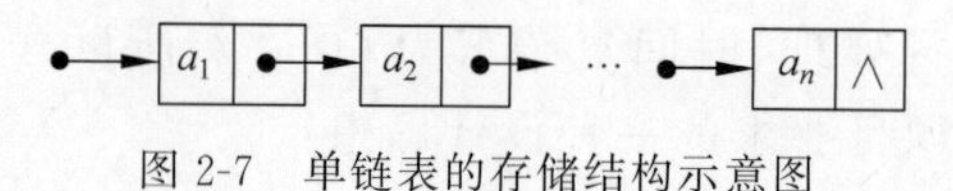

图 2-7 单链表的存储结构示意图

由图 2-7 可知,单链表是通过指向后继结点的指针把它的一串结点链接成一个链。以线性表中第一个数据元素的存储地址作为线性表的起始地址,称为线性表的**头指针**,一个单链表就是由头指针来唯一标识它。单链表中的最后一个结点(也称为尾结点)没有后继,所以它的指针域的值为空指针 NULL,在图中用"Λ"表示。有时为了操作方便,在第一个结点之前虚加一个"**头结点**",它的数据域一般不存放具体的值,指针域存放指向第一个结点(也称为首结点)的指针,此时指向头结点的指针为单链表的头指针。虚加了头结点的单链表也称为**带头结点的单链表**,如图 2-8(a)所示。若线性表为空表,则头结点的指针域为"空",如图 2-8(b)所示。如果以后书中如无特殊说明,都是指带头结点的单链表。

由图 2-8 可知,单链表中的每个结点由两部分构成,一部分是用于存放数据元素值的数据域,另一部分是用于存放线性表中后继结点地址(后继指针)的指针域,如图 2-9 所示。

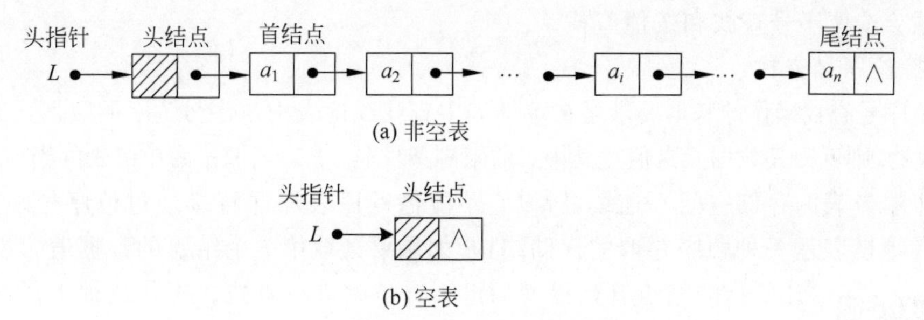

图 2-8　带头结点的单链表的存储结构示意图

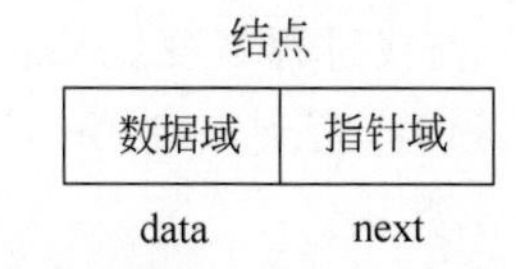

图 2-9　单链表中结点的结构示意图

如果数据域用 data 描述，而后继指针域用 next 描述，则单链表的存储结构可描述为：

```
typedef int ElemType;                 //为后续描述算法方便,特将数据元素类型自定义为整型
typedef struct LNode {
    ElemType      data;               // 数据域
    struct LNode  * next;             // 指针域
  } LNode, * LinkList;
```

注意：上述描述中将单链表的结点类型命名为 LNode，而将指向结点的指针类型命名为 LinkList，请读者区分它们的使用。

2.3.2　单链表上基本操作的实现

下面以初始化、查找、插入、删除、输出和创建一个单链表为例，介绍在带头结点的单链表上这些基本操作的实现。

1. 单链表上的初始化操作

从如图 2-8(b)可知，带头结点的空单链表就是一个只含头结点的单链表，所以要创建一个空的单链表，只要分配一个结点大小的空间来作为头结点，并使其指针域置为空指针，头指针指向该结点即可。

【算法 2-13】　初始化操作算法。

```
Status InitList(LinkList &L)
//创建一个带头结点的空单链表 L
{   L = (LinkList)malloc(sizeof(LNode));        //为头结点分配空间,并使 L 指针指向它
    if (!L)                                      //空间分配失败
       return ERROR;
    L - > next = NULL;                           //将头结点的指针域置为空
    retrun  OK;
}//算法 2 - 13 结束
```

2. 单链表上的查找操作

单链表上的查找操作根据给定的查找条件不同，其实现方法也不相同。下面介绍两种

查找方式：按位序号查找和按值查找。

1）按位序号查找

按位序号查找操作的基本要求是在单链表中查找线性表中位序号为 i 的数据元素结点，如果查找成功，则返回其数据元素值。其中 i 的限制条件是：$1 \leqslant i \leqslant n$（$n$ 为单链表的当前长度）。

由于单链表的存储空间不连续，所以它不能像顺序表那样直接通过位序号来定位其存储地址。单链表是一种顺序存取的存储结构，如果要读取第 i 个结点的数据值，只能从头指针所指的结点开始沿着后继指针依次进行查找。查找过程中，需引进一个指针变量 p 和一个计数变量 j，p 用于指示当前查找到的结点，其初值指向链表中的首结点，j 用于记录 p 所指示的结点在单链表中的位序号，其初值为1，所以整个查找过程就变成从首结点开始沿着后继指针一个一个进行结点“点数”的过程，直到点到第 i 个结点为止。

【算法 2-14】 按位序号查找操作算法。

```
1    Status GetElem(LinkList L,int i, ElemType &e)
2    //查找线性表中第 i 个数据元素,如果查找成功,则用 e 返回其数据元素值
3    {  LinkList  p = L-> next;                    //p 指向链表中的首结点(第一个数据元素结点)
4       int  j = 1;                                //j 记录 p 结点在表中的位序号
5       while (p&& j < i)                          //沿着后继指针一个一个"点数"
6       {  p = p-> next;
7          j++;
8       }
9       if (!p|| j > i)                            //i 值不合法
10         return ERROR;
11      e = p-> data;                              //用 e 返回第 i 个元素的值
12      return OK;
13   }//算法 2 - 14 结束
```

说明：由于算法中 i 的限制条件为：$1 \leqslant i \leqslant n$，但在单链表中表的长度 n 是隐性值，所以不能直接通过条件($i<1||i>n$)来判断 i 的值是否合法，只能通过算法 2-14 中的第 9 行语句来进行判断，其中 if 中的第一个条件若为真，则意味着参数 $i>n$；若 if 中的第二个条件为真，则意味着参数 $i<1$。

2）按值查找

按值查找操作的基本要求是在单链表上查找数据元素值与给定值 e 相等的结点，若查找成功，则返回该结点在单链表中的位序号，否则，返回0。

按值查找的实现方法与按位序号查找的实现方法基本相同，只不过在查找过程不但要通过 j 变量“点数”，而且要在“点数”过程中不断比较 p 指针所指结点的数据值是否与给定值 e 是否相等。

【算法 2-15】 按值查找操作算法。

```
int LocateElem(LinkList L,ElemType e)          //按值查找
 //查找带头结点的单链表 L 中值为 e 的数据元素,如果查找成功,
 //则函数返回它在线性表中首次出现时的位序号, 否则,函数返回 0
{  LinkList  p = L-> next;                      //p 指向链表中的首结点
   int  j = 1;                                  //j 记录 p 结点在表中的位序号
```

```
    while (p&&p->data!= e)
    {   p = p->next;
        j++;
    }
    if (!p)
        return 0;                          //查找不成功,则函数返回 0
    return j;                              //否则函数返回
}                                          //算法 2-15 结束
```

由于上面两种查找都是从单链表的表头开始沿着链依次进行比较,所以它们的时间复杂度都为 $O(n)$。

3. 单链表上的插入操作

单链表上的插入操作 ListInsert(&L,i,e)的基本要求是在单链表的第 i 个结点之前插入一个数据域值为 e 的新结点,其中 i 的限制条件是:$1 \leqslant i \leqslant n+1$($n$ 为单链表的当前长度)。当 $i=1$ 时,在表头插入新结点;当 $i=n+1$ 时,在表尾插入新结点。

在单链表中要实现有序对 $\langle a_{i-1}, a_i \rangle$ 到 $\langle a_{i-1}, e \rangle$ 和 $\langle e, a_i \rangle$ 的改变,并不会像顺序表那样需移动一批数据元素,而只要通过改变相关结点的后继指针值即可,如图 2-10 所示。

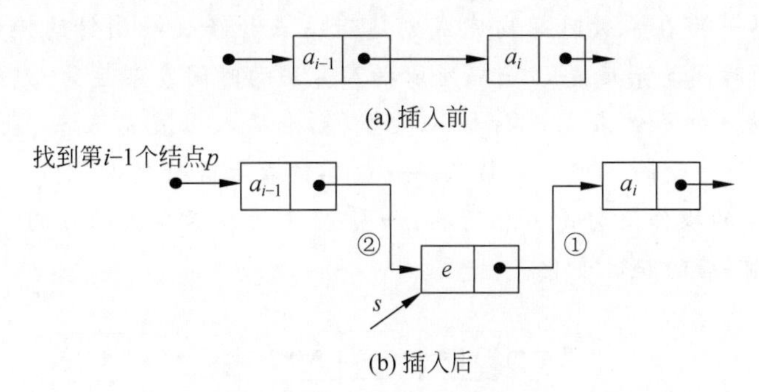

图 2-10　单链表上插入操作前后的状态变化示意图

由图 2-10 可知,相关结点的后继指针值的改变主要涉及待插入位置的前驱结点和新插入结点的后继指针值的改变,也就是如图 2-10(b)中②和①所标识的两个后继指针。要实现这两个指针值的修改,还得先访问到第 i 个结点的前驱结点,即第 $i-1$ 个结点。假设 p 指针指向第 $i-1$ 个结点,s 指针指向新结点,则①和②所标识的指针指向可通过语句 s->next=p->next 和 p->nxet=s 来实现。

根据上述分析,在单链表上进行插入操作的主要步骤归纳如下:

(1) 查找到待插入位置的前驱结点。

(2) 创建数据域值为 x 的新结点。

(3) 修改相关结点的链指针,使新结点插入到单链表中给定的位置上。

【算法 2-16】 单链表上的插入操作算法。

```
1   Status ListInsert(LinkList &L, int i, ElemType e)
2   // 在单链表 L 的第 i 个数据元素之前插入新的元素 e,i 的合法值是 1≤i≤表长 + 1
3   {  LinkList p = L,s;                  //p 指针指示链表中的头结点
4      int j = 0;                         //j 指示 p 指针所指向的结点在表中的位序号
```

```
5       while (p&&j < i - 1)                    //找到第 i 个元素的前驱结点,并用 p 指针指示它
6       {   p = p -> next;
7           ++j;
8       }
9      if (!p ||j > i - 1)                      // i 不合法(找不到前驱结点)
10           return ERROR;
11      s = (LinkList)malloc(sizeof(LNode));   //产生新的结点
12      s -> data = e;
13      s -> next = p -> next;          //修改链指针,让新结点插入到第 i - 1 个元素结点 p 的后面
14      p -> next = s;
15      return OK;
16  } //算法 2 - 16 结束
```

注意：

(1) 如果算法中 i 的值不在合法值 $1 \leqslant i \leqslant$ 表长$+1$ 的范围之内，则算法 2-16 中的第 9 行语句其条件为真。其中 if 的第一个条件若为真，则说明参数 $i >$ 表长$+1$；若 if 中的第二个条件为真，则说明参数 $i < 1$。

(2) 由于链式存储采用的是动态分配存储空间，所以在插入操作之前无须判断存储空间是否为满。

(3) 算法中的第 13 行和第 14 行的语句执行顺序不能颠倒，为什么？留给读者思考。

(4) 此算法尽管可在常数时间内完成创建新结点和修改链指针的操作，但要查找到第 $i-1$ 个结点，它的时间复杂度是 $O(n)$，所以插入算法的时间复杂度为 $O(n)$。

(5) 在带头结点的单链表上进行插入操作，无论插入位置是表头、表尾还是在表的中间，其操作语句都是一致的。但在不带头结点的单链表上进行插入操作，在表头插入和在其他位置插入新结点的操作语句是不相同的，如图 2-11 为在不带头结点的单链表的表头位置插入一个新结点前、后的状况变化。

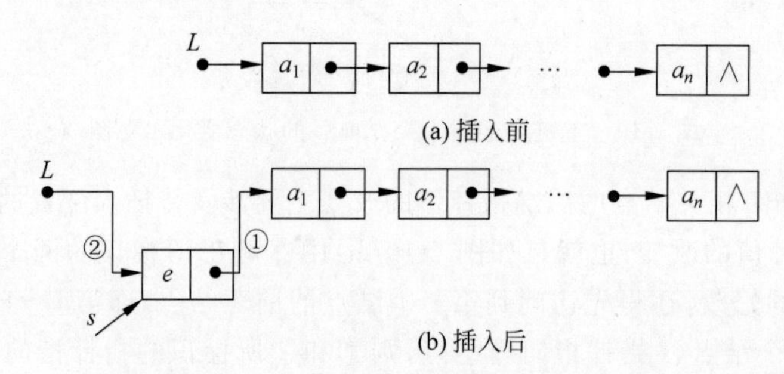

图 2-11　在不带表头结点的单链表的表头插入新结点前、后的状态变化示意图

从图 2-11 中可见，新结点要插入不带头结点的单链表的头部，需对如图 2-11(b)中标识的①和②的链指针进行修改，其对应的执行语句为：

```
① s -> next = L;
② L = s;
```

在不带头结点的单链表的中间位置或在表尾插入一个新结点，其修改链指针的语句与在带头结点的单链表上的插入操作相同，都为：

```
s -> next = p -> next;
```

```
p->next = s;
```

因此，若在不带头结点的单链表上实现插入操作，需要分两种情况分别处理，它比在带头结点的单链表上实现插入操作要更复杂，这也是为什么要在单链表中虚加一个头结点的原因。算法 2-17 给出了具体的实现过程。

【算法 2-17】 在不带头结点的单链表上的插入操作算法。

```
Status ListInsert_Nohead(LinkList &L, int i,ElemType e)
// 在不带头节点的单链表的第 i 个结点之前插入一个数据域值为 e 的新结点
{  LinkList s;
   s = (LinkList)malloc(sizeof(LNode));         //产生新的结点
   s->data = e;
   if (i == 1)                                  //插入位置为表头
  {  s->next = L;
     L = s;
  }
  else                                          //插入位置为表的中间或表尾时
  {  p = L;                                     //当前 p 指示链表中第一个元素结点
     int j = 1;                                 //j 记载当前 p 指针所指示结点在链表中的位序号
     while (p && j < i - 1)                     //找到第 i 元素的前驱结点,并用 p 指针指示它
  {  p = p->next;
         ++j;
     }
     if (!p ||j > i - 1 )                       //用 i = 0/2 去测试
         return ERROR;
     s->next = p->next;
     p->next = s;
  }
  return OK;
}//算法 2 - 17 结束
```

它的时间复杂度为 $O(n)$(n 为表长)。

4. 单链表上的删除操作

单链表上删除操作 ListDelete(&L,i,&e)的基本要求是删除单链表上第 i 个结点，并且用 e 返回其值，其中 i 的限制条件是：$1 \leqslant i \leqslant n$($n$ 为当前单链表的长度)。

在单链表中要实现有序对 $\langle a_{i-1}, a_i \rangle$ 和 $\langle a_i, a_{i+1} \rangle$ 到 $\langle a_{i-1}, a_{i+1} \rangle$ 的改变，则要改变被删结点的前驱结点的后继指针值，如图 2-12 所示。

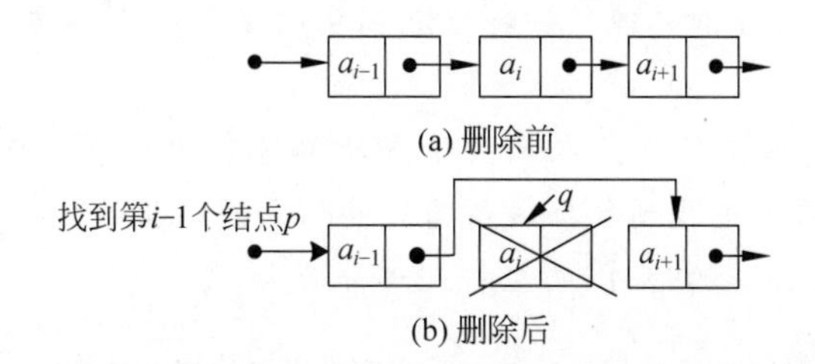

图 2-12　单链表上删除操作前、后的状态变化示意图

与插入操作相同，从单链表中删除一个结点也需要先查找到待删除结点的前驱结点，然后通过修改待删结点的前驱结点的后继指针值来实现线性表中逻辑关系的改变。在单链表

上进行删除操作的主要步骤归纳如下：

(1) 判断单链表是否为空,若为空则以操作失败结束算法,否则转到(2)。

(2) 查找到待删除结点的前驱结点(确定待删除结点的位置)。

(3) 修改链指针,使待删除结点从单链表中脱离出来。

(4) 释放被删结点空间。

【算法 2-18】 单链表上的删除操作算法。

```
1   Status ListDelete(LinkList &L, int i, ElemType &e)
2    // 删除单链表 L 中的第 i 个数据元素,并用 e 返回其值
3   {   LinkList p = L,q;                       //p 指针指示链表中的头结点
4       int j = 0;                              //j 指示 p 指针所指向的结点在表中的位序号
5       while(p -> next &&j < i - 1)            //找到被删结点的前驱结点,并用 p 指示它
6       {   p = p -> next;
7           ++j;
8       }
9       if(!p -> next||j > i - 1)               // i 不合法(找不到前驱结点)
10          return ERROR;
11      q = p -> next;                          //q 指向待删结点
12      p -> next = q -> next;                  // 修改链指针让待删结点从链中脱离出来
13      e = q -> data;                          //用 e 保存待删结点的数据元素值
14      free(q);                                //释放待删结点空间
15      return OK;
16  }// 算法 2 - 18 结束
```

注意：

(1) 对于带头结点的单链表,若为空表,则满足条件 L-> next == NULL。但从上述算法中可以看到,在进行删除操作之前,无须特意去判断链表是否为空,因为算法 2-17 中第 5～10 行语句的执行包含了空表的情况。

(2) 算法 2-18 中的第 5～8 条语句与算法 2-16、算法 2-17 中的第 5～8 条语句比较,不难发现它们同样都是完成查找第 $i-1$ 个元素的功能,为什么算法 2-18 中的第 5 条语句与其他两个算法中的第 5 条语句却不完全相同呢? 请读者注意其差异化的内容,并思考其原因。

(3) 每种操作的基本条件是可根据具体问题改变的,只要条件稍作改变,实现方法就可能不同。但无论条件如何变化,其通用性的处理步骤都是一致的。例如：

① 若删除操作的基本条件改为在不带头结点的单链表上删除第 i 个结点,则也要像插入操作一样分成两种情况分别处理。一种情况删除的是第一个结点,另一种情况删除的是其他位置的结点。

② 若删除操作的基本条件改为在带头结点的单链表上删除数据域值为 e 的结点。要完成此操作,首先仍然需要查找到数据域值为 e 的结点的前驱结点,只不过实现语句不再是用算法 2-18 中第 5～第 8 行的语句,而应将此部分改为：

```
while (p -> next!= NULL&&p -> next -> data!= e) //沿着链依次查找数据域值为 e 的结点
    p = p -> next;
```

此条件下的删除操作还需考虑在单链表中不含数据域值为 e 的结点的情况。如果含有数据域值为 e 的结点(即待删结点存在),则后面的处理步骤与算法 2-18 中从第 12 行起的

实现语句完全相同。

单链表上的删除操作与插入操作相同,它的时间代价也是花费在查找待删除结点的前驱结点上,所以时间复杂度仍为 $O(n)$。

5. 单链表的输出操作

由于链式存储是一种顺序存取的结构,所以要输出单链表中各结点的数据元素值,只要从首结点出发,沿着后继指针在对每一个结点进行遍历的过程中将其数据域的值输出即可。

【算法 2-19】 输出操作算法。

```
void DisplayList(LinkList L)
//输出单链表 L 中各数据元素值
{  LinkList p = L -> next;                    // p 指向链表的首结点
   while(p)
   {  printf(" % 4d",p -> data);              //输出 p 指针所指结点的数据值
      p = p -> next;                          // p 指针后移
   }
   printf("\n");
}//算法 2 - 19 结束
```

6. 单链表的建立操作

单链表是一种动态存储结构,它不需要预先分配存储空间。生成单链表的过程是一个结点"逐个插入"的过程,它的总体思想是从一个空表开始,依次将新结点插入当前形成的单链表中。根据插入位置的不同,可将创建单链表的方法分成两种,一种为头插法(逆位序法),另一种为尾插法(顺位序法)。

1) 头插法创建单链表

头插法创建单链表每次都是将新结点插入当前形成的单链表的表头,其插入过程如图 2-13 所示。

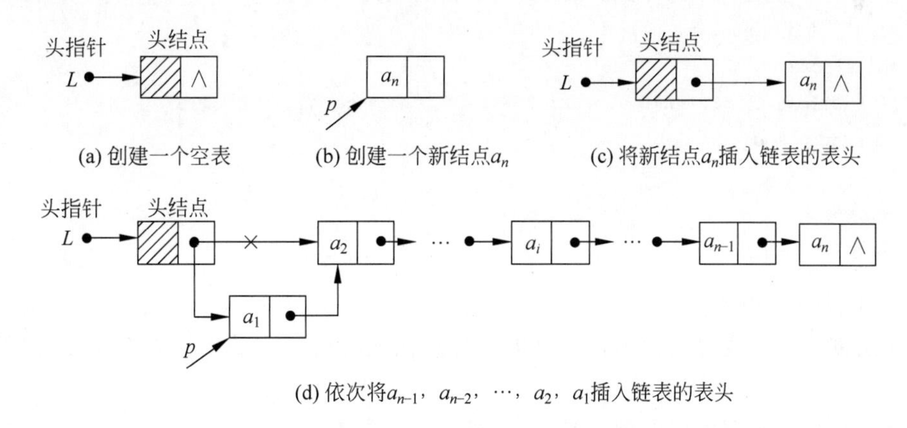

图 2-13 用头插法创建单链表的过程示意图

从图 2-13 可见,头插法是从表尾到表头的逆向创建单链表的过程,所以读入的数据顺序与创建形成的单链表的结点顺序相反,即若读入的数据顺序为$(a_n, a_{n-1}, \cdots, a_1)$,则创建的单链表的结点顺序为$(a_1, a_2, \cdots, a_n)$,所以也将头插法称为逆位序法。

【算法 2-20】 用头插法逆位序创建单链表的算法。

```
Status CreatLinkList(LinkList &L)
  //用头插法创建一个带头结点的单链表
{   ElemType node;
    L = (LinkList)malloc(sizeof(LNode));          //先创建一个空链表
    L -> next = NULL;
    printf("\n 请逆位序输入数据元素值(以 0 结束):\n  "); //请求输入线性表中各个元素,以 0 结束
    scanf(" % d",&node);
    while(node!= 0)                               //将非零元素结点依次插入链表的头部
    {  LinkList p = (LinkList)malloc(sizeof(LNode));
       if (!p)
            return ERROR;
       p -> data = node;
       p -> next = L -> next;
       L -> next = p;
       scanf(" % d",&node);
    }
    return OK;
}//算法 2 - 20 结束
```

在前面对单链表的初始化操作和插入操作已经实现的前提下,用头插法创建单链表的算法也可描述如下。

【算法 2-21】 用头插法创建一个带头结点的单键表。

```
Status CreatLinkList_1 (LinkList &L)
  //用头插法创建一个带头结点的单链表——方法二
{   ElemType node;
    InitList(L);                                  //  创建一个空表
    printf("\n 请逆位序输入数据元素值(以 0 结束):\n  ");
    scanf(" % d",&node);
    while(node)
    {  ListInsert(L,1, node);                     // 将 node 新结点插入表头
       scanf(" % d". &node);
    }
    return OK;
}// 算法 2 - 21 结束
```

2) 尾插法创建单链表

尾插法创建单链表每次都是将创建的新结点插入当前形成的单链表的表尾,其插入过程如图 2-14 所示。

尾插法是从表头到表尾的创建过程,所以读入的数据顺序与创建成立的单链表的结点顺序相同。

【算法 2-22】 用尾插法创建单链表操作算法。

```
Status CreatLinkList_2(LinkList &L)
//用尾插法创建一个带头结点的单链表
{   ElemType node;
```

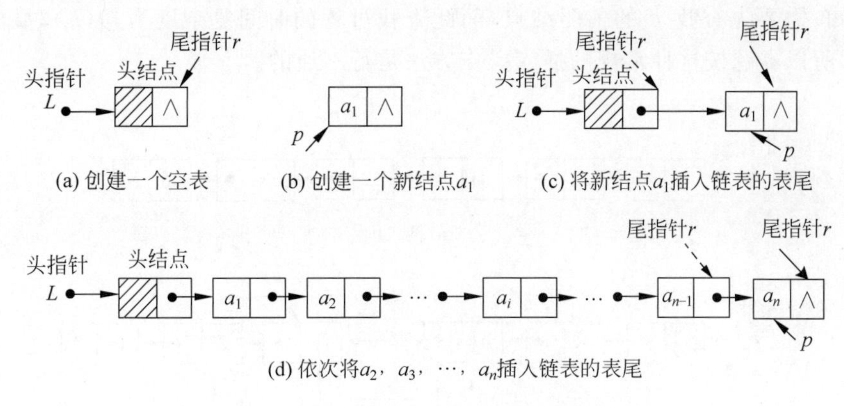

图 2-14　用尾插法创建单链表的过程示意图

```
    L = (LinkList)malloc(sizeof(LNode));        //先创建一个空链表
    L -> next = NULL;
    LinkList r = L, p;                          //其中 r 始终指向链表当前的尾结点
    printf("\nplease input the elem(end with 0):\n  "); //请求输入线性表中各个元素,以 0 结束
    scanf(" %d",&node);
    while(node!= 0)                             //将非零元素结点依次插入链表的尾部
    {   p = (LinkList)malloc(sizeof(LNode));    //创建新结点 p
        if (!p)
            return ERROR;
        p -> data = node;
        p -> next = NULL;
        r -> next = p;                          //将新结点 p 链接到链表的尾部
        r = p;                                  //使 r 指向新的尾结点
        scanf(" %d",&node);
    }
    return OK;
} //算法 2 - 22 结束
```

这个创建单链表的操作同样可以通过调用单链表的初始化操作和插入操作来完成。请读者思考完成。

2.3.3　单链表应用举例

本节将通过 3 个实例来进一步分析单链表上其他操作的实现方法。其实对于任何一个求解问题都可以从两种方法去考虑。一种是采用前面已经实现的基本操作来完成规定的操作；另一种是不利用任何基本操作来完成规定的操作。为节省篇幅，下文在无特殊说明的情况下都只给出采用第二种方法的实现算法。

【例 2-6】 已知一个单链表 L 和一个指向单链表中非头结点的指针 p，现要求将一个已知的结点 s(s 为指向结点的指针)插入 p 结点的前面。试设计算法 Insert(&L,p,s)，并要求算法的时间复杂度为 $O(1)$。

【分析】 本题涉及的主要知识点是单链表上的插入操作。假设，已知单链表及 p 指针的指向如图 2-15(a)所示，按要求将 s 结点 88 插入 p 结点 12 的前面后所形成的单链表如图 2-15(b)所示。要完成这种操作，根据 2.3.2 节中给出的在单链表上实现插入操作的主要步骤可知,需要先查找 p 的前驱结点,而此查找过程的时间复杂度为 $O(n)$,显然不满足题目要求,所以本题按这种常规的插入操作方法是行不通的。

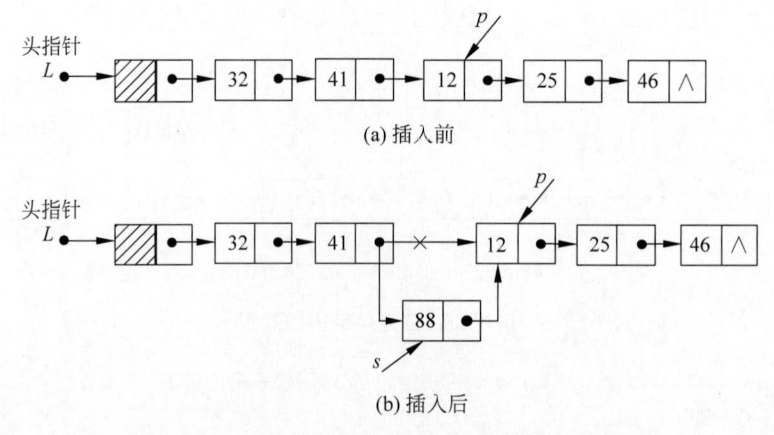

图 2-15　在单链表上插入 s 结点的前、后状态示意图

图 2-16 给出了满足题目要求的一种实现方法,它先将 s 结点插入到 p 结点的后面,然后将 p 结点和 s 结点的数据域的值置换,这样既满足了逻辑关系,又能使算法的时间复杂度为 $O(1)$。

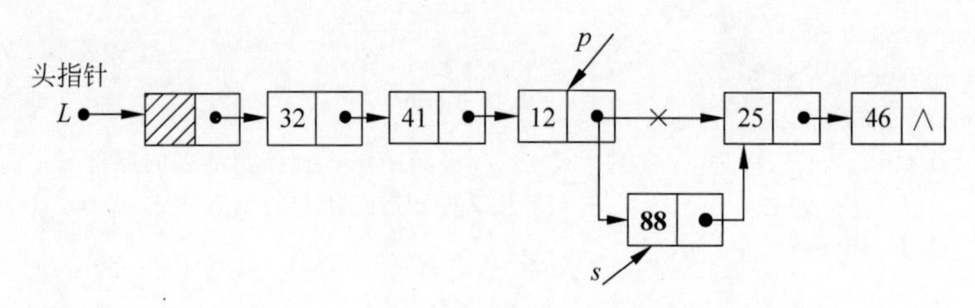

(a) 将 s 结点插入到 p 结点的后面

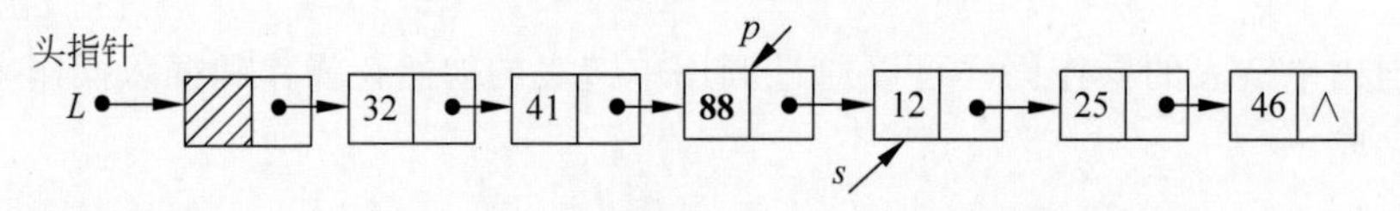

(b) 将 p 结点和 s 结点的数据域置换后的单链表

图 2-16　在单链表上插入 s 结点的前、后状态示意图

【算法 2-23】 例 2-6 的设计算法。

```
Status Insert(LinkList &L,LinkList p,LinkList s)
 // 在单链表 L 的 p 结点之前插入一个 s 结点
{
    s->next = p->next;                      //先将 s 结点插入 p 结点之后
    p->next = s;
    ElemType temp = p->data;                //再将 s 结点与 p 结点的数据域值进行置换
    p->data = s->data;
    s->data = temp;
    return OK;
} //算法 2-23 结束
```

【例 2-7】 用单链表保存 n 个整数，且整数的绝对值不大于 m。现要求设计一个时间复杂度尽可能高效的算法，删除单链表中“多余”的结点，既将数据域的绝对值相同的结点，仅保留第一次出现的结点。例如：若给定的单链表如图 2-17(a)所示，则删除“多余”结点后的单链表如图 2-17(b) 所示。

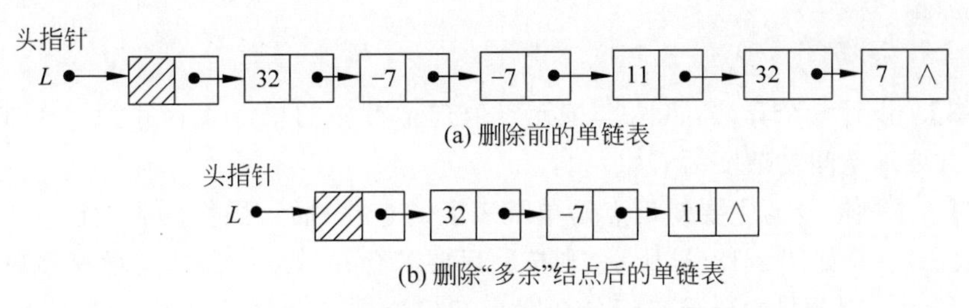

图 2-17 删除“多余”结点前、后的单链表

【分析】 本题涉及的主要知识点是单链表上的删除操作，要删除某个结点，首先就要找到被删除结点的前驱结点。为了找到数据域的绝对值相等的结点的前驱结点，最容易想到的方法是针对单链表中的每一个结点，再对单链表中该结点之后的所有结点扫描一遍，扫描过程中如遇到与该结点数据域的绝对值相等的结点，则将后面遇到的这个结点从单链表中删除，按这种设计思想则对单链表近似扫描 $n-1$ 遍，其算法的时间复杂度为 $O(n^2)$。是否还有时间复杂度更高效的设计思想呢？下面给出采用牺牲空间来赢得时间的设计思想。使用一个辅助数组来记录单链表中已出现的数据值，从而只需对单链表扫描一遍。具体实现方法是：先设置辅助数组 a，因单链表结点中数据域的绝对值不大于 m，则 a 的容量设置为 $m+1$，并且数组各元素均赋初值 0；再依次扫描单链表中各结点，假设当前扫描到的结点的数据绝对值为 i，则检查 $a[i]$的值是否为 0，如果为 0，则保留该结点，并修改 $a[i]$的值为 1；否则，就从单链表中删除该结点。具体实现算法如下，此算法的时间复杂度为 $O(n)$。

【算法 2-24】 例 2-7 的设计算法。

```
Status DeleteSame(LinkList &L, int m)
 //删除单链表 L 中数据域的绝对值相同的"多余"结点,其中结点数据域的绝对值不大于 m
{   LinkList p = L,q;                               // p 是扫描指针,q 用于记载待删结点
    int * a = (int * )malloc((m + 1) * sizeof(int)); //申请分配一个容量为 m + 1 的辅助数组空间
    if (!a)                                         //如果分配空间失败
    {   printf("OVERFLOW");
        return ERROR;
    }
    for(int i = 0;i < m + 1;i++)                    //数组元素置初始值为 0
        a[i] = 0;
    while(p -> next)
    {   int i = (p -> next -> data)> = 0?p -> next -> data: - p -> next -> data;
                                                    //求结点数据域中的绝对值
        if (a[i] == 0)                              //判断该结点的数据值是否已出现过
        {   a[i] = 1;                               //首次出现
            p = p -> next;
        }
        else                                        //重复出现,则要删除
        {   q = p -> next;                          //用 q 指针指向待删结点
```

```
            p->next = q->next;                //修改链指针,使q从链中脱离
            free(q);                          //释放被删结点的空间
        }
    }
    free(a);                                  //释放辅助数组空间
    return OK;
} //算法2-24结束
```

【例 2-8】 设计一个算法,将两个按元素值递增有序的单链表合并为一个非递增有序的单链表,并要求空间复杂度为 $O(1)$。

【分析】 本题涉及的主要知识点是单链表上的查找、插入操作。假设已知两个递增有序的单链表 L_1、L_2 如图 2-18(a)所示,则按题目要求合并后形成的非递增有序单链表 L 如图 2-18(b)所示。因题目中要求空间复杂度为 $O(1)$,则在合并后所形成的单链表 L 中,所有结点空间必须采用原链表 L_1 与 L_2 中的结点空间,不允许产生任何新的结点。本题的算法设计思想与例 2-2 类似,不同点在于:从两个链表的首结点开始扫描两个链表时,将数据元素值较小的结点依次插入合并后的单链表 L 的头部,而不是尾部。因题目要求合并后的单链表并不是按递增顺序排列,而是按非递增的顺序排列,这是读者需要特别注意的地方。在算法的实现过程中,为了扫描已知的两个链表,需要引进两个工作指针,假设为 p 和 q,p 与 q 的初始值都指向两个有序单链表的首结点。

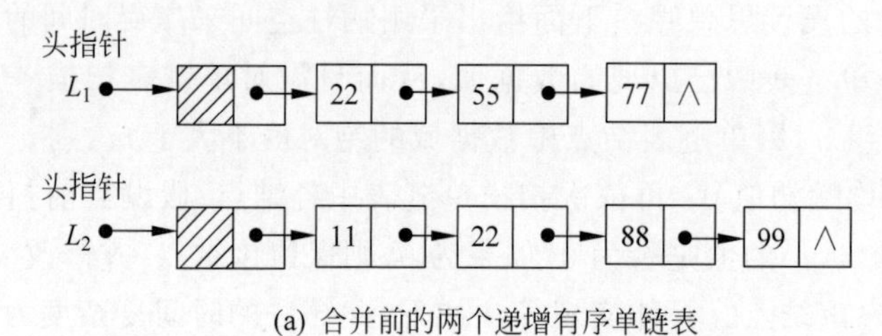

(a) 合并前的两个递增有序单链表

头指针

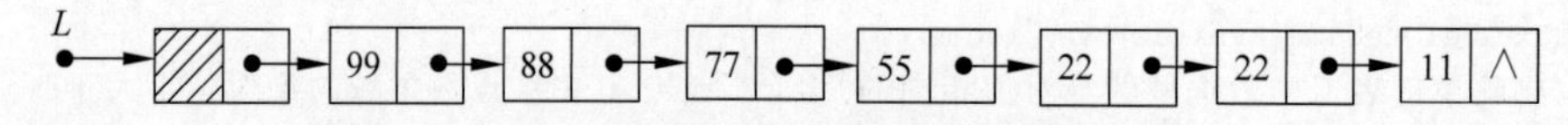

(b) 合并后所形成的非递增有序单链表

图 2-18 两个有序单链表合并前、后的状态示意图

【算法 2-25】 例 2-8 的设计算法。

```
Status MergeLinkList(LinkList L1,LinkList L2,LinkList &L)
//将两个递增有序的单链表L1,L2合并成一个非递增有序的单链表L
{  LinkList r, p = L1->next,q = L2->next;//p,q分别为链表L1,L2的工作指针,初值指向链表
                                         //的首结点
   L = L1;                               //以L1的头结点作为合并后的结果链表L的头结点
   L->next = NULL;                       //此时L为空表
   while(p&&q)                           //当两个链表均不空时
   {  if (p->data <= q->data)
      {  r = p->next;                    //将p的后继结点暂存于r
         p->next = L->next;              //将p结点插入结果链表的头部
         L->next = p;
         p = r;                          //恢复p为当前L1中待比较的结点
```

```
        }
        else
        {   r = q -> next;                          //将 q 的后继结点暂存于 r
            q -> next = L -> next;                  //将 q 结点插入结果链表的头部
            L -> next = q;
            q = r;                                  //恢复 q 为当前 L2 中待比较的结点
        }
    }
    while(p)                                        //将链表 L1 中的剩余结点依次插入结果链表的头部
    {   r = p -> next;
        p -> next = L -> next;
        L -> next = p;
        p = r;
    }
    while(q)                                        //将链表 L2 中的剩余结点依次插入结果链表的头部
    {   r = q -> next;
        q -> next = L -> next;
        L -> next = q;
        q = r;;
    }
    free(L2);                                       //释放原 L2 链表的头结点
    return OK;
} //算法 2 - 25 结束
```

2.3.4 其他链表

在实际应用中，为了使程序代码更简洁、高效，可以对单链表的结构作调整或改进，常见的方法有循环链表、双向链表和双向循环链表等。特别需要指出的是：名词“链表”有两种含义，一是指单链表，二是指各种形式的链式存储结构，所以“链表”的确切含义应取决于上下文，必须分清楚。

1. 循环链表

循环链表(Circular Linked List)也被称为环形链表。其结构与单链表相似，只是将单链表的首尾相连，即将单链表的最后一个结点的后继指针指向第一个结点，从而构成一个环状链表，如图 2-19 所示。

在循环链表中，每一个结点都有后继结点，所以从循环链表的任一个结点出发都可以访问到链表中的所有结点。在某些情况下，需要利用这一特性将许多结点连接成循环链表。例如，在操作系统的资源管理中，当 n 个进程在同一段

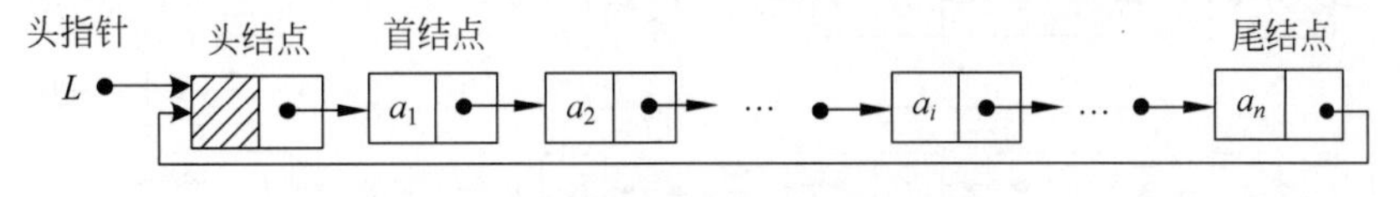

(a) 非空循环单链表(带头结点)

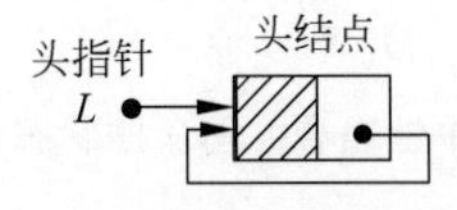

(b) 空循环单链表(带头结点)

图 2-19　带头结点的循环单链表的存储结构示意图

时间使用同一种资源时，任一进程在使用前必须确定没有其他进程访问该资源，所以这 n 个进程先都被放在一个循环链表中等待。系统则通过一个指针沿着循环链表逐个结点(进程)进行检索并激活其中某进程。

循环链表的操作算法与单链表的操作算法基本一致。其差别：一方面，判定单链表中访问的是否是最后一个结点的条件不再是它的后继是否为空，而是它的后继是否为头结点。例如，在非循环链表中的操作语句内容若为 while(p)或 while(p-> next)，则在循环链表中需改为 while(p! = L)或 while(p-> next! = L)等。另一方面，对循环链表判空的条件不再是判断 L-> next 是否为空，而是要判断 L-> next 是否为 L(从图 2-19(b)可知)。所以循环链表上基本操作的实现算法只要在非循环链表的基本操作算法基础上稍做修改即可得到，在此不具体介绍。

一个已知的循环链表，既可以用头指针来标识它，也可以用尾指针来标识它，还可头、尾指针都用，这需根据实际解决的问题来决定。有些情况下仅用一个尾指针(指向表尾结点的指针)tail 来标识循环链表，比仅用一个头指针来标识它更为优越。因为，循环链表的第一个结点可通过表尾指针访问，所以用尾指针标识的循环链表不论是访问第一个结点还是访问最后一个结点，其时间复杂度都是 $O(1)$；若仅用头指针标识循环链表，则访问第一个结点的时间复杂度为 $O(1)$，但访问最后一个结点的时间复杂度为 $O(n)$。所以在实际应用中，往往仅使用尾指针来标识循环链表，这样可简化某些操作。例如，要实现将一个线性表 $\{b_1,b_2,\cdots,b_i,\cdots,b_m\}$ 合并到另一个线性表 $\{a_1,a_2,\cdots,a_i,\cdots,a_n\}$ 的尾部，从而形成线性表 $\{a_1,a_2,\cdots,a_i,\cdots,a_n,b_1,b_2,\cdots,b_i,\cdots,b_m\}$ 的操作，则可考虑采用通过尾指针标识的循环单链表来作为两个线性表的存储结构。这样，合并两个线性表时仅需将一个表的表尾和另一个表的表头相接即可，其时间复杂度和空间复杂度都为 $O(1)$。图 2-20 为仅用尾指针标识的两个循环链表在合并前、后的状态示意图。

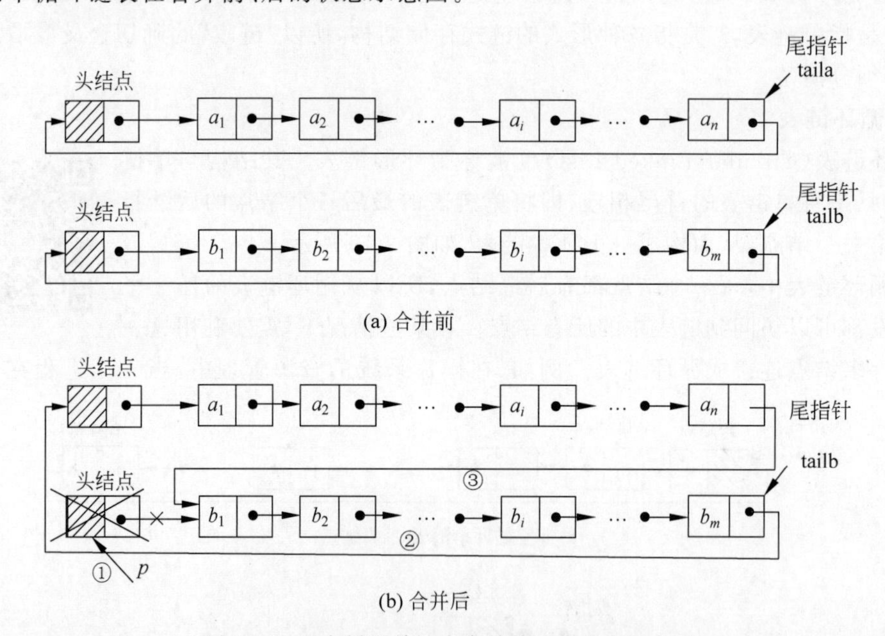

图 2-20　两个循环单链表合并前后的状态示意图

图 2-20 中用①②③标明了合并过程中所需要修改的链指针，它们实现的语句序列分别是：

```
① p = tailb -> next;                //记下第 2 个表的头结点
② Tailb -> next = taila -> next;    //第 2 个表的表尾与第 1 个表的表头相连
③ Taila -> next = p -> next;        //第 1 个表的表尾与第 2 个表的表头相连
```

最后还需将第 2 个表的头结点空间释放，合并后的循环链表是通过原来第 2 个表的尾指针来标识的。

循环单链表在实际问题求解中也有着较广泛的应用，如猴子选王问题、约瑟夫问题等的求解，都可借助循环单链表来实现。2.4 节给出了约瑟夫问题的求解方法。

2. 双向链表

在单链表的结点中仅包含指向其后继结点的指针，所以要查找一个指定结点的后继结点，只要顺着它的后继指针即可一次性找到，其时间复杂度为 $O(1)$。但若要查找一个指定结点的前驱结点，则要从单链表的表头开始沿着后继指针链依次进行查找，其时间复杂度为 $O(n)$，这是快速进行链表操作的一大障碍。为克服单链表这一单向性的缺点，可对单链表重新进行定义，使其结点具有两个指针域，一个指针指向其前驱结点，另一个指针指向其后继结点。这种类型的链表称为双向链表，如图 2-21 所示是带头结点的双向链表的存储结构示意图。

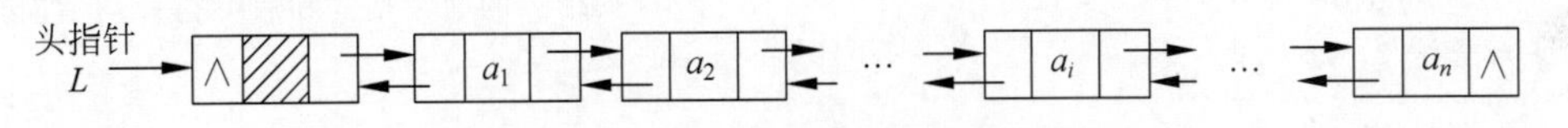

(a) 非空双向链表(带头结点)

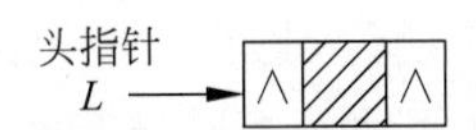

(b) 空双向链表(带头结点)

图 2-21 双向链表的存储结构示意图

双向链表的存储结构描述如下：

```
typedef struct DuLNode
{   ElemType data;                  //数据域
    struct LNode * prior;           //前驱指针域
    struct LNode * next;            //后继指针域
} DuLNode, * DuLinkList;
```

双向链表也与单链表一样，只要首尾相连即可构成双向循环链表，如图 2-22 所示为双向循环链表的存储结构示意图。在双向循环链表中存在两个环，它们分别由前驱指针和后继指针连接而成。

在双向链表中，要实现的某种操作若只涉及一个后继方向的指针，则它们的算法描述与单链表相应操作的算法一致，例如：ListLength(L)、GetElem(L,i,&e)、LocatElem(L,e)和 DisplayList(L)等。但对于插入操作和删除操作的算法要比单链表相应操作的算法更复杂，因为它要涉及对两个指针域值的修改。下面以双向循环链表为例，分别介绍它的初始化操作、插入操作和删除操作的实现方法。

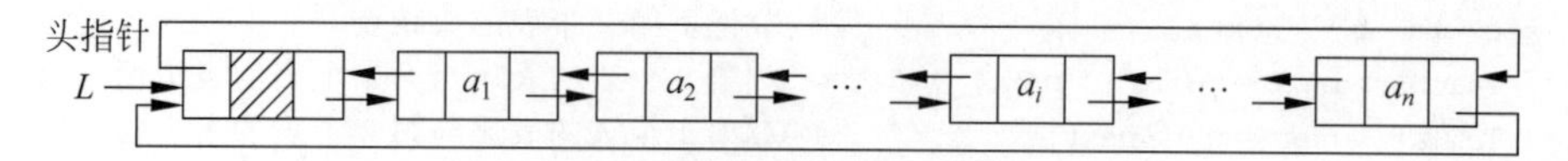

(a) 非空双向循环链表

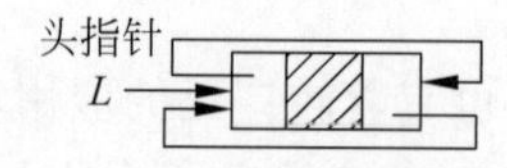

(b) 空双向循环链表

图 2-22　双向循环链表的存储结构示意图

1）双向循环链表的初始化操作

从图 2-22(b)可知,一个空的双向循环链表只含一个头结点,且头结点的前驱和后继指针都指向头结点自身,从而使其构成一个空环。

【算法 2-26】　双向循环链表上的初始化操作算法。

```
Status InitList(LinkList &L)
//创建一个带头结点的空双向链表 L
{   L = (DuLinkList)malloc(sizeof(DuLNode));       //为头结点分配空间,并使 L 指针指向它
    L -> next == L -> prior = L;                   //将头结点的前驱指针和后继指针均指向头结点
} //算法 2 - 26 结束
```

2）双向循环链表上的插入操作

在单向的链表中,为了插入新结点时修改链指针的方便,在插入操作之前需先找到插入位置的前驱结点。但在双向链表中,在插入操作之前无论是先找到插入位置的结点,还是找到插入位置的前驱结点,都能比较方便地对相关链指针进行修改。图 2-23 和图 2-24 分别给出了这两种情况下在插入前、后其指针的状态变化情况。并在图中用①②③④标明了在双向链表中进行插入操作时需要完成 4 个指针的修改。这也是在描述双向链表上插入操作算法时与单向链表上的插入操作算法描述不相同的地方。请读者特别要注意修改这 4 个指针的实现语句。图 2-23 中修改指针对应的语句序列分别为:

```
①  s -> next = p;
②  s -> prior = p -> prior;
③  s -> prior -> next = s;
④  p -> prior = s;
```

注意:其中第④条语句必须放在第②条语句之后执行,否则就不能通过 p 的前驱指针来访问第 $i-1$ 个结点,其他语句的执行顺序可以改变。

图 2-24 中修改指针对应的语句序列分别为:

```
①  s -> next = p -> next;
②  s -> prior = p;
③  p -> next = s;
④  s -> next -> prior = s;
```

注意:其中第③条语句必须放在第①条语句之后执行,否则就不能通过 p 的后驱指针来访问到第 $i-1$ 个结点,其他语句的执行顺序可以改变。

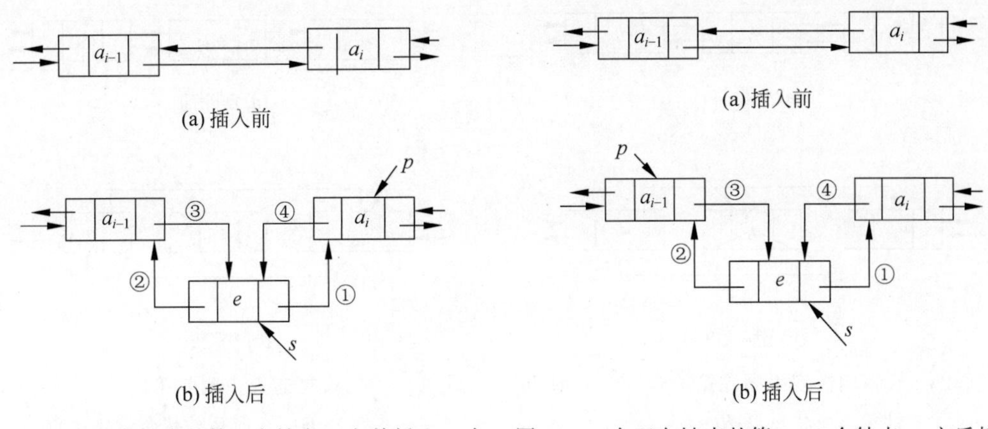

图 2-23　在双向链表的第 i 个结点 p 之前插入一个新结点时的指针状态变化示意图

图 2-24　在双向链表的第 $i-1$ 个结点 p 之后插入一个新结点时的指针状态变化示意图

下面只给出第一种情况的算法描述，另一种请读者思考完成。它们的时间复杂度都为 $O(n)$（n 为表长）。

【算法 2-27】 双向循环链表上的插入操作算法。

```
Status DuLinkListInsert(DuLinkList &L, int i, ElemType e)
 // 在双向循环链表 L 的第 i 个数据元素之前插入新的元素 e,i 的合法值是 1≤i≤表长 + 1
{  DuLinkList p = L -> next,s;                    //p 指针指示链表中的首结点
   int j = 1;                                     //j 指示 p 指针所指向的结点在表中的位序号
   while (p!= L&&j < i)                           //确定插入位置(找到第 i 个元素结点)
   {  p = p -> next;
      ++j;
   }
   if (j!= i)                                     // i 不合法
        return ERROR;
   s = (DuLinkList)malloc(sizeof(DuLNode));       //产生新的结点
   s -> data = e;
   s -> next = p;                               //①修改链,让新结点插入到第 i 个元素结点 p 的前面
   s -> prior = p -> prior;                       //②
   s -> prior -> next = s;                        //③
   p -> prior = s;                                //④
   return OK;
}//算法 2 - 27 结束
```

3. 双向循环链表上的删除操作

在双向链上删除一个指定结点之前，也可以先找到待删除的结点，或者先找到待删除结点的前驱结点，然后再修改相关指针。图 2-25 和图 2-26 分别给出了这两种情况下删除其前、后指针的状态变化情况。并在图中用①②标明了在双向链表中进行删除操作时需要完成两个指针的修改，下面分别给出它们的实现语句。

图 2-25 中修改指针对应的语句序列分别为：

```
① p -> prior -> next = p -> next;
② p -> next -> prior = p -> prior;
```

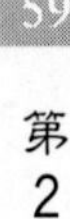

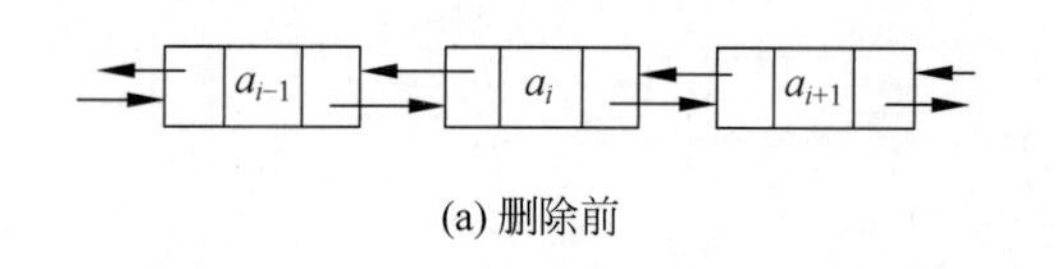

(a) 删除前

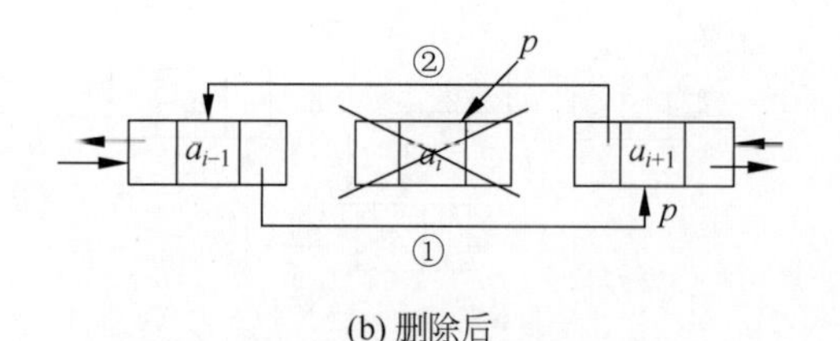

(b) 删除后

图 2-25　在双向链表中删除第 i 个结点 p 时指针状态变化示意图

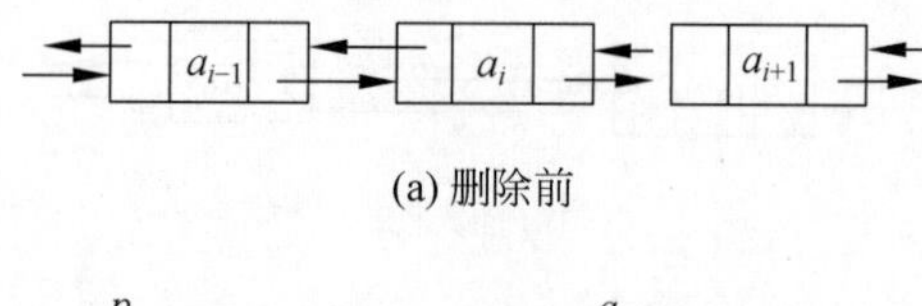

(a) 删除前

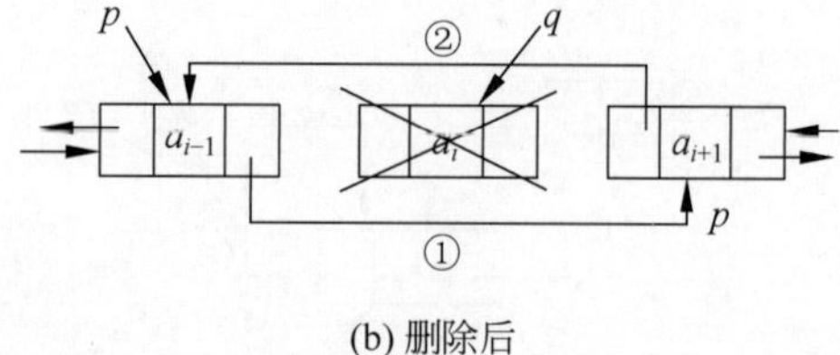

(b) 删除后

图 2-26　在双向链表中删除第 $i-1$ 个结点 p 之后的结点时指针状态变化示意图

图 2-26 中修改指针对应的语句序列分别为：

```
q = p -> next;
① p -> next = q -> next;
② q -> next -> prior = p;
```

下面也只给出第一种情况的算法描述，其算法的时间复杂度为 $O(n)$(n 为表长)。

【算法 2-28】　双向循环链表上的删除操作算法。

```
Status DuLinkListDelete(DuLinkList &L, int i, ElemType &e)
// 删除双向循环链表 L 中的第 i 个数据元素,并用 e 返回其值,i 的合法值是 1≤i≤表长
{   DuLinkList p = L -> next;                    //p 指针指示链表中的首结点
    int j = 1;                                   //j 指示 p 指针所指向的结点在表中的位序号
    while(p!= L&&j < i)                          //确定插入位置(找到第 i 个元素结点)
    {   p = p -> next;
        ++j;
    }
    if(p == L||j > i)                            // i 不合法
       return ERROR;
    p -> prior -> next = p -> next;              //① 修改链让待删结点从链中脱离出来
    p -> next -> prior = p -> prior;             //②
    e = p -> data;
    free(p);
    return OK;
}//算法 2 - 28 结束
```

2.4　顺序表与链表的比较

顺序表和链表是线性表在计算机中的两种基本实现形式。其中链表除上述讨论的几种形式之外，有更多的变化形式。但无论是已经讨论过的，还是其他未涉及的方法中，没有一种方法可称得上是绝对最好的，因为它们都有各自的特点和优、缺点，具体如表 2-2 所示。

表 2-2 顺序表与链表的比较

特 点	顺 序 表	链 表
存取方式	可以顺序存取,也可以随机存取	只能从表头顺序存取数据元素
逻辑结构与物理结构	逻辑上相邻的元素,其物理存储位置也相邻	逻辑上相邻的元素,其物理存储位置不一定相邻
存储密度	由于只存储数据元素值本身,所以存储密度高	由于链表每个结点除了存储数据元素值本身外,还带有指针域,所以存储密度小于 1
插入与删除操作	会引起大量(平均大约半个表长)元素的移动	只需修改相关结点的指针域的值,不会引起元素的移动
按值查找	可用顺序查找或折半查找	只能用顺序查找
按位序号查找	支持随机访问,时间复杂度为 $O(1)$	只能顺序访问,时间复杂度为 $O(n)$

在实际情况中,需要根据具体的应用来决定线性表应采用何种存储结构。当线性表的长度或存储规模难以估计时,不宜采用顺序表。另外,当线性表经常需要实现插入操作和删除操作时,也不宜采用顺序表。而当需要经常对线性表进行按位访问,且读操作比插入与删除操作的频率更多时,不宜采用链表。

与顺序表相比较,链表比较灵活,它既不要求在一块连续的存储空间中存储线性表的所有数据元素,也不要求按其逻辑顺序来分配存储单元,可根据需要进行空间的动态分配,不需要预先分配"足够应用"的连续的存储空间。因此,当线性表的长度变化较大或长度难以估计时,宜用链表;但在线性表的长度基本可预计且变化较小的情况下,宜用顺序表,因顺序表的存储密度比链表高。

在顺序表中按序号访问第 i 个数据元素的时间复杂度为 $O(1)$,而在链表中做同样操作的时间复杂度为 $O(n)$。所以若要经常对线性表按序号访问数据元素,则顺序表要优先于链表。但在顺序表上进行插入操作和删除操作时,需要平均移动近一半的数据元素,而在链表上做插入操作和删除操作,不需要移动任何数据元素,虽然在链表上需要先查找到插入或删除数据元素的位置,但查找主要是比较操作,所以从这个角度考虑,链表要优先于顺序表。

总之,链表比较灵活,插入和删除操作的效率较高,但链表的存储密度较低,适合实现动态的线性表。顺序表实现比较简单,因为任何高级程序语言中都有数组类型,并且空间利用率也较高,可高效地进行随机存取,但顺序表不易扩充,插入操作和删除操作的效率较低,适合实现相对"稳定"的静态线性表。两种存储结构各有所长,各种实现方法也不是一成不变的。在实际应用时,必须以这些基本方法和思想为基础,抓住两者各自的特点并结合具体情况,加以创造性地灵活应用和改造,用最合适的方法来解决问题。

【例 2-9】 Josephus(约瑟夫)问题:Josephus 问题建立在历史学家 Joseph ben Matthias(称为"Josephus")的一个报告的基础上,该报告讲述了他和 40 个士兵在公元 67 年被罗马军包围期间签订的一个自杀协定。Josephus 建议每个人杀死他的邻居,他很聪明地使自己成为这些人中的最后一个,因此获得生还。请编程完成对该问题使用 8 人士兵时的情况进行模拟。

【分析】 本题涉及的主要知识点是在循环单链表上实现建立、查找、插入、删除等基本操作。首先分析应该采用何种存储结构,根据题目中对 Josephus 问题的描述,程序要处理的对象可以看成是由 8 个士兵组成的线性表;又由于每个人要杀死他的邻居,则要保证每个人都要有邻居,为此宜采用循环的存储结构。杀死邻居的操作可以看作是对线性表中数据元素进行删除操作,而且此操作是解决此问题的关键操作,所以宜采用链式存储而不宜用顺序存储。现假定本题中采用单循环链表 L 来解决问题。为处理问题方便,先给出了实现插入 Insert(&L,i,x)、删除 Delete(&L,i)、求长度 Length(L)、读取指定元素 Get(L,i)和输出 Display(L)等的操作算法,在此前提下再来解决 Josephus 问题会比较简单。先利用插入操作创建一个带头结点的循环单链表(约瑟夫环),链表中依次存放着各士兵信息,在此以字母 A,B,…,H 代替。然后,再从循环单链表的某个指定的结点开始,依次删除其相邻的结点,直到链表中只剩下一个结点为止,这个结点代表的士兵就是最后存活下来的士兵。图 2-27 是该问题从第 1 个士兵开始对 8 个士兵的情况模拟示意图。

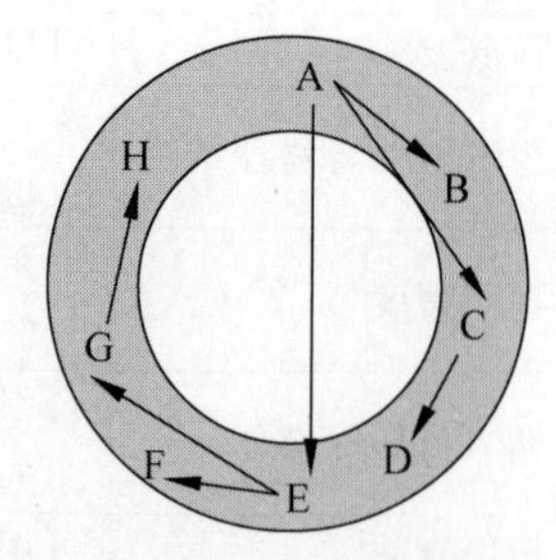

图 2-27 Josephus 问题对 8 个士兵的情况模拟示意图

【程序参考代码】

```
#include <stdio.h>
#include <malloc.h>
#define ERROR 0
#define OK 1
typedef char ElemType;                              //自定义数据元素类型为字符型
typedef bool Status;                                //自定义函数类型为布尔型
typedef struct LNode
{   ElemType data;
    struct LNode * next;
}LNode, * LinkList;
Status Init(LinkList &L)                            //初始化操作算法
//创建一个带头结点的空循环单链表 L
{   L = (LinkList)malloc(sizeof(LNode));            //为头结点分配空间,并使 L 指针指向它
    if (!L)                                         //空间分配失败
        return ERROR;
    L -> next = L;
    return OK;
}//Init
int Length(LinkList L)                              //求长度的操作算法
//返回带头结点的循环单链表中数据的个数
{   int length = 0;
    LinkList p = L -> next;                         //p 指针指向链表中第一个元素结点
    while(p!= L)
    {   length++;                                   //长度加 1
        p = p -> next;                              //p 指针后移
    }
    return length;
}//Length
Status Get(LinkList L, int i, ElemType &e)          //取第 i 个元素的操作算法
//读取带头结点的循环单链表 L 中的第 i 个数据元素,并用 e 返回其值.
{   LinkList p = L -> next;                         //p 指针指示链表中的第一个元素结点
    int j = 1;                                      //j 指示 p 指针所指向的结点在表中的位序号
    while (p!= L&&j < i)
```

```
    {  p = p -> next;
       ++j;
    }
   if (j!= i)                                    // i 不合法
       return ERROR;
   e = p -> data;
   return OK;
}//Get
Status Insert(LinkList &L, int i, ElemType e) //插入操作算法
//在循环单链表 L 的第 i 个数据元素之前插入值为 e 的数据元素
{  LinkList p = L,s;                            //p 指针指示链表中的头结点
   int j = 0;                                   //j 指示 p 指针所指向的结点在表中的位序号
   while ((p!= L||j == 0)&&j < i - 1)           //确定第 i 个元素的前驱结点,并用 p 指针指示它
   {  p = p -> next;
      ++j;
   }
   if (j!= i - 1)                               // i 不合法
       return ERROR;
   s = (LinkList)malloc(sizeof(LNode));         //产生新的结点
   s -> data = e;
   s -> next = p -> next;                       //修改链,让新结点插入第 i - 1 个元素结点 p 的后面
   p -> next = s;
   return OK;
}//Insert
Status Delete(LinkList &L, int i, ElemType &e) //删除操作算法
//删除带头结点的循环单链表 L 中的第 i 个数据元素,并用 e 返回其值
{  LinkList p = L,q;                            //p 指针指示链表中的头结点
   int j = 0;                                   //j 指示 p 指针所指向的结点在表中的位序号
   while((p -> next!= L||j == 0)&&j < i - 1)
   {  p = p -> next;
      ++j;
   }
   if(j!= i - 1)                                // i 不合法
      return ERROR;
   q = p -> next;                               //q 指向待删结点
   p -> next = q -> next;                       //修改链让待删结点从链中脱离出来
   e = q -> data;                               //用 e 保存待删结点的数据元素值
   free(q);                                     //释放待删结点空间
   return OK;
}//Delete
Status Josephus(LinkList L,int i)              // Josephus 问题模拟求解算法
//参数 i 是开始自杀的士兵在表中的位置
{  char s1,s2;
   int h;
   while((h = Length(L))> 1)
   {
      i = i % (h + 1);                          // 求出该士兵在链表的位序号
      if (i == 0)                               //跳过 0 号,因位序号是从 1 开始编号的
         i++;
      Get(L,i,s1);                              //读取到链表中位序号为 i 的士兵信息
      i = ++i % (h + 1);                        //求出相邻士兵在链表中的位序号
```

```
        if (i == 0)                              //跳过 0 号
            i++;
        Delete(L,i,s2);                          // 杀死相邻的士兵
        printf(" %c 杀死 %c\n",s1,s2);
    }
    printf("最后存活的士兵是 %C\n" ,L -> next -> data);
    return OK;
} //Josephus
void Display(LinkList L)                         //输出操作算法
//输出带头结点的循环单链表 L 中各数据元素值
{   LinkList p = L -> next;
    while(p!= L)
    {   printf(" %4c",p -> data);
        p = p -> next;
    }
    printf("\n");
}//Display
int main()                                       // 测试程序的主函数
{   LinkList L;
    int num,i;
    char s;
    Init(L);                                     // 创建一个带头结点的空循环单链表
    printf("请输入士兵的人数 num:");
    scanf(" %d",&num);
    getchar();                                   //跳过回车
    printf("按顺序输入 %d 个士兵信息('A' - 'H'):",num);
    for (i = 1; i <= num; i++)                   // 创建含 num 个士兵的循环单链表(Josephus)
    {   scanf(" %c",&s);
        Insert(L,i,s);
    }
    printf(" %d 个士兵是:",num);
    Display(L);                                  // 输出环中士兵的信息
    printf("输入开始自杀的士兵在表中的位置(1 - num):");
    scanf(" %d",&i);
    Josephus (L,i);                              //Josephus 问题模拟求解
}// main
```

【运行结果】 运行结果如图 2-28 所示。

约瑟夫问题(Josephus Problem)也称“丢手绢问题”,是一道非常经典的算法问题,通常被描述为:有编号为 1,2,3,…,n 的 n 个人按顺时针方向围坐成一圈,然后从第 s 个人开始按顺时针方向自 1 开始报数,报到 m 的人出列,再从下一个人开始重新从 1 开始报数,凡报到 m 的人都依次出列,直至最后剩下一个人为止,这个人就是胜利者。也有将其描述为:

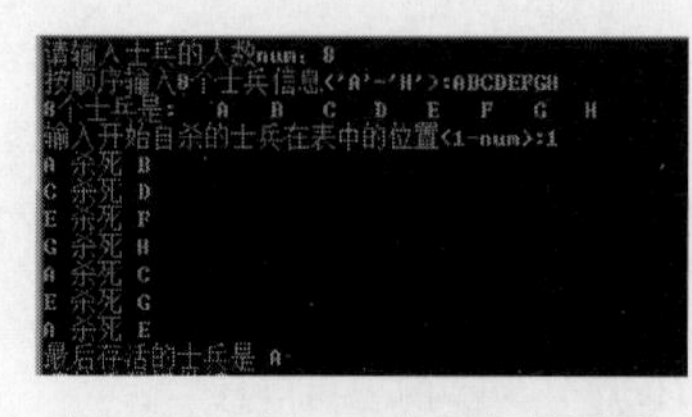

图 2-28 例 2-9 的运行结果图

有编号为 1,2,3,…,n 的 n 个人按顺时针方向围坐成一圈,每人持有一个密码(正整数)。任选一个正整数 m 作为报数的初始密码,从第 s 个人开始按顺时针方向自 1 开始报数,报到 m 的人出列,并将他的密码作为新的密码,再从下一个人开始重新从 1 开始报数,依次出列,直至剩下一个人为止,这个人就是胜利者。解决这个问题的程序请读

者参考例 2-9 自行给出。

2.5 线性表的应用举例

本节通过对一元多项式加法求解问题的分析与设计，进一步熟悉线性表的存储方式、运算实现技术等内容的应用。

【例 2-10】 已知两个一元多项式 $a(x)$和 $b(x)$，要求设计算法实现两个一元多项式 $a(x)$和 $b(x)$的加法运算 $a(x)=a(x)+b(x)$。

【问题分析】 在数学中，符号多项式就是形如 ax^e 的项之和，其中 a 为系数，e 为指数。换句话说，一个一元多项式可按升幂的形式写为：

$$A_n(x)=a_0+a_1x+a_2x^2+\cdots+a_nx^n \tag{2-7}$$

它由 $n+1$ 个系数唯一确定。因此，在计算机里，可用一个线性表 A 来表示：

$$A=(a_0,a_1,a_2,\cdots,a_n) \tag{2-8}$$

每一项的指数隐含在其系数所在的位序号里。

假设 $B_m(x)$是一个一元 m 次多项式，同样可用线性表 B 来表示：

$$B=(b_0,b_1,b_2,\cdots,b_m) \tag{2-9}$$

若 $m<n$，则 $S_n(x)=A_n(x)+B_m(x)$也可以用线性表 S 来表示：

$$S=(a_0+b_0,a_1+b_1,a_2+b_2,\cdots,a_m+b_m,a_{m+1},\cdots,a_n) \tag{2-10}$$

显然，可以在计算机内部对 A，B 和 S 采用顺序存储结构，从而使多项式的加法运算变得简单。但是在实际应用中，多项式的阶数可能很高，且相邻项之间的阶数相差很大。例如 $P(x)=8+4x^{1002}-3x^{20003}$，这样的多项式若按照上述顺序存储方式，则需要用一长度为 20004 的线性表来表示，且表中仅有 3 项是非零元素，从而会造成大量的存储空间浪费。为避免这种情况，我们自然会想到只存储非零项，且在存储非零项系数的同时存储非零项的指数。一般情况下，一元多项式可写为：

$$P_n(x)=p_1x^{e_1}+p_2x^{e_2}+\cdots+p_mx^{e_m} \tag{2-11}$$

其中：p_i 是指数为 e_i 的项的非零系数，且满足条件 $0\leqslant e_1<e_2<\cdots<e_m=n$。一元多项式可用以下线性表来表述：

$$((p_1,e_1),(p_2,e_2),\cdots,(p_m,e_m)) \tag{2-12}$$

虽然，对于一个非零项来说，其占用存储空间量比只存储系数时要大，但对于 $P(x)$类的多项式则大大地节省了存储空间。但对于这类多项式究竟是选择顺序存储还是链式存储呢？这要根据多项式作何种运算而定。因为多项式的加法运算规则是：两个多项式中所有指数相同的项对应的系数相加，若和不为零，则构成“和多项式”中的一项，而所有指数不相同的那些项均复制到“和多项式”中。由于求解结果中多项式的项数是无法预知的，且从提高空间利用率方面考虑，显然应采用链式存储结构。多项式的链式存储结构中的每一个系数非零项对应一个结点，每个结点的结构如图 2-29 所示。结点包含有 3 个域：其中 coef 数据域用来存放非零项的系数，exp 数据域用来存放非零项的指数，而 next 指针域用来存放下一个非零项的结点地址。

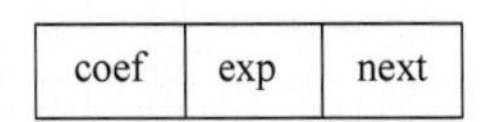

图 2-29　多项式链表的结点结构图

多项式的链表结点类型定义：

```
typedef struct PolyNode{                          // 项的表示
    float coef;                                   // 系数
    int expn;                                     // 指数
    struct PolyNode * next;
} PolyNode , * PolyNomial;
```

下面用带头结点的有序单链表来实现一元多项式的存储。例如,对于两个一元多项式 $a(x)=2+3x+5x^3+2x^4-7x^9$,$b(x)=1-3x+4x^2+7x^3$,它们的链式存储结构如图2-30所示。

两个多项式相加的结果可用图2-31来描述,其中有"×"标志的结点是相加后被删除的结点。

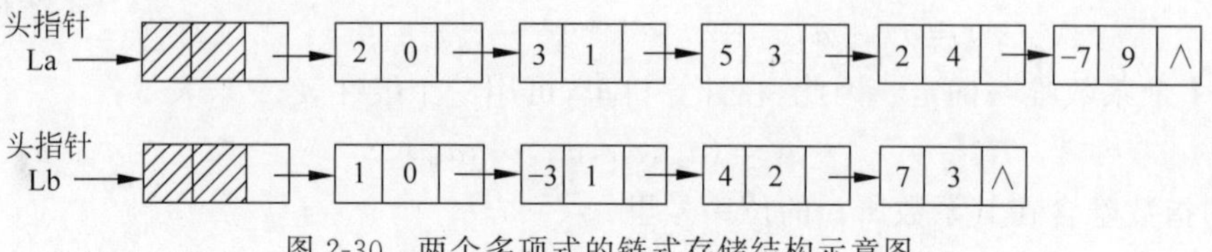

图2-30 两个多项式的链式存储结构示意图

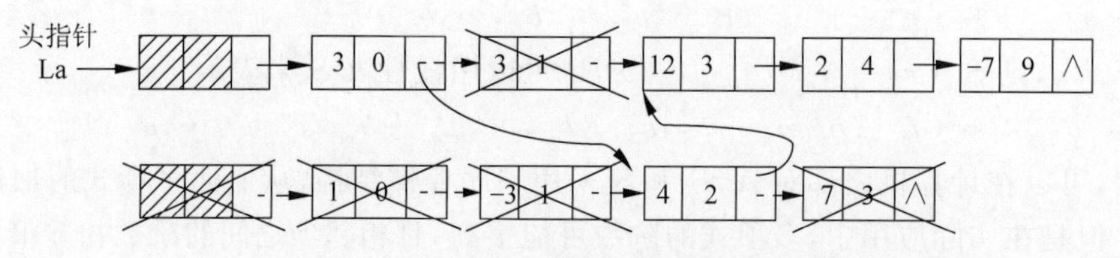

图2-31 两个多项式相加后的结果示意图

多项式相加运算的实现方法类似于例2-8中对两个有序单链表的合并方法。在运算过程中需引进3个工作指针:p、q 和 r,其中 p 和 q 分别指向两个多项式链中待比较的结点,其初始分别指向两个链表的首结点,r 始终指向"和多项式"的当前尾结点。

【算法2-29】 例2-10中一元多项式加法运算的设计算法。

```
Status PolyAdd(PolyNomial &La, PolyNomial Lb )
 //  求两个多项式的和 La = La + Lb:,利用两个多项式的结点构成"和多项式",并用 La 返回结果
{   float sum;
    PolyNomial r = La;                            // r 用于指向新形成链表的尾结点 r
    PolyNomial p = La -> next;                    //p 指向 La 的第一个结点
    PolyNomial q = Lb -> next;                    //q 指向 La 的第一个结点
    PolyNomial temp;
    while( p&&q)
    {  if (p -> expn < q -> expn)                 //p 的指数小于 q 的指数
         {  r -> next = p;                        //p 加入和多项式的尾部
            r = p;                                //r 指向当前和多项式的尾结点
            p = p -> next;                        //p 后移
         }
         else if (p -> expn > q -> expn)          //q 的指数小于 p 的指数
         {  r -> next = q;                        //q 加入和多项式的尾部
            r = q;                                //r 指向当前和多项式的尾结点
            q = q -> next;                        //q 后移
         }
```

```
        else                                    //指数相等
        {   sum = p -> coef + q -> coef;
            if (sum!= 0)
            {   p -> coef = sum;                //和写入 p 的系数域
                r -> next = p;                  // p 加入和多项式的尾部
                r = p ;                         //r 指向当前和多项式的尾结点
                p = p -> next;                  //p 后移
                temp = q;                       //q 为待删除的结点
                q = q -> next;                  //q 后移
                free(temp);                     //删除 q
            }
            else                                //和为零,p 与 q 都删除,且实现 p,q 都后移
            {   temp = p -> next;
                free(p);
                p = temp;
                temp = q -> next;
                free(q);
                q = temp;
            }
        }
    }//while
    r -> next = (p!= NULL)?p:q ;                //将 La 或 Lb 中剩余的结点链接到和多项式的尾部
    free(Lb);                                   //释放 Lb 的头结点
    return OK;
}//算法 2 - 29 结束
```

此算法的时间复杂度为 O(ListLength(La)+ListLength(Lb))。

【综合应用思考】 分别采用顺序存储和链式存储完成学生成绩管理系统的设计与实现。该系统应至少具有增、删、查、改的功能。学生成绩表的结构如表 2 3 所示。

表 2-3　学生成绩表

学号	姓名	性别	大学英语	高等数学
2008001	Alan	F	93	88
2008002	Danie	M	75	69
2008003	Helen	M	56	77
2008004	Bill	F	87	90
2008005	Peter	M	79	86
2008006	Amy	F	68	75

【提示】 由表 2-3 可知,表中的数据元素是由学号、姓名、性别、大学英语和高等数学等 5 个数据项所构成的,所以可将数据元素类型具体定义为

```
typedef struct{
    int number;                 // 学号
    char name[10];              // 姓名
    char sex;                   // 性别(F/M)
    float english;              // 大学英语
    float math;                 // 高等数学
}ElemType;
```

成绩表采用何种存储结构，它的基本操作的实现方法就与前面讨论过的对应存储结构上基本操作的实现方法相同，只不过现在将前面的数据元素类型具体化为一个学生的成绩记录。

小　结

本章在介绍线性表的基本概念和抽象数据类型的基础上，重点介绍了线性表及其操作在计算机中的两种表示和实现方法。

线性关系是数据元素之间最简单的一种关系，线性表就是这种简单关系的一种典型的数据结构。线性表通常采用顺序存储和链式存储两种不同的存储结构。用顺序存储的线性表称为顺序表，而用链式存储的线性表被称为链表。

顺序表是最简单的数据组织方法，具有易用、空间开销小以及可对数据元素进行高效随机存取的优点，但也具有不便于进行插入操作和删除操作，需预先分配存储空间的缺点，它是静态数据存储方式的理想选择。

链表具有的优、缺点正好与顺序表相反，链表适用于经常进行插入操作和删除操作的线性表，同样适用于无法确定长度或长度经常变化的线性表，但也具有不便于按位序号进行随机存取操作和只能进行顺序存取的缺点，它是动态数据存储方式的理想选择。

本章的重点和难点是在了解线性结构的逻辑特性的基础上，熟练掌握它的两种不同存储方式和基于两种存储方式的基本操作的实现方法。

习　题　2

一、客观题测试

扫码答题

二、算法设计题

1. 设计算法，实现对顺序表就地逆置的操作。所谓逆置，就是把$\{a_1, a_2, \cdots, a_n\}$变成$\{a_n, a_{n-1}, \cdots, a_1\}$；所谓就地，就是指逆置后的数据元素仍存储在原来顺序表的存储空间中，即不为逆置后的顺序表另外分配存储空间。

2. 已知顺序表$\{a_1, a_2, \cdots, a_n\}$中的数据元素类型为整型 int，试设计一个在时间和空间两方面都尽可能高效的算法，实现将顺序表循环右移 k 位的操作。即原来顺序表为$\{a_1, a_2, \cdots, a_{n-k}, a_{n-k+1}, \cdots, a_n\}$，循环向右移动 k 位后变成$\{a_{n-k+1}, \cdots, a_n, a_1, a_2, \cdots, a_{n-k}\}$。

3. 已知顺序表$\{a_1, a_2, \cdots, a_n\}$中的数据元素类型为整型 int，设计一个时间与空间上尽可能高效的算法，将其调整为左、右两部分，左边所有数据元素为奇数，右边所有数据元素为偶数。

4. 一个长度为$L(L\geqslant 1)$的升序序列S，处在第$\lceil L/2\rceil$个位置的数称为S的中位数。例如：若序列$S_1=(11,13,15,17,19)$，则S_1的中位数是15。两个序列的中位数是含它们所有元素的升序序列的中位数。例如：若$S_2=(2,4,6,8,20)$，则S_1和S_2的中位数是11。现在有两个等长升序列A和B，试设计一个在时间和空间上都尽可能高效的算法，找出两个序列A和B的中位数。

5. 如果Josephus问题描述为：编号分别为$1,2,3,\cdots,n$的n个小孩围成一圈，任意假定一个正整数m，从第一个小孩起，顺时针方向依次数数，每数到m的小孩则出列，直到最后剩下一个小孩为止，这个小孩便是胜利者。要求只利用顺序存储结构编程求解上述问题，并输出顺序出列的小孩编号及最后的胜利者编号。

6. 设计算法，实现对带头结点的单链表就地逆置的操作。

7. 设计算法，实现删除不带头结点的单链表中数据域值等于x的第一个结点的操作。若删除成功，则返回被删除结点的位序号；否则，返回0。

8. 设计算法，找出已知两个链表的第一个公共结点。所谓两个链表有公共结点，就是指两个链表从某个结点开始，它们的next都指向同一个结点，这个开始结点就是两个链表的第一个公共结点。

9. 设计算法，实现将一个用循环链表表示的稀疏多项式分解成两个多项式的操作，并使两个多项式中各自仅含奇次项或偶次项。要求利用原循环链表中的存储空间构成这两个链表。

10. 设计算法，实现判断带头结点的循环双向链表是否对称。

习题2　主观题参考答案

第3章 栈与队列

栈(Stack)和队列(Queue)是两种特殊的线性表,是两种应用非常广泛且极为重要的线性结构。例如,递归函数调用之间的链接和信息交换、编译器对程序的语法分析过程、操作系统实现对各种进程的管理等,都要应用到栈或队列。栈和队列与线性表之间的不同之处在于:它们可被看成是两种操作受限的特殊线性表,其特殊性体现在它们的插入和删除操作都是控制在线性表的一端或两端进行。正是由于其简洁性和规范性,栈与队列成为构建更复杂、更高级数据结构的基础。

【本章主要知识导图】

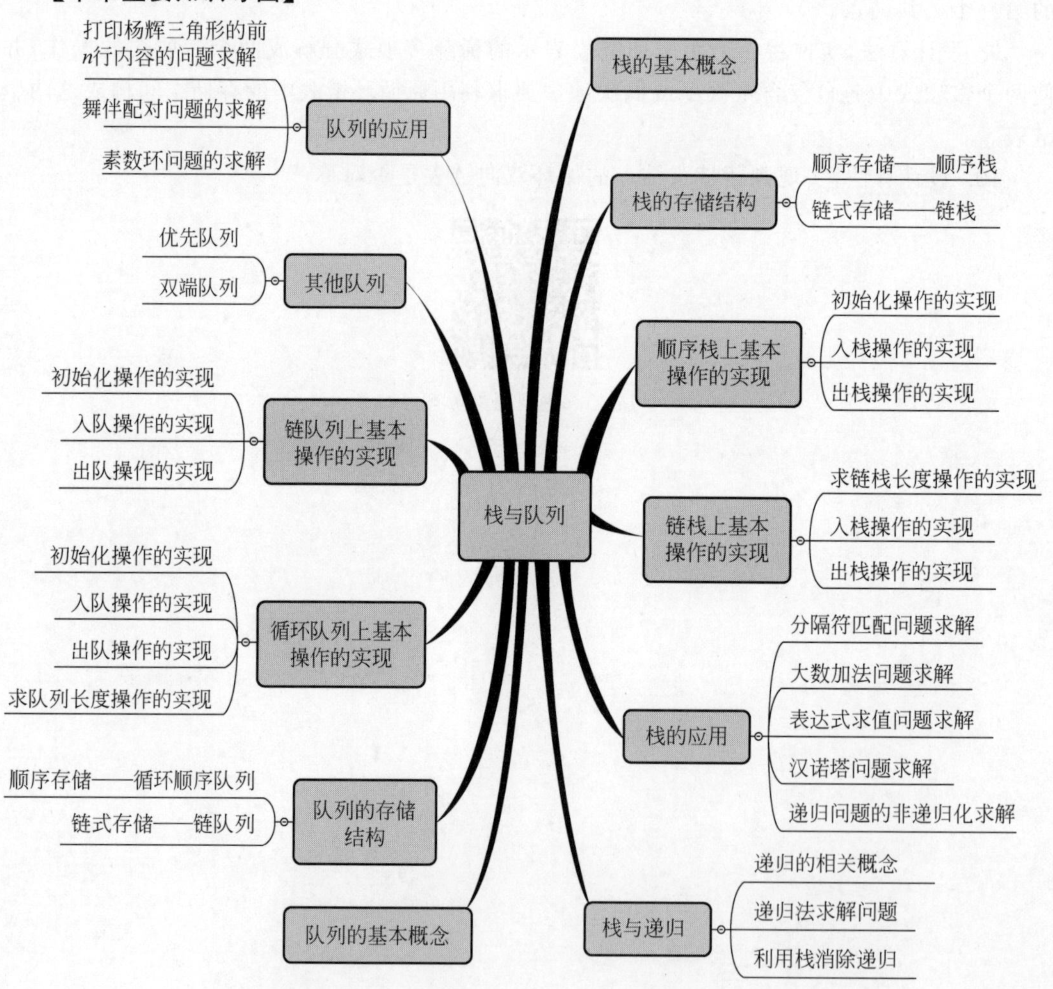

3.1 栈

3.1.1 栈的概念

栈是一种特殊的线性表,栈中的数据元素以及数据元素间的逻辑关系和线性表相同,两者之间的差别在于:线性表的插入和删除操作可以在表的任意位置进行,而栈的插入和删除操作只允许在表的尾端进行。其中,栈中允许进行插入和删除操作的一端称为**栈顶**(Stack top),另一端称为**栈底**(Stack bottom)。假设栈中的数据元素序列为$\{a_1,a_2,a_3,\cdots,a_n\}$,则$a_1$称为栈底元素,$a_n$称为栈顶元素,$n$为栈中数据元素的个数或称为**栈的长度**(当$n=0$时,栈为空)。通常,我们将栈的插入操作称为**入栈**或进栈或压栈,而将栈的删除操作称为**出栈**或退栈或弹栈,如图3-1所示。

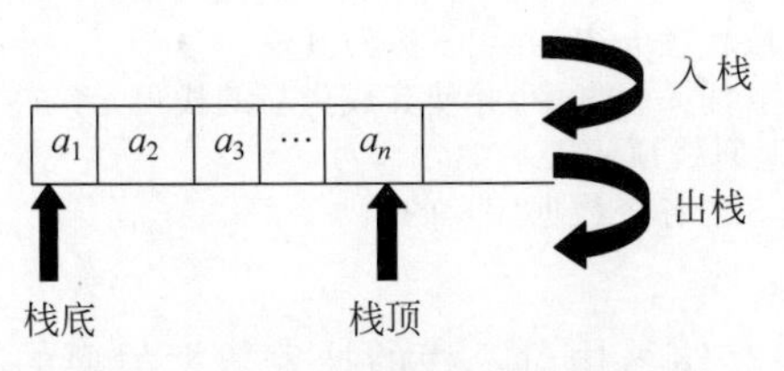

图3-1 栈及其操作的示意图

从栈的概念可知,每次最先入栈的数据元素总是被放在栈的底部,成为栈底元素;而每次最先出栈的总是那个放在栈顶位置的数据元素,即栈顶元素。因此,栈是一种**后进先出**(Last-In First-Out,LIFO),或**先进后出**(First-In Last-Out,FILO)的线性表。

在现实生活中有许多类似栈的实例。例如,叠成一摞的椅子或盘子可被看作是一个栈,任何时候要取出或叠放一把椅子或一个盘子只能在它的顶端实施,满足"后进先出"或"先进后出"的原则;还有火车的调度,以及抽纸盒中纸的放入和取出也都可被视为一个栈的模型。

尽管栈的特性降低了栈的插入与删除操作的灵活性,但这种限制却使栈的操作更为有效、更易实现。在计算机的算法中栈也经常可见,它成为算法设计的基础出发点。例如,浏览器对用户当前访问过的地址的管理,键盘缓冲区中对键盘输入信息的管理,文本编辑器中对用户的编辑操作,表达式的求值等,都采用了栈式结构。

思考:假设有编号为a、b、c和d的4辆列车,顺序进入一个栈式结构的站台,请写出这4辆列车开出车站的所有可能的顺序。

注意:一组元素序列依次入栈,并不能保证元素出栈的次序与其入栈的次序总相反,可以有多种出栈次序。若有n个元素依次进栈,则此n个元素出栈的可能次序有$\frac{1}{n+1}\times C_{2n}^{n}=\frac{1}{n+1}\frac{(2n)!}{n!\times n!}$种。出栈的次序是由每个元素之间的入栈、出栈序列所决定,只有当所有元素入栈后再全部出栈才能使元素进栈的次序与其出栈的次序正好相反,而当操作为"入栈、出栈、入栈、出栈……"时,元素进栈的次序与其出栈的次序是一致的。

3.1.2 栈的抽象数据类型描述

栈仍是由 $n(n \geqslant 0)$ 个数据元素所构成的有限序列,其数据元素的类型可以任意,只要是同一种类型即可。根据栈的定义,栈的抽象数据类型描述如下:

```
ADT Stack {
    数据对象:D = { ai | ai∈SElemType, 1≤i≤n,n≥0,SElemType是约定的栈中数据元素类型,使
    用时用户需根据具体情况进行自定义}
    数据关系:R = {<ai,ai+1> | ai ,ai+1∈D,1≤i≤n-1}
    基本操作:
    InitStack(&S),初始化操作:创建一个空栈S.
    DestroyStack(&S),销毁操作:释放一个已经存在的栈S的存储空间.
    ClearStack(&S),清空操作:将一个已经存在的栈S置为空栈.
    StackEmpty (S),判空操作:判断栈S是否为空.若为空,则函数返回TRUE;否则,函数返回FALSE.
    StackLength(S),求栈的长度操作:求栈S中数据元素的个数并返回其值.
    GetTop(S, &e),取栈顶元素操作:读取栈顶元素,并用e返回其值.
    Push(&S, e),入栈操作:将数据元素e插入栈S中,并使其成为新的栈顶元素.
    Pop(&S,&e),出栈操作:删除并用e返回栈顶元素.
    DisplayStack(S),输出操作:输出栈S中各个数据元素的值.
    }ADT Stack
```

下面分别从顺序和链式两种不同的存储结构讨论栈的抽象数据类型的实现方法。其中,采用顺序存储结构的栈称为顺序栈,采用链式存储结构的栈称为链栈。

3.1.3 顺序栈及其基本操作的实现

1. 顺序栈的存储结构描述

与顺序表一样,顺序栈也可以用数组来实现。假设数组名为base。由于入栈和出栈操作只能在栈顶进行,为操作方便需再增加一个变量top来指示栈顶元素的位置。top有两种定义方式:一种是将其设置为指示栈顶元素存储位置的下一存储单元的位置;另一种是将其设置为指示栈顶元素的存储位置,本书中采用前一种方式来表示top的定义。为此可用下述的类型说明作为顺序栈的动态存储结构描述。

```
#define STACK_INIT_SIZE 80          //栈初始分配空间的容量
#define STACKINCREMENT 10           //栈增加分配空间的量
typedef struct {
    SElemType * base;               //栈的存储空间基地址(栈底指针)
    SElemType * top ;               //指示栈顶元素的下一存储单元的位置(栈顶指针)
    int stacksize;                  //栈当前的存储空间容量
}SqStack;
```

其中SqStack为顺序栈的类型名。根据上述描述,对于非空栈 $S=(39,17,30,65,35,54)$ 初始状态的顺序存储结构可用图3-2表示。

特别说明:对于已知如图3-2所示的顺序栈 S,其存储空间基地址的直接访问形式为S.base;栈顶指针的直接访问形式为S.top;栈的当前存储空间容量的直接访问形式为S.stacksize。

2. 顺序栈基本操作的实现

对于一个说明为SqStack类型的栈 S,再结合图3-2,首先需明确以下几个关键问题。

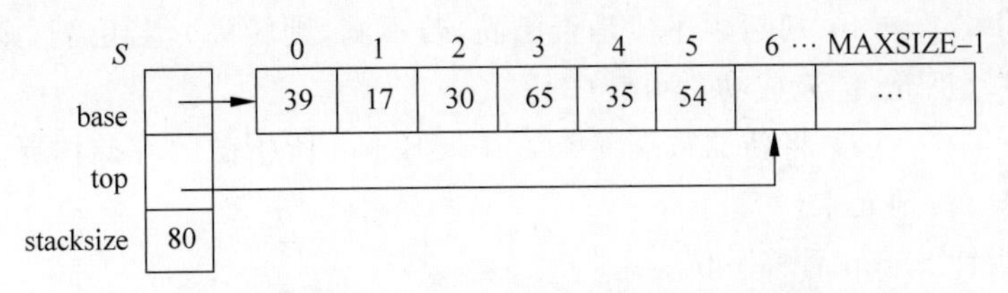

图 3-2　顺序栈 S 初始状态的存储结构示意图

(1) 顺序栈判空的条件是 S. top == S. base。

(2) 顺序栈为满的条件是 S. top－S. base≥S. stacksize。

(3) 栈的长度为 S. top－S. base。

(4) 栈顶元素就是指针 top 所指的前一个存储单元的值 *(S. top－1)。

在理解上述问题后,要描述顺序栈的置空、判空、求长度和取栈顶元素操作的算法就非常简单,请读者自行完成。下面仅对顺序栈的初始化、入栈和出栈操作的实现方法进行分析。

1) 顺序栈的初始化操作

顺序栈初始化操作 InitStack(&S)的实现与顺序表的初始化操作类似,先需按常量 STACK_INIT_SIZE 预定义值的大小分配数组空间,然后再将 top 和 stacksize 两个域置上相应值,使其形成一个空栈。操作结果将形成如图 3-3 所示的顺序栈。

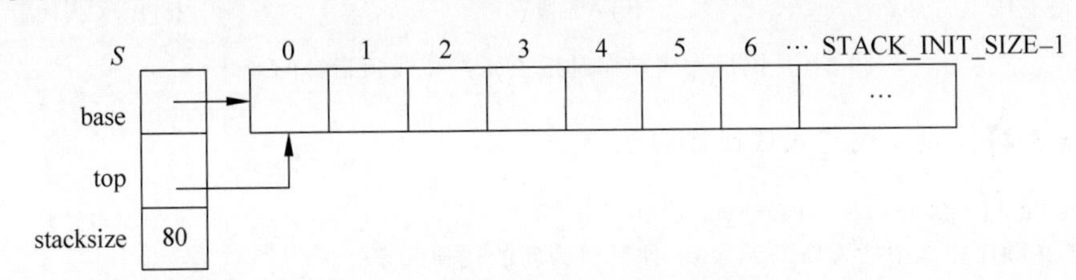

图 3-3　空顺序栈的存储结构示意图

【算法 3-1】　顺序栈的初始化操作算法。

```
Status InitStack( SqStack &S)
// 创建一个空的顺序栈 S
{  // 分配预定义大小的存储空间
   S.base = (SElemType * ) malloc (STACK_INIT_SIZE * sizeof (SElemType));
   if (!S.base)                       //如果空间分配失败
   {  printf("OVERFLOW");
      return ERROR;
   }
   S.top = S.base;                    //置当前栈顶指针指向栈底的位置
   S.stacsize = STACK_INIT_SIZE;      //置当前分配的存储空间容量为 STACK_INIT_SIZE 的值
   return OK;
}// /算法 3 - 1 结束
```

2) 顺序栈的入栈操作

入栈操作 Push(&S,e)的基本要求是将数据元素 e 插入顺序栈 S 中,使其成为新的栈顶元素。完成此处理的主要步骤归纳如下。

(1) 判断顺序栈是否已满,若不满,则转(2),若已满,则对栈空间进行扩充,扩充成功后再转(2)。

(2) 将新的数据元素 *e* 存入 S. top 所指向的存储单元,使其成为新的栈顶元素。

(3) 栈顶指针 S. top 后移一位。

完成(2)和(3)所对应的语句为“ * S. top ++= e; ”。

图 3-4 显示了在顺序栈上执行入栈操作时,栈顶元素和栈顶指针的变化情况。

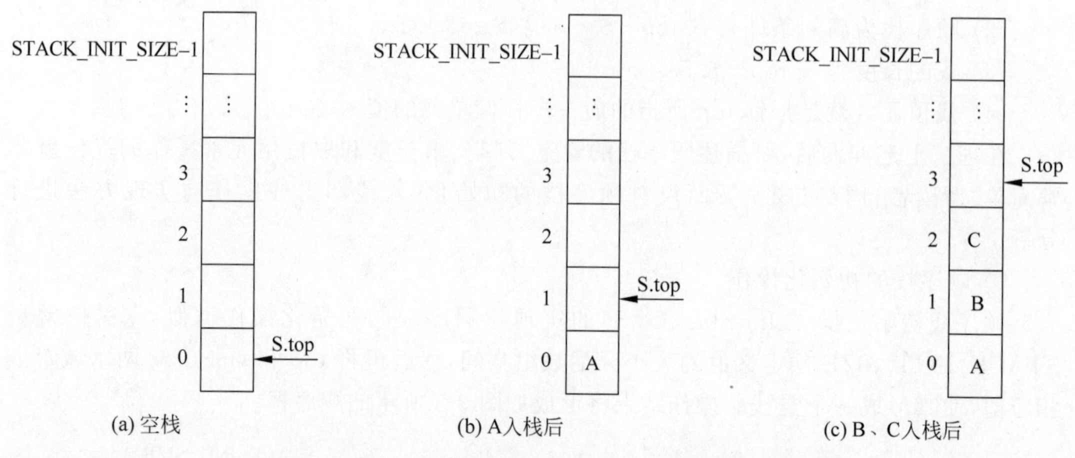

(a) 空栈　　(b) A入栈后　　(c) B、C入栈后

图 3-4　执行入栈操作时栈顶元素和栈顶指针的变化

【算法 3-2】 顺序栈的入栈操作算法。

```
Status Push(SqStack &S, SElemType e)
   // 在顺序栈 S 中插入新的元素 e, 使其成为新的栈顶元素
{  if (S.top - S.base >= S.stacksize)        //当前存储空间已满,则扩充空间
     {  S.base = (SElemType *)realloc(S.base,(S.stacksize + STACKINCREMENT) * sizeof (SElemType));
        if (!S.base)                          //如果空间分配失败
        {     printf("OVERFLOW");
              return ERROR;
        }
        S.top = S.base + S.stacksize;         //修改增加空间后的基址
        S.stacksize += STACKINCREMENT;        //修改增加空间后的存储空间容量
     }
    * S.top++ = e;                            //e 压栈后,top 指针再后移一位
   return OK;
} // 算法 3 - 2 结束
```

3) 顺序栈的出栈操作

出栈操作 Pop(&S,&e)的基本要求是将栈顶元素从栈 *S* 中移去,并用 *e* 返回被移去的栈顶元素值。完成此处理的主要步骤归纳如下。

(1) 判断顺序栈 *S* 是否为空,若为空,则报告栈的状态后结束算法,否则转②。

(2) 先将 S. top 减 1,使其栈顶指针指向栈顶元素。

(3) 用 e 返回 S. top 所指示的栈顶元素的值。

完成(2)和(3)所对应的语句为"e =*-- S. top;"。

图 3-5 显示了图 3-4(c)中顺序栈在执行出栈操作时,栈顶元素和栈顶指针的变化情况。

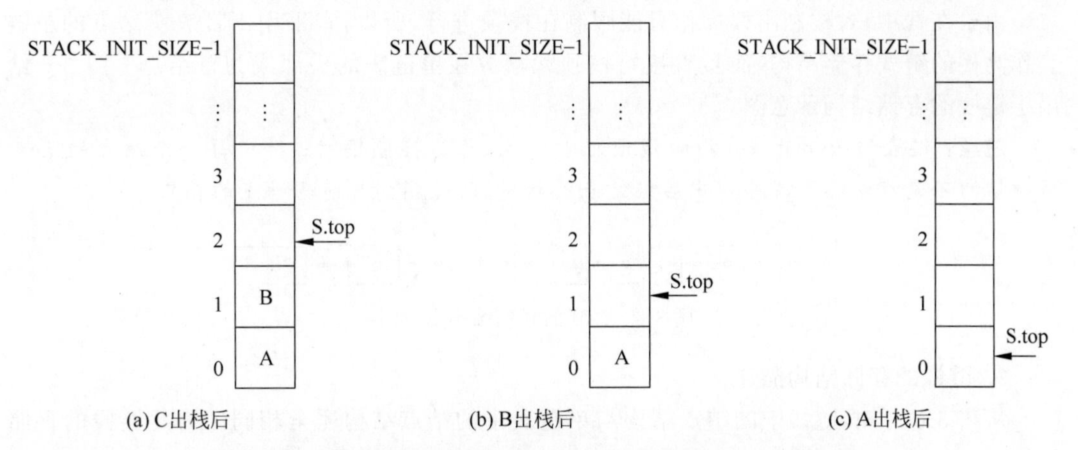

图 3-5 执行出栈操作时栈顶元素和栈顶指针的变化示意图

【算法 3-3】 顺序栈的出栈操作算法。

```
Status Pop(SqStack &S, SElemType &e)
   // 删除顺序栈 S 中的栈顶数据元素,并用 e 返回其值
{ if (S.base == S.top)                      //如果栈空
     {  printf("The Stack is NULL!\n");
        return ERROR;
     }
   e = * -- S.top;                          //删除栈顶元素并用 e 返回其值
   return OK;
} //算法 3 - 3 结束
```

所有有关顺序栈操作算法的时间复杂度都为 $O(1)$。

思考:如果将顺序栈的存储结构描述为静态的顺序存储:

```
#define MAXSIZE 80                //栈预分配空间的容量
typedef struct {
    SElemType base[MAXSIZE];      // 栈的存储空间
    int top;                      //指示栈顶元素的下一存储位置,是下标
}SqStackTp;
```

则对于一个说明为 SqStackTp 类型的栈 S 需明确以下问题。

(1) 顺序栈判空的条件是 S. top == 0 或 S. top == S. base。

(2) 顺序栈判满的条件是 S. top == MAXSIZE 或 S. top－S. base >= MAXSIZE。

(3) 栈的长度为 S. top 的值。

(4) 栈顶元素就是以 S. top－1 为下标的数组元素值 S. base[S. top－1]。

根据上述存储结构描述,请读者自行编写顺序栈对应的入栈和出栈操作算法。

3.1.4 链栈及其基本操作的实现

1. 链栈的存储结构

由于在栈中,入栈和出栈操作只能限制在栈顶进行,所以,宜采用不带表头结点的单链表作为栈的链式存储结构,而且直接将栈顶元素放在单链表的头部成为首结点。图3-6给出了链栈的存储结构示意图。

注意:链表的头指针top指向栈顶元素结点,称为**栈顶指针**;链中每一个结点的next域存储的不是指向其逻辑序列中后继结点的指针,而是指向其前驱结点的指针。

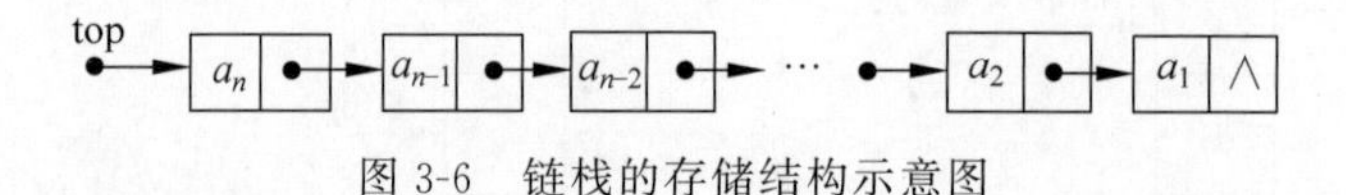

图3-6 链栈的存储结构示意图

2. 链栈的存储结构描述

从图3-6可知,链栈中的结点结构与单链表中的结点结构完全相同。为此链栈的存储结构可描述为:

```
typedef int SElemType;          //为后续描述算法方便,特将数据元素类型自定义为整型
typedef struct SNode
{   SElemType data;
    struct SNode * next;
}SNode, * LinkStack;
```

其中,SNode为链栈的结点类型名,LinkStack为指向链栈中结点的指针类型名。

3. 链栈基本操作的实现

在讨论链栈上基本操作的实现方法时,读者要抓住链栈的特点:链栈是用不带表头结点的单链表作为存储结构的,作为一个空栈,其栈顶指针top就是空指针,作为一个非空栈其栈顶指针top直接指向栈顶元素结点。明确这些特点后,链栈上基本操作的实现方法就与在单链表上相应操作的实现方法相同。下面仅介绍求链栈的长度、入栈和出栈操作的实现方法及其算法描述。

1) 求链栈的长度操作

求链栈长度操作StackLength(S)的基本要求是计算出链栈S(S为栈顶指针)中所包含的数据元素的个数并返回其值。此操作的基本思想与求单链表的长度相同:引进一个指针p和一个计数变量length,p的初始状态指向栈顶元素,length的初始值为0;然后逐个计数,即p沿着链栈中的后继指针进行逐个结点移动,同时length逐个加1,直至p指向空为止,此时length值即为链栈的长度值。具体的实现算法描述如下。

【算法3-4】 求链栈的长度操作算法。

```
int StackLength(LinkStack S)
 //返回链栈中数据元素的个数
{  int length = 0;
   LinkStack p = S;                          //p指针指向链栈中第一个元素结点
   while(p)
   {  length++;                              //长度加1
      p = p -> next;                         //p指针后移
```

```
    }
    return length;
}//算法 3-4 结束
```

2）链栈的入栈操作

链栈的入栈操作 Push(&S,e)的基本要求是将数据元素值为 e 的新结点插入链栈 S 的栈顶，使其成为新的栈顶元素。此操作的基本思想与不带头结点的单链表上的插入操作类似，不相同的仅在于插入的位置对于链栈来说，是限制在表头(栈顶)进行的。链栈的入栈操作步骤归纳如下。

(1) 产生数据域值为 e 的新结点 p。

(2) 将新结点 p 直接链接到链栈的头部(栈顶)，并使其成为新的栈顶结点(首结点)。

图 3-7 显示了链栈的入栈操作后状态的变化情况。

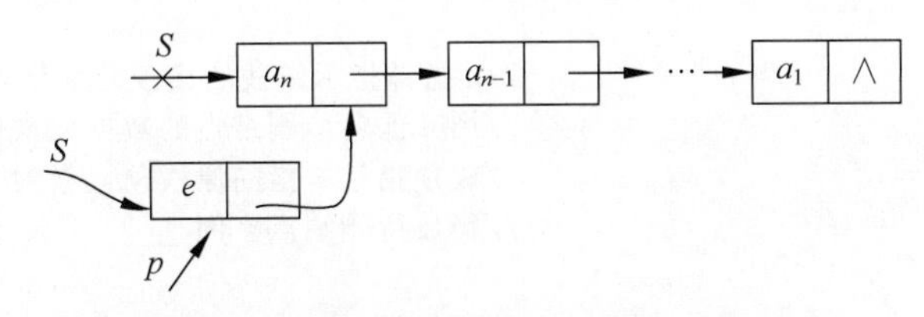

图 3-7　链栈的入栈操作状态变化示意图

【算法 3-5】 链栈的入栈操作算法。

```
Status Push(LinkStack &S, SElemType e)
 // 在链栈 S 的栈顶插入新的元素 e,使其成为新的栈顶元素
{   LinkStack p = (LinkStack)malloc(sizeof(SNode)); //为新结点 p 分配空间
    if (!p)                                         //空间分配失败
        return ERROR;
    p -> data = e;
    p -> next = S;                                  //修改链,让新结点插入链栈的栈顶
    S = p;                                          //使新结点成为新的栈顶结点
    return OK;
}//算法 3 - 5 结束
```

3）链栈的出栈操作

链栈的出栈操作 Pop(&S,&e)的基本要求是将栈顶结点(首结点)从链栈中移去，并用 e 返回该结点的数据域的值。此操作的基本思想与不带头结点的单链表上的删除操作类似，不相同的在于待删除的结点仅限制为链栈的栈顶结点。链栈的出栈操作步骤归纳如下。

(1) 判断链栈是否为空，若为空，则报告栈的状态后结束算法；否则，转(2)。

(2) 确定被删结点为栈顶结点。

(3) 修改相关指针域的值，使栈顶结点从链栈中移去，并用 e 返回被删的栈顶结点的数据域的值。

图 3-8 显示了链栈出栈操作后状态的变化情况。

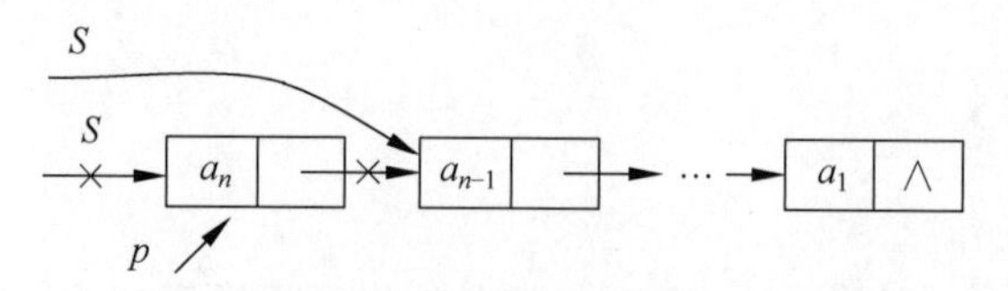

图3-8 链栈的出栈操作状态变化示意图

【算法3-6】 链栈的出栈操作算法。

```
Status Pop(LinkStack &S, SElemType &e)
 // 删除链栈S中的栈顶数据元素,并用e返回其值
{   if(S == NULL)
    {   printf("The Stack is NULL!\n");
        return ERROR;
    }
    LinkStack p = S;                         //p指针指示链栈的栈顶元素结点
    e = p -> data;                           //用e保存待删结点的数据元素值
    S = p -> next;                           //栈顶指针S指向原栈顶元素的下一个元素结点
    free(p);                                 //释放待删结点空间
    return OK;
}//算法3-6结束
```

说明:链栈置空、判空、取栈顶元素、入栈与出栈操作的时间复杂度都为$O(1)$;求栈的长度和栈的输出操作的时间复杂度为$O(n)$,其中n为栈的长度。

3.1.5 栈的应用

栈是各种软件系统中应用极其广泛的数据结构之一,只要涉及先进后出处理特征的问题都可利用栈式结构。例如,函数递归调用中的地址和参数值的保存、文本编辑器中undo序列的保存、网页访问历史的记录保存、在编译软件设计中的括号匹配及表达式求值等问题。下面通过3个实例来说明栈在解决实际问题中的运用。

【例3-1】 分隔符匹配问题:设计判断C语言语句中分隔符是否匹配的算法。

【分析】 分隔符的匹配是任意编译器的一部分,若分隔符不匹配,则程序就不可能正确。C语言程序中有以下分隔符:圆括号"("和")",方括号"["和"]",大括号"{"和"}",以及注释分隔符"/*"和"*/"。

以下是正确使用分隔符的例子:

```
a = b + (c + d) * (e - f);
s[4] = t[a[2]] + u/((i + j) * k);
if (i!= (n[8] + 1)) {p = 7; /* initialize p */ q = p + 2;}
```

以下是分隔符不匹配的例子:

```
a = (b + c/ (d * e) * f;                                        //左分隔符多余
s[4] = t[a[2]] + u/(i + j) * k);                                 //右分隔符多余
while (i!= (n[8] + 1)] {p = 7; /* initialize p */ q = p + 2;}    //左、右分隔符不匹配
```

一个分隔符和它所匹配的分隔符可以被其他的分隔符分开,即分隔符允许嵌套。因此,一个给定的右分隔符只有在其前面的所有右分隔符都被匹配上后才可以进行匹配。例如,

条件语句 if(i! =(n[8]+1))中，第一个左圆括号必须与最后一个右圆括号相匹配，而且这只有在第二个左圆括号与倒数第二个右圆括号相匹配后才能进行；依次地，第二个左括号的匹配也只有在第三个左方括号与倒数第三个右方括号匹配后才能进行。可见，最先出现的左分隔符在最后才能进行匹配，这个处理与栈式结构的先进后出的特性相吻合，因此可借助栈来保存扫描过程中还未被匹配的左分隔符。分隔符匹配的主要操作步骤归纳如下。

从左到右扫描待判断的 C 语言语句，从语句中不断地读取字符，每次读取一个字符。若发现它是左分隔符，则将它压入栈中；当从语句中读到一个右分隔符时，则分以下两种情况处理。

(1) 当前栈非空，则弹出栈顶的左分隔符，并且查看它是否和当前右分隔符匹配，若它们不匹配，则匹配失败，否则当前的分隔符匹配成功。

(2) 当前栈为空，则表示栈中没有左分隔符与当前扫描到的右分隔符匹配，表示右分隔符多余，匹配失败。

如果语句的所有的字符都读入后，栈中仍留有左分隔符，表示左分隔符多余，匹配失败；如果语句的所有的字符都读入后，栈为空(即所有左右分隔符都已经匹配)，则表示匹配成功。

根据上述步骤，再设定 C 语句用字符数组 str 存放，栈中的数据元素类型 SElemType 也设定为字符数组类型，则可得算法 3-7。

【算法 3-7】 例 3-1 中的相关设计算法。

```
typedef char SElemType[3];
int LEFT = 0;                                    // 记录分隔符为"左"分隔符
int RIGHT = 1;                                   // 记录分隔符为"右"分隔符
int OTHER = 2;                                   // 记录其他字符

int VerifyFlag(char * str)
// 判断 C 语句 str 中分隔符的类型，有 3 种:"左""右""其他"
{  if (!strcmp("(",str) || !strcmp("[",str)||!strcmp("{",str)||!strcmp("/*",str))
                                                 // 左分隔符
        return LEFT;
   else
        if (!strcmp(")",str) || !strcmp("]",str)|| !strcmp("}",str)||!strcmp("*/",str))
                                                 // 右分隔符
            return RIGHT;
        else                                     // 其他的字符
            return OTHER;
} // VerifyFlag

bool Matches(char * str1, char * str2)
// 检验左分隔符 str1 和右分隔符 str2 是否匹配，若匹配返回 TRUE，否则返回 FALSE
{  if ((!strcmp(str1,"(")&&!strcmp(str2,")"))||(!strcmp(str1,"{")&&!strcmp(str2,"}"))
      || (! strcmp ( str1," [ ") &&! strcmp ( str2,"]")) || (! strcmp ( str1,"/* ") &&! strcmp
(str2,"*/")))
        return TRUE;
   else
        return FALSE;
}// Matches
```

```
bool IsLegal(char * str)
// 判断 C 语句 str 中的分隔符是否匹配,若匹配则返回 TRUE,否则返回 FALSE
{  if (strcmp("",str) && str != NULL)
   {  SqStack S;
      InitStack(S);                                     // 新建一个顺序栈
      int length = strlen(str);
      for (int i = 0; i < length; i++)
      {  char c = str[i];                               // 指定索引处的 char 值
         char t[3] = {c};                               // c 字符转化成字符串 t
         if (i != length - 1)                           // c 不是最后一个字符
         {  if (('/' == c && '*' == str[i+1])|| ('*' == c && '/' == str[i + 1]))
                                                        // 是分隔符"/*"或"*/"
            {  t[1] = str[i+1];                         // 将后一个字符连接到前一个字符的后面
               t[2] = '\0';                             // 为 t 串置上结束符
               ++i;                                     // 跳过一个字符
            }
         }
         if (LEFT == VerifyFlag(t))                     // 为左分隔符
            Push(S,t);                                  // 压入栈
         else if (RIGHT == VerifyFlag(t))               // 为右分隔符
            {  if (StackEmpty(S))                       //栈空,即右分隔符多余
               {  printf("错误:右分隔符多余!\n");       // 报错
                  return FALSE;
               }
               else                                     // 右分隔符与栈顶元素不匹配
               {  SElemType t1;
                  Pop(S,t1);                            //栈顶左分隔符出栈并用 t1 记录
                  if (!Matches(t1,t))                   //如果栈顶的左分隔符与右分隔符不匹配
                  {  printf("错误:左、右分隔符不匹配!\n");
                                                        // 报错
                     return FALSE;
                  }
               }
            }
      }
      if (!StackEmpty(S))                               // 栈非空,即栈中存在没有匹配的字符
      {  printf("错误:左分隔符多余!\n");                // 报错
         return FALSE;
      }
      else return TRUE;
   }
   else
   {  printf("C 语言语句为空!\n");                      // 输出异常
     return TRUE;
   }
}//算法 3-7 结束
```

【例 3-2】 大数加法问题:设计算法实现两个大数的加法运算。

【分析】 整型数是有最大上限的。所谓大数是指超过整型数最大上限的数,例如

18 452 543 389 943 209 752 345 473 和 8 123 542 678 432 986 899 334 就是两个大数,它们是无法用整型变量来保存的,更不用说保存它们相加的和了。为解决两个大数的求和问题,可以把两个加数看成是数字字符串,将这些数的相应数字(从高位到低位)存储在两个栈中,并从两个栈中弹出对应位的数字,并依次执行加法即可得到结果。图 3-9 显示了以 784 和 8465 为例进行加法的计算过程。

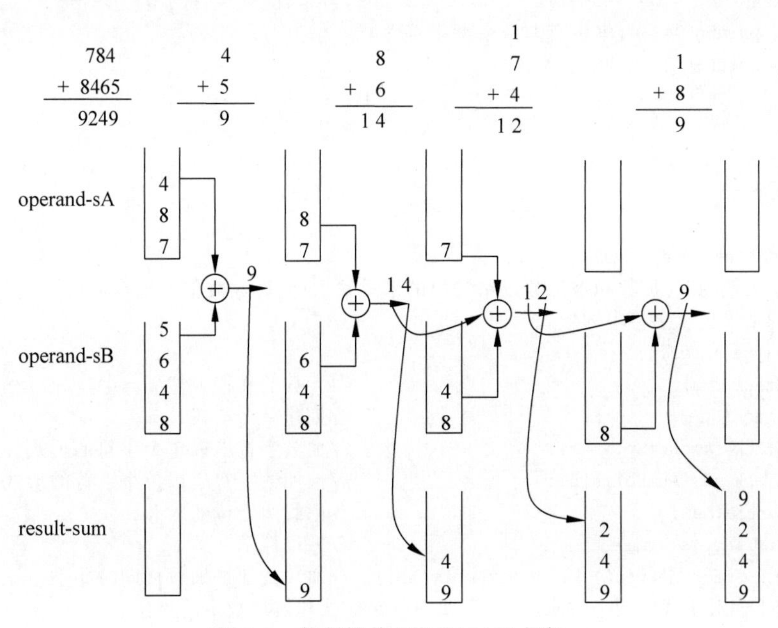

图 3-9 使用栈将 784 和 8465 相加

对于两个大数的加法,其操作步骤归纳如下。

(1) 将两个加数的相应位从高位到低位依次压入栈 sA 和 sB 中。

(2) 若两个加数栈均非空,则依次从栈中弹出栈顶数字并相加,和存入变量 partialSum 中;若和有进位,则将和的个位数压入结果栈 sum 中,并将进位数加到下一位数字相加的和中;若和没有进位,则直接将和压入结果栈 sum 中。

(3) 若某个加数栈为空,则将非空加数栈中的栈顶数字依次弹出与进位相加,和的个位数压入结果栈 sum 中,直到此该栈为空为止。若最高位仍有进位,则最后将 1 压入栈 sum 中。

(4) 若两个加数栈都为空,则栈 sum 中保存的就是计算结果。注意:栈顶是结果中的最高位数字。

根据上述步骤,再按需要设定两个大数的数字字符串存放在字符数组 *a* 和 *b* 中,栈中的数据元素类型 SElemType 仍设定为 int 类型,则可得算法 3-8。

【算法 3-8】 例 3-2 中的相关设计算法。

```
LinkStack NumSplit(char * str)
 // 将数字字符串 str 以单个字符的形式放入栈中,并去除字符串中空格,返回以单个字符为元素
 // 的栈
{  LinkStack s ;
   InitStack(s);                                    //创建一个空的链栈
```

```
    for (int i = 0; i < strlen(str); i++)
    {  char c = str[i];                          // 指定索引处的 char 值
       if (' ' == c)                             // 去除空格
           continue;
       else if ('0' <= c && '9' >= c)            // 数字放入栈中
             Push(s,c);
       else                                      // 非数字型字符
       {  printf("错误:串中有非数字型字符!\n");
          exit(-1);
       }
    }
    return s;
} //NumSplit

char * Add(char * a, char * b)
// 求两个大数的和,加数和被加数以字符串的形式输入(允许大数中出现空格)
// 计算的结果也以字符串的形式返回.
{  SElemType c1,c2,t;
   LinkStack sum;                                //大数的和存入栈 sum 中
   InitStack(sum);                               //创建一个空栈 sum
   LinkStack sA = NumSplit(a);                   //加数字符串以单个字符的形式存入栈 sA 中
   LinkStack sB = NumSplit(b);                   //被加数字符串以单个字符的形式存入栈 sB 中
   int partialSum;                               //记载两个位的求和
   bool isCarry = false;                         //进位标示
   while (!StackEmpty(sA) && !StackEmpty(sB))    //加数栈和被加数栈同时非空
   {  //下面对于栈中两个位求和,并在栈中去除加数和被加数中的该位
      Pop(sA,c1);                                //从栈顶取出加数 c1
      Pop(sB,c2);                                //从栈顶取出被加数 c2
      partialSum = c1 - '0' + c2 - '0';          //加数与被加数都转换成数字后再相加
      if (isCarry) {                             //低位进位
          partialSum++;                          //进位加到此位上
          isCarry = false;                       //重置进位标志
      }
      if (partialSum >= 10) {                    //需要进位
          partialSum -= 10;
          Push(sum,partialSum);
          isCarry = true;                        //标示有进位
      }
     else                                        //位和不需要进位
          Push(sum,partialSum);                  //和放入栈中
}
LinkStack temp = !StackEmpty(sA) ? sA : sB;      //引用指向加数和被加数中非空栈
while (!StackEmpty(temp))
{   if (isCarry)                                 //最后一次执行加法运算中需要进位
       {  Pop(temp,t);                           //取出加数或被加数中没有参加运算的位
          t = t - '0';                           //字符转换成数字
          ++t;                                   //进位加到此位上
          if (t >= 10)                           //需要进位
          {  t -= 10;
             Push(sum,t);
          }
```

```
            else
            {  Push(sum,t);
               isCarry = false;                        //重置进位标志
            }
        }
        else                                           //最后一次执行加法运算中不需要进位
        {  Pop(temp,t);
           Push(sum,t - '0');                  //把加数或被加数中非空的值转换成数字后放入和栈中
        }
    }
    if (isCarry)                                       //最高位需要进位
        Push(sum,1);                                   //进位放入栈中
    char str[100];                                     //说明一个字符数组
    int i = 0;
    while (!StackEmpty(sum))                           //把栈中元素转化成字符串
    {  SElemType e;
       Pop(sum,e);
       str[i++] = e + '0';                      //将数字 e 先转换成字符连接到字符串 str 的尾部
    }
    str[i] = '\0';                                     //为串置上结束符
    return str;
} //算法 3-8 结束
```

【例 3-3】 表达式求值问题：设计算法实现算术表达式的求值。

【问题分析】 算术表达式是由操作数、算术运算符和分隔符所组成的式子。为了方便，下面的讨论仅限于含有二元运算符且操作数是一位整数的算术表达式的运算。

表达式在计算机中一般有中缀表达式、后缀表达式和前缀表达式共 3 种表示形式。其中：中缀表达式是将运算符放在两个操作数的中间，这正是我们平时书写算术表达式的一种描述形式；后缀表达式(也称逆波兰表达式)是将运算符放在两个操作数之后；而前缀表达式是将运算符放在两个操作数之前。例如：中缀表达式 A＋(B－C/D) ∗ E，对应的后缀表达式为 ABCD/－E ∗ ＋，对应的前缀表达式为＋A ∗ －B/CDE。

由于运算符有优先级，所以在计算机内部使用中缀表达式描述时，对计算是非常不方便的，特别是带括号时就更麻烦。而后缀表达式中既无运算符优先级，又无括号的约束问题，因为在后缀表达式中运算符出现的顺序正是计算的顺序，所以计算一个后缀表达式的值要比计算一个中缀表达式的值简单得多。由此，求算术表达式的值可以分成两步来进行，第一步先将原算术表达式转换成后缀表达式，第二步再对后缀表达式求值。下面分别对"如何计算后缀表达式的值"和"如何将算术表达式转换成后缀表达式"这两个问题进行分析讨论。

1. 计算后缀表达式的值

要计算后缀表达式的值比较简单，只要从左到右扫描后缀表达式，先找到运算符，再去找前面最后出现的两个操作数，从而构成一个最小的算术表达式进行运算。在计算过程中也需利用一个栈来保留后缀表达式中还未参与运算的操作数，此栈被称为**操作数栈**。现设定后缀表达式使用字符数组 postfix 存放，操作数栈采用顺序栈，计算后缀表达式值的主要步骤归纳如下。

(1) 初始化一个操作数栈为空栈。

(2) 从左到右顺序扫描后缀表达式中的每一项,根据它的类型做如下相应操作。

① 若该项是操作数,则将其压入操作数栈。

② 若该项是运算符,则从栈顶弹出两个操作数并分别作为第2个操作数和第1个操作数参与运算,再将运算结果重新压入操作数栈内。

(3) 重复步骤(2)直到后缀表达式扫描结束为止,则操作数栈中的栈顶元素即为后缀表达式的计算结果。

现要求计算结果为double类型,则应设定栈中数据元素类型SElemType也为double类型。按照以上的分析步骤,可得计算后缀表达式的值的算法3-9。

【算法3-9】 计算后缀表达式值的相关算法。

```
bool IsOperator(char c)
// 判断字符c是否为运算符
{    if ('+' == c || '-' == c || '*' == c || '/' == c || '^' == c|| '%' == c)
         return true;
     else
         return false;
}//IsOperator

double NumberCalculate(char * postfix)
// 计算后缀表达式postfix的值
{    double d,d1,d2,d3;
     char c;
     SqStack st;
     InitStack(st);                                         // 初始化一个操作数栈
     for (int i = 0; i < strlen(postfix); i++)
     {    c = postfix[i];                                   // 从后缀表达式中读取一个字符
          if (IsOperator(c))                                // 当为操作符时
          {   Pop(st,d2);                                   // 取出两个操作数
              Pop(st,d1);
              if ('+' == c)                                 // 加法运算
                      d3 = d1 + d2;
              else if ('-' == c)                            // 减法运算
                          d3 = d1 - d2;
                      else if ('*' == c)                    // 乘法运算
                              d3 = d1 * d2;
                          else if ('/' == c)                // 除法运算
                                  d3 = d1 / d2;
                              else if ('^' == c)  // 幂运算
                                      d3 = pow(d1, d2);
                                  else if ('%' == c)                //求模运算
                                          d3 = (int)d1 % (int)d2;

              Push(st,d3);                                  //运算结果压栈
          }
          else                                              //当为操作数时
              Push(st,c - '0');                             //数字字符转换成数字后压栈
     }//for
     Pop(st,d);                                             //从栈顶弹出最后的计算结果
     DestroyStack(st);                                      //销毁操作数栈
```

```
    return d;                                    // 返回计算结果
}// 算法 3-9
```

此算法如果测试输入的后缀表达式为 12+52- * 22^/53%+(算术表达式(1+2) * (5-2)/2^2+5%3 的后缀表达式),则测试输出的计算结果为 4.25。

2. 将原算术表达式转换成后缀表达式

由于原算术表达式与后缀表达式中的操作数所出现的先后次序是完全一样的,只是运算符出现的先后次序不一样,所以转换的重点放在运算符的处理上。首先设定运算符的优先级如表 3-1 所示。

表 3-1 运算符的优先级

运算符	((左括号)	+(加)、-(减)	*(乘)、/(除)、%(取模)	^(幂)
优先级	0	1	2	3

表 3-1 中的优先级从低到高依次用 0~3 的数字来表示,数字越大,表示其运算符的优先级越高。

要使运算符出现的次序与真正的算术运算顺序一致,就要使优先级高的以及括号内的运算符出现在前。为此,我们在把算术表达式转换成后缀表达式的过程中,使用了一个栈来保留还未送往后缀表达式的运算符,此栈被称为**运算符栈**。现设定表达式使用字符数组 exp 存放,运算符栈采用顺序栈,则原算术表达式转换成后缀表达式的主要步骤归纳如下:

(1) 初始化一个运算符栈为空栈。

(2) 从算术表达式 exp 中从左到右依次读取一个字符。

(3) 若当前字符是操作数,则直接送往后缀表达式。

(4) 若当前字符是左括号"("时,将其压入运算符栈。

(5) 若当前字符为运算符时,则:

① 当运算符栈为空,则将其压入运算符栈。

② 当此运算符的优先级高于栈顶运算符,则将此运算符压入运算符栈;否则,重复弹出优先级更高的栈顶运算符并送往后缀表达式,再将当前运算符进栈。

(6) 若当前字符是右括号")"时,反复将栈顶符号弹出,并送往后缀表达式,直到栈顶符号是左括号为止,再将左括号出栈并丢弃。

(7) 若读取还未完毕,则跳转到(2)。

(8) 若读取完毕,则将栈中剩余的所有运算符弹出并送往后缀表达式。

利用上述转换规则,将算术表达式(A + B) * (C - D)/E^F + G%H,转换成后缀表达式的过程如表 3-2 所示。

表 3-2 算术表达式转换成后缀表达式的过程

步骤	算术表达式	运算符栈	后缀表达式	规则
1	(A + B) * (C - D)/E^F + G%H	(		是左括号,进栈
2	A + B) * (C - D)/E^F + G%H	(	A	是操作数,送往后缀表达式

续表

步骤	算术表达式	运算符栈	后缀表达式	规则
3	+ B) * (C − D)/E^F + G%H	(+	A	是运算符且优先级高于栈顶运算符,进栈
4	B) * (C − D)/E^F + G%H	(+	AB	是操作数,送往后缀表达式
5	) * (C − D)/E^F + G%H		AB+	是右括号,将栈中左括号之前的所有运算符送往后缀表达式并将栈中左括号弹出
6	* (C − D)/E^F + G%H	*	AB+	是运算符且栈为空,进栈
7	(C − D)/E^F + G%H	*(	AB+	是左括号,进栈
8	C − D)/E^F + G%H	*(	AB+C	是操作数,送往后缀表达式
9	− D)/E^F + G%H	*(−	AB+C	是运算符且优先级高于栈顶运算符,进栈
10	D)/E^F + G%H	*(−	AB+CD	是操作数,送往后缀表达式
11	)/E^F + G%H	*	AB+CD−	是右括号,将栈中左括号之前的所有运算符弹出送往后缀表达式并将栈中左括号弹出
12	/E^F + G%H	/	AB+CD− *	是运算符且优先级等于栈顶运算符,则弹出栈顶运算符送往后缀式,并将当前运算符进栈
13	E^F + G%H	/	AB+CD− * E	是操作数,送往后缀表达式
14	^F + G%H	/^	AB+CD− * E	是运算符且优先级高于栈顶运算符,进栈
15	F + G%H	/^	AB+CD− * EF	是操作数,送往后缀表达式
16	+ G%H	+	AB + CD − * EF^/	是运算符且优先级低于栈顶运算符,则重复弹出优先级更高的栈顶运算符送往后缀式,再将当前运算符进栈
17	G%H	+	AB + CD − * EF^/G	是操作数,送往后缀表达式
18	%H	+%	AB + CD − * EF^/G	是运算符且优先级高于栈顶运算符,进栈
19	H	+%	AB + CD − * EF^/GH	是操作数,送往后缀表达式
20	结束		AB + CD − * EF^/GH%+	弹出栈中剩余项并送往后缀表达式

假定已知的原算术表达式在计算机中用字符数组 exp 存放,且其中的操作数是由一位的整数组成,转换成的后缀表达式用字符数组 postfix 表示,则具体实现方法可用算法 3-10 描述。

【算法 3-10】 算术表达式转换成后缀表达式的相关算法。

```
int Priority(char c)
// 求运算符 c 的优先级
{   if (c == '^')                          //为幂运算
        return 3;
    if (c == '*' || c == '/' || c == '%')  //为乘、除、取模运算
        return 2;
     else if (c == '+' || c == '-')        //为加、减运算
        return 1;
     else                                  //其他
       return 0;
}//priority

void ConvertToPostfix(char * exp,char * postfix)
//将算术表达式 exp 转换为后缀表达式,并以 postfix 返回其值
{   SElemType ac;
    int j = 0;
    SqStack st;
    InitStack(st);                         //初始化一个运算符栈
    for (int i = 0; i < strlen(exp); i++)
    {  char c = exp[i];                    //从算术表达式中读取一个字符
       switch(c)
       { case '(':  Push(st,c);            //为左括号,进栈
                  break;
         case ')':  Pop(st,ac);            //为右括号,弹出栈顶元素
                      while(ac!= '(')      //一直到为左括号为止
                      {  postfix[j++] = ac;  //将 ac 送往后缀表达式
                         Pop(st,ac);
                      }
                      break;
         case '+':
         case '-':
         case '*':
         case '/':
         case '^':
         case '%':                         //为运算符
                while (!StackEmpty(st))    //取出栈顶优先级高的运算符送往后缀表达式
                {  GetTop(st,ac);
                   if (Priority(ac)> = Priority(c))
                   {  postfix[j++] = ac;
                      Pop(st,ac);
                   }
                   else
                       break;
                }//while
                Push(st,c);                //将当前扫描到的运算符进栈
                break;
         default:   postfix[j++] = c;      //为操作数,送往后缀表达式
         }//switch
    } //for
```

```
    while (!StackEmpty(st))                //将栈中剩余的所有操作符送往后缀表达式
    {  Pop(st,ac);
       postfix[j++] = ac;
    }
    postfix = '\0';                        //为后缀表达式置上串结束标识
    DestroyStack(st);                      //销毁运算符栈
}//算法 3-10 结束
```

此算法如果测试输入的算术表达式为(1+2)*(5-2)/2^2+5%3,则测试输出的后缀表达式应为12+52-*22^/53%+。

3.1.6 栈与递归

栈还有一个重要的应用就是在程序设计语言中实现函数调用。在Windows等大部分操作系统中,每个运行中的二进制程序都配有一个调用栈(call stack)和执行栈(execution stack)。借助调用栈可以跟踪属于同一程序的所有函数,记录它们之间的相互调用关系,并保证在每一调用实例执行完毕之后,可以准确返回。如图3-10显示了主函数main()调用函数A,函数A调用函数B,函数B再自我调用时,其调用栈与执行栈的状况。

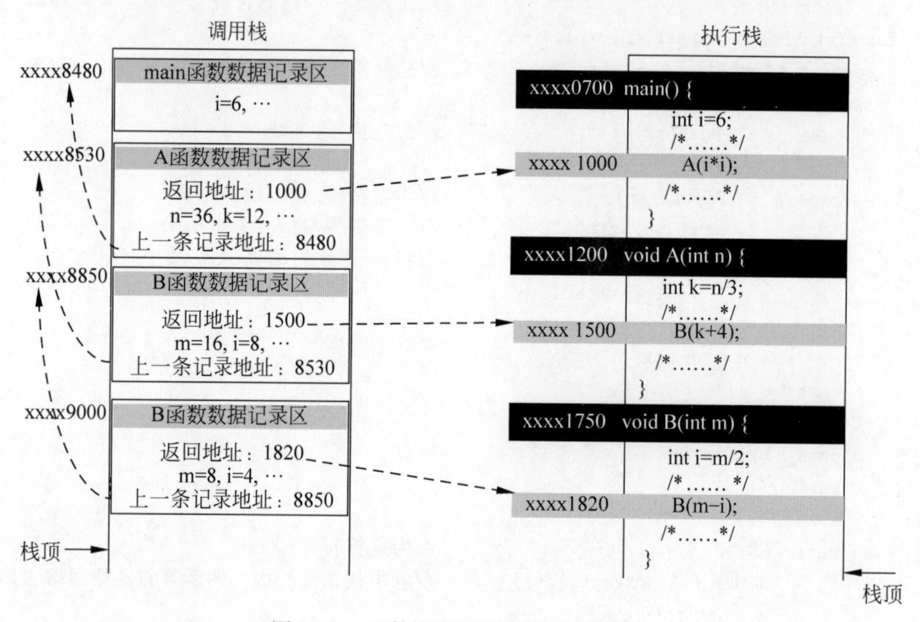

图3-10 函数调用时栈的状况示意图

1. 递归的相关概念

若一个对象部分地包含它自己,或用它自己给自己定义,则称这个对象是递归定义的;若一个函数直接地或间接地调用自己,则称这个函数是递归的函数。类似地,如果一个算法直接或间接地调用自己,则称这个算法是递归算法。例如,以下3种情况都采用了递归方法。

1) 递归式的定义

在数学中,整数的阶乘定义如下:

$$n!=\begin{cases}1, & n=0 \qquad (3\text{-}1)\\ n*(n-1)!, & n>0 \qquad (3\text{-}2)\end{cases}$$

在上面的定义中，0!定义为1，如果n是一个大于0的整数，需要首先计算$(n-1)!$，然后再将其与n相乘。为了求出$(n-1)!$，要再一次应用定义。如果$(n-1)>0$，则使用等式(3-2)；否则使用等式(3-1)。因此，对于一个大于0的整数n，$n!$通过首先计算$(n-1)!$(即$n!$被简化成为一个比对自身更简单的形式)，然后再将$(n-1)!$乘以n获得；而$(n-1)!$(若$n-1>0$)又得先通过计算$(n-2)!$，再乘以$n-1$获得，如此层层递推下去，即可求得结果，这就是一个递归式的定义。

等式(3-1)中的解决方法是直接的，即等式中不包含阶乘符号，由它可直接求出解，这个等式称为**基本等式**。而等式(3-2)中的解决方法则是以一个比自身更简单的形式来定义的，因此称为**递归等式**。

总之，递归模式由基本等式和递归等式两部分组成。其中，必须包括一个(或多个)基本等式，基本等式是递归的终止条件(**递归出口**)；而递归等式(**递归体**)必须是由比自身问题更简单的形式定义，且最后必须能简化为一个基本等式。

2) 递归式的数据结构

某些数据结构本身具有递归的特性，例如，前面学习的单链表就可看作是一个递归式的数据结构。因在一个单链表中，其中一个结点可以看作是指针域为NULL的单链表，也可以看作是其指针域仍然指向一个单链表。在后面要学习的树与二叉树等也是递归式的数据结构。

3) 递归式的函数或算法

某些函数的定义也具有递归的特性，例如，二阶斐波那契(Fibonacci)数列：

$$\mathrm{Fib}(n)=\begin{cases}1, & n=1 \text{ 或 } n=2 \quad (3\text{-}3)\\ \mathrm{Fib}(n-1)+\mathrm{Fib}(n-2), & \text{其他情形} \quad (3\text{-}4)\end{cases}$$

其中等式(3-3)是基本等式，也是终止递归的条件；等式(3-4)是递归等式，它是由比自身问题更小的形式定义的。

下面是求斐波那契数列的递归算法。

```
long  Fib(int n)
{   if (n == 1||n == 2)
        return 1;
    else
        return Fib(n - 1) + Fib(n - 2);
}
```

如图3-11显示了Fib(5)的执行过程。Fib最终返回的值为5，也就是第1和第2个数分别为1的斐波那契数列中的第5个数。

2. 递归法解决问题

递归是算法设计中常用的一种手段，是一种非常重要的解决问题的方法。它通常把一个大型复杂问题的描述和求解变得简洁和清晰。因此递归算法常常比非递归算法更易设计，尤其是当问题本身或所涉及的数据结构是递归定义的时候，使用递归方法是非常有效的解决途径。

【例3-4】 用递归法求解问题：设计算法实现汉诺塔(Hanoi)问题的求解。

n阶汉诺塔问题描述：假设有3个分别命名为x、y和z的塔座，在塔座x上插有n个

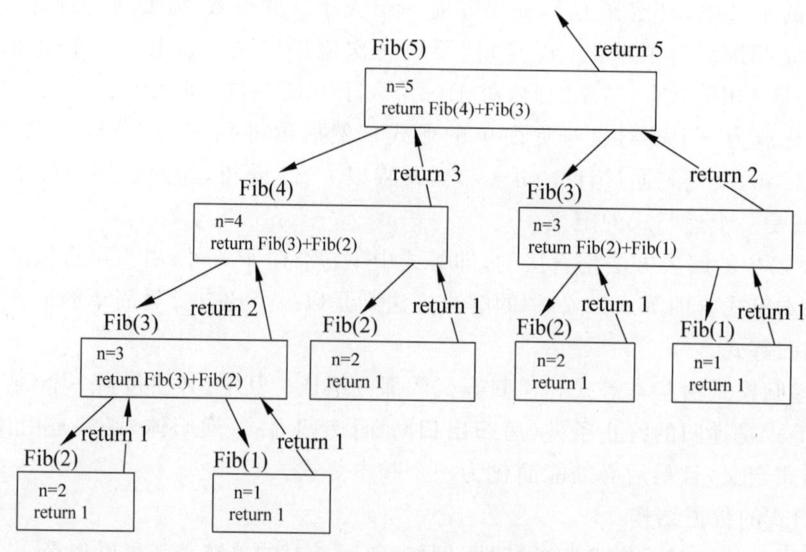

图 3-11 Fib(5)的执行过程

直径大小各不相同,且从小到大编号为 1,2,…,n 的圆盘。现要求将塔座 x 上的 n 个圆盘借助塔座 y 移至塔座 z 上,并仍按同样顺序叠排。圆盘移动时必须遵循下列规则。

(1) 每次只能移动一个圆盘。

(2) 圆盘可以插在 x、y 和 z 中的任何一个塔座上。

(3) 任何时刻都不能将一个较大的圆盘压在较小的圆盘之上。

【问题分析】 当 $n=1$ 时,问题比较简单,只要将编号为 1 的圆盘从塔座 x 直接移动到塔座 z 上即可;当 $n>1$ 时,需利用塔座 y 作辅助塔座,若能先设法将压在编号为 n 的圆盘上的 $n-1$ 个圆盘从塔座 x 移到塔座 y 上,则可将编号为 n 的圆盘从塔座 x 移至塔座 z 上,然后再将塔座 y 上的 $n-1$ 个圆盘移至塔座 z 上。而如何将 $n-1$ 个圆盘从一个塔座移至另一个塔座是一个和原问题具有相同特征属性的问题,只是问题规模从 n 变为 $n-1$,减小了 1,因此可以用同样的方法求解。由此可知,求解 n 阶汉诺塔问题可以用递归分解的方法来进行。

【算法 3-11】 例 3-4 中的相关设计算法。

```
int c = 0;                              // 全局变量,对搬动计数
void Move(char x, int n, char z)
// 移动操作,将编号为 n 的圆盘从塔座 x 移到塔座 z
{
    printf("第%d次移动:%d号圆盘,%c->%c\n",++c,n,x,z);
}//Move

void Hanoi(int n, char x, char y, char z)
// 将 n 个圆盘按规则从塔座 x 移到塔座 z 上,y 为辅助塔座
{  if (n == 1)
       Move(x, 1, z);                  // 将编号为 1 的圆盘从 x 移到 z
   else
   {  Hanoi(n-1, x, z, y);             // 将 x 上编号为 1 至 n-1 的圆盘移到 y,z 作辅助塔
      Move(x, n, z);                   // 将编号为 n 的圆盘从 x 移到 z
```

```
        Hanoi(n-1, y, x, z);            // 将 y 上编号为 1 至 n-1 的圆盘移到 z,x 作辅助塔
    }
}//算法 3-11 结束
```

以 Hanoi(3，'x'，'y'，'z')测试运行的结果如图 3-12 所示。

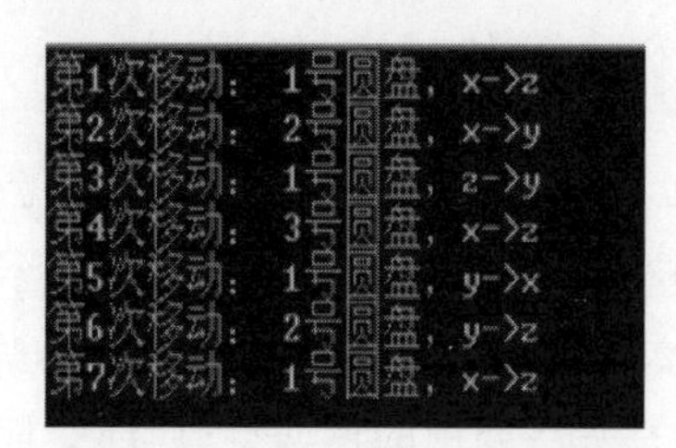

图 3-12　例 3-4 测试运行结果图

图 3-13 也给出了 Hanoi(3，'x'，'y'，'z')运行过程中圆盘的移动情况。

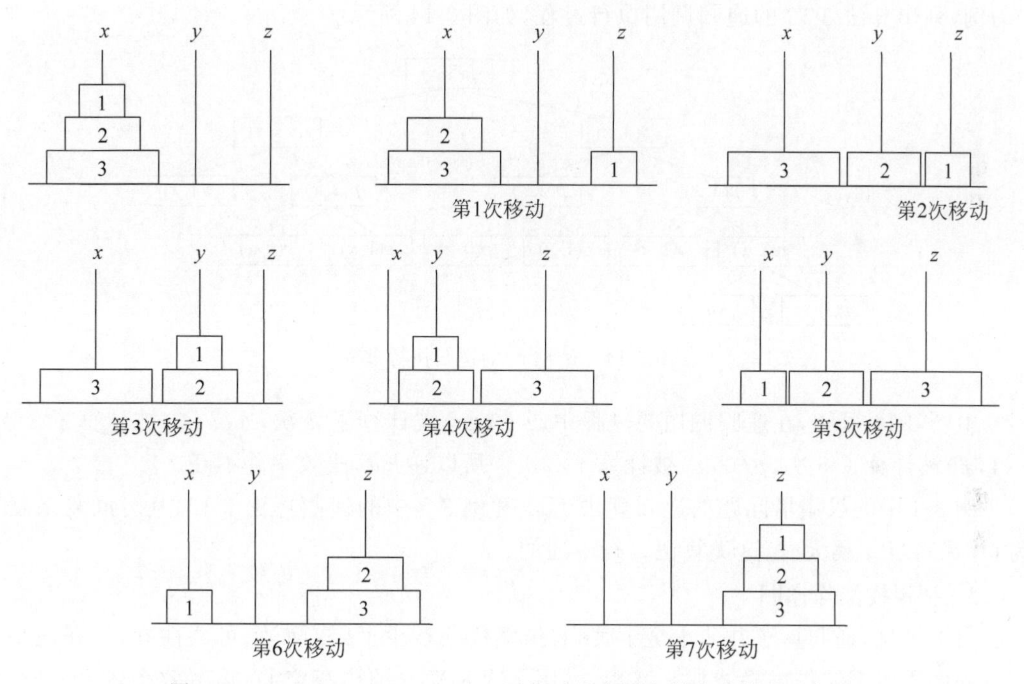

图 3-13　Hanoi(3，'x'，'y'，'z')运行过程中圆盘的移动情况示意图

【例 3-5】　用递归法求解问题：设计算法，实现以下递归函数的计算。

$$p_n(x)=\begin{cases}1, & n=0\\ 2x, & n=1\\ 2xp_{n-1}(x)-2(n-1)p_{n-2}(x), & n>1\end{cases}$$

【分析】　上面定义的函数本身就是一个递归函数，所以用递归方法设计算法就显得非常简单。

【算法 3-12】　例 3-5 中设计的递归算法。

```
1  double p(int n,double x)
2  //递归算法
```

```
3   {  if (n == 0)
4        return 1;
5      else if (n == 1)
6      return 2 * x;
7      else
8        return 2 * x * p(n - 1,x) - 2 * (n - 1) * p(n - 2,x);
9   }//算法 3 - 12
```

递归算法的实质就是把一个较为复杂的问题通过分解成规模更小的问题来简化实现原问题的求解。递归策略只需少量的代码就可以描述出递归过程所需要的多次重复计算，大大地减少了程序的代码量，提高了算法的可读性。但在递归调用的过程中，也隐含着某些代价。如图 3-10 所示，系统要为每一层调用的返回点、局部变量、传入实参等开辟递归工作栈来进行数据存储，这不仅增加了空间开销，同时还需要花费大量额外的时间以创建、维护和销毁各工作栈；除此之外，在通常情况下，递归调用过程中包含很多重复计算。下面以 $n=5$ 为例，列出算法 3-12 的递归调用执行过程，如图 3-14 所示。

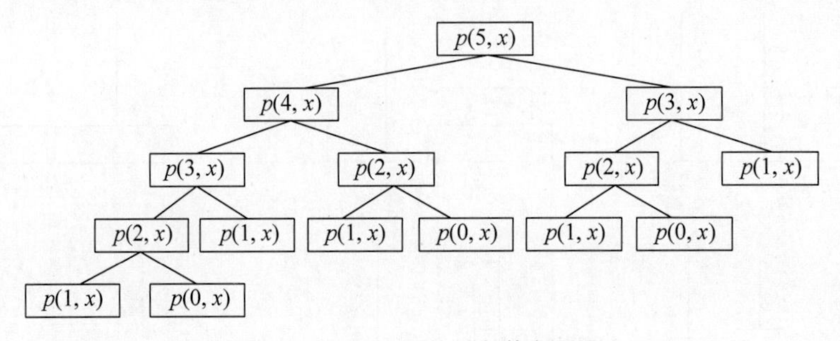

图 3-14　$p(5,x)$的递归执行过程

由图 3-14 可知，在递归调用的过程中，$p(3,x)$被计算了 2 次，$p(2,x)$被计算了 3 次，$p(1,x)$被计算了 5 次，$p(0,x)$被计算了 3 次。所以递归算法效率并不高。

例 3-4 中的汉诺塔问题的递归算法 3-11 和例 3-5 中的递归算法 3-12，其时间复杂度都为 $O(2^n)$，当 n 稍大时，这类算法是行不通的。

3. 利用栈消除递归

由上可见，递归算法并非十全十美，它虽然代码量少、结构简洁、可读性好，但在递归调用过程中需要系统提供隐式栈来实现，占用了大量额外的内存空间，运行效率较低。所以，在对运行速度有更高追求、存储空间需精打细算的场合，应尽可能地避免递归。这就要求能将递归算法改写成等价的非递归算法。既然递归本身就是操作系统隐式地维护一个调用栈来实现的，那么，就可以通过显式地利用栈来模拟调用栈的工作过程。

【例 3-6】 递归问题的非递归求解：设计算法，利用一个栈实现以下递归函数的非递归计算。

$$p_n(x)=\begin{cases}1 & n=0\\ 2x, & n=1\\ 2xp_{n-1}(x)-2(n-1)p_{n-2}(x), & n>1\end{cases}$$

【分析】 设置一个栈，栈中的每个元素含有两个域成员变量，分别用于保存 n 和对应的 $p_n(x)$值，并使栈中相邻元素的 $p_n(x)$值具有上述关系。解决办法是：先是将 2 到 n 的

数逆序压栈,再边出栈边计算 $p_n(x)$,等栈空后该值就计算出来了。其中栈的数据元素类型可说明如下:

```
typedef struct{
    int n;                          //保存 n 的值
    double val;                     //保存 pn(x)的值
}SElemType;                         //栈的数据元素类型
```

【算法 3-13】 例 3-6 中设计的相关算法。

```
double p(int n,double x)
//利用栈实现的非递归算法
{   SElemType e;
    SqStack s;
    InitStack(s);
    double f1 = 1;                  //n = 0 时的初值
    double f2 = 2 * x;              //n = 1 时的初值
    if (n == 0)
        return 1;
    for (int i = n; i >= 2; i-- )
    {   e.n = i;
        e.val = 0;
        Push(s,e);                  // 进栈
    }
    while(!StackEmpty(s))
    {   Pop(s,e);                   //出栈并获取到出栈的栈顶元素
        e.val = 2 * x * f2 - 2 * (e.n - 1) * f1;
        f1 = f2;
        f2 = e.val;
    }
    return f2;
} //算法 3 - 13 结束
```

说明:此算法的时间复杂度为 $O(n)$。对于递归函数的求值问题都可依照此题的解题思路进行求解,本章最后 3 道习题都要求用递归和非递归方法求解,请读者注意总结归纳,学以致用。

3.2 队　　列

3.2.1 队列的概念

队列是另一种特殊的线性表,它的特殊性体现在队列只允许在表尾插入数据元素,在表头删除数据元素,所以队列也是一种操作受限的特殊的线性表,它具有**先进先出**(first-in first-out,FIFO)或**后进后出**(last-in last-out,LILO)的特性。

允许进行插入的一端被称为**队尾**(rear),允许进行删除的一端被称为**队首**(队头)(front)。假设队列中的数据元素序列为$\{a_1,a_2,a_3,\cdots,a_n\}$,则其中 a_1 为队首

(队头)元素,a_n 为队尾元素,n 为队列中数据元素的个数,当 $n=0$ 时,称为空队列。队列的插入操作通常称为**入队操作**,而删除操作通常称为**出队操作**,如图3-15所示。

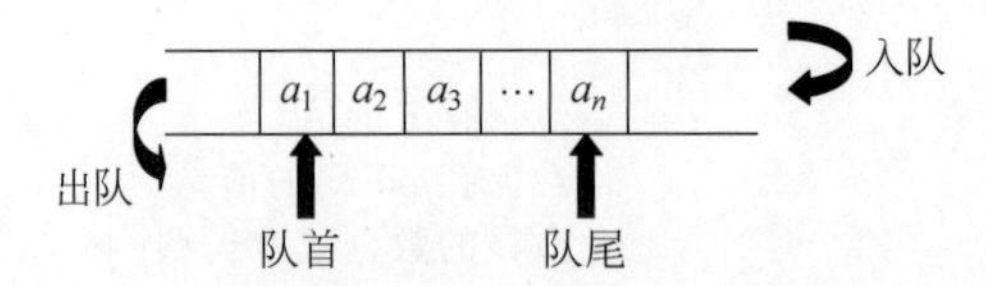

图3-15　队列及其操作的示意图

队列在现实生活中处处可见,例如:人在食堂排队买饭、人在车站排队上车、汽车排队进站等。这些排队都满足一个规则,就是按先后次序,后来的只能到队伍的最后排队,先来的先处理再离开,不能插队。在需要公平且经济地对各种自然或社会资源进行分配的场合,无论是调试银行和医院的服务商品,还是轮耕的田地和轮伐的森林,队列都可大显身手。

队列在计算机领域中也随处可见,例如,计算机及其网络自身内部的各种计算机资源,无论是多进程共享的CPU资源,还是多用户共享的打印机资源,也都需要借助队列实现其合理和优化的分配。

3.2.2　队列的抽象数据类型描述

队列也是由 $n(n\geqslant 0)$ 个具有相同类型的数据元素所构成的有限序列。队列的基本操作与栈类似。队列的抽象数据类型描述如下:

```
ADT Queue {
    数据对象:D = { ai | ai∈QElemType, 1≤i≤n,n≥0,QElemType是约定的队列中数据元素类型,
使用时用户需根据具体情况进行自定义}
    数据关系:R = {<ai,ai+1> | ai 、ai+1∈D,1≤i≤n-1, 并约定其中a1为队首元素, an为队
尾元素}
    基本操作:
    InitQueue(&Q),初始化操作:创建一个空队列Q。
    DestroyQueue (&Q),销毁操作:释放一个已经存在的队列Q的存储空间。
    ClearQueue (&Q),清空操作:将一个已经存在的队列Q置为空队列。
    QueueEmpty (Q),判空操作:判断队列Q是否为空,若为空,则函数返回TRUE;否则,函数返回
FALSE。
    QueueLength(Q),求栈的长度操作:求队列Q中数据元素的个数并返回其值。
    GetHead(Q, &e),取队首元素操作:读取队首元素,并用e返回其值。
    EnQueue(&Q, e),入队操作:将数据元素e插入队列Q中,并使其成为新的队尾元素。
    DeQueue(&Q,&e),出队操作:删除队首元素并用e返回其值。
    DisplayStack(Q),输出操作:输出队列Q中各个数据元素的值。
}ADT Queue
```

同栈一样,队列也可用顺序和链式两种存储结构表示。顺序存储的队列称为**顺序队列**,链式存储的队列称为**链队列**。

3.2.3　顺序队列及其基本操作的实现

1. 顺序队列的存储结构描述

与顺序栈类似,在队列的顺序存储结构中,需要分配一块地址连续的存储区域来依次存放队列中从队首到队尾的所有元素。这样也可以使用一维数组来表示,假设数组的首地址

为 base，最大容量为 MAXQSIZE。由于队列的入队操作只能在当前队列的队尾进行，而出队操作只能在当前队列的队首进行，所以为了操作方便需加上变量 front 和 rear 来分别指示队首和队尾元素在数组中的位置。它们的位置可以说明为指针类型，也可以说明为整型。当说明为指针类型时，则意味着它们指示队首元素和队尾元素在数组中的存储单元地址；当说明为整型时，则意味着它们分别指示队首元素和队尾元素在数组中的下标。现假定 front 和 rear 为整型变量且在非空队列中，front 指示队首元素的存储位置，rear 指示队尾元素的下一个存储位置，则在初始化空队列时，front 和 rear 的初始值都为 0。顺序队列的动态存储结构描述如下：

```
#define MAXQSIZE 100                        //队列可能的最大长度
typedef struct {
    QElemType * base;                       // 队列存储空间基地址
    int front ;                             //指示队首元素存储单元的位置(队首指针)
    int rear;                               //指示队尾元素的下一存储单元的位置(队尾指针)
}SqQueue;
```

其中，SqQueue 为顺序队列的类型名。根据上述描述，对于非空队列 Q=(39,17,30,65,35,54)初始状态的顺序存储结构可用图 3-16 表示。

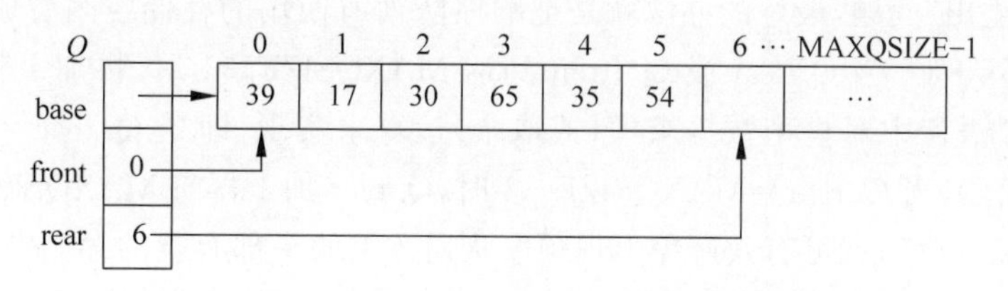

图 3-16　顺序队列 Q 初始状态的存储结构示意图

特别说明：对于已知如图 3-16 所示的顺序队列 Q，其存储空间基地址的直接访问形式为 Q. base；队首指针的直接访问形式为 Q. front，它的值即为队首元素在数组中存储单元的下标；队尾指针的直接访问形式为 Q. rear，它的值即为队尾元素在数组中下一存储单元的下标；队首元素的直接访问形式为 Q. base[Q. front]；队尾元素的直接访问形式为 Q. base[Q. rear-1]。

图 3-17 是一个在容量 MAXQSIZE=6 的顺序队列 Q 上进行入队、出队操作后的动态示意图。

图 3-17 中描述了一个从空队列开始，先后经过 A、B、C 入队列；A、B 出队列；E、F、G 入队操作后，队列的顺序存储结构状态。

初始化队列时，令 Q. front=Q. rear=0；入队时，直接将新的数据元素存入 Q. rear 所指的存储单元中，然后将 Q. rear 值加 1；出队时，直接取出 Q. front 所指的存储单元中数据元素的值，然后将 Q. front 值加 1。

再仔细观察图 3-17(d)，若此时还需将数据元素 H 入队，H 应该存放于 Q. rear=6 指示的位置处，顺序队列则会因数组下标越界而引起“溢出”，但此时顺序队列的首部还空出了两个数据元素的存储空间。因此，这时的“溢出”并不是由于数组空间不够而产生的。这种因顺序队列的多次入队和出队操作后出现有存储空间，但不能进行入队操作的溢出现象称为**“假溢出”**。

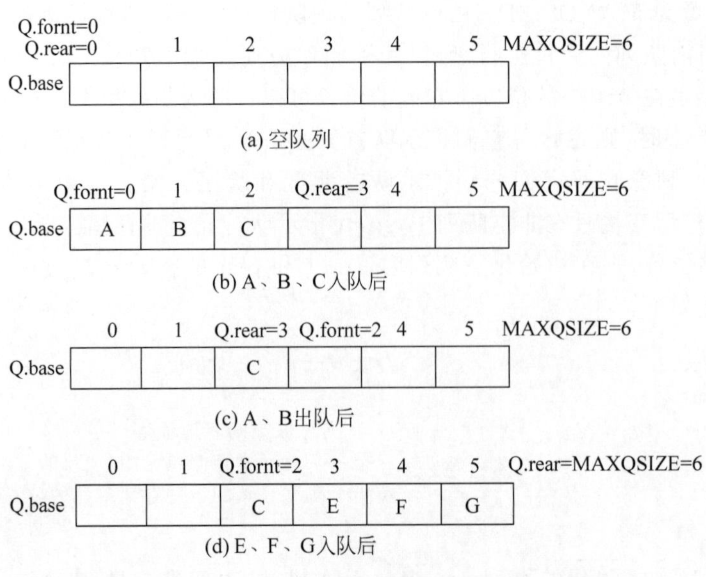

图 3-17　顺序队列的入队、出队操作的动态示意图

要解决“假溢出”问题，最好的办法就是把顺序队列所使用的存储空间看成是一个逻辑上首尾相连的循环队列。当 Q. rear 或 Q. front 到达 MAXQSIZE－1 后，再加 1 就自动到 0。这种转换可利用 C 语言中对整型数据求模(或取余)运算来实现，即令 Q. rear＝(Q. rear＋1)％MAXQSIZE。显然，当 Q. rear＝MAXQSIZE－1 时，Q. rear 加 1 再与 MAXQSIZE 求模运算后，Q. rear 的值为 0。这样，就可有效避免出现顺序队列数组的头部有空的存储空间，而队尾却因数组下标越界而引起的假溢出现象。

2. 循环顺序队列基本操作的实现

1) 循环顺序队列的初始化操作

循环顺序队列的初始化操作 InitQueue(&Q)的基本要求是创建一个空的循环顺序队列。仍然假设 MAXQSIZE＝6，循环顺序队列的初始化状态如图 3-18(a)所示，此时有 Q. front == Q. rear == 0 为真。要完成此操作的主要步骤可归纳如下：

(1) 分配预定义大小的数组空间。

用于存放队列中各数据元素的数组空间通过函数 malloc 进行分配，空间的大小仍遵守“足够应用”的原则。在此是通过符号常量 MQXQSIZE 表示，其值根据队列可能的最大长度值进行预先设定。

(2) 如果空间分配成功，则置队首和队尾指针值为 0。

说明：如果假定队首指针指示队首元素的位置，而队尾指针指示队尾元素的位置，则队列初始化时应置队首指针值为 0，而队尾指针值为－1。

【算法 3-14】 循环顺序队列的初始化操作算法。

```
Status InitQueue( SqQueue &Q)
 // 创建一个空的循环顺序队列 Q
{  Q.base = (QElemType * ) malloc (MAXQSIZE * sizeof (QElemType));
   if (!Q.base) exit(OVERFLOW);          //如果空间分配失败
```

```
    Q.front  =  Q.rear = 0;
    return OK;
} //算法 3 - 14 结束
```

如图 3-18(a)所示的为空队列，当 A、B、C、D、E、F 分别入队后，循环顺序队列为满，其状态如图 3-18(b)所示，此时有条件 Q. front == Q. rear 为真；当 A、B、C、D、E 出队，而 G，H 又入队后，循环顺序队列的状态如图 3-18(c)所示，此时 Q. front＝5，Q. rear＝2；再将 F、G、H 出队后，循环顺序队列为空，如图 3-18(d)所示，此时也有条件 Q. front == Q. rear 为真。为此，在循环顺序队列中就引发一个新的问题：无法区分队空和队满的状态，这是因为循环顺序队列的队空和队满时都具备条件 Q. front == Q. rear 为真。

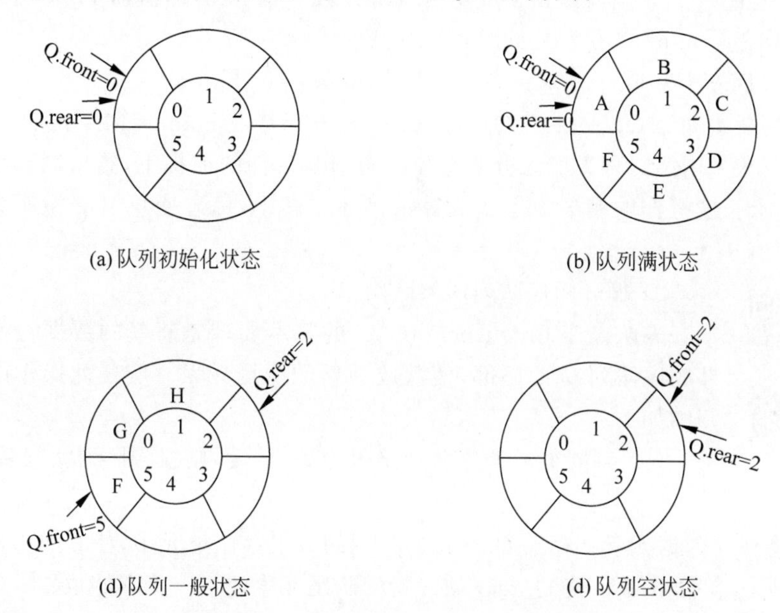

图 3-18　循环顺序队列 Q 的 4 种状态图

解决循环顺序队列的队空和队满的判断问题通常可采用如下 3 种方法。

(1) 少用一个存储单元。

当队列顺序存储空间的容量为 MAXQSIZE 时，只允许最多存放 MAXQSIZE－1 个数据元素。如图 3-19 所示为这种情况下的队空和队满的两种状态。此时：

队空的判断条件为 Q. front == Q. rear。

队满的判断条件为 Q. front == (Q. rear＋1)％MAXQSIZE。

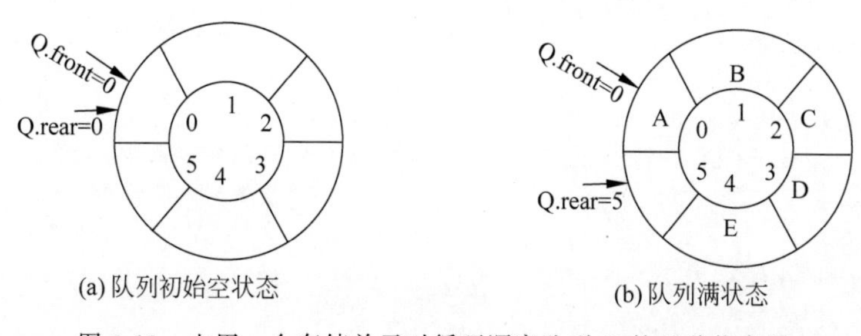

图 3-19　少用一个存储单元时循环顺序队列 Q 的两种状态图

(2) 设置一个标志变量。

如果希望循环队列中的空间都得到利用,可以在程序设计过程中引进一个标志变量flag,其初始值置为0。每当入队操作成功后就置flag=1;每当出队操作成功后就置flag=0。此时:

队空的判断条件为Q.front == Q. rear && flag == 0。

队满的判断条件为Q.front == Q.rear && flag == 1。

(3) 设置一个计数器。

如果希望循环队列中的空间都得到利用,也可以在程序设计过程中引进一个计数变量num,其初始值置为0,每当入队操作成功后就将计数变量num的值加1;每当出队操作成功后就将计数变量num的值减1.此时:

队空的判断条件为Q. front == Q.rear&& num == 0或num == 0;

队满的判断条件为Q.front == Q.rear && num! = 0或num == MAXQSIZ。

下面假定在采用第二种方法区分队空和队满判断条件的前提下,给出循环顺序队列的入队、出队和求长度操作的实现方法及其算法描述。其中,标志变量flag说明为全局整型变量,并置初值0。

2) 循环顺序队列的入队操作

入队操作EnQueue(&Q,e)的基本要求是将新的数据元素e插入循环顺序队列Q的尾部,使其成为新的队尾元素。实现此操作的主要步骤归纳如下。

(1) 判断循环顺序队列是否为满,若满,则报告队列状态后结束算法,否则转(2)。

(2) 先将新的数据元素e存入Q.rear所指示的数组存储单元中,使其成为新的队尾元素,再将Q.rear值循环加1,使Q.rear始终指向队尾元素的下一个存储位置。实现这一步骤的操作语句为。

```
Q.base[Q.rear] = e ;                     //将e存入Q.rear所指的数组存储单元中
Q.rear = (Q.rear + 1) % MAXQSIZE;        //Q.rear值循环加1
```

【算法3-15】 循环顺序队列的入队操作算法。

```
Status EnQueue(SqQueue &Q, QElemType e)          //设置一个标志变量的方法
  // 在循环顺序队列Q中插入新的元素e, 使其成为新的队尾元素
{  if (Q.front == Q.rear&&flag == 1)             //当前队满
   {  printf("The Queue is OVERFLOW!\n");
      return ERROR;
   }
   Q.base[Q.rear] = e;                           //e入队
   Q.rear = (Q.rear + 1) % MAXQSIZE;             //队尾指针循环下移一位
   flag = 1;                                     //标志变量置为入队状态
   return OK;
} //算法3-15结束
```

3) 循环顺序队列的出队操作

出队操作DeQueue(&Q,&e)的基本要求是将队首元素从循环顺序队列Q中移去,并

用 *e* 返回被移去的队首元素的值。实现此操作的主要步骤归纳如下。

(1) 判断循环顺序队列是否为空，若为空，则报告队列状态后结束操作，否则转(2)。

(2) 先读取 Q. front 所指示的队首元素的值并用 *e* 保存，再将 Q. fornt 值循环加 1，使其指向新的队首元素。实现这一步骤的操作语句为：

```
e = Q.base[Q.front];                          //取出队首元素并用 e 保存
Q.front = (Q.front + 1) % MAXQSIZE;           //队首指针下移一位
```

【算法 3-16】 循环顺序队列的出队操作算法。

```
Status DeQueue (SqQueue &Q, QElemType &e)     //设置一个标志变量的方法
  // 删除循环顺序队列 Q 中的队首元素，并用 e 返回其值
{
     if (Q.front == Q.rear&&flag == 0)        //当前队空
     {  printf("The Queue is NULL!\n");
        return ERROR;
     }
    e = Q.base[Q.front];                      //用 e 返 队首元素
    Q.front = (Q.front + 1) % MAXQSIZE;       //队首指针循环下移一位
    flag = 0;                                 //标志变量置为出队状态
    return OK;
} //算法 3 - 16 结束
```

思考：请分别写出采用第一种和第三种方法区分队空和队满条件时，循环顺序队列的入队和出队操作算法。

4) 循环顺序队列求长度操作

由图 3-18(b)和图 3-18(c)可知，当队列为满时，队列的长度就是 MAXQSIZE；而在一般情况下，队列的长度可以根据队列的队尾指针和队首指针值计算而得。

【算法 3-17】 循环顺序队列求长度操作算法。

```
int QueueLength(SqQueue Q)                    //设置一个标志变量的方法
//返回循环顺序队列中数据元素的个数
{   if (Q.front == Q.rear&&flag == 1)
          return MAXQSIZE;
    else
          return (Q.rear - Q.front + MAXQSIZE) % MAXQSIZE;
}//算法 3 - 17 结束
```

补充说明：若采用第一种方法区分队空和队满条件时，无论何时，队列的长度都可采用(Q. rear－Q. front＋MAXQSIZE)％MAXQSIZE 计算而得；若采用第三种方法区分队空和队满条件时，其中 num 的值就随时记录着队列的长度。

从上述算法描述可知：循环顺序队列的初始化、入队、出队及求长度操作算法的时间复杂度都为 $O(1)$。

3.2.4 链队列及其基本操作的实现

1. 链队列的存储结构描述

队列的链式存储结构用带头结点的单链表来实现。为了便于实现入队和出队操作，需

要引进两个指针 front 和 rear 来分别指向队首元素和队尾元素的结点。现将链队列的存储结构描述如下：

```
typedef struct QNode
{   QElemType data;
    struct QNode * next;
}QNode, * QueuePtr;                        //链队列的结点类型及指向结点的指针类型
typedef struct
{   QueuePtr front;                        //队首指针
    QueuePtr rear;                         //队尾指针
} LinkQueue;                               //链队列类型
```

图 3-20 为空队列和非空队列 $a_1, a_2, \cdots, a_n$ 的链式存储结构示意图。

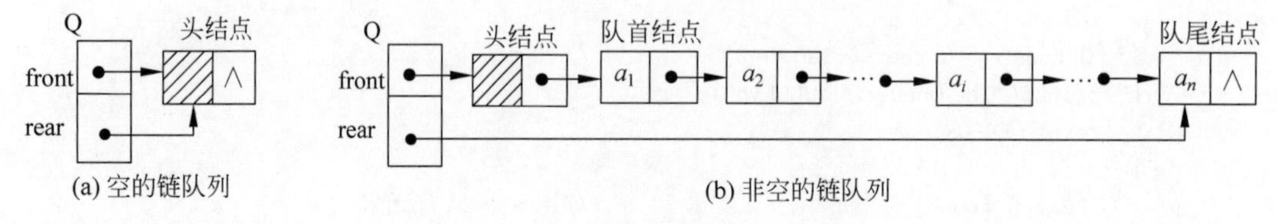

图 3-20　链队列的存储结构示意图

2. 链队列基本操作的实现

结合链队列的存储结构示意图,并借鉴第 2 章中,在带头结点的单链表上实现基本操作的主要步骤和算法描述,再来思考链队列相应操作的算法设计,还是比较容易的。在此只要记住队列的入队操作是在链表的表尾进行,而出队操作则是在链表的表头进行。对于一个空队列来说,其链中只含一个头结点,并且队首指针和队尾指针都指向头结点,如图 3-20(a)所示。因此,链队列的判空条件是 Q. rear == Q. front。下面也只讨论链队列的初始化、入队、出队的实现方法及其算法描述。

1）链队列初始化操作

由图 3-17(a)可知,要创建一个空的链队列,只要为头结点分配一个结点大小的空间,并使队首指针和队尾指针都指向该结点即可。

【算法 3-18】　链队列初始化操作算法。

```
Status InitQueue(LinkQueue &Q)
//创建一个头结点的空链队列 Q
{   Q.front = (QueuePtr)malloc(sizeof(QNode));   //为链队列的头结点分配空间
    if (!Q.front)
        return OVERFLOW;                         //分配空间失败
    Q.front -> next = NULL;
    Q.rear = Q.front;                            //使队尾指针也指向头结点
    return OK;
}//算法 3 - 18 结束
```

2）链队列的入队操作

链队列入队操作 EnQueue(&Q,e)的基本要求是将数据元素 e 所对应的结点插入链队列的尾部,使其成为新的队尾结点。此操作的基本思想与带头结点的单链表的插入操作类似,不相同之处为链队列的插入位置限

制在表尾进行。实现此操作的主要步骤归纳如下。

(1) 创建数据域值为 e 新结点。

(2) 修改链,使新结点链接到队列的尾部并使其成为新的队尾结点。

图 3-21 显示了链队列入队操作后状态的变化情况。

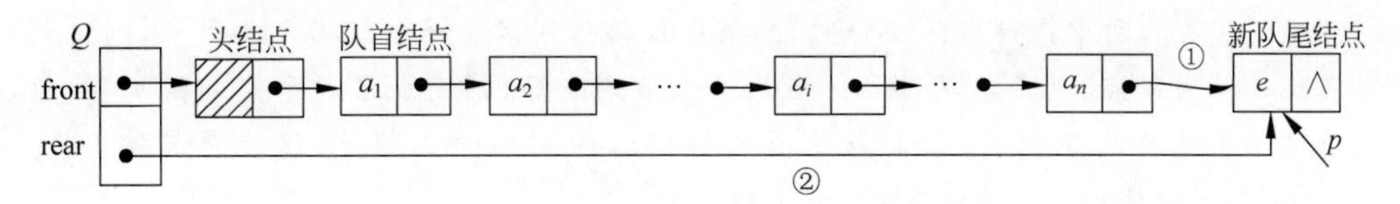

图 3-21　链队列的入队操作后状态变化示意图

【算法 3-19】 链队列的入队操作算法。

```
Status EnQueue(LinkQueue &Q, QElemType e)
  // 在链队列的队尾插入新的元素 e,使其成为新的队尾元素
{  QueuePtr p = (QueuePtr)malloc(sizeof(QNode));   //为新结点分配空间
   if (!p)                                         //空间分配失败
       return ERROR;
   p->data = e;                                    //e 存入新结点的数据域
   p->next = Q.rear->next;                         //修改链(1),让新结点插入到链队列的尾部
   Q.rear->next = p;
   Q.rear = p;                                     //修改链(2),让队尾指针指向新的队尾结点
   return OK;
}// 算法 3-19 结束
```

3) 链队列的出队操作

链队列出队操作 DeQueue(&Q,e)的基本要求是将非空队列中的队首结点从链队列中移去,并通过 e 返回被移去结点的数据元素值。此操作的基本思想也与带头结点的单链表的删除操作类似,不相同之处为链队列出队的结点一定是链中第一个数据元素结点。实现此操作的主要步骤归纳如下。

(1) 判断链队列是否为空,若为空,则报告队列状态后结束算法,否则转(2)。

(2) 用 p 指针指向待删除的队首结点,并用 e 保存其数据元素值。

(3) 修改链指针,使队首结点从链队列中脱离出来。

(4) 若待删除结点既是队首结点,又是队尾结点,则需修改队尾指针,使队列为空。

(5) 释放被删结点空间。

【算法 3-20】 链队列的出队操作算法。

```
1  Status DeQueue(LinkQueue &Q, QElemType &e)
2   // 删除链队列中的队首数据元素,并用 e 返回其值
3  {  if(Q.front == Q.rear)                       //队空
4     {  printf("The Queue is NULL!\n");
5        return ERROR;
6     }
7     QueuePtr p = Q.front->next;                 //p 指针指向待删除的队首结点
8     e = p->data;                                //用 e 保存队首结点的数据元素值
9     Q.front->next = p->next;                    //修改链指针使队首结点从链中脱离
```

```
10    if (p == Q.rear)                    //如果被删的结点是队尾结点
11        Q.rear = Q.front;
12    free(p);                            //释放待删结点空间
13    return OK;
14  }// 算法 3-20 结束
```

注意：在链队列中执行出队操作时，如果当前链队列只含一个数据元素结点，则待删除的结点既是队首结点，也是队尾结点。当此结点被删除后，则变成了一个空的链队列，所以此种情况下需修改队尾指针，使其与队首指针同指向队列的头结点，这就是算法3-20中第10～11行所描述的真正含义，请读者加以重视。

从上述算法描述可知，链队列的初始化、入队和出队操作算法的时间复杂度也都为$O(1)$。

3.2.5 其他队列

1. 优先级队列

在很多现实问题中，利用简单队列往往是不能完全解决问题的，队列的"先进先出"还会受到优先级的限制。例如：在车站排队买车票时，残疾人可以优先买，即当售票员工作时，尽管还有人排在队伍的前面，残疾人仍可以优先得到服务。又如：在计算机系统中，为了保证系统的正常运行和系统资源的有效利用，在某种情况下即使程序p_1比程序p_2早进入等待队列，但p_2仍可在p_1之前运行。这些情况就需要使用优先级队列。

优先级队列是一种带有优先级的队列。优先级可以反映使用频率、生日、工资、职位等不同的优先规则，也可以是程序队列中的预估运行时间。通常用数字来代表优先级，数字值越小表示优先级越高。

优先级队列可以用两种链表来表示。一种是优先级队列中的元素按优先级从高到低有序排列，也就是说优先级最高的总是排在队首，因此，在优先级队列中也是从队首删除元素，但元素的插入不一定是在队尾进行，而是顺序插入队列的合适位置，以确保队列的优先级顺序；另一种是优先队列中的元素按顺序进入队尾，而删除元素则要从优先队列中选择优先级最高的元素出队。这两种情况下的总操作时间复杂度都是$O(n)$，因为在按优先级有序排列的队列中，可以立即从队首取出一个元素出队，但入队操作需要的时间复杂度是$O(n)$，而在未按优先级排序的队列中，可以立即插入一个元素到队尾，但出队操作需要在队列中先选译优先级最高的元素，其时间复杂度是$O(n)$。

例如，计算机操作系统用一个优先队列来实现进程的调度管理。在一系列等待执行的进程中，每一个进程可以用一个数值来表示它的优先级，优先级越高，这个值越小。优先级高的进程应该最先获得处理器。假设操作系统中每个进程的数据由进程号和优先级两部分组成。进程号是每个不同进程的唯一标识，优先级通常是一个0～40的数值，规定0为优先级最高，40为优先级最低。如下，为一组模拟数据：

进程号	优先级
1	20
2	40
3	0
4	10
5	40

则图 3-22 表示当前按优先级从高到低所形成的优先队列存储结构示意图。

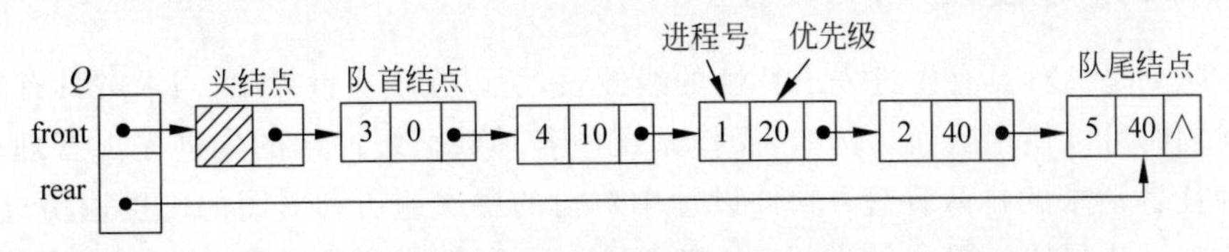

图 3-22　优先队列存储结构示意图

思考：请读者按如图 3-22 所示的存储结构示意图，写出其存储结构的类型描述，并设计此优先队列的入队操作算法（其出队操作的算法与一般队列的相同）。

2. 双端队列

双端队列也是一种操作受限的线性结构。

（1）双端队列：指允许两端都可以进行入队和出队操作的队列，其两端分别被称为前端和后端，如图 3-23 所示。在双端队列上实现入队操作时，前端入队的元素排列在从后端入队的元素前面，而从后端入队的元素排列在从前端入队的元素后面；在双端队列上实现出队操作时，无论从前端还是从后端出队，先取出的元素总是排列在后取出的元素的前面。

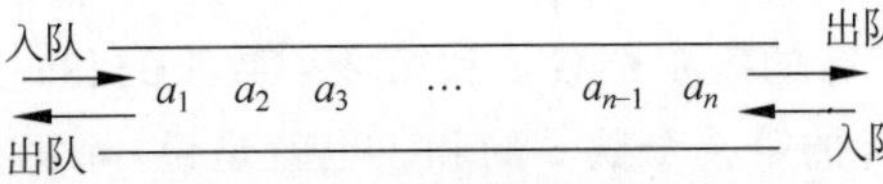

图 3-23　双端队列示意图

（2）输出受限的双端队列：指允许在一端进行出队操作，但允许两端进行入队操作的双端队列，如图 3-24 和图 3-25 所示。

图 3-24　输出受限的双端队列示意图(1)

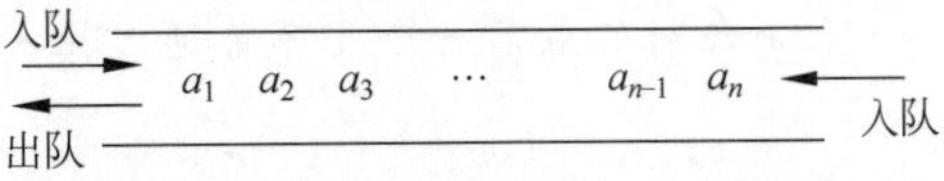

图 3-25　输出受限的双端队列示意图(2)

（3）输入受限的双端队列：指允许在一端进行入队操作，但允许在两端进行出队操作的双端队列，如图 3-26 和图 3-27 所示。如果限定双端队列从某端插入的元素只能从该端删除，则该双端队列就蜕变为两个栈底相邻接的栈了。

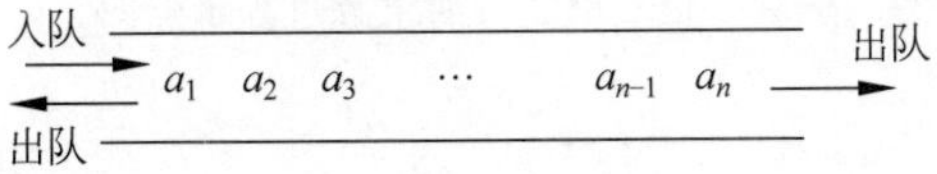

图 3-26　输入受限的双端队列示意图(1)

图 3-27　输入受限的双端队列示意图(2)

若以 1,2,3,4 作为双端队列的输入序列，满足以下条件的输出序列有：

（1）能由输入受限的双端队列得到，但不能由输出受限的双端队列得到的输出序列为 4,1,3,2。

（2）能由输出受限的双端队列得到，但不能由输入受限的双端队列得到的输出序列为 4,2,1,3。

（3）既不能由输入受限的双端队列得到，也不能由输出受限的双端队列得到的输出序列为 4,2,3,1。

3.2.6 队列的应用

由于队列是一种具有先进先出特性的线性表,所以在现实世界中,当求解具有先进先出特性的问题时可以使用队列。例如,操作系统中各种数据缓冲区的先进先出管理;应用系统中各种任务请求的排队管理;软件设计中对树的层次遍历和对图的广度遍历过程等,都需使用队列。队列的应用非常广泛,本节通过3个实例来说明队列在解决实际问题中的应用。

【例3-7】 设计算法,借助队列计算并打印杨辉三角形的前 n 行内容,如图3-28所示为8行的杨辉三角形。

【分析】 从图中观察可知,在杨辉三角形中,每行第一个和最后一个数都是1,从第3行开始的其余数等于上一行对应位置的左、右两个数之和。例如,第3行的第2个数2是第2行的第1个数1和第2个数1的和;第6行的第3个数10是第5行的第2个数4和第5行的第3个数6的和。也就是说,除每行的第一个数和最后一个数之外,其他数都可由上一行对应位置的两个数求出。为此,可以借助一个队列来存放上一行的数,每次由队列前两个数来求出下一行的一个数,运算完成后需将参与运算的当前队首数删除(出队),而运算结果再加入队列的尾部(入队)。

注意:

(1) 为了能正确求出从第2行起,每一行的第一个数1,需要在上一行的第一个数前面加一个0。图3-29展示了由第7行求得第8行对应数的过程。

(2) 每行的最后一个1不能通过上一行计算而得,所以只能直接输出这个1。

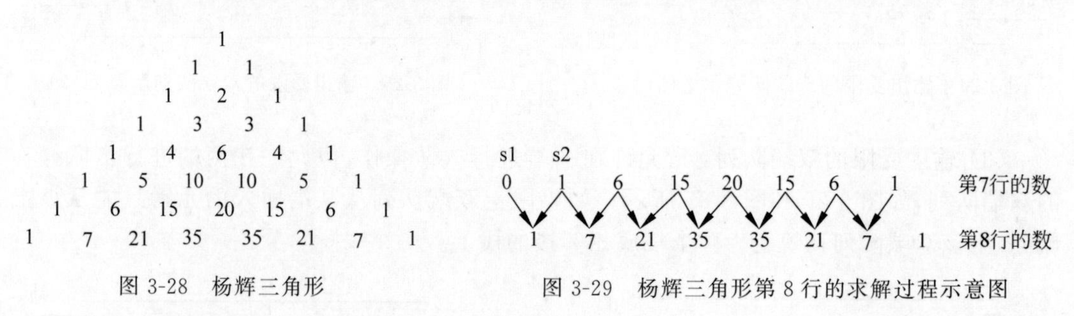

图3-28 杨辉三角形

图3-29 杨辉三角形第8行的求解过程示意图

【算法3-21】 例3-7中设计的相关算法。

```
void OutYangHuiSanJiao(int n)
//打印杨辉三角中的前n行数据
{   int s1,s2,s;
    SqQueue Q;
    InitQueue(Q);
    for(int i = 1;i <= 4 * (n - 1);i++)          //输出第1行数1左边的空格
        printf(" ");
    printf("%8d\n",1);                           //输出第1行上的数1
    EnQueue(Q,1);                                //输出的1入队
    for(int i = 2;i <= n;i++)
    {   s1 = 0;                                  //存放前一个出队的数
        for(int k = 1;k <= n * 4 - 4 * i;k++)    //输出第i行第一个数左边的空格
```

```
        printf(" ");
    for(int j = 1;j <= i - 1;j++)              //计算并输出第 i 行的数据
    {     DeQueue(Q,s2);                        //队首元素出队
        s = s1 + s2;                            //计算出第 i 行的一个数
        printf(" % 8d",s1 + s2);                //输出第 i 行的一个数
        EnQueue(Q,s);                           //输出的数入队
        s1 = s2;
    }
        printf(" % 8d\n",1);                    //输出第 i 行的最后一个 1
        EnQueue(Q,1);                           //第 i 行最后一个 1 入队
    }
} //算法 3 - 21 结束
```

【例 3-8】 舞伴配对问题。

【问题描述】 假设在周末舞会上,男士们和女士们进入舞厅时,各自排成一队。跳舞开始时,依次从男队和女队的队头上各出一人配成舞伴。若两队初始人数不相同,则较长的那一队中未配对者等待下一轮舞曲。要求写一算法模拟上述舞伴配对问题,并编写其测试程序,且规定:

(1) 输入数据:进入舞厅的男士和女士的姓名和性别。

(2) 输出数据:如果是配成对的,则输出两个舞伴的人的姓名;如果是未配成对的,则输出等待配对的人数和下一轮舞曲开始时第一个可获得舞伴的人的姓名。

【问题分析】 该问题明显具有“先进先出”特性,所以可借助队列来模拟实现。在此不妨采用两个链队列来分别表示进入舞厅的男士和女士排成的队,初始时为空。再假设参加舞会的男士和女士总数为 num,其姓名和性别信息分别存放在一个结构体数组中作为算法的输入,然后依次扫描该数组的各元素,并根据性别来决定是进入男队还是女队。当这两个队列构造完成之后,再依次将两队列当前的队首元素出队来模拟舞伴配对,直至某队列变空为止。此时,若某队列仍有等待配对者,则输出此队列中等待配对的人数及排在队首的等待者的名字,他(或她)就是下一轮舞曲开始时的第一个可获得舞伴的人。主要步骤可具体归纳如下:

(1) 利用 InitQueue()操作创建两个空队列 Boys 和 Girls,分别用于表示进入舞厅的男士和女士排成的队。

(2) 从结构数组中依次读取每个元素的信息,若其性别为“男”,则利用 EnQueue()操作将其加入 Boys 队列,否则加入 Girls 队列,直到 num 个人都入队为止。

(3) 利用 DeQueue()操作依次将 Boys 和 Girls 队列中的队首元素出队,并输出其姓名以示配对,直到某个队列为空为止。

(4) 利用 QueueLength()操作求出非空队列的长度并输出,这个长度值就是队列中等待配对的人数。

(5) 利用 GetHead()操作取出非空队列中的队首元素,并输出其姓名,他(她)就是下一轮舞曲开始时的第一个可获得舞伴的人。

【算法 3-22】 例 3-8 中设计的相关算法。

```
typedef struct{
    char name[10];                  //存放姓名
```

```
    char sex;                          //存放性别,'F'表示女性,'M'表示男性
}Person;
typedef Person QElemType;              //将队列中元素的数据类型定义为Person
void DancePartner(QElemType dancer[ ], int num)
//结构数组dancer中存放参加舞会的人员信息,num是参加舞会的人数
{
    int i;
    QElemType p;
    LinkQueue Boys,Girls;              //定义两个链队列,分别用于存放进入舞厅的男士和女士
    InitQueue(Boys);                   //初始化一个用来记录进入舞厅的男士队列
    InitQueue(Girls);                  //初始化一个用来记录进入舞厅的女士队列
    for(i=0;i<num;i++){                //将参加舞会者按其性别依次入男、女队列
        p=dancer[i];
        if(p.sex=='F')
            EnQueue(Girls,p);          //入女士队列
        else
            EnQueue(Boys,p);           //入男士队列
    }
    printf("配对成功的舞伴分别是: \n");
    while(!QueueEmpty(Girls)&&!QueueEmpty(Boys)){                    //依次输出男女舞伴名
        DeQueue(Girls,p);              //女士出队
        printf("%s ",p.name);          //打印出队女士名
        DeQueue(Boys,p);               //男士出队
        printf("%s\n",p.name);         //打印出队男士名
    }
    if(!QueueEmpty(Girls)){            //输出女士剩余人数及队首女士的名字
        printf("还有%d名女士等待下一轮舞曲.\n",QueueLength(Girls));
        GetHead(Girls,p);              //取队首
        printf("%s将在下一轮中最先得到舞伴. \n",p.name);
    }
    else if(!QueueEmpty(Boys)){        //输出男队剩余人数及队首者男士的名字
        printf("还有%d名男士等待下一轮舞曲.\n",QueueLength(Boys));
        GetHead(Boys,p);
        printf("%s将在下一轮中最先得到舞伴.\n",p.name);
    }
} //算法3-22结束
int main()
//测试算法3-22的主函数
{ int i,n;
    QElemType dancer[30];
    printf("请输入舞池中排队的人数:");
    scanf("%d",&n);
    for(i=0;i<n;i++)
    {
        printf("姓名:");
        scanf("%s",dancer[i].name);
        getchar();
        printf("性别:");
        scanf("%c",&dancer[i].sex);
    }
    DancePartner(dancer,n);
```

```
    return 0;
}
```

【运行结果】 此测试程序的运行结果如图 3-30 所示。

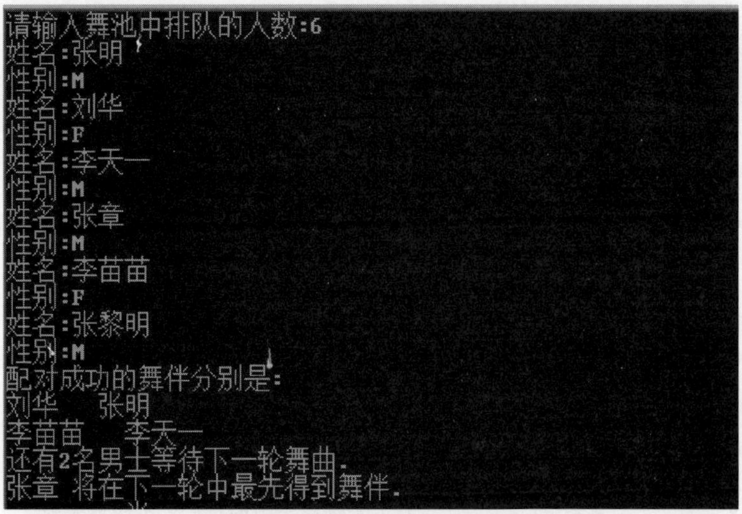

```
请输入舞池中排队的人数:6
姓名:张明
性别:M
姓名:刘华
性别:F
姓名:李天一
性别:M
姓名:张章
性别:M
姓名:李苗苗
性别:F
姓名:张黎明
性别:M
配对成功的舞伴分别是:
刘华    张明
李苗苗    李天一
还有2名男士等待下一轮舞曲.
张章 将在下一轮中最先得到舞伴.
```

图 3-30 例 3-8 测试程序运行结果

【例 3-9】 设计算法：实现求解素数环问题。

【问题描述】 将 1～n 的 n 个自然数排列成环形，使得每相邻两数之和为素数，从而构成一个素数环。例如：当 $n=6$ 时，其素数环为 1,4,3,2,5,6；而当 $n=8$ 时，其素数环为 1,2,3,8,5,6,7,4。

【问题分析】 由问题描述可知，当 n 为奇数时，素数环一定不存在，所以可先排除此情况。对于偶数 n，则可借助线性表和队列的基本操作来求解此问题。本题是采用顺序表和顺序队列，其中顺序表是用来存放加入素数环中的自然数，而顺序队列是用来存放求解过程中还未加入素数环中的自然数。首先将自然数 1 加到素数环中，2～n 加入队列中。然后再依次判断 2～n 中的每个自然数能以何种顺序加入素数环。主要的步骤可归纳如下。

(1) 先创建一个空顺序表 L 和空顺序队列 Q。

(2) 将顺序表 L 和顺序队列 Q 置上初值：将 1 加入顺序表 L 中，将 2～n 的自然数全部加入 Q 队列中。

(3) 将队列 Q 的队首自然数 p 出队，并与素数环 L 中的最后一个自然数 q 相加。若两数之和是素数，则将 p 加入素数环 L 中，否则说明 p 暂时无法处理，必须再次入队等待，再重复此过程。若 p 为队列中最后一个自然数，则还需判断它与素数环的第一个自然数相加的和是否为素数。若是素数，则将 p 加入素数环，素数环构造成功，其结果以顺序表的值返回，求解结束；若不是素数，则说明不满足素数环条件，需将素数环中的最后一个自然数移至队列的尾部，再重复步骤(3)。如此重复，直到队列为空或已对队列中每一个数据元素都遍历了一次且未能加入素数环为止，此时意味着构造素数环不成功。

【算法 3-23】 例 3-19 中设计的相关算法。

```
bool IsPrime(int num)
```

```
// 判断正整数 num 是否为素数
{   if (num == 1)                          // 整数 1 返回 false
        return false;
    int n = (int)sqrt(num);                // 求平方根
    for (int i = 2; i <= n; i++)
        if (num % i == 0 )                 // 模为 0, 返回 false
            return false;
    return true;
}//IsPrime

int InsertRing(SqList &L, SqQueue Q, int m, int n)
 // 判断队列 Q 中的队首自然数是否能加入素数环 L,若能则加入并返回 1,否则返回 0
 // 其中素数环 L 中有 m-1 个自然数,队列 Q 中有 n-m 个自然数
{   int count = 0;                         // 记录遍历队列中的数据元素的个数,防止在一次循环中
                                           // 重复遍历
    while (!QueueEmpty(Q)&& count <= n-m)
                                           // 队列非空,且未重复遍历队列中的自然数
    {   int p ;
        DeQueue(Q,p);                      // 队首自然数 p 出队
        int q;
        GetElem(L,ListLength(L),q);        // q 为顺序表中的最后一个数据元素
        if (m == n)                        // 为队列中的最后一个自然数
        {   if (IsPrime(p + q) && IsPrime(p + 1))
                                           // 满足素数环的条件
            {   ListInsert(L,ListLength(L) + 1, p);         // 将 p 插入顺序表表尾
                return 1;
            }
          else                             // 不满足素数环条件
                EnQueue(Q,p);              // p 重新入队
        }
        else if (IsPrime(p + q))           // 未遍历到队列的最后一个自然数,且满足相邻数和为素
                                           // 数的条件
            {   ListInsert(L,ListLength(L) + 1, p);      // 将 p 插入顺序表表尾
                if (InsertRing(L, Q, m + 1, n)!= 0)
                  // 递归调用函数,若返回值不为 0,即已成功找到素数环,返回 1
                    return 1;
                ListDelete(L,ListLength(L),p);           // 删除顺序表表尾的自然数 p
                EnQueue(Q,p);              //并将 p 重新入队
            }
          else
                EnQueue(Q,p);              // p 重新入队
          ++count;                         // 遍历次数加 1
    }
    return 0;
}//InsertRing

void MakePrimeRing(SqList &L, int n)
// 求 n 个正整数的素数环,结果以顺序表 L 返回
{   if (n % 2 != 0)                        // n 为奇数则素数环不存在
    {   printf("素数环不存在!\n");
        exit(0);
```

```
    }
    ClearList(L);                          // 清空已知的顺序表 L
    ListInsert(L,1,1);                     // 将自然数 1 加入表 L 中
    SqQueue Q;
    InitQueue(Q);                          // 创造一个空队列
    for (int i = 2; i <= n; i++)           //将自然数 2~n 分别加入队列
        EnQueue(Q,i);
    InsertRing(L, Q, 2, n);
} //算法 3-23 结束
```

3.3 栈与队列的比较

栈与队列既是两种重要的线性结构,也是两种操作受限的特殊线性表。为了让读者能够更好地掌握它们的使用特点,在此对栈和队列进行比较。

1. 栈与队列的相同点

(1) 都是线性结构,即数据元素之间具有"一对一"的逻辑关系。

(2) 插入操作都限制在表尾进行。

(3) 都可在顺序存储结构和链式存储结构上实现。

(4) 在时间代价上,插入与删除操作都需常数级时间;在空间代价上,情况也相同。

(5) 多链栈和多链队列的管理模式可以相同。在计算机系统软件中,经常会出现同时管理和使用两个以上栈或队列的情况,这种情景下,若采用顺序存储结构实现栈和队列,将会给处理带来极大不便,因而一般采用多个单链表来实现多个栈或队列。图 3-31 和图 3-32 是多链栈和多链队列的存储结构示意图。它们将多个链栈的栈顶指针或链队列的队首、队尾指针分别存放在一个一维数组中,从而很方便地实现了统一管理和使用多个栈或队列。

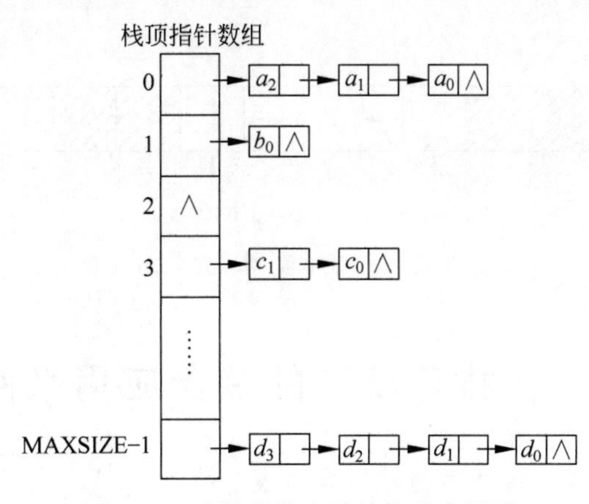

图 3-31　多链栈的存储结构示意图图

2. 栈与队列的不同点

(1) 删除数据元素操作的位置不同。栈的删除操作控制在表尾进行,而队列的删除操作控制在表头进行。

(2) 两者的应用场合不相同。具有后进先出(或先进后出)特性的应用需求,可使用栈式结构进行管理。例如,递归调用中现场信息、计算的中间结果和参数值的保存,图与树的

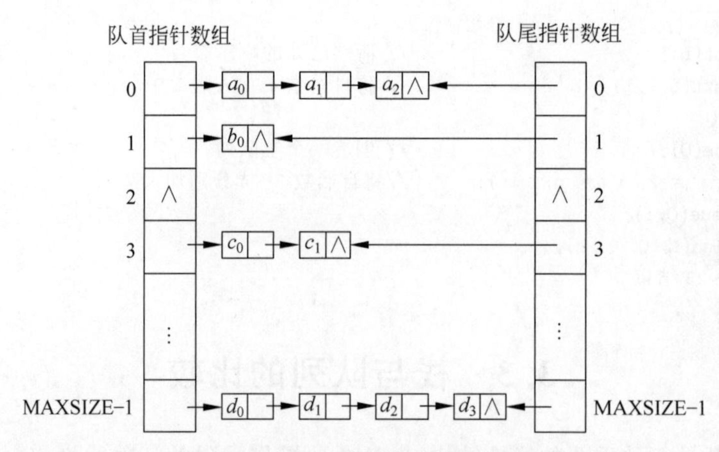

图 3-32 多链队列的存储结构示意图

深度优先搜索遍历都采用栈式存储结构加以实现。而具有先进先出(后进后出)特性的应用需求,则要使用队列结构进行管理。例如,消息缓冲器的管理,操作系统中对内存、打印机等各种资源进行管理,都使用了队列。同时可以根据不同优先级的服务请求,按优先级把服务请求组成多个不同的队列。队列也是图和树在广度搜索遍历过程中采用的数据结构。

(3) 顺序栈可实现多栈空间共享,而顺序队列则不能。实际应用中经常会出现在一个程序中需要同时使用两个栈或队列的情况。若采用顺序存储,就可以使用一个足够大的数组空间来存储多个栈,即让多个栈共享同一存储空间。图 3-33 是两个栈共享空间的示意图。其中:把数组的两端设置为两栈各自的栈底,两栈的栈顶从两端开始向中间延伸。可以充分利用顺序栈单向延伸的特性,使两个栈的空间形成互补,从而提高存储空间的利用率。然而,顺序队列就不能像顺序栈那样在同一个数组中存储两个队列,除非总有数据元素从一个队列转入另一个队列。

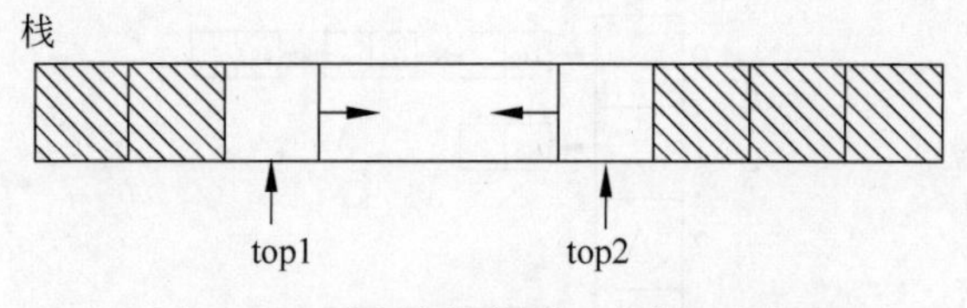

图 3-33 两个栈共享同一个数组空间

3.4 栈与队列的综合应用举例

栈和队列这两种特殊的线性表与基本线性表一样,在实际工作和生活中有着广泛的应用。本节通过一个实例再一次给出栈与队列的综合应用,使读者能更进一步地区分栈与队列的特性和它们各自的实现技巧。

【例 3-10】 停车场管理问题。

【问题描述】 假设停车场是一个可停放 n 辆车的狭长通道,并且只有一个大门可供汽车进出。在停车场内,汽车按到达的先后次序,由北向南依次排列(假设大门在最南端)。若车场内已停满 n 辆车,则后来的汽车需在门外的便道上等候,当有车开走时,便道上的第一辆车即可驶入。当停车场内某辆车要离开时,在它之后进入的车辆必须先退出车场为它让路,待该辆车开出大门后,其他车辆再按原次序返回车场。每辆车离开停车场时,应按其停留时间的长短交费(在便道上停留的时间不收费)。

试编写程序,模拟上述管理过程。

【问题分析】 由于停车场中某辆车的离开是按在它之后进入的车辆必须先退出车场为它让路的原则下进行的,显然满足了“后进先出”的特性,所以可以用栈式结构来模拟停车场;而对于指定停车场,它的车位数是相对固定的,因而本题采用顺序栈来加以实现,并假设栈的容量为10。又由于便道上的车是按先到先开进停车场的原则进行的,即满足“先进先出”的特性,所以可以用队列来模拟便道,而对于便道上停放车辆的数目是不固定的,因而本题采用链队列来加以实现。

为了能更好地模拟停车场管理,可以从终端读入汽车到达或离去的数据,每组数据应该包括二项:①汽车牌照号码;②是“到达”还是“离去”。程序中通过库函数time(0)自动获取当前“到达”或“离去”的时间秒数。与每组输入信息相应的输出信息为:若是到达的车辆,则输出其在停车场中或便道上的位置;若是离去的车辆,则输出其在停车场中停留的时间和应交纳的费用。

费用的计算方法是:由离开时间减去到达时间求得停留时间的总秒数,因time函数返回的为UNIX时间戳,即从1970年1月1日(UTC/GMT的午夜)开始所经过的秒数。然后再将秒数除以60使其转换成多少分钟,当不足整数分钟时,则以整数分钟计算。如停留时间是大于5分钟而小于6分钟,则以6分钟计算。最后每分钟的停车费乘以停车时间分钟数即可计算出总的停车费用。此题以每分钟2元的费用进行模拟计算。

【参考代码】

```
#include "Queue.cpp"            //Queue.cpp 中有队列抽象数据类型定义中的所有基本操作函数
#include "Stack.cpp"            //Stack.cpp 中有栈抽象数据类型定义中的所有基本操作函数
#include <stdio.h>
#include <time.h>
#include <string.h>
#define DEPARTURE 0;            // 标识车辆离开
#define ARRIVAL 1;              // 标识车辆到达
double fee 2.0                  // 每分钟停车费用,全局变量
SqStack S;                      //顺序栈存放停车场内的车辆信息,全局变量
LinkQueue Q;                    //链队列存放便道上的车辆信息,全局变量

typedef struct
{   int state;                  // 车辆状态,离开或到达
    time_t arrTime;             // 车辆达到时间
    time_t depTime;             // 车辆离开时间
    char * license;             // 车牌号
} CarInfo;                      //用于存放车辆信息的类型
typedef CarInfo QElemType;
typedef CarInfo SElemType;

// 停车场管理,参数 license 表示车牌号码,action 表示此车辆的动作,即到达或离开
void ParkingManag(char * license, char * action)
{   if (strcmp("arrive",action) == 0) {               // 车辆到达
```

```
        CarInfo info;           // 定义一个车辆信息类型变量
        info.license = license; // 修改车辆状态
        if (StackLength(S) < S.stacksize) {       // 停车场未满
            info.arrTime = time(0);               // 当前时间初始化到达时间
            info.state = ARRIVAL;
            Push(S,info);
            printf("   %s停放在停车场第%d个位置!\n",info.license ,StackLength(S));
            }
        else {                  // 停车场已满
            EnQueue(Q,info); // 进入便道队列
            printf("   %s停放在便道第%d个位置\n" ,info.license ,QueueLength(Q));
            }
        }
    else if (strcmp("depart",action) == 0)        // 车辆离开
        {   CarInfo info;
            int location = 0;                     // 车辆的位置
            SqStack S2;
            InitStack(S2);                        // 构造栈用于存放因车辆离开而导致的其他
                                                  // 车辆暂时退出车场
            for (int i = StackLength(S); i > 0; i-- ) {
                Pop(S,info);
                if (strcmp(info.license,license) == 0)
                                                  // 将离开的车辆
                {   info.depTime = time(0);
                                                  // 用当前时间来初始化离开时间
                    info.state = DEPARTURE;
                    location = i;                 // 取得车辆位置信息
                    break;
                }
                else                              // 其他车辆暂时退出车场
                    Push(S2,info);
                }//for
              while (!StackEmpty(S2))             // 其他车辆重新进入停车场
                {   CarInfo e;
                    Pop(S2,e);
                    Push(S,e);
                }
                if (location != 0)                // 停车场内存在指定车牌号码的车辆
                {   double time = (double)(info.depTime - info.arrTime)/60;
                                                  // 计算停放时间,并把秒换成分钟
                    if ((int)time < time)         // 停车时间处理后输出
                        printf("%s停放%.2f分钟,费用为:%.2f\n",info.license ,time,
                              (int)(time + 1) * fee);
                    else
                      printf("%s停放%.2f分钟,费用为:%.2f\n",info.license ,time,
                              (int)time * fee);
                }
              if (!QueueEmpty(Q))                 // 便道上的第一辆车进入停车场
              {   DeQueue(Q,info);
                  info.arrTime = time(0);         // 用当前时间来初始化到达时间
                  info.state = ARRIVAL;
```

```
                Push(S,info);
            }
        }
}//ParkingManag

int main()
{  char license[20];
   char action[20];
   InitStack(S);                                      // 顺序栈存放停车场内的车辆信息
   InitQueue(Q);                                      // 链队列存放便道上的车辆信息
   for (int i = 1; i <= 12; i++)
   // 初始化 12 辆车,车牌号分别为 1,2,...,12,其中有 10 辆车停在停车场内,2 辆车停放在便道上
   {  printf("请输入第 %d 辆车的车牌号:",i);
      gets(license);
      ParkingManag(license, "arrive");
      }

      printf("请输入车牌号:");
      gets(license);
      printf("arrive or depart ?");
      gets(action);;
      ParkingManag(license, action);                  // 调用停车场管理函数
      return 0;
}  //例 3 - 10 程序结束
```

此程序的运行结果如图 3-34 所示。

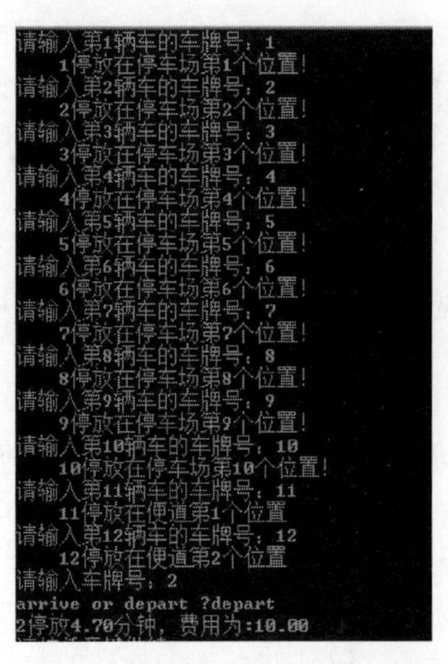

图 3-34　例 3-10 程序的运行结果

小　　结

本章介绍了两种特殊的线性表：栈和队列。栈的插入和删除操作限制在表尾一端进行的特殊线性表,无论是在栈中插入数据元素还是删除栈中数据元素,都只能固定在线性表的

表尾进行。通常将进行插入和删除操作的这一端称为“栈顶”,而另一端称为“栈底”。它是一种具有“后进先出”或“先进后出”特性的线性表。队列是插入操作只限制在表尾进行,而删除操作只限制在表头进行的特殊线性表。通常将允许进行插入操作的一端称为“队尾”,而将允许进行删除操作的另一端称为“队首”。它是一种具有“先进先出”或“后进后出”特性的线性表。

栈的基本操作主要包括判栈是否为空、出栈、入栈和取栈顶元素等。队列的基本操作主要包括判队列是否为空、出队、入队和取队首元素等。这些操作的时间复杂度都是$O(1)$。

栈与队列可用顺序和链式两种存储方式加以实现,为此有顺序栈和链栈、顺序队列和链队列之分。其中,顺序栈和顺序队列用数组实现;链栈和链队列则用单链表实现。要注意的是,链栈结点中指针的指向是从栈顶开始依次向后链接的,也就是说链栈中结点的指针不像单链表那样指向它在线性表中的后继,而是指向其在线性表中的前驱。链队列结点的链接方向与单链表相同,但为了便于实现插入和删除操作,链队列除了引进一个队首指针外,还引进了队尾指针来指向队尾元素,并将两者组合形成一个队列结构类型。

顺序栈比链栈的使用更为广泛。在顺序栈中,注意掌握入栈和出栈操作,特别是在入栈操作前要进行的判满条件,和在出栈操作前要进行的判空条件。在链栈中的操作与单链表操作类似,而且由于入栈与出栈操作都固定在链栈的栈顶位置进行,所以实现起来比单链表相应操作更为简单。

循环队列比非循环队列的使用更为广泛。在顺序存储方式下,也要注意掌握队列的入队和出队操作、队列判空与判满的条件,以及队列“假溢出”的处理方法。循环顺序队列就是为了避免“假溢出”现象而提出的一种队列。它是一个假想的环,是通过取模运算来使其首尾相连。特别要注意的是,在循环顺序队列中的入队和出队操作实现与在非循环顺序队列中的入队和出队操作实现的不同点在于,队首和队尾指针的变化不再是简单地加1或减1,而需加1或减1后再做取模运算。在循环顺序队列中为了区分队列的判空和判满条件,特别提出了3种解决方法:第一种是少用一个存储单元;第二种是设置一个标志变量;第三种是设置一个计数变量。链队列中的操作也与单链表中的操作类似,而且由于入队操作总是固定在链队列的队尾进行,而出队操作总是固定在链队列的队首进行,所以链队列的入队和出队操作实现起来非常简单。

栈与队列是两种十分重要的,并且应用非常广泛的数据结构。常见的栈的应用包括分隔符匹配问题的求解、表达式的转换和求值、函数调用和递归实现以及深度优先搜索遍历等。凡是遇到对数据元素的读取顺序与处理顺序相反的情况,都可考虑使用栈将读取到的而又未处理的数据元素保存在栈中。常见的队列的应用包括计算机系统中各种资源的管理、消息缓冲器的管理和广度优先搜索遍历等。凡是遇到对数据元素的读取顺序与处理顺序相同,都可考虑使用队列来保存读取到的而又未处理的数据元素。

优先级队列是带有优先级的队列。优先级队列中的每一个数据元素都有一个优先权。优先权可以比较大小,它既可以在数据元素被插入优先级队列时被人为赋予,也可以是数据元素本身所具有的某一属性。优先权的大小决定着该对象接受服务的先后顺序,所以也将其称为优先级。优先级队列不同于一般的队列,它是按照数据元素优先级的高低来决定出队的次序,而不是按照数据元素进入队列的次序来决定的。一般队列也可以被看作是一种特殊的优先级队列。在一般队列中,数据元素的优先级由其进入队列的时间确定,时间越长，优先级越高。优先级队列的实现方法可以采用有序、无序线性表或栈来实现。本章中只介绍了在有序线性表上实现的优先级队列。在这种情况下，入队操作是进行数据元素的有序插入，即将待插入的数据元素插入队列中的适当位置，并使插入后的队列仍按照优先级从大到小的顺序排放。入队操作的时间复杂度为 $O(n)$。出队操作只要将队首元素(即优先级最高的元素)从队列中删除即可，其时间复杂度为 $O(1)$。在一些实际应用中，若需要采用一种数据结构来存储数据元素，对这种数据结构的要求是：数据元素加入的次序是无关紧要的，但每次取出的数据元素应是具有最高优先级的数据元素，这时就可以采用优先级队列来解决问题。

其实利用栈和队列的思想还可以设计出其他一些变种的栈和队列结构。例如双端队列、双端栈等，这些都是根据插入与删除操作位置受限的不相同而得名的。双端队列指插入和删除操作限制在线性表的两端进行；双端栈指两个底部相连的栈，它是一种添加限制的双端队列，并且规定从一端插入的数据元素只能从这一端删除。这些变种的栈和队列在某些特定情况下具有很好的应用价值。

习 题 3

一、客观测试题

扫码答题

二、算法设计题

1. 设计算法，要求借助一个栈把一个数组中的数据元素逆置。

2. 设计算法，判断一个字符序列是否为回文序列。所谓回文序列，就是正读与反读都相同的字符序列，例如：abba 和 abdba 均是回文序列。要求只借助栈来实现。

3. 设计算法，判断一个表达式中的花括号、圆括号和方括号是否配对。

4. 假设以一个数组实现两个栈：一个栈以数组的第一个存储单元作为栈底，另一个栈以数组的最后一个存储单元作为栈底，这种栈称为双向顺序栈或共享栈。试设计 3 个算法：一个是栈的初始化操作算法 InitStack(&S,maxSize)，此算法完成构造一个容量为 maxSize 的双向顺序空栈；一个是实现入栈操作的算法 Push(&S,i,x)，此算法完成将数据元素 x 压入到第 i($i=0$ 或 1)号栈中的操作；一个是实现出栈操作的算法 Pop(&S,i)，此算法完成将第 i 号栈的栈顶元素出栈的操作。

5. 假设循环顺序队列定义为：以域变量 rear 和 length 分别指示循环队列中队尾元素的位置和内含元素的个数。试设计实现相应的入队和出队的操作算法。

6. 假设采用带头结点的循环链表来表示队列，并且只设一个指向队尾元素的指针(不设队首指针)，试设计相应的队列初始化、队列清空、队列判空、入队和出队的操作算法。

7. 设计算法，实现双端队列"队尾删除"和"队首插入"的操作算法，并且约定队首指针指向队首元素的前一位置,队尾指针指向队尾元素。

8. 设计递归算法和非递归算法,实现将十进制数转换成 $k(2\leqslant k\leqslant 9)$进制的操作。

9. 设计递归算法和非递归算法,按反向输出一个单链表。

10. 已知递归函数(其中 DIV 为整除):

$$F(m)=\begin{cases}1, & m=0\\ mF(m\text{DIV}2), & m>0\end{cases}$$

(1) 写出求 $F(m)$的递归算法。

(2) 写出求 $F(m)$的非递归算法。

习题3　主观题参考答案

第4章 串与数组

世界上第一台通用电子计算机 ENIAC 于 1946 年 2 月 14 日在美国宾夕法尼亚大学诞生，其目的是用于数值计算。但是目前，计算机越来越多地被用于文字编辑、信息检索、图像分析、自然语言处理等非数值计算领域。这些问题中所涉及的处理对象大多是字符串。字符串是一种特殊的线性结构。

在高级程序设计语言中，数组是一种重要的数据类型。数组也是线性结构及其他数据结构实现顺序存储的基础。本章主要介绍字符串和数组的基本概念、存储结构、常用操作以及矩阵的压缩存储方式。

【本章主要知识导图】

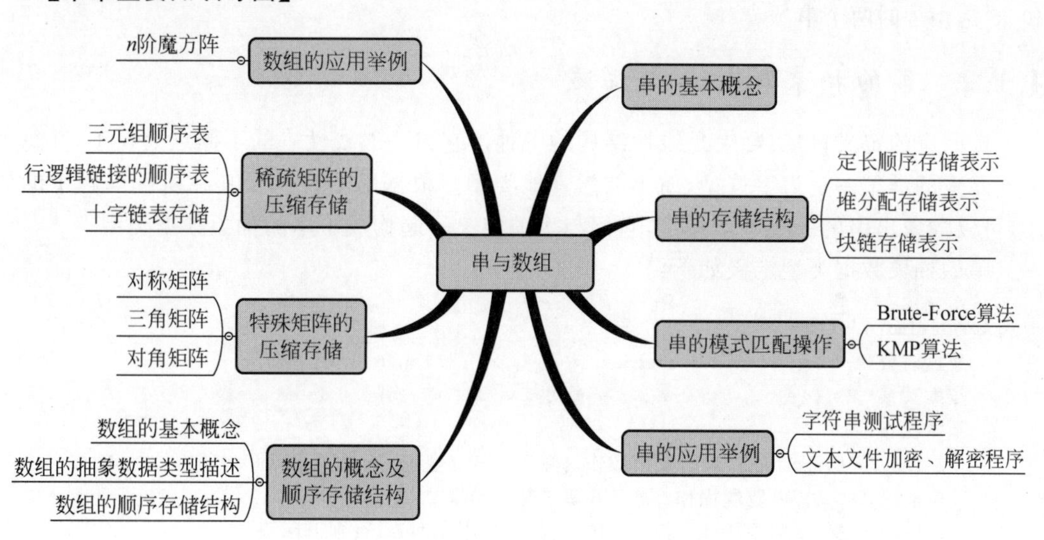

4.1 串的概述

4.1.1 串的基本概念

字符串（简称为串），是由 $n(n\geqslant 0)$ 个字符组成的有限序列。从逻辑结构看，串是一种特殊的线性结构，即串可以看成是每个数据元素仅由一个字符组成的线性结构。串一般记为：

$$s="c_1c_2\cdots c_i\cdots c_n"$$

其中：s 是串名，也称为串变量；$i(1\leqslant i\leqslant n)$ 称为字符 c_i 在串中的序号；

双引号内的字符序列称为串值；一个串中包含的字符个数 n 称为串的长度，简称串长。长度 n 为0的串称为空串，即空串不包含任何字符。包含一个及以上空白字符的串称为空白串。需要说明的是，空串和空白串是不同的。空串不包含任何字符，长度为0；空白串是由一个或多个空白字符所组成的字符串，其长度是空白字符的个数。

串中任意个连续的字符组成的子序列称为该串的子串，包含子串的串相应地称为主串。注意，空串是任意串的子串，任意串是其自身的子串。字符在串中的位置是指字符在串中的序号。子串在主串中的位置则以子串在主串中首次出现时的第一个字符在主串中的位置来表示。例如，设有 $s1$、$s2$、$s3$、$s4$、$s5$ 五个串：

```
s1 = "This is a string"
s2 = "string"
s3 = " "
s4 = ""
s5 = "string"
```

其中，$s1$、$s2$、$s3$、$s4$ 的长度分别是16、6、1、0。$s2$ 是 $s1$ 的子串，它在 $s1$ 中的位置是11；$s3$ 是空白串，它在 $s1$ 中的位置是5；$s4$ 是空串，它是 $s1$、$s2$、$s3$ 的子串。

串相等是指两个串的长度相等，并且各个对应位置的字符均相同。上面5个串中的 $s2$ 和 $s5$ 是相等的两个串。

4.1.2 串的抽象数据类型描述

按照串的定义，串实际上是线性结构的一种。它与一般线性表的不同之处在于，其每个数据元素的类型一定为字符型，而不能为其他类型。根据串的特性及其在实际问题中的应用，可以抽象出串的一些基本操作，它们与串的定义一起构成了串的抽象数据类型。

串的抽象数据类型定义如下：

ADT String{

数据对象：$D = \{a_i | a_i \in CharacterSet,\ i = 1, 2, ..., n,\ n >= 0\}$

数据关系：$R = \{<a_{i-1}, a_i> | a_{i-1}, a_i \in D,\ i = 2, ..., n\}$

基本操作：

StrAssign(&S, chars)，**串的赋值操作**：将已知串常量 chars 的值赋给串 S.

StrCopy(&T, S)，**串复制操作**：将已知串 S 复制给串 T.

StrEmpty(S)，**串判空操作**：若已经串 S 为空串，则返回真，否则返回假.

StrCompare(S, T)，**串比较操作**：比较两个已知的串 S 和串 T.若 S > T，则返回大于 0 的值；若 S = T，则返回 0；若 S < T，则返回小于 0 的值.

StrLength(S)，**求串长操作**：返回已知串 S 中所包括元素的个数.

ClearString(&S)，**串的置空操作**：将已存在的串 S 置为空串.

Concat(&T, S1, S2)，**串连接操作**：将已知串 S2 连接到串 S1 的后面，形成一个新串 T.

SubString(&Sub, S, pos, len)，**求子串操作**：用 Sub 返回串 S 的第 pos 个字符起长度为 len 的子串.其中：1≤pos≤StringLength(S)且 0≤len≤StringLength(S) - pos + 1.

Index(S, T, pos)，**子串定位操作**：在已知非空串 S 中从 pos 位置开始去搜索与已知串 T 相等的子串，若搜索成功，则返回串 T 在串 S 中的位置；否则返回 0.其中：1≤pos≤StringLength(S).

Replace(&S, T, V)，**串替换操作**：用已知串 V 替换掉已知非空串 S 中出现的所有与 T 串相等的不重叠的子串.

StrInsert(&S, pos, T)，**串的插入操作**：在已知串 S 的第 pos 个字符之前插入一个已知串 T.其中：

1≤pos≤StringLength(S) + 1.

StrDelete(&S,pos,len),**串的删除操作**：从已知串 S 中删除第 pos 个字符起长度为 len 的子串.其中：1≤pos≤StringLength(S) - len + 1.

DestroyString(&S),**串的销毁操作**：将已知存在的串 S 销毁.

StrPrint(S),**串的输出操作**：将已知串 S 中的内容输出.

}**ADT String**

上述抽象数据类型定义在实现时需要考虑串的具体的存储结构。

4.2 串的存储结构

如果串只是作为常量出现，则只需存储该串的串值，即字符序列即可。但是在多数非数值计算领域中，串主要是以变量的形式出现的。

串主要有 3 种机内表示方法：定长顺序存储表示、堆分配存储表示和块链存储表示。

4.2.1 定长顺序存储表示

定长顺序存储结构类似于线性表的顺序存储结构，可以采用一组地址连续的存储单元存储串字符序列。在串的定长顺序存储结构中，按照预定义的大小，为每个定义的串变量分配一个固定长度的存储区，下面就是定长顺序存储结构的描述：

```
#define MAXSTRLEN 255                    //用户可在 255 以内定义最大串长
typedef unsigned char SString[MAXSTRLEN + 1];   //0 号单元存放串的长度
```

其中，字符数组 SString 用来存放字符串的串值，下标为 0 的存储单元存放串的实际长度，串的实际长度可以在预定义长度范围之内，超过预定义长度的串值则被舍去，称为“截断”。串的顺序存储结构如图 4-1 所示。其中，strvalue 是一个字符数组，数组元素的个数是 11，该数组中存放字符串"Hello"，串的实际长度 strvalue[0]的值是 5。

	0	1	2	3	4	5	6	7	8	9	10
strvalue	5	H	e	l	l	o					

图 4-1　串的顺序存储结构

下面以串的连接操作为例讨论在这种存储表示下如何实现串的操作。

假设 $S1$、$S2$ 和 T 都是 SString 型的串变量，且串 T 是由串 $S1$ 连接串 $S2$ 得到的。根据串 $S1$ 和 $S2$ 长度的不同情况，串 T 值的产生可能有如下 3 种情况。

(1) $S1[0]+S2[0] <=$ MAXSTRLEN，得到的结果是正确的。

(2) $S1[0] <$ MAXSTRLEN 而 $S1[0]+S2[0] >$ MAXSTRLEN，则将串 $S2$ 截断。

(3) $S1[0] =$ MAXSTRLEN，得到的串 T 的值与串 $S1$ 的值相等。

【算法 4-1】　定长顺序存储结构的串的连接算法。

```
Status Concat(SString &T, SString S1, SString S2)
//用 T 返回由 S1 和 S2 连接而成的新串.若未截断,返回 TRUE,否则返回 FALSE
{   int i;
    if(S1[0] + S2[0] <= MAXSTRLEN)   //未截断
```

```
    {   for(i = 1; i <= S1[0]; i++)    //将 S1 中的字符复制至 T 中
            T[i] = S1[i];
        for(i=1; i <= S2[0]; i++)      //将 S2 中的字符复制至 T 中,偏移 S1[0]个位置
            T[S1[0] + i] = S2[i];
        T[0] = S1[0] + S2[0];          //T 的长度为 S1 与 S2 长度之和
        return TRUE;
    }
    else if(S1[0] < MAXSTRLEN)         //截断 S2
    {   for(i = 1;i <= S1[0]; i++)     //将 S1 中的字符复制至 T 中
            T[i] = S1[i];
        for(i = 1; i <= MAXSTRLEN - S1[0]; i++)     //将 S2 中部分字符复制至 T 中,偏移 S1[0]
                                                    //个位置
            T[S1[0] + i] = S2[i];
        T[0] = MAXSTRLEN;              //T 的长度为预定义最大串长
        return FALSE;
    }
    else //截断(仅取 S1)
    {   for(i = 0; i <= S1[0]; i++)    //将 S1 中的字符复制至 T 中
            T[i] = S1[i];
        return FALSE;
    }
}//算法 4-1 结束
```

虽然串的逻辑结构与线性表的逻辑结构极为相似,但它们的存储结构不同,其操作更加不同。线性表只对单个数据元素操作,而串既可以对单个字符操作,又可以对整个串操作,还可以对子串操作。所以说,串是一种特殊的线性结构,其上的操作不同于线性表的处理,串有自己独特的处理方法。下面介绍在定长顺序存储结构上串的部分基本操作实现。

1. 求子串操作

求子串操作 SubString(SString &Sub, SString S, int pos, int len)的基本要求是:用 Sub 返回串 S 的第 pos 个字符起长度为 len 的子串。其中:1≤pos≤StrLength(S)且 0≤len≤StrLength(S)−pos+1。实现此操作的主要步骤归纳如下。

(1) 检查参数合法性,若起始位置 pos<1 或超出串长(pos>S[0]),或截取串长为负或是原串不够截取(len>S[0]−pos +1),则返回 ERROR;否则执行步骤(2)。

(2) 将串 S 中从 pos 到 pos+len−1 之间的字符依次复制到 Sub 串。

(3) 将 Sub 串的长度置为 len。

【算法 4-2】 求子串操作算法。

```
Status SubString(SString &Sub, SString S, int pos, int len)
//用 Sub 返回串 S 的第 pos 个字符起长度为 len 的子串
{   int i;
    if(pos < 1 || pos > S[0] || len < 0 || len > S[0] - pos + 1)          //检查参数合法性
        return ERROR;
    for(i = 1; i <= len; i++)          //将主串中的字符复制到子串的相应位置
        Sub[i] = S[pos + i - 1];
    Sub[0] = len;                      //设置子串长度
    return OK;
}//算法 4-2 结束
```

2. 串的插入操作

串的插入操作 StrInsert(SString &S, int pos, SString T)的要求是：在串 S 中第 pos 个字符之前插入串 T。其中：参数 pos 的有效范围是 $1\leqslant pos\leqslant StrLength(S)+1$。当 pos=1,表示在串 S 的开始处插入串 T；当 $pos=StrLength(S)+1$,表示在串 S 的结尾处插入串 T。实现此操作的主要步骤归纳如下。

(1) 当插入位置超出合法范围,即当 $pos<1$ 或 $pos > S[0]+1$ 时,返回 ERROR；否则执行步骤(2)。

(2) 若 $S[0]+T[0]\leqslant MAXSTRLEN$ 时,则将串 T 全部插入到 S 串的第 pos 个位置之前。插入时需将串 S 中从 pos 开始的所有字符向后移动 $T[0]$个位置,再将串 T 插入到 S 中从 pos 开始空出的位置。

(3) 若 $S[0]+T[0]>MAXSTRLEN$ 而且 $pos+T[0]<MAXSTRLEN$ 时,则将串 T 全部插入到 S 串的第 pos 个位置之前,插入时 S 串中第 pos 个位置之后部分被移出的字符串被截断,否则只能将 T 的部分字符插入 S 中且 S 串中 pos 位置之后的全部串被截断。

【算法 4-3】 串的插入操作算法。

```
Status StrInsert(SString &S, int pos, SString T)
//在串 S 的第 pos 个字符之前插入串 T,其中 1≤pos≤StrLength(S) + 1
{  int i;
   if(pos < 1 || pos > S[0] + 1)
       return ERROR;
   if(S[0] + T[0] <= MAXSTRLEN)          // 完全插入
   {  for(i = S[0]; i >= pos; i-- )      //将串 S 的第 pos 之后的字符后移 T[0]个位置,为
                                         //插入串 T 做准备
          S[i + T[0]] = S[i];
      for(i = pos; i < pos + T[0]; i++)  // 将串 T 插入至刚才空出的位置
          S[i] = T[i - pos + 1];
      S[0] = S[0] + T[0];                //修正串 S 的长度
      return TRUE;
   }
   else
   {  for(i = MAXSTRLEN; i >= pos + T[0]; i-- )
          S[i] = S[i - T[0]];
      int end = pos + T[0]< MAXSTRLEN?pos + T[0]:MAXSTRLEN;
      for(i = pos; i < end; i++)
          S[i] = T[i - pos + 1];
      S[0] = MAXSTRLEN;
      return FALSE;
   }
}//算法 4-3 结束
```

3. 串的删除操作

串的删除操作 StrDelete(SString &S, int pos, int len)的基本要求是：从串 S 中删除第 pos 个字符起长度为 len 的子串。参数 pos 和 len 的取值范围分别是：$1\leqslant pos\leqslant StrLength(S)-len+1$,$len\geqslant 0$。实现此操作的主要步骤归纳如下。

(1) 检查参数合法性,即当 $len<0$,或 $pos>S[0]-len+1$,或 $pos<1$ 时,返回 ERROR,否则执行步骤(2)。

(2) 将串 S 中从 pos+len 开始到串尾的子串向前移动到从 pos 开始的位置。

(3) 串 S 的长度减去 len。

【算法 4-4】 串的删除操作算法。

```
Status StrDelete(SString &S, int pos, int len)
//从串 S 中删除第 pos 个字符起长度为 len 的子串
{   int i;
    if(pos < 1 || pos > S[0] - len + 1 || len < 0)
        return ERROR;
    for(i = pos + len; i <= S[0]; i++)
        S[i - len] = S[i];
    S[0] -= len;
    return OK;
}//算法 4-4 结束
```

4. 串的比较操作

串的比较操作 StrCompare(SString S, SString T)的基本要求是：依次比较串 S 和串 T 对应位置的字符。若串 S 的值大于串 T 的值，则返回一个正整数；反之，则返回一个负整数，其中的正整数或负整数等于两个不相同的对应字符的 ASCII 码值之差。主要步骤归纳如下。

(1) 从下标 1 开始，分别取出串 S 和串 T 相同位置上的字符进行比较，若不等，则返回第一个不相等的字符的 ASCII 码值之差。

(2) 依次比较对应位置上的元素。若都相等，直到其中一个串结束，则返回两个串长度之差。

【算法 4-5】 串的比较操作算法。

```
Status StrCompare(SString S, SString T)
//比较 S 串与 T 串是否相等
{   int i;
    for(i = 1; i <= S[0] && i <= T[0]; ++i)
        if(S[i] != T[i])
            return S[i] - T[i];
    return S[0] - T[0];
} //算法 4-5 结束
```

4.2.2 堆分配存储表示

在 C 语言中，系统利用 malloc()函数和 free()函数进行内存的动态管理，在“堆”空间中为每一个新产生的串动态分配一个存储区。

串的堆分配存储的特点是，程序中出现的所有串变量的存储空间都是在程序执行过程中动态分配而得的。堆分配存储结构的串定义如下：

```
typedef struct{
    char *ch;    //若是非空串，则按串长分配存储区，ch 存放存储空间的基地址，否则 ch 为 NULL
    int length;  //串长
}HString;
```

这类串操作实现的算法为：先为新生成的串分配一个存储空间，然后进行串值的复制。由于串仍然以数组存储的字符序列表示，因此串的操作仍基于“字符序列的复制”实现。在此仍以“串连接”操作为例进行说明。

串连接操作的基本思想是先构造一个新的串 T，分配大小与串 $S1$ 和 $S2$ 长度之和相等的存储空间。然后再将串 $S1$ 和 $S2$ 的值复制到串 T 的对应位置，由于一开始就分配了足够的空间，因此不存在“截断”问题。

【算法 4-6】 堆分配存储上串的连接算法。

```
Status Concat(HString &T, HString S1, HString S2)
//用 T 返回由 S1 和 S2 连接而成的新串
{  int i;
   if (T.ch)
      free(T.ch);                                                  //释放旧空间
   if (!(T.ch = (char *)malloc((S1.length + S2.length) * sizeof(char))))   //如果空间分配失败
      exit (OVERFLOW);
   T.length = S1.length + S2.length;
   for(i = 0; i < S1.length; i++)
      T.ch[i] = S1.ch[i];
   for(; i < T.length; i++)
      T.ch[i] = S2.ch[i - S1.length];
   return OK;
} // 算法 4 - 6 结束
```

4.2.3 块链存储表示

串的链式存储结构和线性表的链式存储结构类似，可以采用单链表来存储串值，串的这种链式存储结构被称为链串。图 4-2 显示的是串的链式存储结构。在这种存储结构下，存储空间被分成一系列大小相同的结点，每个结点用 data 域存放字符值，用 next 域存放指向下一个结点的指针值。由于串结构的特殊性，采用链表存储串值时，每个结点存放的字符数可以是一个字符，也可以是多个字符。若每个结点只存放一个字符，则这种链表被称为单字符链表；否则被称为块链表。例如：图 4-2(a)所示的是结点大小为 1 的单字符链表；图 4-2(b)所示的是结点大小为 4 的块链表。在图 4-2(b)中，由于结点的大小为 4，因而串所占用的结点中的最后一个结点的 data 域不一定全被串值所占据。为了处理方便，通常补上空字符“φ”或其他非串值字符。

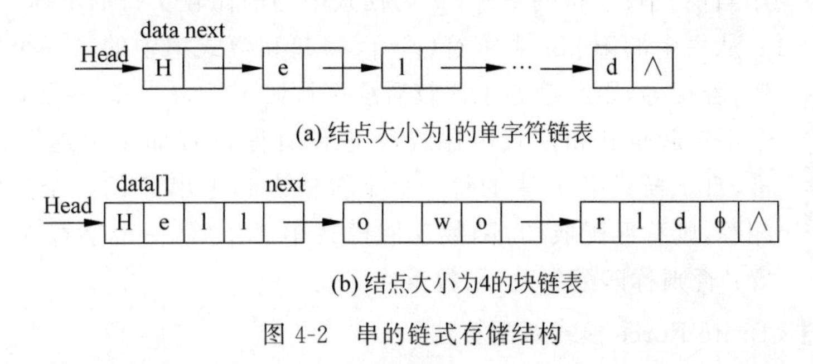

图 4-2 串的链式存储结构

为了便于进行串的操作，当以链表存储串值时，除头指针外还可附设一个尾指针，并且由于串的长度不一定是结点大小的整数倍(链表中最后一个结点中的字符并非都是有效字符)，因此还需要一个指示串长的域。我们称如此定义的存储结构为串的块链存储结构，其定义如下：

```
#define CHUNKSIZE = 80                     // 可由用户定义的块(结点)大小
typedef struct Chunk {                     // 结点结构
  char ch[CUNKSIZE];
  struct Chunk * next;
} Chunk;
typedef struct {                           // 串的链表结构
  Chunk * head, * tail;                    // 串的头指针和尾指针
  int curlen;                              // 串的当前长度
}LString;
```

在串的链式存储结构中，当每个结点只存储一个字符时，串的插入、删除等操作相对方便，但存储效率太低，因为每存储一个字符，需要搭配一个指向下一字符的指针，而指针相对于字符所占空间是比较大的。而当每个结点存储多于一个字符时，虽然提高了存储效率，但插入、删除等操作需要移动字符，且实现不方便，效率较低。另外，当使用链式存储结构存储串时，若需要访问串中的某个字符，则要从链表的头部开始遍历直至相应位置才可以访问，时间效率也不高。

通常在不同的应用需求中所处理的串具有不同的特点，要有效地实现串的处理必须根据具体情况选用合适的存储结构。

4.3 串的模式匹配操作

串的查找定位操作(也称为串的模式匹配操作)指的是：在当前串(主串)中寻找子串(模式串)的过程。若在主串中找到了一个和模式串相同的子串，则查找成功；若在主串中找不到与模式串相同的子串，则查找失败。当模式匹配成功时，函数的返回值为模式串在主串中的位置；当匹配失败时，函数的返回值为0。

有两种主要的模式匹配算法：Brute-Force算法(BF算法)和KMP算法。

4.3.1 Brute-Force模式匹配算法

Brute-Force算法是一种简单、直观的模式匹配算法。其实现方法是：设S为主串；T为模式串；i为主串当前比较字符的下标；j为模式串当前比较字符的下标。令i的初值为pos，j的初值为1。从主串的第pos个字符(i=pos)起和模式串中的第一个字符(j=1)比较，若相等，则继续逐个比较后续字符(i++，j++)；否则从主串的第二个字符起重新和模式串比较(i返回到原位置加1，j返回到1)。以此类推，直至模式串T中的每一个字符依次和主串S的一个连续的字符序列相等，则称匹配成功，函数返回模式串T的第一个字符在主串S中的位置；否则称匹配失败，函数返回0。

【算法4-7】 Brute-Force模式匹配算法。

```
int Index(SString S, SString T, int pos)
// 返回模式串 T 在主串 S 中从 pos 开始的第一次匹配位置,匹配失败时返回 0
{  int i = pos, j = 1;
   while(i <= S[0] && j <= T[0])
```

```
{  if(S[i] == T[j])                         //继续比较后继字符
   {  i++; j++;
   }
   else                                     //指针后退,重新开始匹配
   {  i = i-j+2;
      j = 1;
   }
 }
if(j > T[0])
      return i - T[0];
else
      return 0;
} //算法 4-7 结束
```

例如：主串 S 为“ababcabdabcabca”，模式串 T 为“abcabc”，按照算法 4-7，匹配过程如图 4-3 所示。

```
              ↓i=3
第一趟匹配  a b a b c a b d a b c a b c a    失败
            a b c a b c
                ↑j=3

            ↓i=2
第二趟匹配  a b a b c a b d a b c a b c a    失败
              a b c a b c
              ↑j=1

                          ↓i=8
第三趟匹配  a b a b c a b d a b c a b c a    失败
                a b c a b c
                          ↑j=6

                ↓i=4
第四趟匹配  a b a b c a b d a b c a b c a    失败
                a b c a b c
                ↑j=1

                  ↓i=5
第五趟匹配  a b a b c a b d a b c a b c a    失败
                  a b c a b c
                  ↑j=1

                          ↓i=8
第六趟匹配  a b a b c a b d a b c a b c a    失败
                      a b c a b c
                          ↑j=3

                        ↓i=7
第七趟匹配  a b a b c a b d a b c a b c a    失败
                        a b c a b c
                        ↑j=1

                          ↓i=8
第八趟匹配  a b a b c a b d a b c a b c a    失败
                          a b c a b c
                          ↑j=1

                                      ↓i=14
第九趟匹配  a b a b c a b d a b c a b c a    成功
                              a b c a b c
                                      ↑j=6
```

图 4-3　串的 BF 模式匹配过程

上面所描述的算法中,假设从某一个 $S[i]$ 开始与 $T[j]$ 进行比较。开始时,$j=1$,若 $S[i]==T[j]$,则 i 和 j 后移;若 $S[i]!=T[j]$,则 j 返回到原位置1,而 i 返回到原位置加1。j 已经从原来的位置向后移动了 $j-1$ 次,所以 i 也向后移动了 $j-1$ 次,故 i 的原位置为 $i-j+1$,而原位置加1为 $i-j+2$。同样,当匹配成功时,函数值返回 i 的原位置,这时 j 从1移动到串 T 的结束位置($j=T[0]+1$),即 j 向后移动 $T[0]$ 次,同样 i 也应向后移动 $T[0]$ 次,所以,函数返回值是 $i-T[0]$。

Brute-Force模式匹配算法简单且易于理解,但在一些情况下,时间效率非常低,其原因是主串S和模式串T中已有多个字符相等时,只要后面遇到一个字符不相等,就需要将主串的指针 i 回退。假设主串的长度为 n,子串的长度为 m,则模式匹配的BF算法在最好情况下的时间复杂度为 $O(m)$,即主串的前 m 个字符刚好等于模式串的 m 个字符。BF算法在最坏情况下的时间复杂度为 $O(n\times m)$,分析如下:假设模式串的前 $m-1$ 个字符序列和主串的相应字符序列比较总是相等,而模式串的第 m 个字符和主串的相应字符比较总是不相等。此时,模式串的 m 个字符序列必须和主串的相应字符序列块共比较 $n-m+1$ 次,每次比较 m 个字符,总共需比较 $m\times(n-m+1)$ 次,因此,其时间复杂度为 $O(n\times m)$。例如:

主串 $S=$"aaaaaaaaaaaa",串长为 $n=12$;

模式串 $T=$"aaab",串长为 $m=4$。

这样,每趟比较4次后匹配失败,i 回到原位置加1,j 返回到1,继续下一趟匹配,共计需要 $n-m+1=12-4+1=9$ 趟,总共比较了 $4\times9=36$ 次。所以,最坏情况下的时间复杂度为 $O(n\times m)$,其原因是每次匹配失败,i 总是回退到原位置加1造成的。下面我们讨论改进后的一种模式匹配算法。

4.3.2 KMP模式匹配算法

由D. E. Knuth、V. R. Pratt和J. H. Morris提出的模式匹配改进算法,简称为KMP算法。KMP算法对BF算法做了很大的改进,模式匹配的效率较高。KMP算法的主要思想是:每当某趟匹配失败时,i 指针不回退,而是利用已经得到的"部分匹配"的结果,将模式串向右"滑动"尽可能远的一段距离后,继续进行比较。

1. KMP模式匹配算法分析

从图4-3所示的Brute-Force模式匹配过程中可以发现,主串 S 的指针 i 不必回退。以下分两种情况讨论。

设主串 S 为"ababcabdabcabca",模式串 T 为"abcabc"。S 串中的字符用 S_i 表示,T 串中的字符用 t_i 表示。

(1) 第一种情况如图4-3中的第一趟匹配过程所示。

匹配过程为:当 $s_1=t_1,s_2=t_2,s_3\neq t_3$ 时,指针 $i=3,j=3$。按照Brute-Force模式匹配算法,下一趟要比较 s_2 和 t_1,即指针 i 需回退到2,j 回退到1。但由于 $t_1\neq t_2$,而 $s_2=t_2$,故一定有 $s_2\neq t_1$。所以,此时不需比较 s_2 和 t_1,即指针 i 不回退,实际上是直接比较 s_3 和 t_1。

(2) 第二种情况如图4-3中的第三趟匹配过程所示。

在该算法的第三趟匹配中,当下标为 $i=8$ 和 $j=6$ 对应的字符不等时(即 $s_i\neq t_j$),需要

再次从下标为 $i=4$ 和 $j=1$ 的字符重新开始比较。但是,经仔细观察可以发现,s_4 和 t_1、s_5 和 t_1、s_6 和 t_1、s_7 和 t_2 这 4 次比较都是不必进行的。一方面,在模式匹配过程中,当 $s_8 \neq t_6$,必有 $s_3s_4s_5s_6s_7=t_1t_2t_3t_4t_5$;又因 $t_2\neq t_1$,$t_3\neq t_1$,所以一定有 $s_4\neq t_1$,$s_5\neq t_1$。也就是说,s_4 和 t_1,s_5 和 t_1 这两次比较不必进行。另一方面,在模式串 $T=$"abcabc"中,有 $t_1t_2=t_4t_5$,又 $s_6s_7=t_4t_5$,故 $s_6s_7=t_1t_2$,所以 s_6 和 t_1,s_7 和 t_2 这两次比较也不必进行。

设主串 S 为"ababcabdabcabca",模式串 T 为"abcabc"。KMP 模式匹配算法如图 4-4 所示。在这个模式匹配过程中,主串中的指针 i 没有回退,这个过程只需进行 5 趟匹配,有效地提高了模式匹配效率。

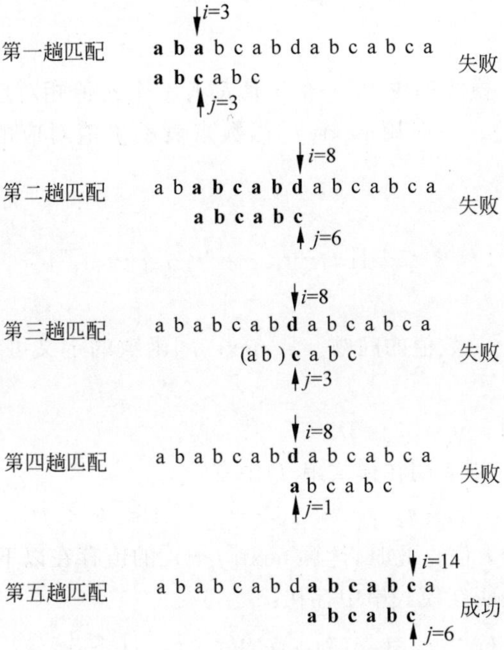

第一趟匹配　↓i=3
a b a b c a b d a b c a b c a
a b c a b c　　失败
↑j=3

第二趟匹配　↓i=8
a b **a b c a b d** a b c a b c a
a b c a b c　　失败
↑j=6

第三趟匹配　↓i=8
a b a b c a b **d** a b c a b c a
(a b) **c** a b c　　失败
↑j=3

第四趟匹配　↓i=8
a b a b c a b **d** a b c a b c a
a b c a b c　　失败
↑j=1

第五趟匹配　↓i=14
a b a b c a b d **a b c a b c** a
a b c a b c　　成功
↑j=6

图 4-4　KMP 模式匹配过程

对以上两种情况进行分析可以发现,当某次匹配不成功($s_i\neq t_j$)时,主串 S 的当前比较位置 i 不必回退,此时主串中的 s_i 可直接和模式串中的某个 $t_k(0\leqslant k<j)$ 进行比较,此处下标 k 的确定与主串无关,只于模式串本身的构成有关,即从模式串本身就可计算出 k 的值。

现在讨论一般情况。假设主串 $S=$"$s_1s_2\cdots s_n$",模式串 $t=$"$t_1t_2\cdots t_m$",从主串 S 中某一个位置开始比较,当匹配不成功($s_i\neq t_j$)时,此时一定存在

$$s_{i-j+1}\cdots s_{i-1}=t_1\cdots t_{j-1} \tag{4-1}$$

(1) 若模式串中不存在任何满足式(4-2)的子串

$$t_1\cdots t_{k-1}=t_{j-k+1}\cdots t_{j-1}\quad 0<k<j \tag{4-2}$$

则说明在模式串"$t_1t_2\cdots t_{j-1}$"中不存在前缀子串"$t_1\cdots t_{k-1}$"($0<k<j$)与主串"$s_{i-j+1}\cdots s_{i-1}$"中的"$s_{i-k+1}\cdots s_{i-1}$"子串相匹配,下一次可直接比较 s_i 和 t_1。

(2) 若模式串中存在满足式(4-2)的子串,则说明模式串"$t_1\cdots t_{j-1}$"中的前缀子串"$t_1\cdots t_{k-1}$"已与主串"$s_{i-j+1}\cdots s_{i-1}$"中的"$s_{i-k+1}\cdots s_{i-1}$"子串相匹配,下一次可直接比较 s_i 和 t_k。

综上所述,当主串中的 s_i 与模式串中的 t_j 失配时,需将 s_i 与 t_k 比较,此时选取 k 的原则是:模式串的前 $k-1$ 个字符子串等于 t_j 之前的 $k-1$ 个字符子串,并且是具有此性质的最大子串的串长,如图 4-5 所示。

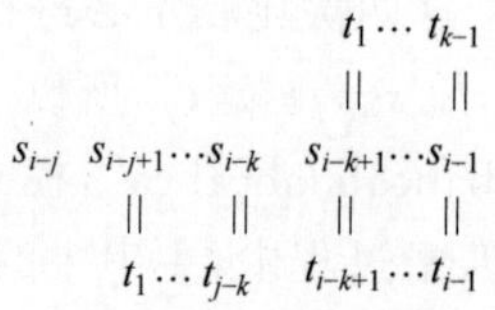

$$\begin{array}{cccc} & & & t_1 \cdots t_{k-1} \\ & & & \| \quad\quad \| \\ s_{i-j} & s_{i-j+1}\cdots s_{i-k} & & s_{i-k+1}\cdots s_{i-1} \\ & \| \quad\quad \| & & \| \quad\quad \| \\ & t_1 \cdots t_{j-k} & & t_{i-k+1}\cdots t_{i-1} \end{array}$$

图 4-5 选取模式串中前 k 个子串

2. next[j]函数

由前面讨论知道,在模式串中,每一个 j 值都有一个 k 值相对应,这个 k 值仅与模式串本身有关,而与主串无关。一般用 next[j]函数来表示 j 值对应的 k 值。next[j]函数定义为:

$$\text{next}[j]=\begin{cases}0, & \text{当 } j=1 \text{ 时,} \\ \max\{k \mid 1<k<j \text{ 且 } t_1\cdots t_{k-1}=\text{"}t_{j-k+1}\cdots t_{j-1}\text{"}\}, & \text{当此集合不空时} \\ 1, & \text{其他情况}\end{cases} \tag{4-3}$$

下面讨论求 next[j]函数值的问题。从 next[j]函数的定义可知,求解 next[j]函数值的过程是一个递推过程。

由定义可知,初始时:next[j]=0。

若存在 next[j]=k,则表明在模式串 T 中有:

$$t_1\cdots t_{k-1}=t_{j-k+1}\cdots t_{j-1} \quad 1<k<j \tag{4-4}$$

其中,k 为满足等式的最大值。此时,计算 next[$j+1$]的值存在以下两种情况:

(1) 若 $t_k=t_j$,则表明在模式串中存在:

$$t_1\cdots t_{k-1}\ t_k=t_{j-k+1}\cdots t_{j-1}\ t_j \quad 1<k<j \tag{4-5}$$

并且不可能存在 $k'>k$ 满足上式,因此,可得到:

$$\text{next}[j+1]=\text{next}[j]+1=k+1 \tag{4-6}$$

(2) 若 $t_k \neq t_j$,则表明在模式串中存在

$$t_1\cdots t_{k-1}\ t_k \neq t_{j-k+1}\cdots t_{j-1}t_j \tag{4-7}$$

此时,可以把计算 next[j]函数值的问题看成是一个模式匹配过程。而整个模式串既是主串又是模式串,如图 4-6 所示。

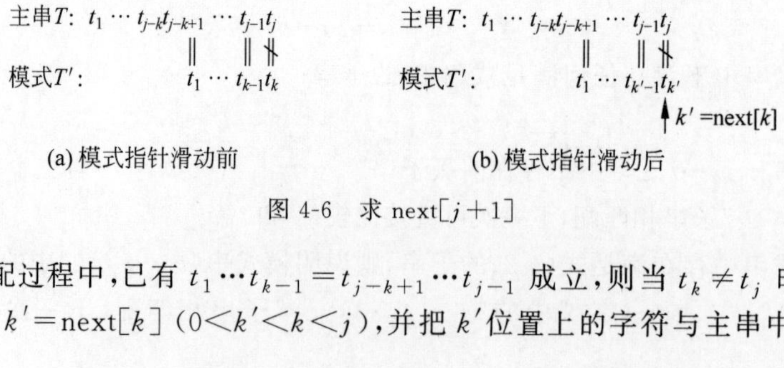

主串T: $t_1 \cdots t_{j-k}t_{j-k+1} \cdots t_{j-1}t_j$
模式T': $t_1 \cdots t_{k-1}t_k$

(a) 模式指针滑动前

主串T: $t_1 \cdots t_{j-k}t_{j-k+1} \cdots t_{j-1}t_j$
模式T': $t_1 \cdots t_{k'-1}t_{k'}$
k'=next[k]

(b) 模式指针滑动后

图 4-6 求 next[$j+1$]

在当前匹配过程中,已有 $t_1\cdots t_{k-1}=t_{j-k+1}\cdots t_{j-1}$ 成立,则当 $t_k \neq t_j$ 时,应将模式串 T'向右滑动至 k'=next[k] ($0<k'<k<j$),并把 k'位置上的字符与主串中第 j 位置上的字符作比较。

若此时 $t'_k = t_j$，则表明在"主串"T 中第 $j+1$ 个字符之前存在一个最大长度为 k' 的子串，使得：

$$t_1 \cdots t_{k'-1}\, t_{k'} = t_{j-k'+1} \cdots t_{j-1}\, t_j \quad 0 < k' < k < j \tag{4-8}$$

因此，有：

$$\text{next}[j+1] = k' + 1 = \text{next}[k] + 1 \tag{4-9}$$

若此时 $t_{k'} \neq t_j$，则将模式串 T' 向右滑动至 $k''=\text{next}[k']$ 后继续匹配。以此类推，直至某次比较有 $t_k = t_j$（此即为上述情况），或某次比较有 $t_k \neq t_j$ 且 $k=0$，此时有 $\text{next}[j+1]=0$。

【算法 4-8】 求 next[j]函数算法。

```
void getNext(SString T, int next[])
//求模式串 T 的 next 函数值并存入数组 next
{  int i = 1, j = 0;
   next[1] = 0;
   while(i < T[0])
         if(j == 0 || T[i] == T[j])
         { ++i;
           ++j;
           next[i] = j;
          }
         else
            j = next[j];
}//算法 4 - 8 结束
```

【例 4-1】 求模式串 T="abcabc"的 next[j]函数值。

【分析】 当 $j=1$ 时，next[1]=0；

当 $j=2$ 时，next[2]=1；

当 $j=3$ 时，$t_1 \neq t_2$，next[3]=1；

当 $j=4$ 时，$t_1 \neq t_3$，next[4]=1；

当 $j=5$ 时，$t_1 = t_4$='a'，next[5]=2；

当 $j=6$ 时，$t_2 = t_5$='b'，即有 $t_1 t_2 = t_4 t_5$="ab"，next[6]= next[5]+1=3；

计算结果如表 4-1 所示。

表 4-1 模式串"abcabc"的 next 函数值

模式串	a	b	c	a	b	c
j	1	2	3	4	5	6
next[j]	0	1	1	1	2	3

【例 4-2】 求模式串 T="ababaaa"的 next[j]函数值。

【分析】

当 $j=1$ 时，next[1]=0；

当 $j=2$ 时，next[2]=1；

当 $j=3$ 时，$t_1 \neq t_2$，next[3]=1；

当 $j=4$ 时，$t_1 = t_3$="a"，next[4]=2；

当 $j=5$ 时，$t_2 = t_4$="b"，即有 $t_1 t_2 = t_3 t_4$="ab"，next[5]= next[4]+1=3；

当 $j=6$ 时,$t_3=t_5=$"a",即有 $t_1t_2t_3=t_3t_4t_5=$"aba",next[6]= next[5]+1=4;

当 $j=7$ 时,因 $t_4 \neq t_6$,$k=$next[k]=next[4]=2;因 $t_2 \neq t_6$,$k=$next[k]=next[2]=1;因 $t_1=t_6$,next[7]= next[2]+1=2。

计算结果如表4-2所示。

表4-2 模式串"ababaaa"的next函数值

模式串	a	b	a	b	a	a	a
j	1	2	3	4	5	6	7
next[j]	0	1	1	2	3	4	2

3. KMP算法

总结以上的讨论,KMP算法可设计如下:设 S 为主串,T 为模式串,i 为主串当前比较字符的下标,j 为模式串当前比较字符的下标。令 i 的初值为pos,j 的初值为1。当 $S[i]=T[j]$ 时,i 和 j 分别增加1,再继续比较;否则,i 的值不变,j 的值改变为next[j]值再继续比较。比较过程分为两种情况:一是 j 退回到某个 $j=$next[j]值时有 $S[i]=T[j]$,则此时 i 和 j 分别增加1,再继续比较;二是 j 退回到 $j=0$ 时,令主串和模式串的下标各增加1,接着比较 $S[i+1]$ 和 $T[1]$,这样的循环过程直到下标 i 大于等于主串 S 的长度或下标 j 大于等于模式串 T 的长度时为止。

【算法4-9】 模式匹配的KMP算法。

```
int Index_KMP(SString S, SString T, int pos)
//利用模式串 T 的 next 函数求 T 在主串 S 中第 pos 个字符之后的位置的 KMP 算法.
//其中,T 非空,1≤pos≤StrLength(S).
{  int i = pos, j = 1;
   while(i <= S[0] && j <= T[0])
   if(j == 0 || S[i] == T[j])              // 继续比较后继字符
   {  ++i;
      ++j;
   }
   else                                    // 模式串向右移动
      j = next[j];
   if(j > T[0])                            // 匹配成功
      return i - T[0];
   else
      return 0;
}//算法 4 - 9 结束
```

设主串 S 的长度为 n,子串 T 的长度为 m,在KMP算法中求next[]数组的时间复杂度为 $O(m)$,在后面的匹配中因主串 S 的下标不需回退,比较次数为 n,所以KMP算法总的实际复杂度为 $O(n+m)$。

4. nextval[j]函数

以上定义的next[j]函数在某些情况下还存在缺陷。例如,主串 $S=$"bbbcbbbbc",模式串 $T=$"bbbbc",在匹配时,当 $i=4$、$j=4$ 时,$s_4 \neq t_4$,则 j 向右滑动至next[j],接着还需进行 s_4 与 t_3、s_4 与 t_2、s_4 与 t_1 三次比较。实际上,因为模式串中的 t_1、t_2、t_3 这三个字符与 t_4 都相等,后三次比较结果与 s_4 和 t_4 的比较结果相同,因此,可以不必进行后三次的比较,而是直接将模式串向右滑动 4 个字符，比较 s_5 与 t_1。

一般来说，若模式串 T 中存在 $t_j = t_k$ ($k = \text{next}[j]$)，且 $s_i \neq t_j$ 时，则下一次 s_i 不必与 t_k 进行比较，而直接与 $t_{\text{next}[k]}$ 进行比较。因此，修正 next[j]函数为 nextval[j]。

nextval[j]函数定义为：

$$\text{nextval}[j] = \begin{cases} 0, & j = 1\text{时}, \\ V\{k \mid 1 < k < j \text{ 且} “t_1 \cdots t_{k-1}” = “t_{j-k+1} \cdots t_{j-1}”\}, & \text{当此集合不为空且 } t_j \neq t_k \text{ 时}, \\ \text{nextval}[k], & \text{当此集合不为空且 } t_j = t_k \text{ 时}, \\ 1, & \text{其他情况} \end{cases} \tag{4-10}$$

求 nextval[j]函数算法如算法 4-9 所示。对于模式串 T=“bbbbc”，next[j]函数修正值 nextval[j]的计算结果如表 4-3 所示。

表 4-3　模式串"bbbbc"的 next 函数值及其修正值

模式串	b	b	b	b	c
j	1	2	3	4	5
next[j]	0	1	2	3	4
nextval[j]	0	0	0	0	4

【算法 4-10】 求 nextval[j]函数算法。

```
void getNextVal(SString T,int nextval[])
// 求模式串 T 的 next 函数修正值并存入数组 nextval
{  int i = 1,j = 0;
   nextval[1] = 0;
   while(i < T[0])
       if(j == 0 || T[i] == T[j])
       {  ++i;
          ++j;
          if(T[i]!= T[j])
                 nextval[i] = j;
          else
                 nextval[i] = nextval[j];
       }
       else j = nextval[j];
}//算法 4 - 10 结束
```

4.4　串的应用举例

【例 4-3】 编程分别统计模式匹配的 BF 算法和 KMP 算法的比较次数。假设两个测试例子如下。

(1) 主串 S="cdbbacc"，模式串 T="abcd"。

(2) 主串 S= "aaaaaaaaaa"，模式串 T= "aaaab"。

【分析】 分别对模式匹配的 BF 算法和 KMP 算法进行修改，将返回值改为累计比较次数。具体修改方法是，定义两个临时变量 BFCount 和 KMPCount，初值均赋为 0，在循环比较中分别执行 BFCount++和 KMPCount++,最后分别返回统计结果。

【程序参考代码】

```
#include "SString.cpp"        //SString.cpp 中有抽象数据类型定义中所有基本操作的实现算法
int IndexBFCount(SString S, SString T, int pos)
//返回子串 T 在主串 S 中第 pos 个字符之后的位置.若不存在,返回值为 0
//其中,T 非空,1≤pos≤StrLength(S), 算法 4-7
{  int i = pos, j = 1, BFCount = 0;
   while(i <= S[0] && j <= T[0])
   {  if(S[i] == T[j])                //继续比较后继字符
      {  i++; j++;
      }
      else                            //指针后退重新开始匹配
      {  i = i - j + 2;
         j = 1;
      }
     BFCount++;
   }
    return BFCount;
}//IndexBFCount

void getNext(SString T, int next[])
//求模式串 T 的 next 函数值并存入数组.next, 算法 4-8
{  int i = 1,j = 0;
   next[1] = 0;
   while(i < T[0])
       if(j == 0 || T[i] == T[j])
       {  ++i;
          ++j;
          next[i] = j;
       }
       else
          j = next[j];
}//getNext

int IndexKMPCount(SString S, SString T, int pos, int next[])
//利用模式串 T 的 next 函数求 T 在主串 S 中第 pos 个字符之后的位置的 KMP 算法
//其中,T 非空,1≤pos≤StrLength(S).
{  int i = pos, j = 1, KMPCount = 0;
   while(i <= S[0] && j <= T[0])
   {  if(j == 0 || S[i] == T[j])  //继续比较后继字符
      {  ++i;
         ++j;
         KMPCount++;
      }
      else                            //模式串向右移动
         j = next[j];
     }
}
```

```
int main()
{  SString S, T;
   int pos, next[MAXSTRLEN + 1], BFCount, KMPCount, BFpos, KMPpos;

   StrAssign(S, "cdbbacc");
   StrAssign(T, "abcd");
   printf("测试 1:\n 主 串:S = ");
   StrPrint(S);
   printf("模式串: T = ");
   StrPrint(T);
   BFCount = 0; KMPCount = 0; pos = 1;
   getNext(T, next);
   printf("BF 算法共比较%d 次\nKMP 算法共比较%d 次\n", IndexBFCount(S, T, pos),
IndexKMPCount(S, T, pos, next));

   StrAssign(S, "aaaaaaaaaa");
   StrAssign(T, "aaaab");
   printf("\n 测试 2:\n 主 串:S = ");StrPrint(S);
   printf("模式串: T = ");StrPrint(T);
   BFCount = 0; KMPCount = 0;
   pos = 1;
   getNext(T, next);
   printf("BF 算法共比较%d 次\nKMP 算法共比较%d 次\n", IndexBFCount(S, T, pos),
IndexKMPCount(S, T, pos, next));
   return 0;
}
```

【运行结果】 运行结果如图 4-7 所示。

从程序运行结果可见,一般情况下,模式匹配的 BF 算法与 KMP 算法的比较次数非常接近。若模式串中有部分子串与主串匹配(例如例 4-2),则 KMP 算法的比较次数少于 BF 算法的比较次数。

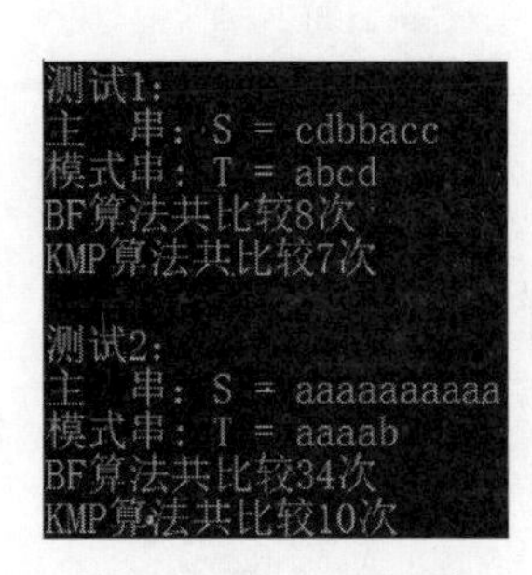

图 4-7 例 4-3 的程序运行结果

【例 4-4】 编程实现文本文件加密、解密程序。该程序一方面可以对指定的文本文件按照指定的密钥进行加密处理,加密后生成密码文件;另一方面,程序也可对指定的加密后的密码文件按照密钥进行解密处理,还原成明码文件。

【分析】 对文本文件加密的方法很多,一种简单的方法就是采用异或运算。假设 a 是需要加密的字符的编码,k 是密钥,加密时,执行 b=a^k,则 b 就是 a 加密后的编码。解密时,只需将密码 b 与密钥 k 再执行一次异或运算,即 b^k 的结果就是原来字符 a 的编码。

对一个文本文件加密的方法就是将文件中的每个字符的 unicode 编码与密钥 k 进行异或运算后保存到一个密码文件中。解密时,将密码文件中的每个字符的 unicode 编码与同样的密钥 k 进行异或运算后,就可得到原来的明码文件。

【程序参考代码】

```
#include "SString.cpp"
```

```
Status StrEncode(SString S, int key, SString T)
//串加密操作
{  int i;
   T[0] = S[0];
   for(i = 1; i <= S[0]; i++)
       T[i] = S[i] + key;
   return OK;
}

Status StrDecode(SString S, int key, SString T)
//串解密操作
{  int i;
   T[0] = S[0];
   for(i = 1; i <= S[0]; i++)
       T[i] = S[i] - key;
   return OK;
}

int main()
{  char s[100];
   int key;
   SString strBefore, strAfter;
   StrAssign(strBefore, "");
   StrAssign(strAfter, "");

   printf("\n请输入要加密的字符串:");
   scanf("%s",s);
   StrAssign(strBefore, s);

   printf("\n请输入密钥:");
   scanf("%d", &key);

   StrEncode(strBefore, key, strAfter);
   printf("\n加密后字符串:");
   StrPrint(strAfter);

   StrDecode(strAfter, key, strBefore);
   printf("\n解密后字符串:");
   StrPrint(strBefore);
}
```

【运行结果】 运行结果如图4-8所示。

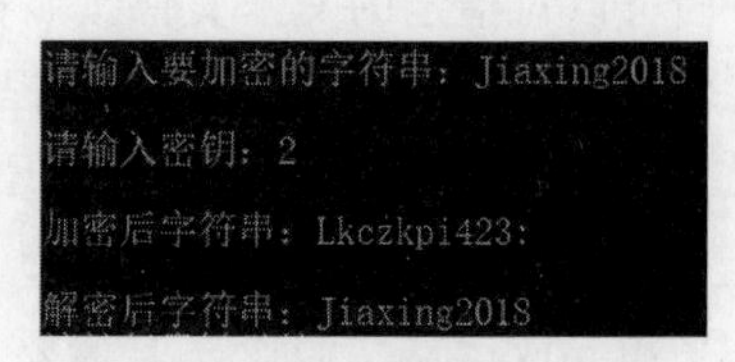

图4-8 例4-4的程序运行结果

4.5 数组的概念及顺序存储结构

数组是一组具有相同类型的数据元素的集合,数组元素按某种次序存储在一个地址连续的内存单元空间中,其中每个内存单元空间中的数据元素类型完全相同。数组可以看作是线性表的推广。数组元素在数组中的位置称为数组元素的下标,通过数组元素的下标,可以找到存放该数组元素的存储地址,从而可以访问该数组元素的值。数组下标的个数就是数组的维数,具有一个下标的数组是一维数组,具有两个下标的数组是二维数组,以此类推。数组中每一个下标的取值个数称为这维的维长。例如,在C语言中,如果用“int a[10][20];”定义了一个数组,则此数组的维数为2,其中第一维的维长为10,第二维的维长为20。

4.5.1 数组的基本概念

数组是所有高级程序设计语言中都已实现的固有数据类型,凡是学过高级程序设计语言的读者对数组都不陌生。数组是由$n(n\geqslant 1)$个具有相同类型的数据元素构成的有限序列,并且这些数据元素占用一片地址连续的内存单元。其中,n称为数组的长度。

数组是线性表的推广。一维数组可以看成是一个顺序存储的线性表,再扩展一维数组的概念,可以定义多维数组。数组元素是一维数组的数组称为二维数组,数组元素是二维数组的数组称为三维数组,以此类推。二维数组和三维数组都属于多维数组。多维数组实际上都是由若干个一维数组实现的。以下介绍二维数组。

二维数组(又称为矩阵)可定义为“其数据元素为一维数组”的数组,图4-9为一个二维数组的矩阵表示形式。

$$\mathbf{A}=\begin{bmatrix} a_{0,0} & a_{0,1} & \cdots & a_{0,n-1} \\ a_{1,0} & a_{1,1} & \cdots & a_{1,n-1} \\ \cdots & \cdots & \cdots & \cdots \\ a_{m-1,0} & a_{m-1,1} & \cdots & a_{m-1,n-1} \end{bmatrix}$$

图4-9 二维数组**A**的矩阵表示

二维数组中的每一个数据元素$a_{i,j}$都受到两个关系的约束:行关系和列关系。$a_{i,j+1}$是$a_{i,j}$在行关系中的直接后继元素;而$a_{i+1,j}$是$a_{i,j}$在列关系中的直接后继元素。和线性表一样,数组中所有的数据元素属于同一数据类型。每一个数据元素对应于一组下标(i,j)。将这个概念依次类推,可以写出n维数组的逻辑结构,但最常用的是二维数组。

也可以从另一个角度来定义二维数组,即将二维数组看成是一个线性表:它的每一个数据元素又是一个线性表(一维数组),即二维数组可以看成其元素是线性表的线性表。例如,图4-9所示的二维数组则可以看成是这样一个线性表:

$$A=(a_0,a_1,a_2,\cdots,a_p) \quad 其中\ p\ 为\ m-1\ 或\ n-1$$

其中,每一个数据元素a_j是一个列向量的线性表:

$$a_j=(a_{0,j},a_{1,j},a_{2,j},\cdots,a_{m-1,j}) \quad 其中\ 0\leqslant j\leqslant n-1$$

或者a_i是一个行向量的线性表:

$$a_i=(a_{i,0},a_{i,1},a_{i,2},\cdots,a_{i,n-1}) \quad 其中\ 0\leqslant i\leqslant m-1$$

以上定义二维数组的方法也可推广到n维数组,即认为n维数组是一个线性表,它的每一个数据元素是一个$n-1$维的数组。

4.5.2 数组的抽象数据类型描述

由于数组一旦被定义,其维数和各维长度就不能再改变,所以,对数组除了初始化和销毁操作之外,只有对数组元素的存取和修改操作。数组的抽象数据类型可描述为:

```
ADT Array{
 数据对象:j_i = 0,…,b_{i-1}, i = 1,2,…,n ,
    D = {a_{j1,j2,…,jn} | 称 n 为数组的维数,b_i 表示第 i 维的维长, j_i 为数组元素的第 i 维下标,a_{j1,j2,…,jn} ∈ ElemSet}
 数据关系:R = {R_1,R_2,…,R_n}
    R_i = {<a_{j1,…ji,…jn},a_{j1,…ji+1,…jn}>| a_{j1,…ji,…jn},a_{j1,…ji+1,…jn} ∈ D ,0 ≤ j_k ≤ b_k - 1, 0 ≤k≤ n 且 k≠i,0 ≤ j_i ≤ bi - 2, 2≤i≤n }
  基本操作:
  InitArray(&A, n, bound1, …, boundn),数组初始化操作:若维数 n 和各维长度合法,构造相应的数组 A;
  DestroyArray(&A),销毁操作:释放一个已知存在的销毁数组 A 的存储空间;
  Value(A, &e, index1, …, indexn),取值操作:取得数组 A 中下标为 index1,index2,…,indexn 的数组元素,并通过 e 返回其值;
  Assign(&A, e, index1, …, indexn),赋值操作:将参数 e 的值赋值给数组 A 中下标为 index1,index2,…,indexn 的数组元素.
 }ADT Array
```

4.5.3 数组的顺序存储结构

顺序存储结构即用一组连续的存储单元来存放数组元素。由于数组一般不执行插入或删除操作。也就是说,一旦建立了数组,则数组中的数据元素的个数和数组元素之间的关系就不再发生变动。因此,一般采用顺序存储结构表示数组。

为了将多维数组存入一维的地址空间中,一般有两种存储方式。一种是以行序为主序的存储方式(行主序或行优先);另一种是以列序为主序的存储方式(列主序或列优先)。所谓行主序,即在内存的一维空间中,首先存放数组的第一行,然后按顺序存放数组的其他各行;而列主序则是,首先存放数组的第一列,然后按顺序存放数组的其他各列。

对于图4-9中的二维数组A,若按行主序排列,则第$i+1$行紧跟在第i行后面,可以得到如下线性序列:

$$a_{0,0},a_{0,1},\cdots,a_{0,n-1},a_{1,0},a_{1,1},\cdots,a_{1,n-1},\cdots,a_{m-1,0},a_{m-1,1},\cdots,a_{m-1,n-1}$$

若按列主序排列,则第$i+1$列紧跟在第i列后面,可以得到如下线性序列:

$$a_{0,0},a_{1,0},\cdots,a_{m-1,0},a_{0,1},a_{1,1},\cdots,a_{m-1,1},\cdots,a_{0,n-1},a_{1,n-1},\cdots,a_{m-1,n-1}$$

大多数程序设计语言是按行主序来排列数组元素的。

数组的顺序存储方式,为数组元素随机存取带来了方便。因为数组是同类型数据元素的集合,所以每一个数据元素所占用的内存空间的单元数是相同的,故只要给出首地址,就可以使用统一的存储地址公式,求出数组中任意数据元素的存储地址。

对于一个具有n个数据元素的一维数组A,设a_0是下标为0的数组元素,LOC(0)是a_0的内存单元地址(即数组的首地址),每一个数据元素占用L个字节,则数组中任一数据元素a_i的内存单元地址为:

$$\mathrm{LOC}(i)=\mathrm{LOC}(0)+i\times L \quad (0\leqslant i<n)$$

由上式可知,已知数组元素的下标,就可计算出该数组元素的存储地址,即数组是一种随机存储结构。由于一个下标能够唯一确定数组中的一个数据元素,因而计算数组元素的存储地址的时间复杂度是 $O(1)$。

下面按照行优先顺序讨论数组元素的存储地址的计算公式。

对于一个 $n \times m$ 的二维数组,设 LOC(0,0)为二维数组的首地址,L 为每一个数据元素占用的字节数,数组元素 a_{ij} 的存储地址计算公式为:

$$\mathrm{LOC}(i,j)=\mathrm{LOC}(0,0)+(i\times m+j)\times L \quad 0\leqslant i\leqslant n-1,\ \ 0\leqslant j\leqslant m-1$$

上式说明,在二维数组的第 i 行前有 i 行(行号从 0 到 $i-1$),每行有 m 个数据元素,总共有 $i\times m$ 个数据元素。第 i 行第 j 个数据元素前有 j 个数据元素(列号从 0 到 $j-1$),则在数据元素 a_{ij} 前面总共有 $i\times m+j$ 个数据元素,每个数据元素占用 L 个字节,总共占有 $(i\times m+j)\times L$ 字节,再加上数组的首地址 LOC(0,0),可得到二维数组中数据元素 a_{ij} 在相应的一维数组中的存储地址为:$\mathrm{LOC}(i,j)=\mathrm{LOC}(0,0)+(i\times m+j)\times L$。

将上述计算数组元素的存储地址公式推广到一般情况,可得到 n 维数组 $A[b_1][b_2]\cdots[b_n]$的数据元素 $a[i_1][i_2]\cdots[i_n]$存储地址计算公式为:

$$\begin{aligned}&\mathrm{LOC}(i_1,i_2,\cdots,i_n)\\&=\mathrm{LOC}(0,0,\cdots,0)+(i_1\times b_2\times\cdots\times b_n+i_2\times b_3\times\cdots\times b_n+\cdots+i_{n-1}\times b_n+i_n)\times L\\&=\mathrm{LOC}(0,0,\cdots,0)+\left(\sum_{j=1}^{n-1}i_j\prod_{k=j+1}^{n}b_k+i_n\right)\times L\end{aligned}$$

所以,一旦确定了 n 维数组的首地址,系统就可计算出任意一个数组元素的内存地址。由于计算数组中各个数据元素的存储地址的时间相等,所以存取数组中任意数据元素的时间也相等,即 n 维数组也是一种随机存取结构。

4.6 特殊矩阵的压缩存储

在许多的计算机图形学和工程计算中,矩阵常常是数值分析问题研究的对象。在数值分析中,常常会出现一些拥有许多相同数据元素或零元素的高阶矩阵。我们称具有许多相同数据元素或者零元素,且数据元素分布具有一定规律的矩阵为特殊矩阵,例如对称矩阵、三角矩阵和对角矩阵。为了节省存储空间,需要对这类矩阵进行压缩存储。压缩存储的原则是:多个值相同的矩阵元素分配同一个存储空间,零元素尽量不分配存储空间。本节主要讨论的是特殊矩阵的压缩存储问题。

4.6.1 对称矩阵的压缩存储

若一个 n 阶方阵 $\mathbf{A}$ 中的元素满足 $a_{ij}=a_{ji}(0\leqslant i,j\leqslant n-1)$,则称 $\mathbf{A}$ 为 n 阶对称矩阵。即在对称矩阵中,以主对角线 $a_{00},a_{11},\cdots,a_{n-1,n-1}$ 为轴线的对称位置上的元素值相等。因此,只需为每一对对称元素分配一个存储单元即可,这样 n 阶矩阵中的 $n\times n$ 个元素就可以被压缩到 $n(n+1)/2$ 个元素的存储空间中去。

若以行优先顺序存储矩阵中下三角(含主对角线)中的元素为例,假设以一维数组 $S[n(n+1)/2]$作为 n 阶对称矩阵 $\mathbf{A}$ 的存储结构,$\mathbf{A}$ 中的任意一个元素 a_{ij} 与一维数组中的第 k 个元素 $S[k]$相对应。其中 k 与 i、j 的对应公式如下。

$$k=\begin{cases}\dfrac{i(i+1)}{2}+j & i\geqslant j\\[2ex] \dfrac{j(j+1)}{2}+i & i<j\end{cases}$$

对于任意一个矩阵元素 a_{ij}，均可在一维数组 S 中找到其对应的矩阵元素 s_k；反之，对所有的 $k=0,1,2,\cdots,\dfrac{n(n+1)}{2}-1$，都能确定元素在对称矩阵中的下标位置$(i,j)$。因此，$S[n(n+1)/2]$可以实现 n 阶对称矩阵的压缩存储。其压缩存储的结构如图 4-10 所示。

a_{00}	a_{10}	a_{11}	a_{20}	a_{21}	a_{22}	a_{30}	…	a_{n-10}	a_{n-11}	…	a_{n-1n-1}
0	1	2	3	4	5	6	…				$n(n+1)/2-1$

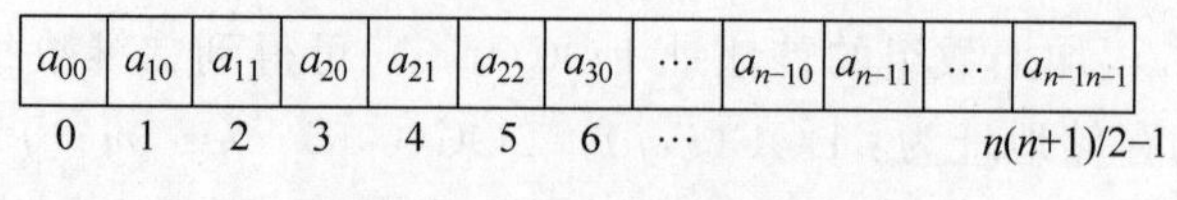

图 4-10　对称矩阵的压缩存储

4.6.2　三角矩阵的压缩存储

三角矩阵分为上三角矩阵和下三角矩阵。下三角矩阵是指矩阵的主对角线(不包括主对角线)上方的元素的值均为 0 或同一个常数 C；上三角矩阵是指矩阵的主对角线(不包括主对角线)下方的元素的值均为 0 或同一个常数 C。如图 4-11(a)、(b)所示分别是下三角矩阵和上三角矩阵，其对角线上或对角线下均为同一个常数 C

$$\begin{bmatrix} a_{0,0} & C & \cdots & C\\ a_{1,0} & a_{1,1} & \cdots & C\\ \cdots & \cdots & \cdots & \cdots\\ a_{n-1,0} & a_{n-1,1} & \cdots & a_{n-1,n-1}\end{bmatrix}\qquad \begin{bmatrix} a_{0,0} & a_{0,1} & \cdots & a_{0,n-1}\\ C & a_{1,1} & \cdots & a_{1,n-1}\\ \cdots & \cdots & \cdots & \cdots\\ C & C & \cdots & a_{n-1,n-1}\end{bmatrix}$$

(a) 下三角矩阵　　　　(b) 上三角矩阵

图 4-11　三角矩阵

1. 下三角矩阵的压缩存储

与对称矩阵的压缩存储类似，利用下三角矩阵的规律，采用以行为主序的方法，用一维数组 $S[n(n+1)/2+1]$存放下三角矩阵中的元素，最后再存放主对角线上方的常量 C。

假设 **A** 为一个下三角矩阵，**A** 中任意一个元素 a_{ij} 经过压缩存储后，与一维数组 B 的下标 k 之间的关系为：

$$k=\begin{cases}\dfrac{i\times(i+1)}{2}+j & i\geqslant j;\ i,j=0,1,\cdots,n-1\\[2ex] \dfrac{n(n+1)}{2} & i<j;\ i,j=0,1,\cdots,n-1\end{cases}$$

其中，i 为行下标，j 为列下标。如图 4-12 所示为下三角矩阵的压缩存储。

a_{00}	a_{10}	a_{11}	a_{20}	a_{21}	a_{22}	a_{30}	…	a_{n-10}	a_{n-11}	…	a_{n-1n-1}	C
0	1	2	3	4	5	6	…				$n(n+1)/2-1$	$n(n+1)/2$

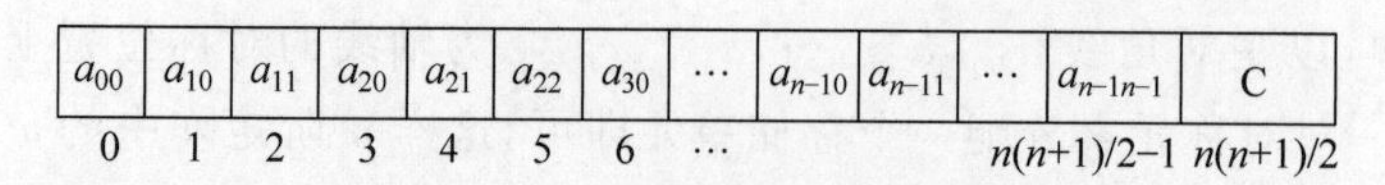

图 4-12　下三角矩阵的压缩存储

2. 上三角矩阵压缩存储

对于上三角矩阵，采用以列为主序存放上三角矩阵元素的方法比较方便，主对角线下方的常量 C 仍然存放在最后一个存储单元。

假设 **A** 是一个上三角矩阵，**A** 中任意一个元素 a_{ij} 经过压缩存储后，与一维数组 $S[n(n+1)/2+1]$ 的下标 k 之间的关系为：

$$k=\begin{cases}\dfrac{j\times(j+1)}{2}+i & i\leqslant j;\ i,j=0,1,\cdots,n-1\\ \dfrac{n(n+1)}{2} & i>j;\ i,j=0,1,\cdots,n-1\end{cases}$$

其中，i 为行下标，j 为列下标。如图 4-13 所示为上三角矩阵的压缩存储。

a_{00}	a_{01}	a_{02}	…	a_{0n-1}	a_{11}	a_{12}	…	a_{1n-1}	a_{22}	…	a_{n-1n-1}	C
0	1	2	3	4	5	6	…				$n(n+1)/2-1$	$n(n+1)/2$

图 4-13　上三角矩阵的压缩存储

4.6.3　对角矩阵的压缩存储

对角矩阵是指矩阵的所有非零元素都集中在以主对角线为中心的带状区域中，即除主对角线上和直接在主对角线上、下方若干条对角线上的元素之外，其余元素皆为零。这样的矩阵被称为半带宽为 d 的带状矩阵（带宽为 $2d+1$），d 为直接在对角线上、下方不为 0 的对角线数。对于 n 阶 $2d+1$ 对角矩阵，只需存放对角区域内 $n(2d+1)-d(d+1)$ 个非零元素。为了计算方便，认为每一行都有 $2d+1$ 个元素，若少于 $2d+1$ 个元素，则添零补足。假设以一维数组 $S[n(2d+1)]$ 作为对角矩阵的存储结构，则对角矩阵中每一个元素的存储地址计算公式如下：

$$\mathrm{LOC}(i,j)=\mathrm{LOC}(0,0)+[i(2d+1)+d+(j-i)]\times L$$

其中：$0\leqslant i\leqslant n-1$，$0\leqslant j\leqslant n-1$，$|i-j|\leqslant d$。$L$ 是每个矩阵元素所占存储单元的个数。

例如，已知三对角带状矩阵 **A** 为

$$\mathbf{A}=\begin{bmatrix}a_{00} & a_{01} & 0 & 0 & 0\\ a_{10} & a_{11} & a_{12} & 0 & 0\\ 0 & a_{21} & a_{22} & a_{23} & 0\\ 0 & 0 & a_{32} & a_{33} & a_{34}\\ 0 & 0 & 0 & a_{43} & a_{44}\end{bmatrix}$$

若以一维数组进行存储，则存储形式如图 4-14 所示。

0	a_{00}	a_{01}	a_{10}	a_{11}	a_{12}	a_{21}	a_{22}	a_{23}	a_{32}	a_{33}	a_{34}	a_{43}	a_{44}	0
0	1	2	3	4	5	6	7	8	9	10	11	12	13	14

图 4-14　对角矩阵的压缩存储

4.7　稀疏矩阵的压缩存储

我们称具有较多零元素且非零元素的分布无规律的矩阵为稀疏矩阵。例如，在图 4-15 中，矩阵 **A** 是 5×6 的矩阵，共有 30 个元素，但只有 5 个非零元素，且分布无规律，因此，矩

阵 **A** 可被认为是稀疏矩阵。由于稀疏矩阵中非零元素的分布无规律,因此,不能像上述特殊矩阵那样只存放非零元素值。下面介绍稀疏矩阵的三种常用的存储结构。

$$\boldsymbol{A}=\begin{bmatrix}0&0&8&0&0&0\\0&0&0&0&0&0\\5&0&0&0&16&0\\0&0&18&0&0&0\\0&0&0&9&0&0\end{bmatrix}$$

图 4-15　稀疏矩阵

4.7.1　三元组顺序表

1. 定义

对于稀疏矩阵中的任意一个非零元素,除了存放非零元素的值(value)外,还需同时存储它所在的行(row)、列(column)的位置;因此,用一个三元组(row, column, value)可以唯一确定一个非零元素。由此,稀疏矩阵可由表示非零元素的三元组及其行数、列数唯一确定。

稀疏矩阵中的所有非零元素组成一个三元组表,按照行优先顺序,将稀疏矩阵中的非零元素存放在一个由三元组组成的数组中。对于图 4-15 的稀疏矩阵,其相应的三元组表如表 4-4 所示。

表 4-4　稀疏矩阵 A 的三元组表

数组下标	行下标	列下标	元素值
1	0	2	8
2	2	0	5
3	2	4	16
4	3	2	18
5	4	3	9

在 C 语言中,我们可以将稀疏矩阵的三元组表中一个非零元素的存储结构描述如下:

```
typedef struct{
    int i, j;                       //该非零元素的行下标和列下标,注意下标都是从 0 开始编号
    ElemType e;                     //非零元的值
} Triple;
```

采用三元组顺序表存储稀疏矩阵,除了使用一个 Triple 类型的数组 data 存储稀疏矩阵的所有三元组外,还需要三个整型变量 mu、nu、tu 分别存储稀疏矩阵的行数、列数和非零元素个数。

稀疏矩阵三元组顺序表的存储结构描述如下:

```
typedef struct {
   Triple data[MAXSIZE + 1];        //非零元的三元组表,data[0]未用
   int mu;                          //矩阵的行数
   int nu;                          //矩阵的列数
   int tu;                          //矩阵的非零元素个数
```

```
} TSMatrix;
```

2. 基本操作

1）初始化三元组顺序表

该操作按行主序的原则依次扫描已知稀疏矩阵 mat 的所有元素，并把非零元素插入三元组顺序表中。

【算法 4-11】 初始化三元组顺序表。

```
Status InitMatrix(int mat[MAXLEN][MAXLEN], int m, int n, TSMatrix &TSM)
//根据已知稀疏矩阵 mat 创建三元组顺序表
 {   int i, j, count = 0;
     TSM.mu = m;
     TSM.nu = n;
     for(i = 0; i <= m; i++)
     {   for(j = 0; j < n; j++)
         {   if(mat[i][j] != 0)
             {   count++;
                 TSM.data[count].i = i;
                 TSM.data[count].j = j;
                 TSM.data[count].e = mat[i][j];
             }
         }
     }
     TSM.tu = count;
}//算法 4 - 11 结束
```

2）矩阵转置

矩阵转置是一种简单的矩阵运算，指的是将矩阵中每个元素的行列序号互换一下。对于一个 $m \times n$ 的矩阵 $\boldsymbol{M}$，它的转置矩阵 $\boldsymbol{T}$ 是一个 $n \times m$ 的矩阵，且 $\boldsymbol{T}(i,j)=\boldsymbol{M}(j,i)$。当稀疏矩阵用三元组顺序表来表示时，是以行主序的原则存放非零元素的，这样存放有利于稀疏矩阵的运算。然而，若将行、列序号直接互换转置，则所得的三元组顺序表就不再满足行主序的原则。例如，图 4-16(a)中的三元组所表示的矩阵，转置后如图 4-16(b)所示，不再满足行主序的原则。为解决此问题，可按照以下方法进行矩阵转置：扫描转置前的三元组表，并按先列序、后行序的原则转置三元组。例如，对图 4-16(a)中的三元组，从第 0 行开始向下搜索列序号为 0 的元素，找到三元组(2,0,5)，则转置为(0,2,5)，并存入转置后的三元组顺序表中。接着搜索列序号为 1 的元素，没找到。再搜索列序号为 2 的元素，找到(0,2,8)，转置为(2,0,8)，找到(3,2,18)，转置为(2,3,18)，并存入转置后的三元组顺序表中。以此类推，直到扫描完三元组，即可完成矩阵转置，并且转置后的三元组表也满足先行序、后列序的原则。转置后的三元组表如图 4-16(c)所示。

所以，将矩阵 $\boldsymbol{M}$ 转置成矩阵 $\boldsymbol{T}$ 的主要步聚可归纳如下。

(1) 将矩阵 $\boldsymbol{M}$ 的行、列数和非零元个数赋给 $\boldsymbol{T}$ 的列、行数和非零元个数。

(2) 在 $\boldsymbol{M}$.data 中按列序号顺序依次查找第一列、第二列，直到最后一列中的所有三元

	i	j	e
1	0	2	8
2	2	0	5
3	2	4	16
4	3	2	18
5	4	3	9

(a) 三元组

	i	j	e
1	2	0	8
2	0	2	5
3	4	2	16
4	2	3	18
5	3	4	9

(b) 行列互换转置后的三元组

	i	j	e
1	0	2	5
2	2	0	8
3	2	3	18
4	3	4	9
5	4	2	16

(c) 转置后的三元组(按行有序)

图 4-16　矩阵转置

组,并将其行、列交换后顺序存入 ***T***.data 中。

【算法 4-12】 矩阵转置算法。

```
Status TransposeSMatrix(TSMatrix M, TSMatrix &T)
// 采用三元组存储表示,求稀疏矩阵 M 的转置矩阵 T
{   int p, q, col;
    T.mu = M.nu;
    T.nu = M.mu;
    T.tu = M.tu;
    if(T.tu)
    {   q = 1;
        for(col = 0; col <= M.nu; ++col)
            for(p = 1; p <= M.tu; ++p)
                if(M.data[p].j == col)
                {   T.data[q].i = M.data[p].j;
                    T.data[q].j = M.data[p].i;
                    T.data[q].e = M.data[p].e;
                    ++q;
                }
    }
    return OK;
} //算法 4-12 结束
```

此算法为实现一列元素的转置需扫描一遍原矩阵的三元组表,在整个转置过程中共对三元组表扫描了 n 遍。所以,此算法的时间复杂度为 $O(n \times t)$,其中,n 为稀疏矩阵的列数,t 为稀疏矩阵的非零元素个数。

3）矩阵快速转置

上面给出的矩阵转置算法效率较低,为了提高矩阵转置算法的效率,下面给出另一种矩阵转置算法,称为矩阵快速转置算法。假设原稀疏矩阵为 ***N***,其三元组顺序表为 TN,***N*** 的转置矩阵为 ***M***,其对应的三元组顺序表为 TM。

矩阵快速转置算法的基本思想是:求出 ***N*** 的每一列的第一个非零元素在转置后的 TM 中的行号,然后扫描转置前的 TN,把该列上的元素依次存放于 TM 的相应位置上。由于 ***N*** 中第一列的第一个非零元素一定存储在 TM 的第一行位置上,若还知道第一列的非零元素个数,则第二列的第一个非零元素在 TM 中的位置,就等于第一列的第一个非零元素在 TM 中的位置加上第一列的非零元素个数,以此类推。因为原矩阵中三元组存放顺序是先行后列,故对于同一行来说,必定先遇到列号小的元素,这样只需扫描一遍原矩阵 ***N*** 的 TN 即可。

根据这种思想，需要引入两个数组：num[]和 cpos[]。其中，num[col]表示 **N** 中第 col 列的非零元素个数；cpos[col]初始值表示 **N** 中的第 col 列的第一个非零元素在 TM 中的位置。于是有：

```
cpos[0] = 1(注意:三元组表中是从 data[1]开始存储三元组);
cpos[col] = cpos[col-1] + num[col-1](1≤col≤TN.nu-1).
```

对于图 4-15 的矩阵 **A** 的 num 和 cpos 的取值如表 4-5 所示。

表 4-5　矩阵 A 的 num 和 cpos 取值

col	0	1	2	3	4	5
num	1	0	2	1	1	0
cpos	1	2	2	4	5	6

依次扫描原矩阵 **N** 的三元组顺序表 TN，当扫描到一个第 col 列非零元素时，直接将其存放到 TM 的 cpos[col]位置上，cpos[col]加 1，即 cpos[col]始终是下一个 col 列非零元素在 TM 中的位置。相应的矩阵快速转置算法如下。

【算法 4-13】 矩阵快速转置算法。

```
Status FastTransposeSMatrix(TSMatrix M, TSMatrix &T)
//快速求稀疏矩阵 M 的转置矩阵 T
{  int p, q, t, col, num[MAXLEN], cpos[MAXLEN];
   T.mu = M.nu;
   T.nu = M.mu;
   T.tu = M.tu;
   if(T.tu)
   {  for(col = 0; col < M.nu; ++col)
         num[col] = 0;                     // 设初值
      for(t = 1; t <= M.tu; ++t)           // 求 M 中每一列含非零元素个数
         ++num[M.data[t].j];
      cpos[0] = 1;
      for(col = 1; col < M.nu; ++col)      // 求第 col 列中第一个非零元素在 T.data 中的序号
         cpos[col] = cpos[col-1] + num[col-1];
      for(p = 1; p <= M.tu; ++p)
      {  col = M.data[p].j;
         q = cpos[col];
         T.data[q].i = M.data[p].j;
         T.data[q].j = M.data[p].i;
         T.data[q].e = M.data[p].e;
         ++cpos[col];
      }
   }
  return OK;
} //算法 4-13 结束
```

算法的时间复杂度分析：假设 n 为稀疏矩阵的列数，t 为稀疏矩阵的非零元素个数。上述算法中有 4 个循环，分别执行 n、t、$n-1$ 和 t 次，在每个循环中，每次迭代的时间是一个常量，因此总的计算量是 $O(n+t)$。此算法所需要的存储空间比前一个算法多了两个数组，故其空间复杂度为 $O(t)$。

4.7.2 行逻辑链接的顺序表

从4.7.1节讨论的矩阵快速转置算法可见,在算法过程中计算得到的cpos中的值实际上起到了一个“指示矩阵中每一行(列)的第一个非零元素在三元组表中的序号”的作用,因此,如果在建立稀疏矩阵的三元组顺序表的同时将这个信息固定在存储结构中,将便于随机存取稀疏矩阵中任意一行(列)的非零元素。如果将cpos中的值视作指向每一行第一个非零元的指针,故称这种表示方法为“行逻辑链接”的顺序表。其类型描述如下:

```
typedef struct{
    Triple data[MAXSIZE + 1];               //非零元素三元组表,data[0]未用
    int rpos[MAXRC + 1];                    //指示各行第一个非零元素在 data 中的位置
    int mu, nu, tu;                         //矩阵的行数、列数和非零元素的个数
}RLSMatrix;
```

下面讨论行逻辑链接顺序表的两个算法。

1) 取值操作,即求r行c列的元素的算法

在行逻辑链接的顺序表存储下,由于有了rpos数组,就无须再用这个循环来定位了,而直接读取数组rpos的下标为r位置的值即可,算法描述如下。

【算法4-14】 取值操作算法。

```
ElemType value(RLSMatrix M, int r, int c)
//已知行标 r 和列标 c,求以此为下标的矩阵元素值
{   p = M.rpos[r];                               //第 r 行的首个非零元素在三元组中的位置
    while (M.data[p].i == r &&M.data[p].j < c)   //找第 c 列
         p++;
    if (M.data[p].i == r && M.data[p].j == c)
         return M.data[p].e;
    else
       return 0;
} // 算法 4 - 14 结束
```

稀疏矩阵的行逻辑链接的顺序表表示能实现直接存取任意行中的非零元素,从而实现了稀疏矩阵在此存储表示下部分的直接存取能力,即能直接存取某一行,而对该行中的每一个元素则还需顺序存取。

2) 矩阵相乘运算

以二维数组表示矩阵和矩阵相乘的算法想必大家已经很熟悉了。下面是实现矩阵$\boldsymbol{M}_{m\times n}$与$\boldsymbol{N}_{n\times p}$相乘的算法程序代码段。

```
for (i = 1; i <= m; i++)
  for (j = 1; j <= p; j++)
  {  Q[i][j] = 0;
     for (k = 1; k <= n; k++)
         Q[i][j] += M[i][k] * N[k][j];
  }
```

从上述算法可见,乘积矩阵$\boldsymbol{Q}$中的每个元素是矩阵$\boldsymbol{M}$中的一行和矩阵$\boldsymbol{N}$中的一列的对应元素的乘积的和。如果M_{ik}和N_{kj}两者中有一个为零元素,其乘积即为零。由此可得

如下三个结论：

(1) 乘积矩阵 $\boldsymbol{Q}$ 的非零元素仅由 $\boldsymbol{M}$ 和 $\boldsymbol{N}$ 中的非零元素相乘得到。换句话说，为求得两个稀疏矩阵的乘积，只需要对 $\boldsymbol{M}$ 和 $\boldsymbol{N}$ 中的非零元素进行运算即可。

(2) 从矩阵相乘的规则得知，并非两者中每个元素都要彼此相乘，对 $\boldsymbol{M}$ 中的每个非零元素，只要与 $\boldsymbol{N}$ 中其行号等于它的列号的非零元素相乘即可。

(3) 在上述算法中，$\boldsymbol{Q}$ 的每个元素是由 $\boldsymbol{M}$ 中的一行和 $\boldsymbol{N}$ 中的一列相应元素连续相乘再相加得到的，但在行逻辑链接的三元组顺序表中，要连续找到同一列的元素是很不方便的，因此需要改变计算的顺序，寻找新的算法。

对行逻辑链接的三元组顺序表表示的稀疏矩阵，我们不易直接求得 $\boldsymbol{Q}$ 的一个非零元素，但可以设法求得 $\boldsymbol{Q}$ 的"一行"非零元素。因为 $\boldsymbol{Q}$ 的一行非零元素一定是由 $\boldsymbol{M}$ 的相应行的非零元素得到的，并且对 $\boldsymbol{Q}$ 的每个元素以"累加"的方式求得。具体做法如下：

```
设累加器 ctemp 的容量为 p(p 为 Q 的列数,即 N 的列数)
初始化累加器 ctemp[ ] = 0;
for (M 中第 i 行的所有非零元素 M.data[p])
{   brow = M.data[p].j;                 //该非零元素在 M 中的列号,据此找到对应元素在 N 中的行号
    for ( N 中第 brow 行的非零元 N.data[q] )
    {   ccol = N.data[q].j;             // 该非零元素在 N 中的列号
        ctemp[ccol] += M.data[p].e * N.data[q].e;
    }
}
```

容易看出，上述运算的结果 ctemp 中所有非零分量即为 $\boldsymbol{Q}$ 中第 i 行的所有非零元素。实际上，乘积 $\boldsymbol{Q}$ 中哪些元素为零哪些元素不为零，并非从 $\boldsymbol{M}$ 和 $\boldsymbol{N}$ 的情况一下子就能看出来的，也只有通过上述运算的结果才能得到 $\boldsymbol{Q}$ 中一行的非零元素，之后可按其列号大小依次存入 $\boldsymbol{Q}$.data 中。

例如，假设 $\boldsymbol{M}$ 和 $\boldsymbol{N}$ 分别为：

$$\boldsymbol{M}=\begin{pmatrix}3&0&0&5\\0&-1&0&0\\2&0&0&0\end{pmatrix}\quad \boldsymbol{N}=\begin{pmatrix}0&2\\1&3\\0&0\\0&1\end{pmatrix}$$

则：

$$\boldsymbol{Q}=\boldsymbol{M}\times\boldsymbol{N}=\begin{pmatrix}0&11\\-1&-3\\0&4\end{pmatrix}$$

它们的三元组 M. data、N. data 和 Q. data 分别如图 4-17(a)、(b)和(c)所示。

i	j	e
1	1	3
1	4	5
2	2	−1
3	1	2

(a) $\boldsymbol{M}$ 的三元组

i	j	e
1	2	2
2	1	1
2	2	3
4	2	1

(b) $\boldsymbol{N}$ 的三元组

i	j	e
1	2	11
2	1	−1
2	2	−3
3	2	4

(c) $\boldsymbol{Q}$ 的三元组

图 4-17　矩阵 $\boldsymbol{M}$、$\boldsymbol{N}$ 和 $\boldsymbol{Q}$ 的三元组

由此,两个稀疏矩阵相乘($Q=M\times N$)的过程可大致描述如下:

```
Q初始化;
if (Q是非零矩阵) {                                       //逐行求积
  for (arow = 1; arow <= M.mu; ++arow)                    //处理M的每一行
  {  ctemp[] = 0;                                         //累加器清零
     计算Q中第arow行的积并存入ctemp[]中;
     将ctemp[]中非零元素压缩存储到Q.data;
  } //for
} //if
```

算法4-15是将上述过程求精的结果。

【算法4-15】 矩阵乘法算法。

```
Status MultSMatrix(RLSMatrix M, RLSMatrix N, RLSMatrix &Q)
//采用行逻辑链接存储表示,求矩阵乘积Q = M×N.
{  int i, tp, brow, t, ccol, p, q, arow;
   int ctemp[MAXRC + 1] = {0};
   if(M.nu != N.mu) return ERROR;
   Q.mu = M.mu; Q.nu = N.nu; Q.tu = 0;                    //Q初始化
   if(M.tu * N.tu != 0)                                   //Q是非零矩阵
   {  for(arow = 1; arow <= M.mu; ++arow){
           for(i = 0; i < M.mu; i++)
               ctemp[i] = 0;
           Q.rpos[arow] = Q.tu + 1;
           if(arow < M.mu)
               tp = M.rpos[arow + 1];
           else
               tp = M.tu + 1;
           for(p = M.rpos[arow]; p < tp; ++p)
      //找到对应元素在N中的行号,M中的元素会和N中的行号与M中元列号相同的元素相乘
           {  brow = M.data[p].j;
              if(brow < N.mu)
                t = N.rpos[brow + 1];
             else
                t = N.tu + 1;
              for(q = N.rpos[brow]; q < t; ++q)
              {  ccol = N.data[q].j;
                 ctemp[ccol] += M.data[p].e * N.data[q].e;
              }
           }
           for(ccol = 1; ccol <= Q.nu; ++ccol)        // 压缩存储该行非零元素
           {  if(ctemp[ccol])
              {  if(++Q.tu > MAXSIZE) return ERROR;
                 Q.data[Q.tu].i = arow;
                 Q.data[Q.tu].j = ccol;
                 Q.data[Q.tu].e = ctemp[ccol];
              }
           }
       }
     }
     return OK;
} // 算法4-15结束
```

在算法 4-15 中，累加器 ctemp 初始化的时间复杂度为 $O(\boldsymbol{M}.\mathrm{mu}\times\boldsymbol{N}.\mathrm{nu})$，求 $\boldsymbol{Q}$ 的所有非零元的时间复杂度为 $O(\boldsymbol{M}.\mathrm{tu}\times\boldsymbol{N}.\mathrm{tu}/\boldsymbol{N}.\mathrm{mu})$，对 $\boldsymbol{Q}$ 进行压缩存储的时间复杂度为 $O(\boldsymbol{M}.\mathrm{mu}\times\boldsymbol{N}.\mathrm{nu})$。因此，总的时间复杂度为 $O(\boldsymbol{M}.\mathrm{mu}\times\boldsymbol{N}.\mathrm{nu}+\boldsymbol{M}.\mathrm{tu}\times\boldsymbol{N}.\mathrm{tu}/\boldsymbol{N}.\mathrm{mu})$。

其中，$\boldsymbol{N}.\mathrm{tu}/\boldsymbol{N}.\mathrm{mu}$ 表示 $\boldsymbol{N}$ 中每一行非零元个数的平均值。

若 $\boldsymbol{M}$ 是 m 行 n 列的稀疏矩阵，$\boldsymbol{N}$ 是 n 行 p 列的稀疏矩阵，则 $\boldsymbol{M}$ 中非零元的个数 $\boldsymbol{M}.\mathrm{tu}=\delta_M mn$，$\boldsymbol{N}$ 中非零元的个数 $\boldsymbol{N}.\mathrm{tu}=\delta_N np$。此时算法 4-15 的时间复杂度就是 $O(mp(1+n\delta_M\delta_N))$。当 $\delta_M<0.05$ 和 $\delta_N<0.05$ 及 $n<1000$ 时，算法 4-15 的时间复杂度就相当于 $O(m\times p)$，显然，这是一个相当理想的结果。

如果事先能估算出所求乘积矩阵 $\boldsymbol{Q}$ 是非稀疏矩阵，也可设它的存储结构为二维数组，此时的矩阵相乘算法更为简单。

用三元组顺序表、行逻辑链接的顺序表表示稀疏矩阵，可节省存储空间，并加快运算速度。但这两种存储结构实质上是顺序存储结构，若在运算过程中，稀疏矩阵的非零元素位置发生变化，必将引起数组中元素的移动，这时，对数组元素进行插入或删除操作就不太方便。针对该问题，可以采用链式存储结构来表示稀疏矩阵，则进行插入或删除操作会更加方便。

4.7.3 稀疏矩阵的十字链表存储

当稀疏矩阵中非零元素的位置或个数经常发生变化时，就不宜采用三元组顺序表存储结构，而应该采用链式存储结构表示。十字链表是稀疏矩阵的另一种存储结构。在十字链表中，稀疏矩阵的非零元素用一个结点来表示，每个结点由 5 个域组成，如图 4-18(a)所示。其中，row 域存放该非零元素所在行的位置；column 域存放该非零元素所在列的位置；value 域存放该非零元素的值；right 域存放与该非零元素同行的下一个非零元素结点指针；down 域存放与该非零元素同列的下一个非零元素结点指针。同一行的非零元素结点通过 right 域链接成一个线性链表，称为行链表，同一列的非零元素结点通过 down 域链接成一个线性链表，称为列链表。每个非零元素结点既是某个行链表中的一个结点，又是某个列链表中的结点，整个稀疏矩阵构成了一个十字交叉的链表，因此，称这样的链表为十字链表。这里用两个一维数组分别存储行链表的头指针和列链表的头指针。整个十字链表用一个包含 5 个域的表头结点表示，如图 4-18(b)所示。其中，mu 域存放稀疏矩阵的行数；nu 域存放稀疏矩阵的列数；tu 域存放稀疏矩阵的非零元素个数；rhead 域存放行链表头指针数组的基地址；chead 域存放列链表头指针数组的基地址。图 4-15 中的稀疏矩阵 $\boldsymbol{A}$ 的十字链表如图 4-19 所示。

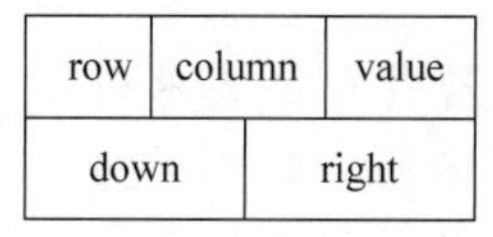

(a) 十字链表结点结构

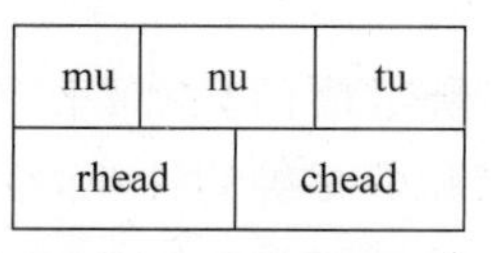

(b) 十字链表头结点结构

图 4-18 十字链表结点结构

在 C 语言中，我们可以将稀疏矩阵的十字链表表示的结点结构描述为：

```
typedef struct OLNode{
    int i, j;                                   //该非零元素的行下标和列下标
```

```
    ElemType e;
    struct OLNode * right, * down;          //该非零元素所在行表和列表的后继链域
}OLNode; * OLink;
```

稀疏矩阵十字链表结构描述为：

```
typedef struct{
    OLink * rhead, * chead;                 //行和列链表头指针向量
    intmu, nu, tu;                          //稀疏矩阵的行数、列数和非零元素个数
}CrossList;
```

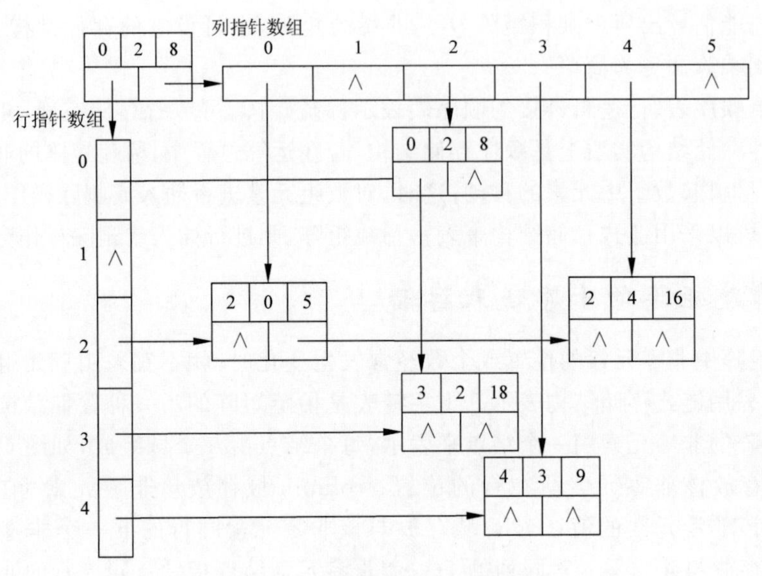

图 4-19　稀疏矩阵的十字链表

4.8　数组的应用举例

数组是在程序设计中使用较多的数据结构。通过数组,可以用相同的名字去引用一系列变量,并用数字索引来识别它们。由于可以利用索引值来设计循环,因而在许多场合,使用数组可缩短和简化程序。下面,通过一个实例来说明数组的使用。

【例 4-5】 输出 n 阶魔方阵。

【问题描述】

由 1 到 n^2 个数字所组成的 $n\times n$ 阶方阵,若具有每条对角线、每行与每列的数字和都相等的性质,称为 n 阶魔方阵。它的每行、每列和每条对角线之和为 $n(n^2+1)/2$。图 4-20 是一个 3 阶魔方阵。

8	1	6
3	5	7
4	9	2

图 4-20　3 阶魔方阵

本题要求设计一个程序,输出 n 阶魔方阵。

【问题分析】

首先定义一个 $n\times n$ 的二维数组,作为 n 阶魔方阵的数据结构;然后,按以下步骤将 1 到 n^2 个数字顺序填入方阵。

(1) 将数字 1 放在第一行的中间位置上，即$(0, n/2)$位置。

(2) 下一个数放在当前位置(i, j)的上一行$(i-1)$、下一列$(j+1)$，即当前位置的右上方。如果出现以下情况，则修改填充位置：

① 若当前位置是第一行，下一个数放在最后一行，即把 $i-1$ 修改为 $n-1$；

② 若当前位置是最后一列，下一个数放在第一列，即把 $j-1$ 修改为 0；

③ 若下一个数要放的位置上已经有了数字，则下一个数字放在当前位置的下一行，相同列。

(3) 重复步骤(2)，直至将 n^2 个数字不重复地填入方阵中。

【程序参考代码】

```
#include "stdio.h"
void MagicN(int n, int Mat[15][15])
{  int row, col, val;
   row = 0;
   col = n/2;
   Mat[row][col] = 1;                       //第 1 个数放在第 1 行中间位置
   for(val = 2; val <= n * n; val++)        //定位当前位置的右上角
   {  row = (row - 1 + n) % n;
      col = (col + 1) % n;
      if(Mat[row][col] != 0)                //该位置已经有数字了，退回到上一位置的正下方
      {  row = (row + 1) % n + 1;
         col = (col - 1 + n) % n;
      }
      Mat[row][col] = val;
   }
}

main()
{  int n, Mat[15][15];
   int i, j;
   printf("请输入魔方阵的阶数(1 - 15 的奇数):");
   scanf("%d", &n);
   for(i = 0; i < n; i++)
       for(j = 0; j < n; j++)
           Mat[i][j] = 0;
   MagicN(n, Mat);
   for(i = 0; i < n; i++)
   {  for(j = 0; j < n; j++)
           printf("%5d ", Mat[i][j]);
      printf("\n");
   }
}
```

【运行结果】 运行结果，如图 4-21 所示。

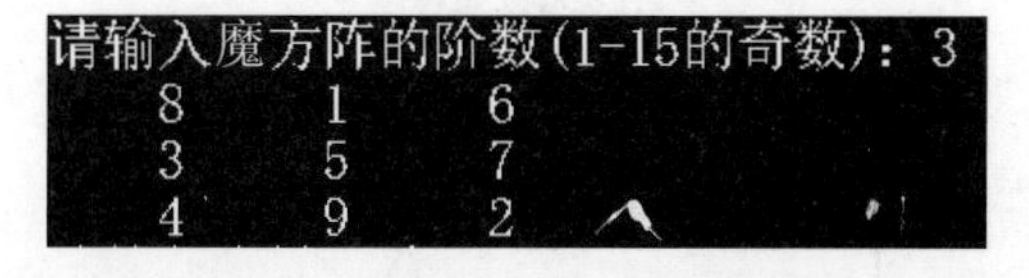

图 4-21 例 4-5 的程序运行结果

小　结

本章主要介绍了字符串、数组、特殊矩阵和稀疏矩阵的定义、存储结构和基本算法的实现。字符串(串)是由零个或多个字符顺序排列所组成的数据结构,其基本构成元素是单个字符(char)。串中字符的个数叫作串的长度。长度为零的串被称为空串。

字符串的存储结构包括顺序存储结构和链式存储结构。顺序存储结构指的是用一组地址连续的存储单元来存储字符串中的字符序列,可以使用字符数组来实现。链式存储结构指的是用线性链表存储字符串中的字符序列。

串的基本操作包括插入、删除、连接、查找、比较和模式匹配等。

在一个串中查找是否存在与另一个串相等的子串的操作被称作模式匹配。当串使用顺序存储结构时,模式匹配操作主要有 Brute-Force 算法和 KMP 算法。Brute-Force 算法简单并易于理解,但效率不高。KMP 算法是在 Brute-Force 算法基础上改进的算法。

数组是一组相同数据类型的数据元素的集合,数组元素按次序存储在一个地址连续的内存单元空间中,其中的所有内存单元空间中的数据元素的类型完全相同。数组的顺序存储结构就是采用一组连续的存储单元来依次存放数组元素。为了将多维数组存入一维的存储地址空间中,一般有两种存储方式:一种是以行序为主序的存储方式(行主序);另一种是以列序为主序的存储方式(列主序)。

具有许多相同元素或零元素,并且这些相同元素或零元素的分布有一定规律性的矩阵被称作特殊矩阵。特殊矩阵都是行数和列数相等的方阵。常见的特殊矩阵有对称矩阵、上(下)三角矩阵和对角矩阵等。

为了节省存储空间,需要对高阶的特殊矩阵进行压缩存储。特殊矩阵的压缩存储方法是:找出特殊矩阵中值相同的矩阵元素的分布规律,把那些呈现规律性分布的、值相同的多个矩阵元素压缩存储到一个存储空间中。

具有较多零元素,并且非零元素的分布无规律的矩阵被称为稀疏矩阵。稀疏矩阵的压缩存储的原则是:非零元素分配存储空间,零元素不分配存储空间。稀疏矩阵的压缩存储方式主要有三元组顺序表存储结构和十字链表存储结构两种类型。

习　题　4

一、客观测试题

扫码答题

二、算法设计题

1. 编写算法,利用串的基本操作 StrCompare(S,T)、StrLength(S)、Concat(&S,S1,

S2)和 SubString(&Sub,pos,len)中的某些操作,实现串的替换操作 StrReplace(&S,T,V),并返回替换的次数。

2. 编写算法,利用串的基本操作 Index(S,T,pos),实现统计子串 T 在主串 S 中出现的次数的操作 StringCount(S,T),若不出现则返回 0。

3. 编写算法,在串的定长顺序存储结构上实现从已知串 S 中删除所有和串 T 相同的子串的操作 Delete_SubString(&S,T)。

4. 编写算法,在串的堆分配存储结构上实现统计已知字符串 S 中的单词个数的操作 Count(S)。

5. 鞍点是指矩阵中的元素 a_{ij} 是第 i 行中值最小的元素,同时又是第 j 列中值最大的元素。试设计一个算法求矩阵 $\boldsymbol{A}$ 的所有鞍点。

习题 4　主观题参考答案

第5章 树与二叉树

前面章节中介绍的数据结构都属于线性结构，从这一章开始我们将阐述非线性结构。树形结构是一种非常重要的非线性结构。在线性结构中数据元素之间的逻辑关系为一对一的线性关系；而在树形结构中，数据元素之间具有一对多的逻辑关系，它反映了数据元素之间的层次关系，一个数据元素可以有多个后继但最多只有一个前驱的特点。树形结构在现实世界中广泛存在，它是很多事物与关系的抽象模型，例如，人类社会的亲属关系按层次表示成家谱树；公司、学校等社会机构按层次化方式形成的单位组织机构图；文件系统中用树形结构表示的目录树；等等。在计算机领域中，树形结构也得到了广泛的应用，例如，操作系统中的文件管理；编译程序中的语法分析；系统设计时对系统功能的划分；等等。此外，在对数据进行排序或查找操作时，若采用某种树形结构来组织待查找或待排序的数据，能有效地提高操作效率。

【本章主要知识导图】

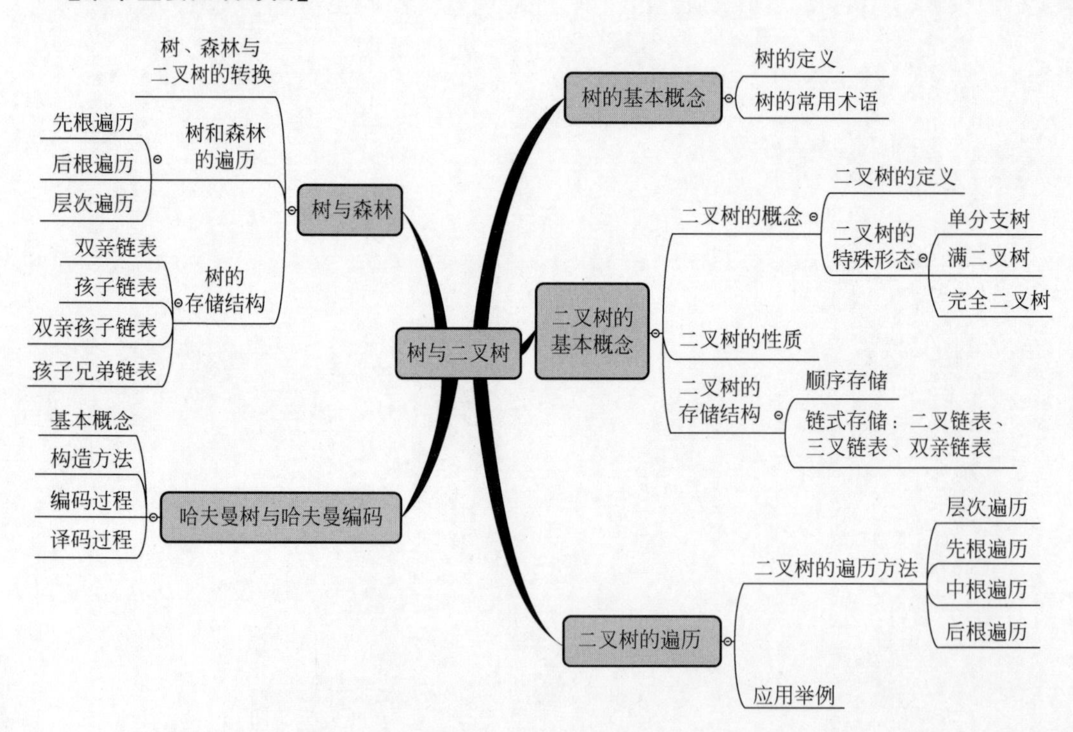

5.1 树的基本概念

本章讲解的重点是一种特殊的树——二叉树，但在讲解二叉树之前，我们先从广义上介绍树的概念及相关的基本术语。

1. 树的定义

树是由 $n(n \geqslant 0)$ 个结点所构成的有限集合。当 $n=0$ 时，它被称为空树；当 $n>0$ 时，树中的 n 个结点应满足下述条件。

(1) 有且仅有一个根结点(Root)。

(2) 其余结点可分为 $m(m \geqslant 0)$ 个互不相交的有限集合 $T_1, T_2, \cdots, T_m$，其中每个子集本身又是一棵符合本定义的树，称为根结点(Root)的子树。

上述定义采用的是递归方式，即在树的定义中又用到了树这一概念。事实上，树的层次结构体现了数据元素之间具有的层次关系，即对于一棵非空树，有且仅有一个没有前驱的结点，这个结点就是根结点，其余结点有且仅有一个前驱，但可以有零个或多个后继。图 5-1 给出了用树形表示法给出的 3 棵树的逻辑结构示例图，图 5-1(a)是一棵只有一个根结点的树；图 5-1(b)是一棵只含有一棵子树的树；图 5-1(c)是一棵含有 3 棵子树的树。

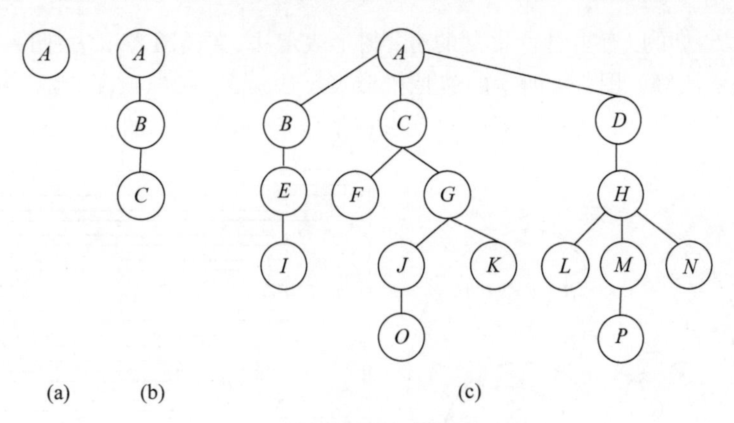

图 5-1　树的示例图(树形表示法)

从图 5-1 可见，在树形表示法中，树中结点用圆圈表示，圆圈内的符号代表该结点的数据元素，连接结点的连线代表边。在非空树的顶层总是只有一个结点，它通过边连接到第二层的多个结点，然后第二层结点再连向第三层的多个结点，以此类推，形成了一棵直观形象上倒置的树(树的根结点在上，树的叶结点在下)。根据树的定义，树的抽象数据类型描述如下：

```
ADT Tree {
  数据对象:D = { a_i | a_i ∈ TElemType,1≤i≤n,n≥0,TElemType 是约定的树中结点的数据元素类型,
使用时用户需根据具体情况进行自定义}
  数据关系:R = {<a_i,a_j> | a_i,a_j ∈ D,1≤i≤n,1≤j≤n,其中每个结点只有一个前驱(除根结点),
可以有零个或多个后继,有且仅有一个结点(根结点)没有前驱}
  基本操作:
  Root(T),求根结点操作:求树 T 中的根结点并返回其值。
```

Value(T,cur_e),**求元素值操作**:求树T中当前结点cur_e的元素值。

Parent(T,cur_e),**求双亲结点操作**:求树T中当前结点cur_e的双亲结点。若cur_e是树T的非根结点,则返回它的双亲结点;否则,函数值为空。

LeftChild(T,cur_e),**求最左孩子操作**:求树T中当前结点cur_e的最左孩子。若cur_e是树T的非叶结点,则返回它的最左孩子;否则,函数值为空。

RightSibling(T,cur_e),**求右兄弟操作**:求树T中当前结点cur_e的右兄弟。若cur_e有右兄弟,则返回它的右兄弟;否则,函数值为空。

TreeEmpty(T),**判空操作**:判断树T是否为空。若为空,则函数返回TRUE;否则,函数返回FALSE。

TreeDepth(T),**求深度操作**:求树T的深度并返回其值。

TraverseTree(T,Visit()),**遍历操作**:按照某种次序对树T中的每个结点调用函数Visit()一次且至多一次。其中,Visit()是对结点操作的应用函数,一旦Visit()失败,则操作失败。

InitTree(&T),**初始化操作**:创建空树T。

CreateTree(&T,definition),**构造操作**:按照definition构造树T。其中,definition给出树T的定义。

Assign(T,&cur_e,value),**赋值操作**:给树T中当前结点cur_e赋为value。

InsertChild(&T,&p,i,c),**插入操作**:插入c为树T中p所指结点的第i棵子树。其中,p指向树T中的某个结点,1≤i≤(p所指结点的度+1),非空树c与树T不相交。

ClearTree(&T),**清空操作**:将已经存在的树T置成空树。

DestroyTree(&T),**销毁操作**:释放已经存在的树T的存储空间。

DeleteChild(&T,&p,i),**删除操作**:删除树T中p所指结点的第i棵子树。其中,p指向树T中的某个结点,1≤i≤(p所指结点的度)。

}ADT Tree

树的表示方法可以有多种。常见的有:树形表示法、文氏图表示法、凹入图表示法和广义表(括号)表示法等。图5-1所示的就是树形表示法。图5-2(a)、图5-2(b)和图5-2(c)分别是用文氏图表示法、凹入图表示法和广义表(括号)表示法表示的图5-1(c)中树的形式。

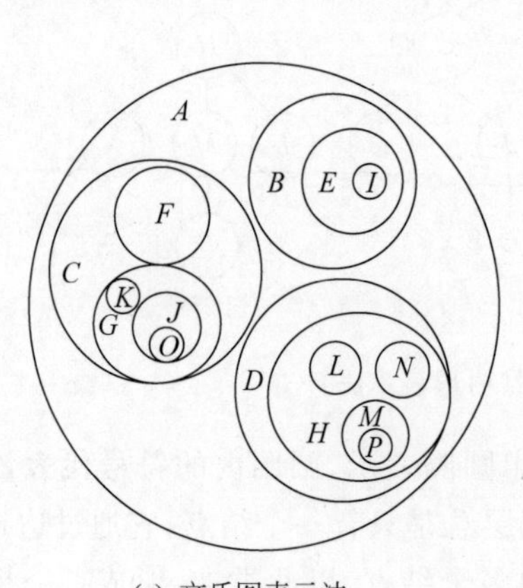

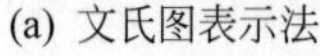
(a) 文氏图表示法

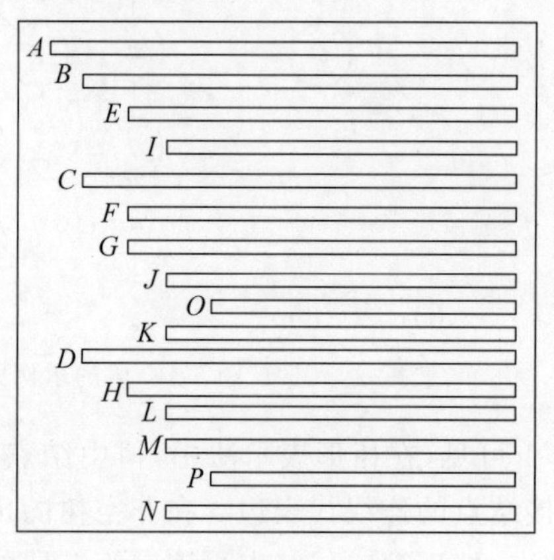

(b) 凹入图表示法

A(B(E(I)), C(F, G(J(O), K)), D(H(L, M(P), N))

(c) 广义表(括号)表示法

图5-2 树的不同表示方法

2. 树的常用术语

为了使读者更易理解后续内容,需要首先知道一些有关树的常用术语。树的常用术语中大部分都是以现实世界中树的相关名词或以家谱中的成员关系命名,所以记忆起来并不难。

(1) 树的结点。树的结点是由一个数据元素及关联其子树的边所组成的。例如,图 5-1(a)中只有 1 个结点,图 5-1(b)中有 3 个结点,图 5-1(c)中有 16 个结点。单个结点是一棵树,这棵树的根结点就是该结点本身。空树中没有结点。在实际应用中,结点中的数据元素通常代表着一些实体,例如,人、单位部门、汽车零件等,结点中的边代表着实体与实体之间的逻辑关系。虽然边没有方向(未带有箭头),但它仍是有向的,其隐含的方向是从上到下,即上层结点是下层结点的前驱结点,下层结点是上层结点的后继结点。

(2) 结点的路径。结点的路径是指从根结点到某个结点所经历的所有结点和分支的顺序排列。例如,图 5-1(c)中结点 J 的路径是 $A \to C \to G \to J$。

(3) 路径的长度。路径的长度是指结点的路径中所包括的分支数。例如,图 5-1(c)中结点 J 的路径长度为 3。

(4) 结点的度。一个结点的度是指该结点所拥有的子树的个数。例如,图 5-1(c)中结点 A 的度为 3,结点 B 的度为 1,结点 C 的度为 2,结点 I、O、P 的度都为 0。

(5) 树的度。一棵树的度是指该树中结点的最大度数。例如,图 5-1(a)所示的树的度为 0,图 5-1(b)所示的树的度为 1,图 5-1(c)所示的树的度为 3。

(6) 叶结点(终端结点)。叶结点是指一棵树中度为 0 的结点,叶结点也称为终端结点。例如,图 5-1(c)中结点 I、F、O、K、L、P、N 都是叶结点。

(7) 分支结点(非终端结点)。分支结点是指一棵树中度不为 0 的结点,分支结点也称为非终端结点。树中除叶结点之外的所有结点都是分支结点。

(8) 孩子结点(子结点)。一个结点的孩子结点是指这个结点的子树的根结点。例如,图 5-1(c)中结点 B、C、D 是结点 A 的孩子结点,或者说结点 A 的孩子结点是 B、C、D。

(9) 双亲结点(父结点)。一个结点的双亲结点是指:若树中某个结点有孩子结点,则这个结点就称为是该孩子结点的双亲结点。例如,图 5-1(c)中结点 A 是结点 B、C、D 的双亲结点。双亲结点和孩子结点是具有前驱和后继关系的两个结点。其中,双亲结点是孩子结点的前驱;孩子结点是双亲结点的后继。

(10) 子孙结点。一个结点的子孙结点是指该结点的所有子树中的任意结点。例如,图 5-1(c)中结点 H 的子孙结点有 L、M、N、P。

(11) 祖先结点。一个结点的祖先结点是指该结点的路径中除该结点之外的所有结点。例如,图 5-1(c)中结点 P 的祖先结点有结点 A、D、H、M。在树中,子孙结点和祖先结点是对父子关系的拓展,它们定义了树中各个结点之间的纵向次序。

(12) 兄弟结点,堂兄弟结点。兄弟结点是指具有同一个双亲的结点。例如,图 5-1(c)中结点 B、C、D 是兄弟结点,它们的双亲都是结点 A;结点 L、M、N 也是兄弟结点,它们的双亲都是结点 H。双亲在同一层次上的结点互为堂兄弟。例如,图 5-1(c)中结点 E 和 F 互为堂兄弟,因为结点 E 的双亲结点 B 和结点 F 的双亲结点 C 是兄弟结点。

(13) 结点的层次。结点的层次从根结点开始算起,假设根结点的层次数为 1,则其余结点的层次数是其双亲结点的层次数加 1。例如,图 5-1(c)中结点 P 的层次数为 5,也可称结点 P 在树中处于第 5 层。

(14) 树的深度(树的高度)。树的深度是指树中所有结点的层次数的最大值。例如,

图5-1(a)中树的深度为1,图5-1(b)中树的深度为3,图5-1(c)中树的深度为5。

(15) 有序树。有序树是指树中各个结点的所有子树之间,从左到右有严格的次序关系,不能互换。通常在有序树中,某个结点的所有孩子结点从左到右有长幼之分。也就是说,如果子树的次序不同,则对应着不同的有序树。图5-3所示的是两棵不同的有序树,它们的不同点在于结点A的两棵子树的左右次序不相同。

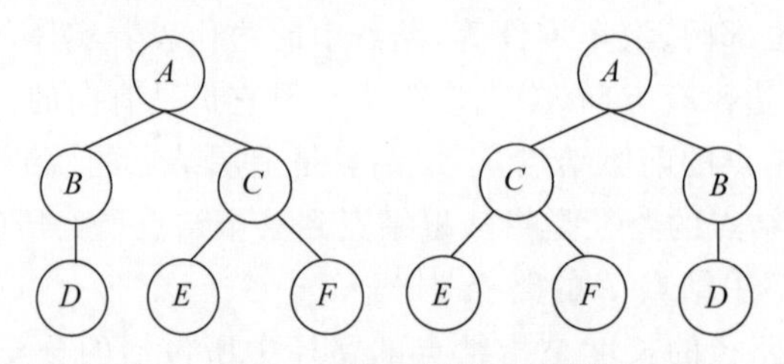

图5-3　两棵不同的有序树

(16) 无序树。与有序树相反,无序树是指树中各个结点的所有子树之间没有严格的次序关系。按前面树的定义可知,树是无序树,即树中的结点从左到右没有次序之分,其次序可以任意颠倒。

(17) 森林。森林是指由$m(m\geqslant 0)$棵互不相交的树所构成的集合。删除一棵树的根结点,这棵树就变成了一个森林;反之,在一个森林中加上一个结点作为根结点,这个森林就变成了一棵树。

(18) 同构。有两棵树,若通过对树中的各个结点适当地命名,使得这两棵树完全相等(结点的位置一一对应),则这两棵树被认为是同构的。

5.2　二叉树的基本概念

5.2.1　二叉树的概念

二叉树是一种特殊的树,它的每个结点最多只有两棵子树,并且这两棵子树也是二叉树。由于二叉树中的两棵子树有左、右之分,所以二叉树是有序树。下面给出二叉树的具体定义。

1. 二叉树的定义

二叉树是由$n(n\geqslant 0)$个结点所构成的有限集合。当$n=0$时,这个集合为空,此时的二叉树为空二叉树;当$n>0$时,这个集合由一个根结点(Root)和两棵互不相交的分别称为左子树和右子树的二叉树构成。可见,二叉树也是递归定义的。

二叉树和树是两种不同的树形结构,二叉树不是树的特殊情形。它们之间的主要区别在于以下几个方面。

(1) 二叉树和树的定义不同。尽管二叉树和树都是递归定义,但树是包含$n(n\geqslant 0)$个结点的有限集合,该集合或为空集(空树),或由一个根结点和$m(m\geqslant 0)$棵互不相交的子树组成;而二叉树是包含由$n(n\geqslant 0)$个结点的有限集合,该集合或为空集(空二叉树),或由一个根结点和两棵互不相交的、分别被称为左子树和右子树的二叉树组成。

(2) 二叉树和度为2的有序树不同。树中的子树通常是不分次序的。假设一棵树是有序树，虽然树中各个结点的孩子结点之间是有长幼之分，但若某个结点只有一个孩子结点，就不需要区分长幼关系；而在二叉树中，即使只有一个孩子结点，也必须有严格的左、右之分。图 5-4 给出了二叉树的 5 种基本形态。

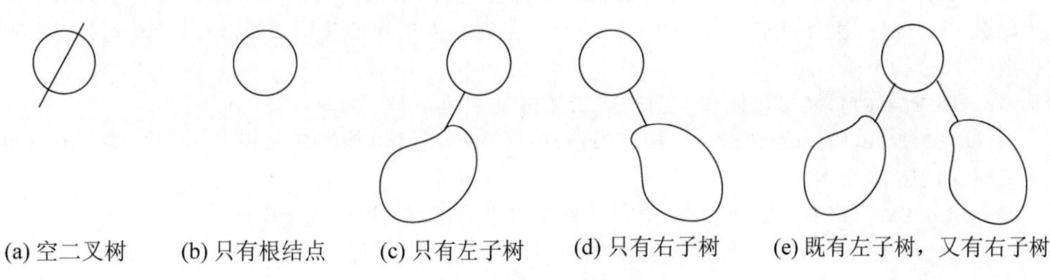

图 5-4　二叉树的 5 种基本形态

（3）二叉树与度小于等于 2 的树不同。在二叉树中，允许某些结点只有右子树而没有左子树；而在树中，一个结点若没有第一棵子树，则它就不可能有第二棵子树存在。图 5-5 和图 5-6 给出了只含有 3 个结点的二叉树和树的不同形态。

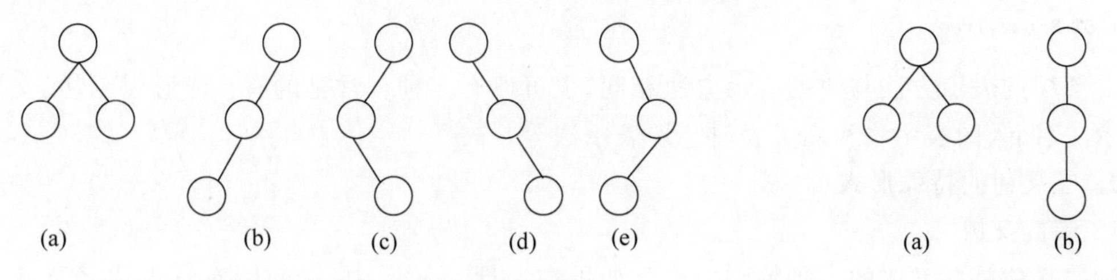

图 5-5　具有 3 个结点的二叉树的 5 种形态　　　　图 5-6　具有 3 个结点的树的两种形态

根据二叉树的定义，二叉树的抽象数据类型描述如下：

ADT BinaryTree {

数据对象：D = { a_i | $a_i \in$ TElemType, $1 \leqslant i \leqslant n, n \geqslant 0$, TElemType 是约定的二叉树中结点的数据元素类型，使用时用户需根据具体情况进行自定义}

数据关系：R = {< a_i, a_j > | $a_i, a_j \in D, 1 \leqslant i \leqslant n, 1 \leqslant j \leqslant n$, 其中每个结点只有一个前驱(除根结点)，可以有零个、一个或两个后继，有且仅有一个结点(根结点)没有前驱}

基本操作：

Root(T)，**求根结点操作**：求二叉树 T 中的根结点并返回其值。

Value(T,e)，**求元素值操作**：求二叉树 T 中当前结点 e 的元素值。

Parent(T,e)，**求双亲结点操作**：求二叉树 T 中当前结点 e 的双亲结点。若 e 是二叉树 T 的非根结点，则返回它的双亲结点；否则，函数值为空。

LeftChild(T,e)，**求左孩子操作**：求二叉树 T 中当前结点 e 的左孩子。若 e 无左孩子，则返回为空。

RightChild(T,e)，**求右孩子操作**：求二叉树 T 中当前结点 e 的右孩子。若 e 无右孩子，则返回为空。

BiTreeEmpty(T)，**判空操作**：判断二叉树 T 是否为空。若为空，则函数返回 TRUE；否则，函数返回 FALSE。

BiTreeDepth(T)，**求深度操作**：求二叉树 T 的深度并返回其值。

PreOrderTraverse(T,Visit())，**先根遍历操作**：按照先根遍历次序对二叉树 T 中的每个结点调用函数 Visit()一次且至多一次。其中，Visit()是对结点操作的应用函数，一旦 Visit()失败，则操作失败。

InOrderTraverse(T,Visit())，**中根遍历操作**：按照中根遍历次序对二叉树 T 中的每个结点调用函数 Visit()一次且至多一次。其中，Visit()是对结点操作的应用函数，一旦 Visit()失败，则操作失败。

PostOrderTraverse(T,Visit()),**后根遍历操作**:按照后根遍历次序对二叉树T中的每个结点调用函数Visit()一次且至多一次。其中,Visit()是对结点操作的应用函数,一旦Visit()失败,则操作失败。

LevelOrderTraverse(T,Visit()),**层次遍历操作**:按照层次遍历次序对二叉树T中的每个结点调用函数Visit()一次且至多一次。其中,Visit()是对结点操作的应用函数,一旦Visit()失败,则操作失败。

InitBiTree(&T),**初始化操作**。创建空二叉树T。

CreateBiTree(&T,definition),**构造操作**:按照definition构造二叉树T。其中,definition给出二叉树T的定义。

Assign(T,&e,value),**赋值操作**:给二叉树T中当前结点e赋值为value。

InsertChild(&T,&p,LR,c),**插入操作**:根据LR为0或1,插入c为二叉树T中p所指结点的左子树或右子树,p所指结点的原有左子树或右子树则称为c的右子树。其中,p指向二叉树T中的某个结点,LR为0或1,非空二叉树c与T不相交且右子树为空。

ClearBiTree(&T),**清空操作**:将已经存在的二叉树T置成空二叉树。

DestroyBiTree(&T),**销毁操作**:释放已经存在的二叉树T的存储空间。

DeleteChild(&T,&p,LR),**删除操作**:根据LR为0或1,删除二叉树T中p所指结点的左子树或右子树。其中,p指向二叉树T中的某个结点,LR为0或1。

}ADT BinaryTree

二叉树的表示方法与树的表示方法相同,也可以有多种。常见的有:树形表示法、文氏图表示法、凹入图表示法和广义表(括号)表示法等。

2. 二叉树的特殊形式

1) 满二叉树

满二叉树是二叉树的一种特殊形态。如果在一棵二叉树中,它的所有结点或者是叶结点,或者是左、右子树都非空,并且所有叶结点都在同一层上,则称这棵二叉树为满二叉树,如图5-7(a)所示。可以对满二叉树中的所有结点按层次自上到下、由左向右进行编号,约定根结点的编号为1,在图5-7(a)中每个结点边上的数字就是该结点的编号。

满二叉树的特点如下。

(1) 叶结点只能出现在最下层上。

(2) 只有度为0或度为2的结点,不存在度为1的结点。

(3) 在具有相同深度的多棵二叉树中,满二叉树的结点个数最多,其叶结点的个数也最多。

2) 完全二叉树

完全二叉树也是二叉树的一种特殊形态。如果在一棵具有n个结点的二叉树中,它的逻辑结构与满二叉树的前n个结点的逻辑结构相同,则称这样的二叉树为完全二叉树,如图5-7(b)所示。

完全二叉树的特点如下:

(1) 叶结点或出现在最下层上,并且它们都集中在左边连续的位置上;或出现在倒数第二层上,并且它们都集中在右边连续的位置上。

(2) 若存在度为1的结点,它只可能存在一个,并且该结点只有左孩子,而无右孩子。

(3) 深度为h的完全二叉树,其倒数第二层上应是满二叉树。

(4) 当结点总数为奇数时,度为1的结点个数为0;当结点总数为偶数时,度为1的结点个数为1。

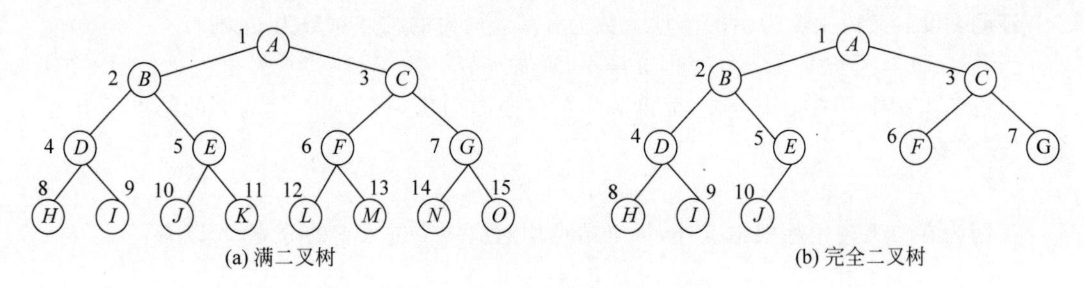

(a) 满二叉树　　(b) 完全二叉树

图 5-7　满二叉树和完全二叉树

(5) 完全二叉树是具有 n 个结点的多棵二叉树中深度最小的一棵树。

满二叉树是完全二叉树的一种特例,并且完全二叉树与相同深度的满二叉树对应位置的结点具有同样的编号。深度为 h 的完全二叉树,其最少结点的情况是前 $h-1$ 层是满二叉树,而第 h 层上只有一个结点;其最多结点的情况是构成一棵 h 层的满二叉树。

注意:满二叉树一定是完全二叉树,但完全二叉树不一定是满二叉树。

3) 单分支树(斜树)

若二叉树的所有结点都没有右孩子或都没有左孩子,则称此二叉树为单分支树(斜树)。单分支树又可分为左支树(左斜树)和右支树(右斜树)。其中,所有结点都没有右孩子的二叉树称为左支树;所有结点都没有左孩子的树称为右支树。图 5-8 所示分别是含有 4 个结点的左支树和右支树。

注意:由于单分支树的每一层上都只有一个结点,故其结点个数和深度相同,即具有 n 个结点的单分支树的深度为 n。

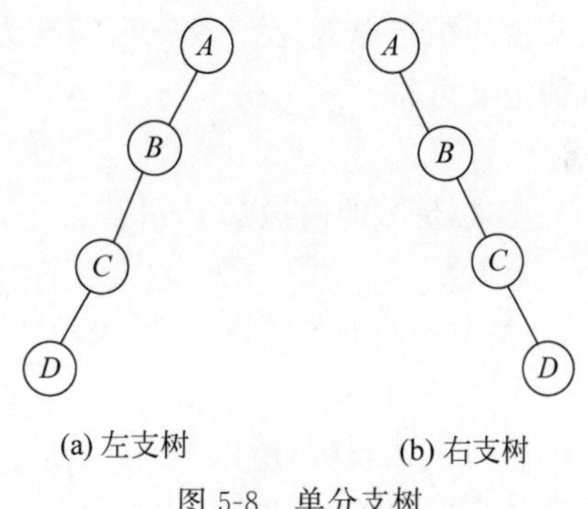

(a) 左支树　　(b) 右支树

图 5-8　单分支树

5.2.2　二叉树的性质

性质 1　二叉树中第 $i(i\geqslant 1)$ 层上的结点数最多为 2^{i-1}。

证明:用数学归纳法证明如下。

当 $i=1$ 时,$2^{i-1}=2^0=1$,因为二叉树中的第一层只有一个根结点,所以命题正确。

假设对所有的 $j(1\leqslant j<i)$ 命题成立,即第 j 层上最多有 2^{j-1} 个结点。下面需要证明:当 $j=i$ 时,命题成立。根据归纳假设,第 $i-1$ 层上的结点数最多为 2^{i-2}。由于二叉树中的每个结点最多有两个孩子结点,所以第 i 层上的结点数最多是 2^{i-2} 的 2 倍,即第 i 层上的结点个数最多为 $2\times 2^{i-2}=2^{i-1}$ 个,故命题成立。

性质 2　深度为 $h(h\geqslant 1)$ 的二叉树中最多有 2^h-1 个结点。

证明:由性质 1 可知,第 i 层的最大结点数为 2^{i-1},再将二叉树中各层的结点数相加,即可得到:深度为 h 的二叉树中结点的总数最多为 $2^h-1=2^0+2^1+2^2+\cdots+2^{h-1}$ 个,故性质 2 得证。

性质 3　对于任何一棵二叉树,若其叶结点的个数为 n_0,度为 2 的结点个数为 n_2,则有 $n_0=n_2+1$。

证明：设二叉树中度为1的结点个数为n_1，二叉树的结点总数为n，则有：

$$n=n_0+n_1+n_2 \tag{5-1}$$

再设二叉树中具有e个分支，而度为1的结点是引出一个分支，度为2的结点是引出两个分支，则有：

$$e=n_1+2\times n_2 \tag{5-2}$$

又因为在二叉树中除根结点外，每个结点均对应一个进入它的分支，所以有：

$$n=e+1 \tag{5-3}$$

最后根据式(5-1)、(5-2)和(5-3)，整理后得到：

$$n_0=n_2+1 \tag{5-4}$$

故性质3得证。

性质4　具有n个结点的完全二叉树，其深度为$\lfloor \log_2 n \rfloor+1$或者$\lceil \log_2(n+1) \rceil$(其中，符号$\lfloor x \rfloor$表示不大于$x$的最大整数，也称为对$x$向下取整，符号$\lceil x \rceil$表示不小于$x$的最小整数也称为对$x$向上取整)。

证明：假设具有n个结点的完全二叉树的深度为h。由性质2可知，深度为$h-1$的满二叉树的结点总数为$2^{h-1}-1$，深度为h的满二叉树的结点总数2^h-1。再根据完全二叉树的定义可得：

$$2^{h-1}-1<n\leqslant 2^h-1 \tag{5-5}$$

在式(5-5)的两边加1，可得：

$$2^{h-1}\leqslant n<2^h \tag{5-6}$$

对式(5-6)的各项取对数，可得：

$$h-1\leqslant \log_2 n<h \tag{5-7}$$

因为h为整数，所以$h-1=\lfloor \log_2 n \rfloor$，即$h=\lfloor \log_2 n \rfloor+1$，故性质4得证(读者可以自行推导公式得到$\lceil \log_2(n+1) \rceil$)。

性质5　对于具有n个结点的完全二叉树，若从根结点开始自上到下并且按照层次由左向右对结点从1开始进行编号，则对于任意一个编号为$i(1\leqslant i\leqslant n)$的结点有：

(1) 若$i=1$，则编号为i的结点是二叉树的根结点，它没有双亲；若$i>1$，则编号为i的结点，其双亲的编号为$\lfloor i/2 \rfloor$。

(2) 若$2i>n$，则编号为i的结点无左孩子；否则，编号为$2i$的结点就是其左孩子。

(3) 若$2i+1>n$，则编号为i的结点无右孩子；否则，编号为$2i+1$的结点就是其右孩子。

证明：下面用数学归纳法来证明(2)和(3)，(1)可由结论(2)和(3)推导得到。

当$i=1$时，由完全二叉树的定义可知，若其左孩子存在，则左孩子结点的编号为$2i=2$；若其右孩子存在，则右孩子结点的编号为$2i+1=3$。若$2i>n$，则说明不存在编号为$2i$的结点，即编号为i的结点没有左孩子。同理，若$2i+1>n$，则说明不存在编号为$2i+1$的结点，即编号为i的结点没有右孩子。所以命题成立。

假设当$i=j(j\geqslant 1)$时，命题成立，即若$2j>n$，则编号为j的结点无左孩子；否则，编号为$2j$的结点就是其左孩子结点；若$2j+1>n$，则编号为i的结点无右孩子，否则编号为$2j+1$的结点就是其右孩子结点。下面需证明当$i=j+1$时命题成立。

当$i=j+1$时，由完全二叉树的定义，若其左孩子存在，则左孩子结点的编号一定是编

号为 j 的右孩子结点的编号加 1,即为 $(2j+1)+1=2(j+1)=2i$,且有 $2i\leqslant n$,若 $2i>n$,则说明其左孩子不存在;若其右孩子存在,则右孩子结点的编号一定是其左孩子结点的编号加 1,即 $2i+1$,且有 $2i+1\leqslant n$;若 $2i+1>n$,则说明其右孩子不存在。故(2)和(3)得证。

5.2.3 二叉树的存储结构

二叉树的存储实现方法有多种,但归纳起来主要分为顺序存储和链式存储两大类。下面详细介绍二叉树的顺序存储结构和链式存储结构。

1. 二叉树的顺序存储结构

二叉树的顺序存储是指按照某种顺序依次将二叉树中的各个结点的数据元素存放在一组地址连续的存储单元中。由于二叉树是非线性结构,所以需要将二叉树中的各个结点先按照一定的顺序排列成一个线性序列,再通过这些结点在线性序列中的相对位置,确定二叉树中各个结点之间的逻辑关系。由二叉树的性质 5 可知,对于一棵完全二叉树来说,可以从根结点开始自上而下并按照层次由左向右对结点依次进行编号,然后按照编号顺序依次将其存放在一维数组中,其结点之间的逻辑关系可由性质 5 中双亲结点与孩子结点编号之间的关系式计算得到,如图 5-9(a)所示。对于一棵非完全二叉树来说,可以先在此树中增加一些并不存在的虚结点并使其成为一棵完全二叉树,然后用与完全二叉树相同的方法对结点进行编号,再将编号为 i 的结点的值存放到数组下标为 $i-1$ 的数组单元中,虚结点不存放任何值,如图 5-9(b)所示。

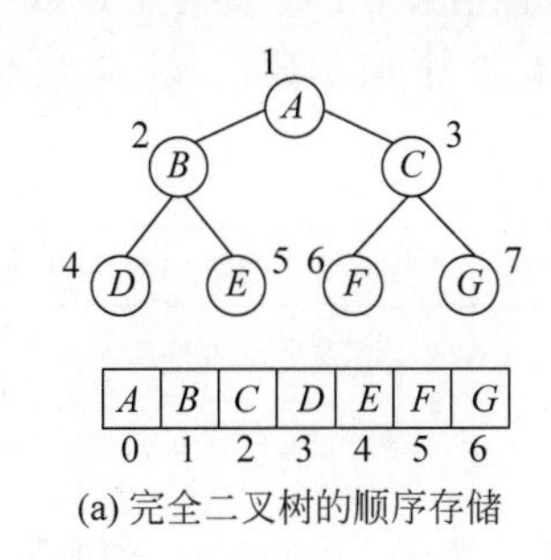

(a) 完全二叉树的顺序存储

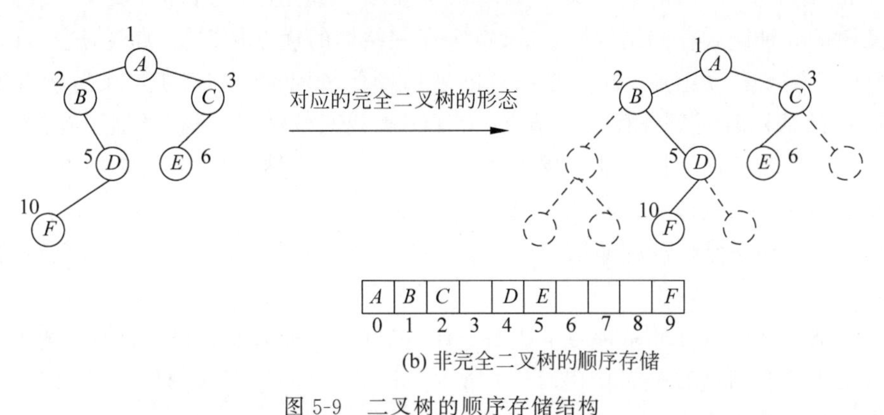

(b) 非完全二叉树的顺序存储

图 5-9　二叉树的顺序存储结构

二叉树的顺序存储结构的优点是结构简单、查找方便;缺点是浪费存储空间,特别是当二叉树需要经常进行插入、删除结点操作时,会引起大量元素的移动。对于满二叉树和完全二叉树而言,顺序存储结构是一种最简单、最节省空间的存储方式,而且能使操作变得简单,所以这种方式非常适用于满二叉树和完全二叉树。但对于非完全二叉树,由于有“虚结点”的存在,从而造成了存储空间的浪费,特别是对右支树来说,若其深度为 h,则此右支树只有 h 个结点,却要为此分配 2^h-1 个存储单元,这种情况下的存储空间浪费最大。

二叉树的顺序存储结构描述:

```
#define MAX_TREE_SIZE 100                              //二叉树的最大结点数
typedef TElemType SqBiTree[MAX_TREE_SIZE];             //0 号单元存储根结点
```

2. 二叉树的链式存储结构

二叉树的链式存储是指将二叉树的各个结点随机地存放在位置任意的内存空间中,各个结点之间的逻辑关系通过指针来反映。由于二叉树中的任意一个结点至多只有一个双亲结点和两个孩子结点,所以在用链式存储方式来实现二叉树的存储时,可以有 3 种形式。第 1 种是二叉链表存储结构;第 2 种是三叉链表存储结构;第 3 种是双亲链表存储结构。

在二叉链表存储结构中,二叉树中的每个结点设置有 3 个域:数据域、左孩子域和右孩子域。其中,数据域用来存放结点的数据元素;左、右孩子域分别用来存放该结点的左、右孩子结点的存储地址。其结点的结构如图 5-10(a)所示。

三叉链表存储结构是指在二叉链表的结点结构中增加一个双亲结点域,该域用来存放该结点的双亲结点的存储地址。其结点的结构如图 5-10(b)所示。

双亲链表存储结构中的每个结点存放的信息除包含结点本身的数据域信息以外,还包含指示双亲结点在存储结构中的位置信息,以及该结点是双亲结点的左孩子还是右孩子的信息,即二叉树中的每个结点设置有 3 个域:数据域、双亲结点位置域、左右孩子标志域。其结点的结构如图 5-10(c)所示。

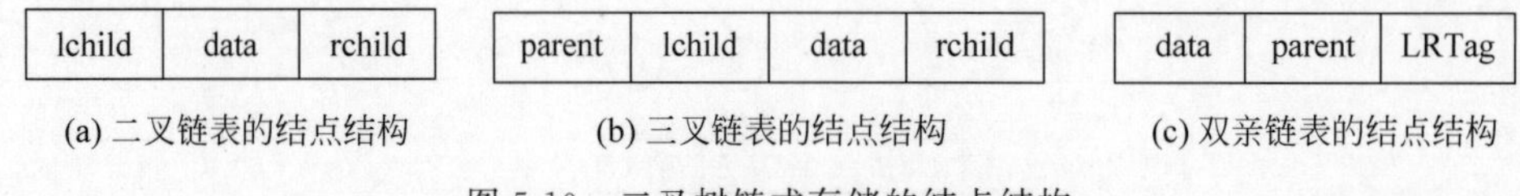

图 5-10 二叉树链式存储的结点结构

图 5-11、图 5-12 所示的是一棵二叉树,以及其二叉链表、三叉链表、双亲链表的存储结构。二叉树的 3 种链式存储结构中,二叉链表存储结构的优点是方便、直观,进行插入、删除结点操作时不需要移动结点;缺点是结点的遍历操作较困难。相对于二叉链表存储结构,三叉链表存储结构既便于查找孩子结点,又便于查找双亲结点,但它增加了存储空间的开销。采用双亲链表存储结构实现查找一个指定结点的双亲结点是容易的,但要实现查找一个指定结点的孩子结点却不容易,需要扫描一遍整个链表。因此,在实际应用中,二叉链表存储结构是二叉树最常用的存储结构。后面有关二叉树的算法都是在以二叉链表为存储结构的前提下设计的。

二叉树的二叉链表存储结构与单链表一样,也可分不带头结点和带头结点两种情况(通常采用的是不带头结点的形式)。图 5-13 所示是图 5-11(a)中二叉树的不带头结点和带头结点的二叉链表存储结构。

注意:具有 n 个结点的二叉树若采用不带头结点的二叉链表存储结构存放结点时,共有 $2n$ 个指针域,其中只有 $n-1$ 个指针域用来指向结点的左孩子和右孩子,其余 $n+1$ 个指针域为空。

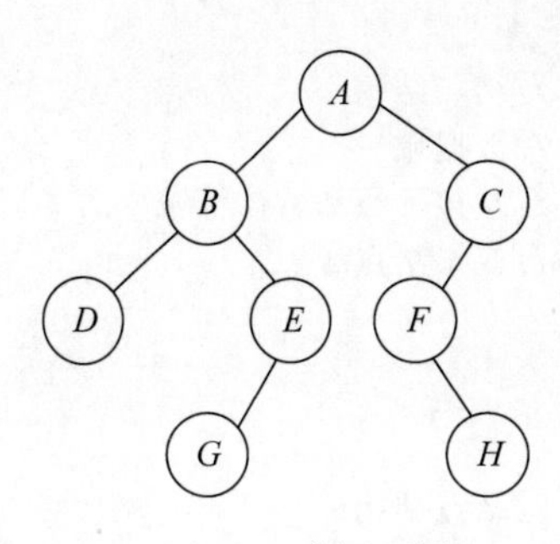

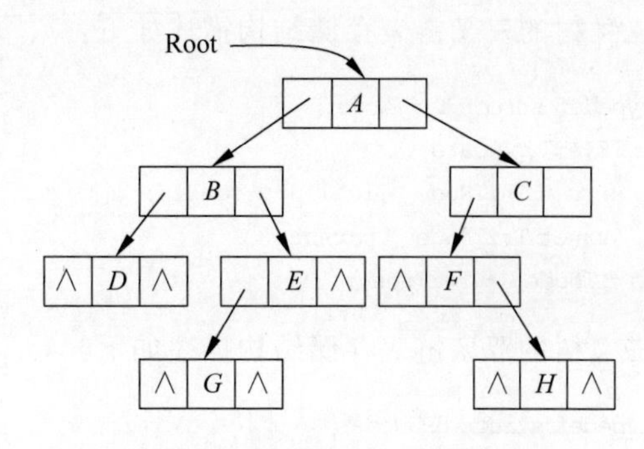

(a) 一棵二叉树　　(b) 二叉树的不带头结点的二叉链表存储结构

图 5-11　二叉树及其二叉链表存储结构

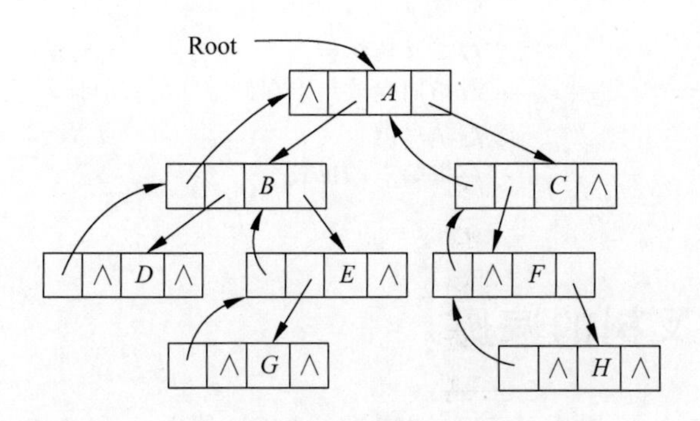

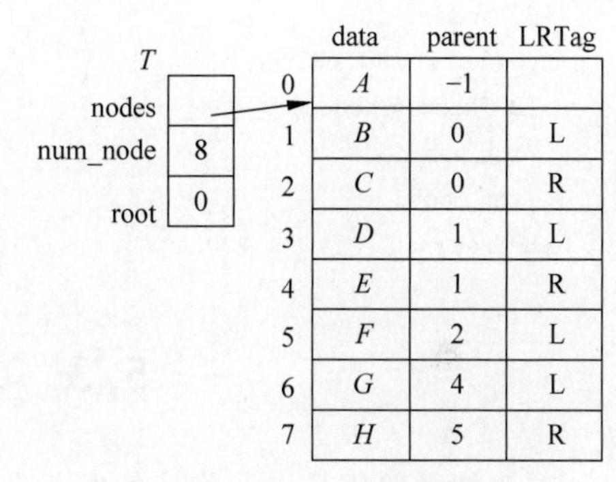

(a) 二叉树的三叉链表存储结构　　(b) 二叉树的双亲链表存储结构

图 5-12　图 5-11(a)中二叉树及其三叉链表存储结构、双亲链表存储结构

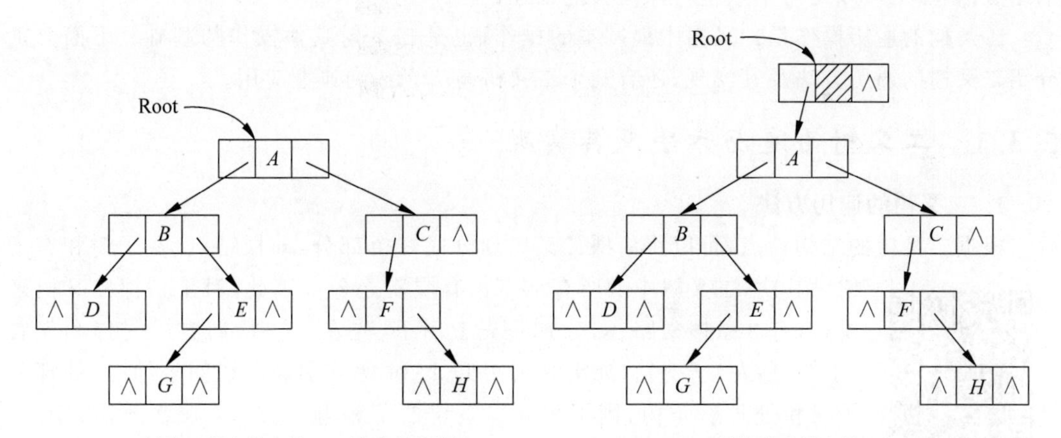

(a) 二叉树的不带头结点的二叉链表存储结构　　(b) 二叉树的带头结点的二叉链表存储结构

图 5-13　图 5-11(a)中二叉树的不带头结点和带头结点的二叉链表存储结构

二叉树的二叉链表存储结构描述如下：

```
typedef struct BiTNode {                          //结点结构
  TElemType data;                                 //数据域
  struct BiTNode * lchild, * rchild;              //左孩子域和右孩子域
}BiTNode, * BiTree;
```

二叉树的三叉链表存储结构描述如下：

```
typedef struct TriTNode {                        //结点结构
  TElemType data;                                //数据域
  struct TriTNode * lchild, * rchild;            //左孩子域和右孩子域
  struct TriTNode * parent;                      //双亲结点域
}TriTNode, * TriTree;
```

二叉树的双亲链表存储结构描述如下：

```
typedef struct BPTNode {                         //结点结构
  TElemType data;                                //数据域
  int parent;                                    //双亲结点位置域
  char LRTag;                                    //左右孩子标志域
}BPTNode;
typedef struct BPTree {                          //二叉树结构
  BPTNode * nodes;                               //指向存放结点存储空间的首地址
  int num_node;                                  //结点数目
  int root;                                      //根结点的位置
}BPTree;
```

5.3 二叉树的遍历

二叉树的遍历是指沿着某条搜索路径对二叉树中的每个结点进行访问，使得每个结点均被访问一次，而且仅被访问一次。其中，"访问"的含义较为广泛，它可以是输出二叉树中的结点信息，也可以是对结点进行任何其他处理。

二叉树的遍历操作是二叉树中最基本的操作，也是二叉树其他操作的基础。下面分别介绍二叉树的遍历方法及其实现，还有几个二叉树遍历算法的典型应用。

5.3.1 二叉树的遍历方法及其实现

1. 二叉树的遍历方法

根据二叉树的结构特点，可以将一棵二叉树划分成3个部分，即根结点、左子树和右子树。其次，二叉树中的所有结点都有层次之分。因此，对于一棵二叉树来说，它有3条搜索路径，分别是先上后下、先左(子树)后右(子树)和先右(子树)后左(子树)。如果规定用D、L和R分别表示访问根结点、处理左子树和处理右子树，则可得到二叉树的7种遍历方法：层次遍历、DLR、LDR、LRD、DRL、RDL和RLD。其中，第1种方法是按先上后下且同一层次按先左后右的路径顺序得到的，第2至第4种方式是按先左后右的路径顺序得到的，第5至第7种方法则是按先右后左的路径顺序得到的。由于先左后右和先右后左的遍历操作在算法设计上没有本质区别，并且通常对子树的处理也总是按照先左后右的顺序进行，所以下面只给出前面4种遍历方法的定义。

1) 层次遍历操作

若二叉树为空，则为空操作；否则，先访问第1层的根结点，然后从左到右依次访问

第 2 层的每个结点。以此类推，当第 i 层的所有结点访问完后，再从左到右依次访问第 $i+1$ 层的每个结点，直到最后一层的所有结点都访问完为止。

根据根结点访问的先后次序不同，这里将 DLR 称为先根遍历或先序遍历，LDR 称为中根遍历或中序遍历，LRD 称为后根遍历或后序遍历。由于二叉树是递归定义的，所以 DLR、LDR、LRD 3 种遍历方法给出的定义也都是递归定义的。

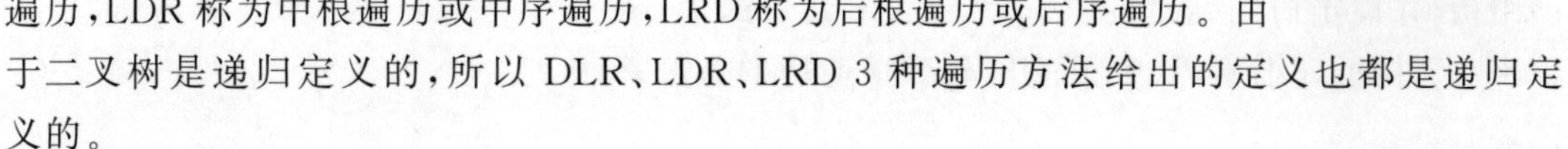

2) 先根遍历(DLR)操作

若二叉树为空，则为空操作；否则：

(1) 访问根结点 D。

(2) 先根遍历左子树 L。

(3) 先根遍历右子树 R。

3) 中根遍历(LDR)操作

若二叉树为空，则为空操作；否则：

(1) 中根遍历左子树 L。

(2) 访问根结点 D。

(3) 中根遍历右子树 R。

4) 后根遍历(LRD)操作

若二叉树为空，则为空操作；否则：

(1) 后根遍历左子树 L。

(2) 后根遍历右子树 R。

(3) 访问根结点 D。

采用不同方法对二叉树进行遍历可以得到二叉树结点的不同线性序列。例如，对于图 5-11(a)所示的二叉树，其层次遍历序列为 $ABCDEFGH$，先根遍历序列为 $ABDEGCFH$，中根遍历序列为 $DBGEAFHC$，后根遍历序列为 $DGEBHFCA$。

可见，经过对二叉树遍历后，可将非线性结构的二叉树转变成线性序列，从而可以确定二叉树中某个指定结点在某种遍历序列中的前驱和后继。例如，对于图 5.11(a)所示的二叉树中的结点 B，它在层次遍历序列中的前驱结点是 A，后继结点是 C；在先根遍历序列中的前驱结点是 A，后继结点是 D；在中根遍历序列中的前驱结点是 D，后继结点是 G；在后根遍历序列中的前驱结点是 E，后继结点是 H。

值得一提的是，二叉树的遍历方法也可以分为深度优先遍历和广度优先遍历。其中，先根遍历、中根遍历和后根遍历属于深度优先遍历方法，层次遍历属于广度优先遍历方法。

2. 二叉树遍历的一个应用

针对二叉树进行不同的遍历后得到的不同的线性序列，往往具有特定的实际意义。例如，图 5-14 是表达式 $(A+B)*C-D/E$ 所对应的语法树，对此语法树分别进行先根遍历、中根遍历和后根遍历后，得到的遍历序列为 $-*+ABC/DE$、$A+B*C-D/E$ 和 $AB+C*DE/-$，它们就是这个表达式所对应的前缀表达式、去掉括号的中缀表达式和后缀表达式。关于由原表达式如何转换成后缀表达式，再由后缀表达式如何计算表达式的值的问题，在前面3.1.5节中已有讨论。

3. 二叉树遍历操作实现的递归算法

根据二叉树遍历的递归定义,很容易给出实现二叉树遍历操作的递归算法。下面以二叉链表作为二叉树的存储结构,并规定访问结点的操作就是输出结点的值,分别给出二叉树的先根遍历、中根遍历和后根遍历的递归算法描述。

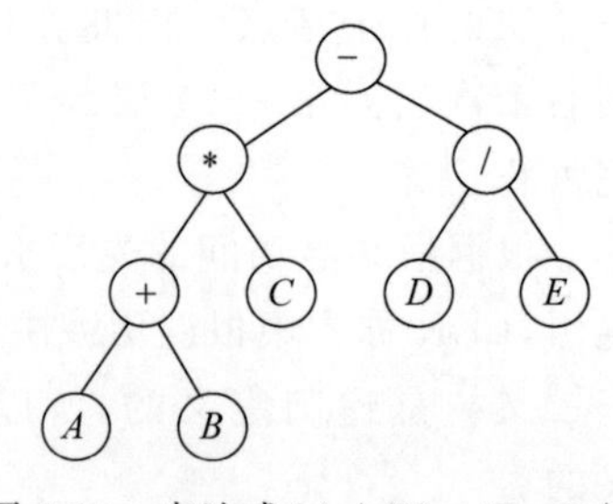

图5-14 表达式$(A+B)*C-D/E$的语法树

【算法5-1】 先根遍历操作实现的递归算法。

```
void PreRootTraverse(BiTree T)
//先根遍历二叉树T的递归算法
{  if(T!= NULL)
   {    printf(" %c",T->data);                          //访问根结点
        PreRootTraverse(T->lchild);                     //先根遍历左子树
        PreRootTraverse(T->rchild);                     //先根遍历右子树
   }
}//算法5-1结束
```

【算法5-2】 中根遍历操作实现的递归算法。

```
void InRootTraverse(BiTree T)
//中根遍历二叉树T的递归算法
{  if(T!= NULL)
   {    InRootTraverse(T->lchild);                      //中根遍历左子树
        printf(" %c",T->data);                          //访问根结点
        InRootTraverse(T->rchild);                      //中根遍历右子树
   }
}//算法5-2结束
```

【算法5-3】 后根遍历操作实现的递归算法。

```
void PostRootTraverse(BiTree T)
//后根遍历二叉树T的递归算法
   {  if(T!= NULL)
         {  PostRootTraverse(T->lchild);                //后根遍历左子树
            PostRootTraverse(T->rchild);                //后根遍历右子树
            printf(" %c",T->data);                      //访问根结点
   }
}//算法5-3结束
```

从上面给出的3种遍历二叉树的递归算法可知,它们只是访问根结点以及遍历左子树和右子树的先后次序不同。先根遍历是指每次进入一层递归调用时先访问根结点,然后再依次对它的左、右子树执行递归调用;中根遍历是指在执行完左子树的递归调用后再访问根结点,然后对右子树执行递归调用;后根遍历则是指执行完左、右子树的递归调用后,最后访问根结点。为了更为形象地对二叉树遍历的递归算法加以理解,这里给出二叉树先根遍历操作的递归算法的执行过程(如图5-15所示),读者可以自行给出其余两种遍历操作的递归算法的执行过程。

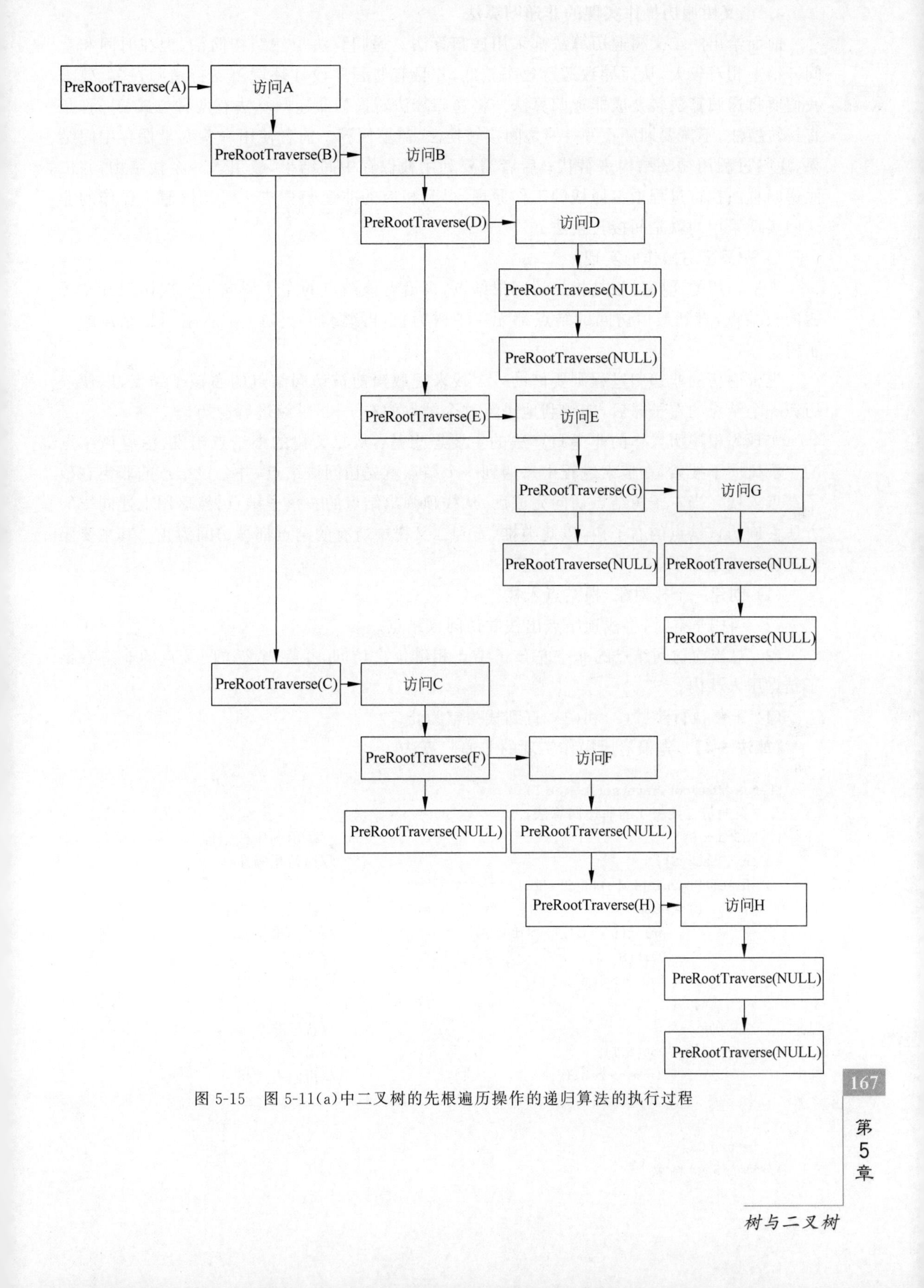

图 5-15　图 5-11(a)中二叉树的先根遍历操作的递归算法的执行过程

4. 二叉树遍历操作实现的非递归算法

前面给出的二叉树遍历算法都采用递归算法。递归算法虽然结构简洁,但在时间和空间开销上相对较大,从而导致运行效率较低,并且有些程序设计环境不支持递归,这就要求我们要将递归算法转换成非递归算法。将递归算法转换为非递归算法有两种方式:一种是直接转换法,不需要回溯;另一种是间接转换法,需要回溯。前者使用一些变量保存中间结果,递归过程用循环结构来替代;后者需要利用栈保存中间结果,故引入一个栈结构,并依照递归算法执行过程中编译栈的工作原理,得到相应的非递归算法。二叉树遍历操作的非递归实现采用的就是间接转换法。

1) 先根遍历操作的实现

先根遍历的递归过程是指先访问根结点,再沿着该结点的左子树向下依次访问其左子树的根结点,直到最后访问的结点都无左子树为止,再继续依次向上先根遍历根结点的右子树。

先根遍历的非递归过程则要借助一个栈来记载当前被访问结点的右孩子结点,以便遍历完一个结点的左子树后,能顺利地进入这个结点的右子树,继续进行遍历。

实现先根遍历操作的非递归算法的主要思想是:从二叉树的根结点出发,沿着该结点的左子树向下搜索,在搜索过程中每遇到一个结点就先访问该结点,并令该结点的非空右孩子结点入栈。当左子树结点访问完成后,从栈顶弹出结点的右孩子结点,然后用上述同样的方法去遍历该结点的右子树,以此类推,直到二叉树中所有的结点都被访问为止。其主要操作过程可描述如下。

(1) 创建一个栈对象,根结点入栈。

(2) 当栈非空时,将栈顶结点出栈并访问该结点。

(3) 对当前访问结点的非空左孩子结点相继依次访问,并将当前访问结点的非空右孩子结点压入栈内。

(4) 重复执行步骤(2)和(3),直到栈为空为止。

【算法 5-4】 先根遍历操作实现的非递归算法。

```
Status NPreRootTraverse(BiTree T)
//先根遍历二叉树 T 的非递归算法
{   SqStack S;                                          //采用顺序栈结构
    InitStack(S);                                       //初始化顺序栈
    while(!StackEmpty(S)||(T!= NULL))
     {   if (T!= NULL)                                  //若二叉树非空
           {  printf("%c",T->data);                     //访问根结点
              Push(S,T);                                //入栈
              T = T->lchild;                            //指向左子树
           }
        else                                            //若栈非空
           {  Pop(S,T);                                 //出栈
              T = T->rchild;                            //指向右子树
           }
    }
    return OK;
}//算法 5-4 结束
```

2）中根遍历操作的实现

中根遍历的非递归过程也要借助一个栈来记载遍历过程中所经历的而未被访问的所有结点，以便遍历完一个结点的左子树后能顺利地返回它的父结点。

实现中根遍历操作的非递归算法的主要思想是：从二叉树的根结点出发，沿着该结点的左子树向下搜索，在搜索过程中将所遇到的每个结点依次入栈，直到二叉树中最左下的结点入栈为止，然后从栈中弹出栈顶结点并对其进行访问，访问完后再进入该结点的右子树并用上述同样的方法去遍历该结点的右子树。以此类推，直到二叉树中所有的结点都被访问为止。其操作的实现过程描述如下。

(1) 创建一个栈对象，根结点入栈。

(2) 若栈非空，则将栈顶结点的非空左孩子相继入栈。

(3) 栈顶结点出栈并访问非空栈顶结点，并使该栈顶结点的非空右孩子结点入栈。

(4) 重复执行步骤(2)和(3)直到栈为空为止。

【算法 5-5】 中根遍历操作实现的非递归算法。

```
Status NInRootTraverse(BiTree T)
 //中根遍历二叉树 T 的非递归算法
 { SqStack S;                                        //采用顺序栈结构
   InitStack(S);                                     //初始化顺序栈
   while(!StackEmpty(S)||T!= NULL)
   {    if (T!= NULL)                                //若二叉树非空
          { Push(S,T);                               //入栈
            T = T -> lchild;                         //指向左子树
          }
        else
          {  Pop(S,T);                               //出栈
             printf(" %c",T -> data);                //访问根结点
             T = T -> rchild;                        //指向右子树
          }
      }
   return OK;
}//算法 5 - 5 结束
```

3）后根遍历操作的实现

由于后根遍历是先处理左子树，后处理右子树，最后才访问根结点，所以在遍历搜索过程中也是从二叉树的根结点出发，沿着该结点的左子树向下搜索。在搜索过程中每遇到一个结点便判断该结点是否第一次经过，若是，则不立即访问，而是将该结点入栈保存，遍历该结点的左子树；当左子树遍历完毕后再返回该结点，这时还不能访问该结点，而是应继续进入该结点的右子树进行遍历；当左、右子树均遍历完毕后，才能从栈顶弹出该结点并访问它。由于在决定栈顶结点是否能访问时，需要知道该结点的右子树是否被遍历完毕，因此为解决这个问题，在算法中引入一个布尔型的访问标记变量 flag 和一个结点指针 p。其中，flag 用来标记当前栈顶结点是否被访问，当值为 TRUE 时，表示栈顶结点已被访问；当值为 FALSE 时，表示当前栈顶结点未被访问。指针 p 指向当前遍历过程中最后一个被访问的结点。若当前栈顶结点的右孩子结点是空，或者就是 p 指向的结点，则表明当前结点的右子树已遍历完毕，此时就可以访问当前栈顶结点。其操作的实现过程描述如下。

(1) 创建一个栈对象,根结点入栈,p 赋初始值 NULL。

(2) 若栈非空,则栈顶结点的非空左孩子相继入栈。

(3) 若栈非空,查看栈顶结点,若栈顶结点的右孩子为空,或者与 p 相等,则将栈顶结点出栈并访问它,同时使 p 指向该结点,并置 flag 值为 TRUE;否则,将栈顶结点的右孩子入栈,并置 flag 值为 FALSE。

(4) 若 flag 值为 TRUE,则重复执行步骤(3);否则,重复执行步骤(2)和(3),直到栈为空为止。

【算法 5-6】 后根遍历操作实现的非递归算法。

```
Status NPostRootTraverse(BiTree T)
//后根遍历二叉树 T 的非递归算法
{   SqStack S;                                  //采用顺序栈结构
    BiTNode * p;                                //定义指针 p
    int flag;                                   //定义标志 flag
    InitStack(S);                               //初始化顺序栈
    do
    {
        while(T!= NULL)                         //若二叉树非空
        {  Push(S,T);                           //入栈
           T = T -> lchild;                     //指向左子树
        }
        p = NULL;                               //p 指向栈顶元素的前一个已访问的结点
        flag = TRUE;                            //设置已访问过的标记
      while(!StackEmpty(S)&&(flag))
      {      T= *(S.top - 1);                   //取栈顶元素
          if(T -> rchild == p)
           {         printf(" %c",T -> data);
                      S.top -- ;
                      p = T;                    //p 指向刚访问过的结点


           }
         else
           {          T = T -> rchild;          //指向右子树
                      flag = FALSE;             //设置未被访问的标记

           }
      }
    }while(!StackEmpty(S));
    return OK;
} //算法 5 - 6 结束
```

对于有 n 个结点的二叉树,上面 3 种遍历算法的时间复杂度都为 $O(n)$。如果对每个结点的处理时间是一个常数,那么遍历二叉树就可以在线性时间内完成。不管采用哪种算法,遍历二叉树操作的实现过程中所需的辅助空间为遍历过程中栈的最大容量,即树的高度。最坏情况下,具有 n 个结点的树的高度为 n,因此,3 种遍历算法的空间复杂度为 $O(n)$。

4) 层次遍历操作的实现

层次遍历操作的实现过程中需要使用一个队列作为辅助的存储结构。在遍历开始时,首先将根结点入队,然后每次从队列中取出队首元素进行处理。每处理一个结点,都是先访

问该结点,再按从左到右的顺序把它的孩子结点依次入队。这样,上一层的结点总排在下一层结点的前面,从而实现了二叉树的层次遍历。其操作的实现过程描述如下。

(1) 创建一个队列对象,根结点入队。

(2) 若队列非空,则将队首结点出队并访问该结点,再将该结点的非空左、右孩子结点依次入队。

(3) 重复执行步骤(2),直到队列为空为止。

【算法 5-7】 层次遍历操作实现的非递归算法。

```
Status DLevelOrderTraverse(BiTree T)
//层次遍历操作实现的非递归算法
{     SqQueue Q;
      InitQueue(Q);
      EnQueue(Q,T);                                    //根结点入队
      while(!QueueEmpty(Q))                            //当队列非空时
        {     DeQueue(Q,T);                            //队首元素出队
              printf("%c",T->data);
              if(T->lchild!= NULL)                     //有左孩子时将其入队
                  EnQueue(Q,T->lchild);
              if(T->rchild!= NULL)                     //有右孩子时将其入队
                  EnQueue(Q,T->rchild);
        }
      return OK;
} //算法 5-7 结束
```

对于有 n 个结点的二叉树,层次遍历算法的时间复杂度为 $O(n)$。所需的辅助空间为遍历过程中队列所需的最大容量,而队列的最大容量由二叉树中相邻两层的最大结点总数所决定,相邻两层的最大结点总数与 n 只是一个线性关系,所以层次遍历算法的空间复杂度也为 $O(n)$。

5.3.2 二叉树遍历算法的应用举例

二叉树的遍历操作是实现对二叉树其他操作的一个重要基础,利用二叉树的遍历方法可以解决二叉树的许多应用问题。二叉树遍历操作中的"访问根结点"是某种抽象的操作,即不确定的操作,在解决实际问题时,可以采取不同的解决策略。下面给出几个典型的二叉树遍历操作应用问题及其实现方法。下面的不同应用举例,可以更好地说明二叉树遍历操作中的访问根结点是可以根据实际情况,对根结点进行各种不同的操作的。

【例 5-1】 二叉树上的查找:编写算法完成在二叉树中查找值为 x 的结点的操作。

【问题分析】 在二叉树中查找结点的操作的要求是:在以 T 为根结点的二叉树中查找值为 x 的结点。若找到,则返回该结点;否则,返回空值。

要实现该查找操作,可在二叉树的先根遍历过程中进行,并且在遍历时将访问根结点的操作视为是将根结点的值与 x 进行比较的操作。其主要操作步骤描述如下。

(1) 若二叉树为空,则不存在这个结点,返回空值;否则,将根结点的值与 x 进行比较,若相等,则返回该结点。

(2) 若根结点的值与 x 不相等,则在左子树中进行查找,若找到,则返回找到的结点。

(3) 若在左子树中没找到值为 x 的结点,则继续在右子树中进行查找,并返回查找结果。

说明:此操作的实现过程在描述时要注意其程序结构与先根遍历递归算法的不同之处。因为在二叉树上按先根遍历搜索时,只要找到了值为 x 的结点就不必继续进行搜索。也就是说,只有当根结点不是值为 x 的结点时,才需进入左子树进行查找,而且也只有当在左子树中仍未查找到值为 x 的结点时,才需要进入右子树继续查找。

【算法 5-8】 二叉树上的查找算法。

```
BiTree SearchNode(BiTree T,char x)
//在以T为根结点的二叉树中查找值为x的结点。若找到,则返回该结点;否则,返回空值
  {  if(T!= NULL)
     {  if(T->data == x)                            //对根结点进行判断
          return T;
        else
          return (SearchNode(T->lchild,x)!= NULL?SearchNode(T->lchild,x):SearchNode(T-
>rchild,x));
              //若在左子树中查找到值为x的结点,则返回该结点;否则,在右子树中查找该结点
     }
   return NULL;
}//算法5-8结束
```

【例 5-2】 计算二叉树中结点的个数:编写算法实现统计二叉树中结点的个数的操作。

【问题分析】 由于二叉树中结点的个数等于一个根结点再分别加上它的左、右子树中结点的个数,所以可以运用不同的遍历递归算法的思想来统计出二叉树中结点的个数。这里以先根遍历为例。在二叉树的先根遍历递归算法中,引入一个计数变量 num,将访问根结点的操作视为对结点计数变量加 1 的操作,将遍历左、右子树的操作视为统计左、右子树的结点个数并将其值分别加到结点的计数变量中的操作。其主要操作步骤描述如下。

(1) 若二叉树非空,则:

① 计数变量 num 值加 1;

② 统计根结点的左子树的结点个数,并加到计数变量 num 中;

③ 统计根结点的右子树的结点个数,并加到计数变量 num 中。

(2) 返回 count 值。

【算法 5-9】 统计二叉树中结点个数的算法。

```
void CountNode(BiTree T,int &num)
  //采用先根遍历操作对二叉树遍历,在遍历的过程中统计二叉树中的结点个数
    { if(T!= NULL)
      {      num++;                         //计数器加1
           CountNode(T->lchild,num);        //对其左孩子域自递归,加上左子树中的结点个数
           CountNode(T->rchild,num);        //对其右孩子域自递归,加上右子树中的结点个数
      }
    } //算法5-9结束
```

说明:针对这个问题,最容易想到的解决办法是引入一个计数变量,其初值为 0。在二叉树的遍历过程中,访问一个结点就对该结点进行计数,即计数变量加 1;当整个二叉树都

遍历完毕后，计数变量的值就是二叉树的结点的个数值。按照这种思想，统计二叉树的结点个数也可以使用不同遍历的非递归算法来实现。下面给出在层次遍历过程中对二叉树的结点进行计数的程序代码，在其他遍历过程中对二叉树的结点进行计数的算法可依照同样的方法设计。

【算法 5-10】 统计二叉树中结点个数的算法。

```
void CountNode1(BiTree T,int &num)
//采用层次遍历操作对二叉树遍历，在遍历的过程中统计二叉树中的结点个数
  {     SqQueue Q;
        InitQueue(Q);
        EnQueue(Q,T);                    //根结点入队
        while(!QueueEmpty(Q))            //当队列非空时
         {      DeQueue(Q,T);            //队首元素出队
                num++;                   //计数器加 1
                if(T->lchild!= NULL)     //有左孩子时将其入队
                   EnQueue(Q,T->lchild);
                if(T->rchild!= NULL)     //有右孩子时将其入队
                   EnQueue(Q,T->rchild);
         }
     } //算法 5-10 结束
```

思考：如果需要统计二叉树中叶结点的个数，应如何设计算法？

【例 5-3】 求二叉树的深度：编写算法完成求二叉树的深度的操作。

【问题分析】 要求二叉树的深度，一种方法是先求出左子树的深度，再求出右子树的深度，二叉树的深度就是左子树的深度和右子树的深度中的最大值加 1。按照这种思路，自然就会想到使用后根遍历的递归算法来解决求二叉树的深度问题。其主要操作步骤描述如下。

若二叉树为空，则返回 0 值，否则：

(1) 求左子树的深度。

(2) 求右子树的深度。

(3) 将左、右子树深度的最大值加 1 并返回其值。

【算法 5-11】 求二叉树深度的算法。

```
int Depth(BiTree T)
//采用后根遍历操作对二叉树遍历，在遍历的过程中求二叉树的深度
  {    int depthLeft,depthRight,depthval;
     if(T!= NULL)
       {      depthLeft = Depth(T->lchild);          //对左孩子域自递归，求左子树的深度
              depthRight = Depth(T->rchild);         //对右孩子域自递归，求右子树的深度
              depthval = 1 + (depthLeft > depthRight?depthLeft:depthRight);
                                                     //返回左子树的深度和右子树的深度
                                                     //中的最大值加 1
       }
       else depthval = 0;
       return depthval;
} //算法 5-11 结束
```

【例 5-4】 判断两棵树是否相等：编写算法判断两棵二叉树是否相等。若相等，则返回 TRUE；否则，返回 FALSE。

【问题分析】 由于一棵二叉树可以看成是由根结点、左子树和右子树 3 个基本单元所组成的树形结构，所以若两棵树相等，只有两种可能的情况：一种情况是这两棵二叉树都为空；另一种情况是当两棵二叉树都为非空时，两棵树的根结点、左子树和右子树都分别对应相等。所谓根结点相等就是指两棵树的根结点的数据值相等，而左、右子树的相等判断可以用对二叉树相等判断的同样方法来实现，即可用递归调用。下面用模拟先根遍历的思路来描述算法的操作步骤。

(1) 若两棵二叉树都为空，则两棵二叉树相等，返回 TRUE。

(2) 若两棵二叉树都非空，则：

① 若根结点的值相等，则继续判断它们的左子树是否相等；

② 若左子树相等，则再继续判断它们的右子树是否相等；

③ 若右子树也相等，则两棵二叉树相等，返回 TRUE。

(3) 其他任何情况都返回 FALSE。

【算法 5-12】 判断两棵二叉树是否相等的算法。

```
Status IsEqual(BiTree T1,BiTree T2)
//采用先根遍历思想,判断两棵二叉树是否相等
{    if(T1 == NULL&&T2 == NULL)                              //同时为空
         return TRUE;
     if(T1!= NULL&&T2!= NULL)                                //同时非空,进行比较
         if(T1 -> data == T2 -> data)                        //根结点的值是否相等
             if(IsEqual(T1 -> lchild,T2 -> lchild))          //左子树是否相等
                 if(IsEqual(T1 -> rchild,T2 -> rchild))      //右子树是否相等
                     return TRUE;
     return FALSE;
     } //算法 5 - 12 结束
```

说明：此问题可以运用先根、中根和后根中的任何一种遍历思想来实现，描述过程中不相同之处仅在于对根结点、左子树和右子树判断的次序不同而已。读者可以自行完成用中根遍历和后根遍历的算法设计。

注意：递归是算法设计中一种有效的解决策略，它能够将问题转化为规模缩小了的同类问题的子问题，因而采用递归编写的算法具有描述清晰、易于理解的优点。一般地，构造一个递归模型来反映一个递归问题的递归结构，然后根据递归模型写出相应的递归算法。递归模型包括两个要素：一是递归终止条件(又称递归出口)，是所描述问题的最简单情况，本身不再使用递归的定义；二是递归体，是问题向终止条件转化的规则，能够使“大问题”分解成“小问题”，直到找到递归终止条件。例如：阶乘问题的递归模型构造如下：

$$f(n)=\begin{cases} 0 & (n=0) \\ 1 & (n=1) \\ f(n-1)*n & (n>1) \end{cases}$$

如前所述，二叉树的许多应用问题都是递归问题，故可以利用二叉树遍历算法的特点进一步拓展得到递归模型。下面分别构造例 5-2～例 5-4 的递归模型，并给出相应的算法。

例 5-2 的递归模型如下：

$$f(T)=\begin{cases}0 & \text{当 } T \text{ 为空时}\\ f(T.\text{lchild})+f(T.\text{rchild})+1 & \text{其他情况}\end{cases}$$

【算法 5-13】 统计二叉树中结点个数的算法(采用递归模型)。

```
int CountNode2(BiTree T)
//采用递归模型统计二叉树中的结点个数
{   if(T == NULL)
        return ERROR;
    else
        return CountNode2(T->lchild) + CountNode2(T->rchild) + 1;
} //算法 5-13 结束
```

例 5-3 的递归模型如下：

$$f(T)=\begin{cases}0 & \text{当 } T \text{ 为空时}\\ 1 & \text{当 } T \text{ 为叶结点时}\\ \max(f(T.\text{lchild}),f(T.\text{rchild}))+1 & \text{其他情况}\end{cases}$$

【算法 5-14】 求二叉树深度的算法(采用递归模型)。

```
int Depth1(BiTree T)
//采用递归模型求二叉树的深度
{if(T == NULL)
    return 0;
else if(T->lchild == NULL&&T->rchild == NULL)
    return 1;
else
    return 1 + (Depth1(T->lchild)> Depth1(T->rchild)?Depth1(T->lchild):Depth1(T->
rchild));
} //算法 5-14 结束
```

例 5-4 的递归模型如下：

$$f(T1,T2)=\begin{cases}\text{TRUE} & \text{当 } T1 \text{ 和 } T2 \text{ 都为空时}\\ T1.\text{data}==T2.\text{data}\&\&f(T1.\text{lchild},T2.\text{lchild}) & \\ \&\&f(T1.\text{rchild},T2.\text{rchild}) & \text{当 } T1 \text{ 和 } T2 \text{ 都非空时}\\ \text{FALSE} & \text{其他情况}\end{cases}$$

【算法 5-15】 判断两棵二叉树是否相等的算法(采用递归模型)。

```
Status IsEqual1(BiTree T1,BiTree T2)
//采用递归模型判断两棵二叉树是否相等
  {if(T1 == NULL&&T2 == NULL)
      return TRUE;
   else if(T1!= NULL&&T2!= NULL)
      return (T1->data == T2->data)&&IsEqual1(T1->lchild,T2->lchild)&&IsEqual1(T1->
rchild,T2->rchild);
   else
      return FALSE;
}//算法 5-15 结束
```

5.3.3 建立二叉树

前面已经提到,二叉树的遍历操作的结果可将已知的一棵二叉树的非线性结构转换成由二叉树所有结点所组成的一个线性遍历序列。反过来,是否可以根据一棵二叉树结点的线性遍历序列来建立一棵二叉树呢?

先从先根遍历序列、中根遍历序列和后根遍历序列的结点排列规律进行分析。它们的排列规律可通过图5-16来描述。

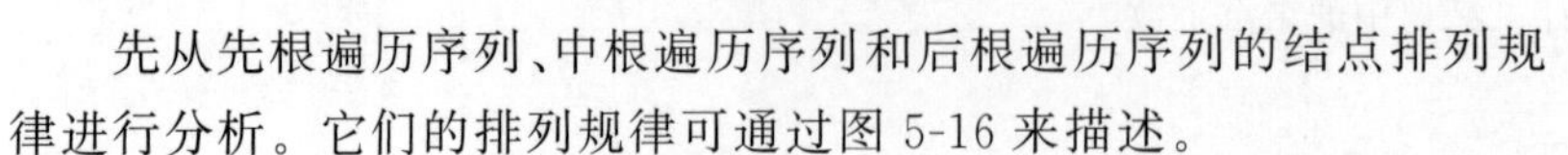

图5-16 二叉树遍历序列的结点排列规律图

从图5-16可知,先根遍历序列或后根遍历序列能反映双亲与孩子结点之间的层次关系,而中根遍历序列能反映兄弟结点之间的左右次序关系。所以,已知一种二叉树的遍历序列是不能唯一确定一棵二叉树的。只有已知先根遍历序列和中根遍历序列,或已知后根遍历序列和中根遍历序列,才能唯一确定一棵二叉树。而已知先根遍历序列和后根遍历序列也无法唯一确定一棵二叉树(读者可以通过反例说明此结论的正确性)。

1. 由先根遍历序列和中根遍历序列建立一棵二叉树

由于二叉树是由具有层次关系的结点所构成的非线性结构,而且二叉树中的每个结点的两棵子树具有左右次序之分,所以要建立一棵二叉树就必须明确:双亲结点和孩子结点之间的层次关系;兄弟结点之间的左右次序关系。由前面分析可知,根据先根遍历序列和中根遍历序列就能确定结点之间的这两种关系。下面给出根据已知二叉树的先根遍历序列和中根遍历序列唯一确定一棵二叉树的主要步骤。

(1) 取先根遍历序列中的第一个结点作为根结点。

(2) 在中根遍历序列中寻找根结点,确定根结点在中根遍历序列中的位置,假设为$i(0\leqslant i\leqslant \text{count}-1)$,其中count为二叉树遍历序列中结点的个数。

(3) 在中根遍历序列中确定:根结点之前的i个结点序列构成左子树的中根遍历序列,根结点之后的$\text{count}-i-1$个结点序列构成右子树的中根遍历序列。

(4) 在先根遍历序列中确定:根结点之后的i个结点序列构成左子树的先根遍历序列,剩下的$\text{count}-i-1$个结点序列构成右子树的先根遍历序列。

(5) 由步骤(3)和(4)又确定了左、右子树的先根遍历序列和中根遍历序列,接下来可用上述同样的方法来确定左、右子树的根结点,以此递归就可建立唯一的一棵二叉树。

例如,已知先根遍历序列为$ABDEGCFH$,中根遍历序列为$DBGEAFHC$,则按照上述步骤建立一棵二叉树的过程示意图如图5-17所示,具体执行过程如图5-18所示。

要实现上述建立二叉树的算法,需要引入5个参数:PreOrder、InOrder、PreIndex、InIndex和count。其中,参数PreOrder是整棵树的先根遍历序列;InOrder是整棵树的中根遍历序列;PreIndex是先根遍历序列在PreOrder中的开始位置;InIndex是中根遍历序列在InOrder中的开始位置;count表示树中结点的个数。

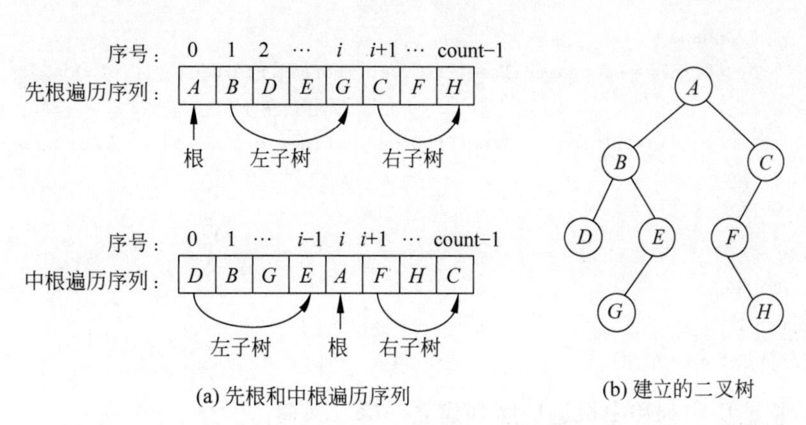

(a) 先根和中根遍历序列　(b) 建立的二叉树

图 5-17　由已知先根遍历序列和中根遍历序列建立一棵二叉树的过程示意图

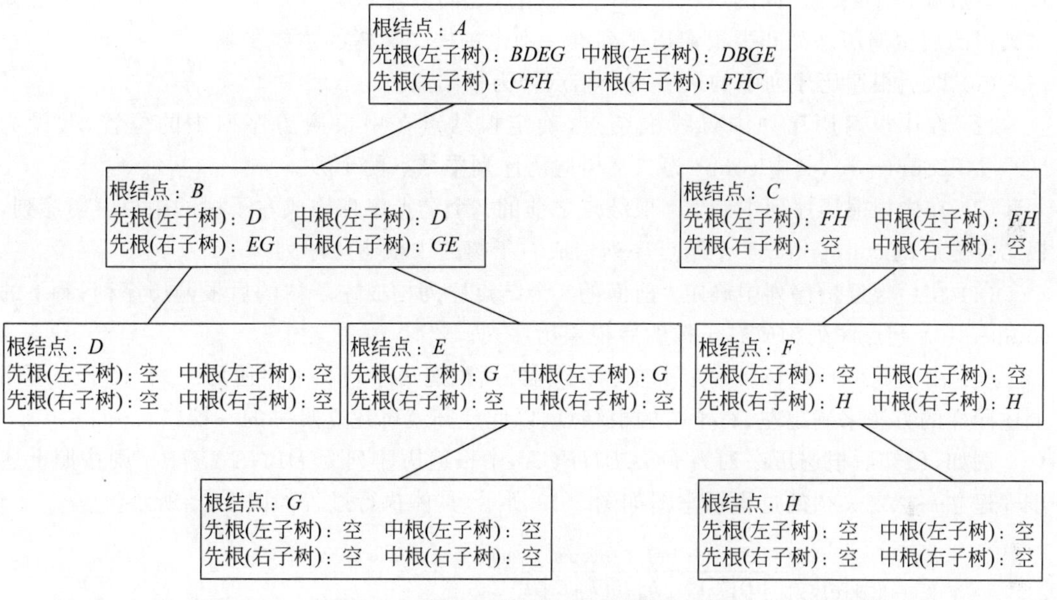

图 5-18　图 5-17 示例的具体执行过程

【算法 5-16】 由先根遍历序列和中根遍历序列建立一棵二叉树的算法。

```
BiTree PICreateBiTree(char PreOrder[ ],char InOrder[ ],int PreIndex,int InIndex,int count)
//由先根遍历序列和中根遍历序列建立一棵二叉树，并返回其根结点

{  BiTree T;
   if(count > 0)                           //先根和中根非空,count 表示二叉树中结点数
      {  char r = PreOrder[PreIndex];      //取先根遍历序列中的第一个元素
         int i = 0;
         for(;i < count;i++)               //寻找根结点在中根遍历序列中的位置
         {  if(r == InOrder[i + InIndex])
               break;
         }
         T = (BiTree)malloc(sizeof(BiTNode));  //建立根结点
```

```
            T->data = r;
            T->lchild = PICreateBiTree(PreOrder,InOrder,PreIndex + 1,InIndex,i);
                                                    //建立左子树
            T->rchild = PICreateBiTree(PreOrder,InOrder,PreIndex + i + 1,InIndex + i + 1,count
- i - 1);                                           //建立右子树
        }
    else
        T = NULL;
    return T;
    } //算法 5-16 结束
```

2. 由后根遍历序列和中根遍历序列建立一棵二叉树

由前面分析可知,根据后根遍历序列和中根遍历序列同样能够确定结点之间的关系,即双亲结点和孩子结点之间的层次关系;兄弟结点之间的左右次序关系。下面给出根据已知二叉树的后根遍历序列和中根遍历序列唯一确定一棵二叉树的主要步骤。

(1) 取后根遍历序列中的最后一个结点作为根结点。

(2) 在中根遍历序列中寻找根结点,确定根结点在中根遍历序列中的位置,假设为$i(0 \leqslant i \leqslant \text{count}-1)$,其中count为二叉树遍历序列中结点的个数。

(3) 在中根遍历序列中确定:根结点之前的i个结点序列构成左子树的中根遍历序列,根结点之后的count$-i-1$个结点序列构成右子树的中根遍历序列。

(4) 在后根遍历序列中确定:前面的i个结点序列构成左子树的后根遍历序列,剩下的count-i-1个结点序列构成右子树的后根遍历序列。

(5) 由步骤(3)和(4)又确定了左、右子树的后根遍历序列和中根遍历序列,接下来可用上述同样的方法来确定左、右子树的根结点,以此递归就可建立唯一的一棵二叉树。

例如,已知后根遍历序列为$DGEBHFCA$,中根遍历序列为$DBGEAFHC$,则按照上述步骤建立一棵二叉树的过程示意图如图5-19所示,具体执行过程如图5-20所示。

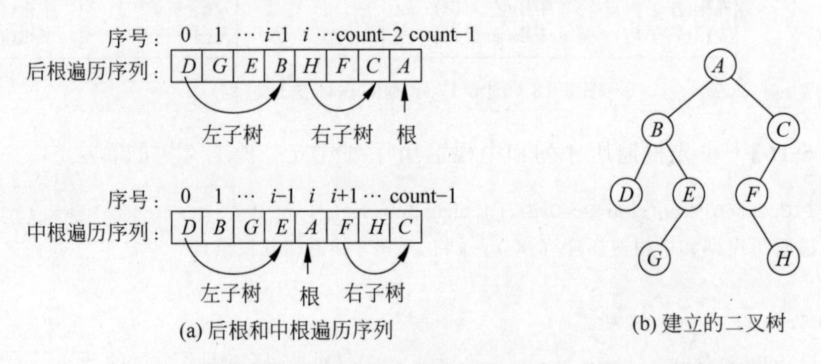

图5-19 由已知后根遍历序列和中根遍历序列建立一棵二叉树的过程

3. 由层次遍历序列和中根遍历序列建立一棵二叉树

由于层次遍历序列反映的就是二叉树中双亲与孩子结点之间的层次关系,因而由已知层次遍历序列和中根遍历序列可以唯一确定一棵二叉树。下面给出根据已知一棵二叉树的层次遍历序列和中根遍历序列唯一确定一棵二叉树的主要步骤。

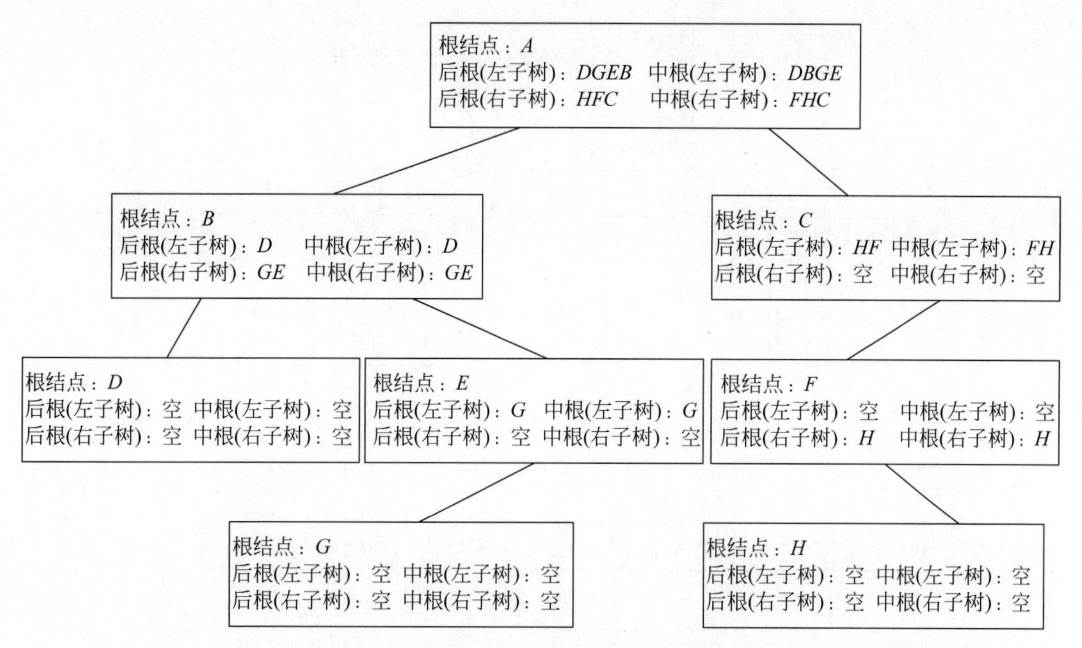

图 5-20　图 5-19 示例的具体执行过程

(1) 取层次遍历序列中的第一个结点作为根结点。

(2) 在中根遍历序列中寻找根结点，确定根结点在中根遍历序列中的位置，假设为 $i(0 \leqslant i \leqslant \text{count}-1)$，其中 count 为二叉树遍历序列中结点的个数。

(3) 在中根遍历序列中确定：根结点之前的 i 个结点序列构成左子树的中根遍历序列，根结点之后的 $\text{count}-i-1$ 个结点序列构成右子树的中根遍历序列。

(4) 在层次遍历序列中确定：若根结点之后的第 1 个结点出现在中根遍历序列的前 i 个结点之中，则它是根结点的左子树的根；若根结点之后的第 2 个结点出现在中根遍历序列的剩下的 $\text{count}-i-1$ 个结点中，则它是根结点的右子树的根。

(5) 由步骤(3)和(4)又确定了左、右子树的层次遍历序列和中根遍历序列，接下来可用上述同样的方法来确定左、右子树的根结点，以此递归就可建立唯一的一棵二叉树。

例如，已知层次遍历序列为 $ABCDEFGH$，中根遍历序列为 $DBGEAFHC$，则按照上述步骤建立一棵二叉树的过程示意图如图 5-21 所示，具体执行过程如图 5-22 所示。

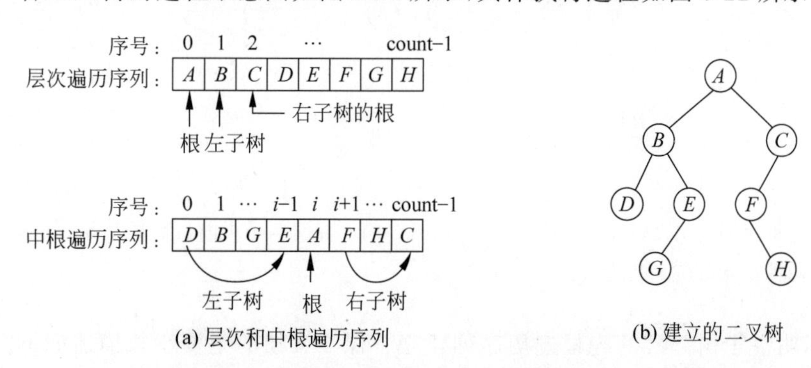

图 5-21　由已知层次遍历序列和中根遍历序列建立一棵二叉树的过程

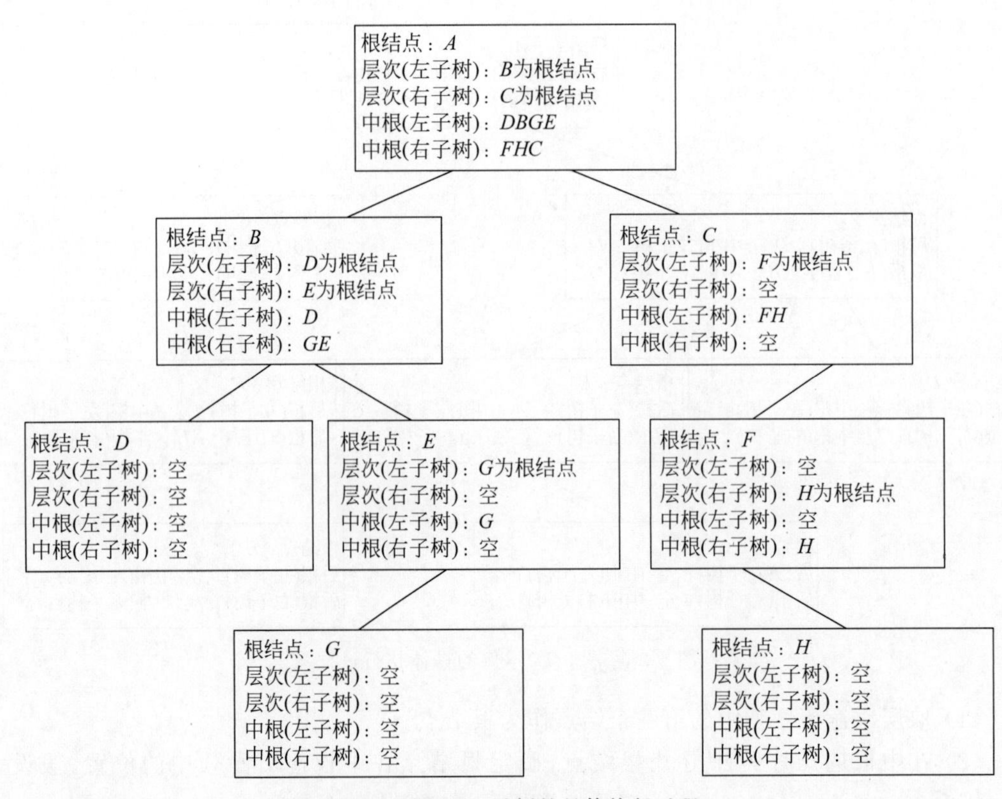

图 5-22　图 5-21 示例的具体执行过程

4. 由标明空子树的先根遍历序列建立一棵二叉树

由前面的分析可知，已知二叉树的先根遍历序列是不能唯一确定一棵二叉树的。例如，先根遍历序列为"AB"所对应的就有两棵不同的二叉树，如图 5-23 所示。

如果我们能够在先根遍历序列中加入每个结点的空子树信息，则可明确二叉树中结点与双亲、孩子与兄弟结点之间的关系，因此就可以唯一确定一棵二叉树。例如，图 5-24 所示的是 3 棵标明空子树"#"的二叉树及其对应的先根遍历序列。

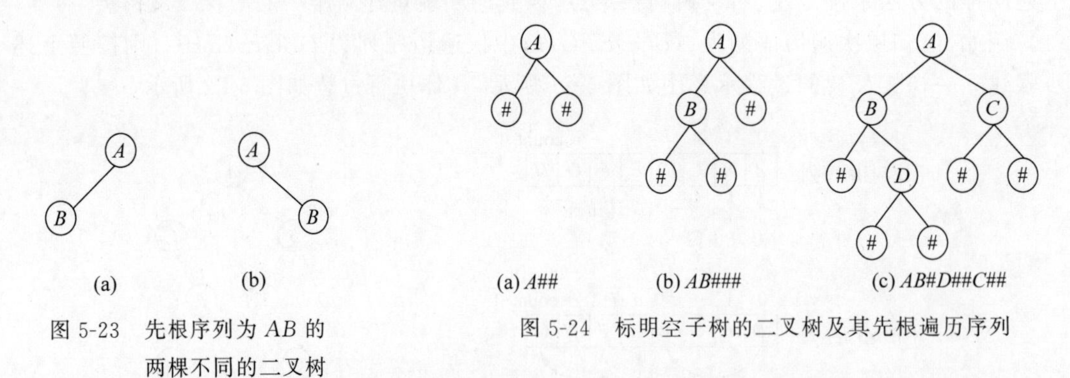

图 5-23　先根序列为 AB 的两棵不同的二叉树

图 5-24　标明空子树的二叉树及其先根遍历序列

按照标明空子树"#"的先根遍历序列建立一棵二叉树的主要步骤描述如下。

从标明空子树信息的先根遍历序列中依次读入字符，若读入的字符是#，则建立空树，否则：

(1) 建立根结点。

(2) 继续建立树的左子树。

(3) 继续建立树的右子树。

【算法 5-17】 由标明空子树的先根遍历序列建立一棵二叉树的算法。

```
Status CreateBiTree(BiTree &T)
 // 由标明空子树的先根遍历序列建立一棵二叉树,并返回其根结点
{char ch;
scanf(" %c",&ch);
if(ch= = '#') T = NULL;                        //#字符表示空二叉树
else{
    T = (BiTree)malloc(sizeof(BiTNode));       //生成根结点
    T - > data = ch;
     CreateBiTree(T - > lchild);               //构造左子树
    CreateBiTree(T - > rchild);                //构造右子树
    }
return OK;
} //算法 5 - 17 结束
```

【例 5-5】 编写一个程序：首先由标明空子树的先根遍历序列建立一棵二叉树，然后输出该二叉树的先根、中根和后根遍历序列。

【问题分析】 这个问题的要求是先输入一个标明空子树信息的二叉树的先根遍历序列，如 *AB*##*CD*###，其代表的二叉树如图 5-25 所示。然后根据标明空子树的先根遍历序列建立二叉树的算法创建一棵二叉树，并输出这棵二叉树的先根遍历序列、中根遍历序列和后根遍历序列。

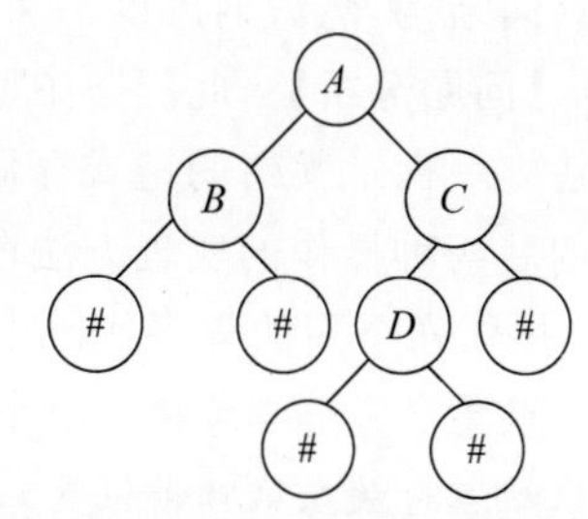

图 5-25 标明空子树的先根遍历序列为 *AB*##*CD*### 的二叉树

【程序代码】

```
int main()
{   BiTree T;
    printf("输入一棵二叉树 T,空结点用'#'表示:\n");
    CreateBiTree(T);                     //由标明空子树的先根遍历序列建立一棵二叉树
    printf("先根遍历序列为:\n");
    PreRootTraverse(T);                  //调用二叉树的先根遍历函数
    printf("\n");
    printf("中根遍历序列为:\n");
    InRootTraverse(T);                   //调用二叉树的中根遍历函数
    printf("\n");
    printf("后根遍历序列为:\n");
    PostRootTraverse(T);                 //调用二叉树的后根遍历函数
    printf("\n");
    return 0;
}
```

【运行结果】 运行结果如图5-26所示。

图5-26　例5-5程序的运行结果

5. 由完全二叉树的顺序存储结构建立其二叉链式存储结构

对于一棵顺序存储结构的完全二叉树(如图5-9(a)所示)，由二叉树的性质5可知，编号为1的结点是根结点；对于编号为i的结点($i>1$)，它的双亲的编号是$\lfloor i/2 \rfloor$，若它有左孩子，则左孩子的编号是$2i$，若它有右孩子，则右孩子的编号是$2i+1$。所以利用性质5，根据完全二叉树的顺序存储结构，可以建立完全二叉树的二叉链式存储结构。为了简化算法，这里用串表示顺序存储结构的完全二叉树。下面通过一个例子说明此操作的实现方法。

【例5-6】 编写一个程序：首先根据完全二叉树的顺序存储结构建立一棵二叉树的链式存储结构，然后输出该二叉树的中根遍历序列和该二叉树的深度。

【问题分析】 此问题中所涉及的操作主要有3种，包括根据完全二叉树的顺序存储结构建立一棵二叉树的链式存储结构，对二叉树进行遍历和计算二叉树的深度。这3种操作中的后两种操作的实现方法前面都已经给出，所有只要引用前面所定义的相应方法即可，第1种操作在下面的程序代码中给出了具体的实现方法。

注意：完全二叉树的顺序存储空间中第i个位置存放的是编号为$i+1$的结点(编号为1的根结点存放在第0个位置)，故其左、右孩子分别存放在第$2i+1$个位置和第$2i+2$个位置。

【程序代码】

```
BiTree ComCreateBiTree(char ch[],int index)
//由顺序存储的完全二叉树建立一棵二叉树,其中 index 标识根结点在顺序存储结构中的位置
 {
     BiTree T = NULL;
     if(ch[index]!= '\0')
      {      T = (BiTree)malloc(sizeof(BiTNode));
             T -> data = ch[index];                          //生成根结点
             T -> lchild = ComCreateBiTree(ch,2 * index + 1);    //构造左子树
             T -> rchild = ComCreateBiTree(ch,2 * index + 2);    //构造右子树
      }
      return T;
}//ComCreateBiTree
int main()
{     char ch[20] = "ABCDEFG";          //如图 5 - 9(a)所示的顺序存储的完全二叉树
      BiTree T;
      int d;
      T = ComCreateBiTree(ch,0);        //由完全二叉树的顺序存储结构建立一棵二叉树
      printf("先根遍历序列为:\n");
      PreRootTraverse(T);               //调用二叉树的先根遍历函数
      printf("\n");
```

```
    printf("中根遍历序列为:\n");
    InRootTraverse(T);                    //调用二叉树的中根遍历函数
    printf("\n");
    printf("后根遍历序列为:\n");
    PostRootTraverse(T);                  //调用二叉树的后根遍历函数
    printf("\n");
    printf("此二叉树深度为:");
    d = Depth1(T);                        //调用采用递归模型求二叉树的深度函数,输出二叉树的
深度
    printf(" %d",d);
    printf("\n");
        return 0;
}
```

【运行结果】 运行结果如图 5-27 所示。

图 5-27　例 5-6 程序的运行结果

5.4　哈夫曼树及哈夫曼编码

树形结构除了应用于查找和排序操作时能提高效率外,它在信息通信领域也有着广泛的应用。哈夫曼(Huffman)树就是一种在编码技术方面得到广泛应用的二叉树,也是一种最优二叉树。

5.4.1　哈夫曼树的基本概念

为了给出哈夫曼树的定义,需要从以下几个基本概念出发进行描述。

1. 结点间的路径和结点的路径长度

所谓结点间的路径是指从一个结点到另一个结点所经历的结点和分支序列。结点的路径长度是指从根结点到该结点之间的路径上的分支数目。

2. 结点的权和结点的带权路径长度

在实际应用中,人们往往会给树中的每个结点赋予一个具有某种实际意义的数值,这个数值被称为该结点的权值。结点的带权路径长度就是该结点的路径长度与该结点的权值的乘积。

3. 树的带权路径长度

树的带权路径长度就是树中所有叶结点的带权路径长度之和,通常记为:

$$\mathrm{WPL}=\sum_{i=1}^{n} w_i l_i \tag{5-8}$$

其中,n 为叶结点的个数,w_i 为第 i 个叶结点的权值,l_i 为第 i 个叶结点的路径长度。

注意:在结点个数相同的多棵二叉树中,若不考虑每个结点的权值,则路径长度最短的应是一棵完全二叉树。

4. 哈夫曼树

给定 n 个权值并作为 n 个叶结点按一定规则构造一棵二叉树,使其带权路径长度达到最小值,则这棵二叉树被称为最优二叉树。由于哈夫曼给出了构造这种树的规则,因此,最优二叉树也称为哈夫曼树。要让一棵二叉树的带权路径长度最短,必须使权值越小的叶结点越远离根结点,而权值越大的叶结点越靠近根结点。

例如,图 5-28 所示的 3 棵二叉树,它们都具有 5 个叶结点,并带有相同权值 5、4、3、2 和 1,但它们的带权路径长度不同,分别为:

(a) WPL=5×3+4×3+3×2+2×2+1×2=39

(b) WPL=5×2+4×2+3×3+2×3+1×2=35

(c) WPL=5×2+4×2+3×2+2×3+1×3=33

其中,图 5-28(c)所示的二叉树带权路径长度值最小,它就是一棵最优二叉树或哈夫曼树。

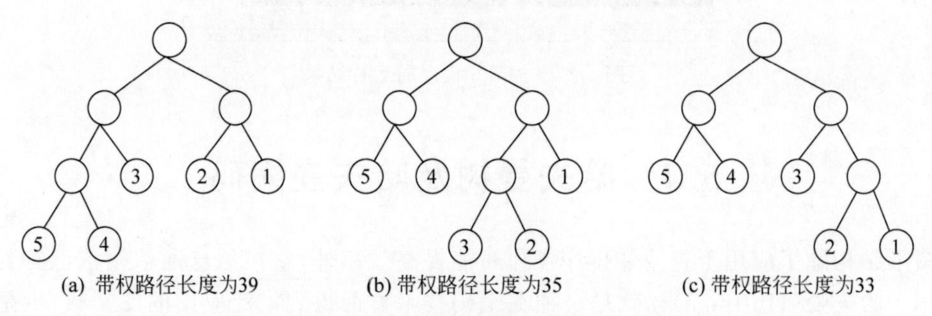

图 5-28 具有不同带权路径长度的二叉树

5.4.2 哈夫曼树和哈夫曼编码的构造方法

1. 哈夫曼树的构造

从图 5-28 可见,若叶结点个数相同且对应权值也相同,而对应权值的叶结点所处的层次不相同,则二叉树的带权路径长度可能不相同。但是在所有含 n 个叶结点,并且带有相同权值的二叉树中,必定存在一棵其带权路径长度值为最小的二叉树,也就是最优二叉树或哈夫曼树。如何才能构造出哈夫曼树呢?其算法的主要步骤描述如下。

假设 n 个叶结点的权值分别为$\{w_1,w_2,\cdots,w_n\}$,则:

(1) 初始化操作:由已知给定的 n 个权值$\{w_1,w_2,\cdots,w_n\}$,构造一个由 n 棵二叉树所构成的森林 $F=\{T_1,T_2,\cdots,T_n\}$,其中每棵二叉树只有一个根结点,并且根结点的权值分别为 $w_1,w_2,\cdots,w_n$。

(2) 选取与组合操作:在二叉树森林 F 中选取根结点的权值最小和次小的两棵二叉树,分别把它们作为左子树和右子树去构造一棵新二叉树,新二叉树的根结点权值为其左、右子树根结点的权值之和。

(3) 删除与归并操作：将作为新二叉树的左、右子树的两棵二叉树从森林 F 中删除，并将新产生的二叉树加入森林 F 中。

(4) 重复步骤(2)和(3)，直到森林 F 中只剩下一棵二叉树为止，则这棵二叉树就是所构造成的哈夫曼树。

例如，对于一组给定的权值{5,4,3,2,1}，图 5-29 给出了图 5-28(c)哈夫曼树的构造过程。

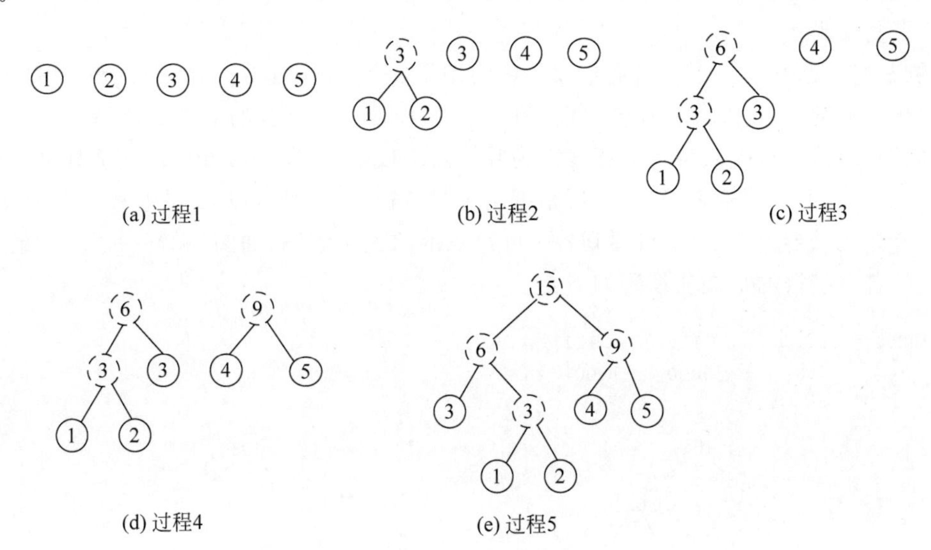

图 5-29　图 5-28(c)哈夫曼树的构造过程

由于在哈夫曼树的构造过程中，选取根结点的权值最小和次小的两棵二叉树来组合一棵新的二叉树时，没有规定哪棵二叉树是左子树，哪棵二叉树是右子树，故左子树和右子树的顺序是任意的。因此，利用哈夫曼算法构造的哈夫曼树并不是唯一的，但它们的带权路径长度是一样的。为了统一起见，可在哈夫曼构造的选取步骤中规定左子树的根结点权值小于等于右子树的根结点权值。

2. 用哈夫曼树进行编码

在信息通信领域里，信息传送的速度至关重要，而传送速度又与传送的信息量有关。在信息传送时需要将信息符号转换成二进制的符号串，这就需要进行二进制的编码。假设要传送的是由 A、B、C 和 D 这 4 个字符组成的电报文“ABCAABCAD”，在计算机中每个字符在没有压缩的文本文件中由一个字节(例如常见的 ASCII 码)或两个字节(例如 Unicode)表示。如果是用这种方案，每个字符都需要 8 或 16 位数。但是为了提高存储和传输效率，在信息存储和传送时总是希望传输信息的总长度尽可能短，这就需要设计一套对字符集进行二进制编码的方法，使得采用这种编码方式对信息进行编码时，信息的传输量最小。如果能对每个字符用不同长度的二进制编码，并且尽可能减少出现次数最多的字符的编码位数，则信息传送的总长度就可以达到最小。

假设将 A、B、C 和 D 分别编码为 0、1、01 和 10，则电报文“ABCAABCAD”的编码长度只有 12，达到最短。然而，在编码序列中，若用起始位组合(或前缀)相同的代码来表示不同的字符，则在不同字符的编码之间必须用分隔符隔开，否则就会产生二义性，电文也就无法译码。为了在字符间省去不必要的分隔符号,就要求给出的每个字符的编码必须是前缀编码。所谓前缀编码,是指在所有字符的编码中,任何一个字符都不是另一个字符的前缀。

利用哈夫曼树可以构造一种不等长的二进制编码,并且构造所得的哈夫曼编码是一种最优前缀编码。

哈夫曼编码的构造过程是:用电文中各个字符使用的频度作为叶结点的权值,构造一棵具有最小带权路径长度的哈夫曼树,若对树中的每个左分支赋予标记0,右分支赋予标记1,则从根结点到每个叶结点的路径上的标记连接起来就构成一个二进制串,该二进制串被称为哈夫曼编码。

【例5-7】 已知在一个信息通信联络中使用了8个字符:a、b、c、d、e、f、g和h,每个字符的使用频度分别为:6、30、8、9、15、24、4和12。试设计各个字符的哈夫曼编码。

【问题分析】 首先以字符的频度作为叶结点的权值,依照哈夫曼树的构造规则,得到如图5-30(a)所示的一棵哈夫曼树,然后根据哈夫曼编码规则,将哈夫曼树中每个左分支标记为0,每个右分支标记为1,则可得到各个叶结点的哈夫曼编码,如图5-30(b)所示。最后,构造得到的各个字符的哈夫曼编码如下:

```
a:0001     b:10     c:1110     d:1111
e:110      f:01     g:0000     h:001
```

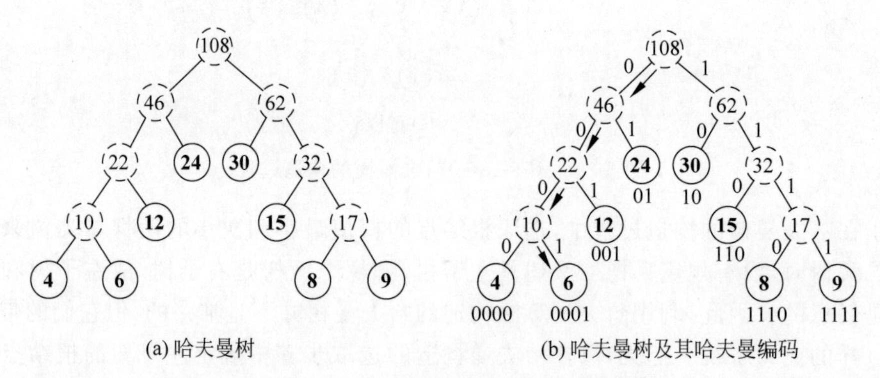

图5-30 例5-7的哈夫曼树和哈夫曼编码

3. 用哈夫曼树进行译码

当在通信过程中接收到一条用二进制编码串(哈夫曼编码)表示的信息时,怎么才能把它转回字符呢?这就涉及了译码过程是如何实现的。所谓译码就是分解代表信息的二进制编码串,并从左到右逐位判别编码串,直至确定每个字符。译码与解码过程正好相反。

由于哈夫曼编码是一种由哈夫曼树求得的最优前缀编码,因此译码过程不会产生二义性。利用哈夫曼树进行译码,其过程可用哈夫曼编码过程的逆过程来实现:从哈夫曼树的根结点开始,从左到右对二进制编码的每位进行判别,若遇到0,则选择左分支走向下一个结点;若遇到1,则选择右分支走向下一个结点,直至到达一个叶结点。因为信息中出现的字符在哈夫曼树中是叶结点,所以确定了一条从根结点到叶结点的路径,就意味着译出了一个字符,然后继续用这棵哈夫曼树并用同样的方法去译出其他的二进制编码。如图5-30(b)所示,对于编码为0001的译码过程就是从根结点开始,先左,再左,再左,再右,最后到达使用频度为6的字符a。这个过程如图5-30(b)中的箭头所示。

5.4.3 构造哈夫曼树和哈夫曼编码的算法

在构造哈夫曼树之后，进行译码时要求能方便地实现从双亲结点到左、右孩子结点的操作，而在进行哈夫曼编码时又要求能方便实现从孩子结点到双亲结点的操作，因此，需要为哈夫曼树中的每个结点设置三个域：双亲结点域、左孩子域和右孩子域。此外，每个结点还要设置权值域和数据域。这样，哈夫曼树中的每个结点包含5个域，其存储结构如图5-31所示。

weight	data	parent	lchild	rchild

图5-31 哈夫曼树中结点的存储结构

哈夫曼树中结点的存储结构描述如下：

```
typedef struct HTNode {
 int weight;                                    //权值域
 char data;                                     //数据域
 int parent, lchild, rchild;                    //双亲结点域、左孩子域和右孩子域
}HTNode;
```

构造哈夫曼树和哈夫曼编码的算法如下：

```
void CreateHuffmanTree(HuffmanTree HT)
//根据输入权值,构造具有n个权值结点的哈夫曼树
{   int i,p1,p2;
    InitHuffmanTree(HT);                        //初始化哈夫曼树
    InputWeight(HT);                            //输入权值
    for(i = n;i < 2 * n - 1;i++)                //构造哈夫曼树
    {       SelectMin(HT,i - 1,p1,p2);          //调用选择两个权值最小的结点的函数
          //在HT[1...i - 1]中选择parent为0,且权值最小的两个结点,其序号分别为p1和p2
            HT[p1].parent = i;
            HT[p2].parent = i;
            HT[i].lchild = p1;
            HT[i].rchild = p2;
            HT[i].weight = HT[p1].weight + HT[p2].weight;
    }
}//CreateHuffmanTree
void SelectMin(HuffmanTree HT,int i,int &p1,int &p2)
//选择两个权值最小的结点的函数
{     long min1 = 999999;
      long min2 = 999999;
      int j;
      for(j = 0;j <= i;j++)                     //选择最小权值结点
           if(HT[j].parent == - 1)
               if(min1 > HT[j].weight)
               {   min1 = HT[j].weight;
                   p1 = j;
               }
    for(j = 0;j <= i;j++)                       //选择次小权值结点
          if(HT[j].parent == - 1)
               if(min2 > HT[j].weight&&j!= (p1))
               {   min2 = HT[j].weight;
                   p2 = j;
```

```
        }
    }//SelectMin
void HuffmanCoding(HuffmanTree HT)
//根据构造的哈夫曼树求哈夫曼编码
{    int i,j;
     for(i = 0;i < n;i++)
     {  j = 0;
        printf("\n");
        printf("\t\t%c\t",HT[i].data,HT[i].weight);
        HuffmanTreePath(HT,i,j);
     }
}//HuffmanCoding
void HuffmanTreePath(HuffmanTree HT,int i,int j)
//编码的哈夫曼树路径递归算法
{    int a,b;
     a = i;
     b = j = HT[i].parent;
     if(HT[j].parent!= -1)
     {  i = j;
        HuffmanTreePath(HT,i,j);
     }
     if(HT[b].lchild == a) printf("0");
     else printf("1");
} //HuffmanTreePath
```

当哈夫曼树和哈夫曼编码构造完毕后,就可以针对用户输入的电文(字符串)进行编码和译码操作。相应的算法如下:

```
void EnCoding(HuffmanTree HT)
//对用户输入的电文进行编码
{    char r[1000];                              //用来存储输入的字符串
     int i,j;
     gets(r);
     for(j = 0;r[j]!= '\0';j++)
          for(i = 0;i < n;i++)
                if(r[j] == HT[i].data)
                    HuffmanTreePath(HT,i,j);
}//EnCoding
void DeCoding(HuffmanTree HT)                  //对用户输入的密文进行译码
{
     char r[100];
     int i,j,len;
     j = 2 * n - 2;
     gets(r);
     len = strlen(r);
     for(i = 0;i < len;i++)
     {    if(r[i] == '0')
          {      j = HT[j].lchild;
                if(HT[j].lchild == -1)
                {    printf("%c",HT[j].data);
                     j = 2 * n - 2;
                }
```

```
            }
            else if(r[i] == '1')
            {   j = HT[j].rchild;
                if(HT[j].rchild == -1)
                {   printf(" %c",HT[j].data);
                    j = 2 * n - 2;
                }
            }
        }
} //DeCoding
```

以例 5-7 为例，根据上述算法可以构造如图 5-30(a)所示的哈夫曼树，并可以得到 a、b、c、d、e、f、g 和 h 这 8 个字符的哈夫曼编码，分别为：a(0001)、b(10)、c(1110)、d(1111)、e(110)、f(01)、g(0000)和 h(001)。当用户输入电文“abach”时，编码为“00011000011110001”；相反，当用户输入密文“1011100111111110”时，译码为“bcfdc”。

5.5　树与森林

由于二叉树中的每个结点至多有左、右两个子结点，使得二叉树的存储和操作的实现方法较简单，而树与森林因为每个结点的子树不受限制，导致它们在存储结构上需要考虑较多的因素。因此，如果树、森林和二叉树之间能够进行相互转换，就可以将问题简化。本节将讨论树、森林与二叉树之间的对应关系，树的存储结构及其遍历操作。

5.5.1　树、森林与二叉树之间的转换

树与二叉树之间、森林与二叉树之间可以相互转换，而且这种转换是一一对应的。树与森林转化成二叉树后，森林或树的相关操作都可以转换成二叉树的操作。

1. 树转换成二叉树

二叉树中的结点有左孩子和右孩子之分，而在无序树中结点的各个孩子结点之间是无次序之分的。为了操作方便，假设树是一棵有序树，树中每个结点的孩子按从左到右的顺序进行编号，依次定义为第 1 个孩子，第 2 个孩子，……，第 i 个孩子。在如图 5-32 所示的一棵树中，A 结点有 3 个孩子，其中 B 是它的第 1 个孩子，C 是它的第 2 个孩子，D 是它的第 3 个孩子。

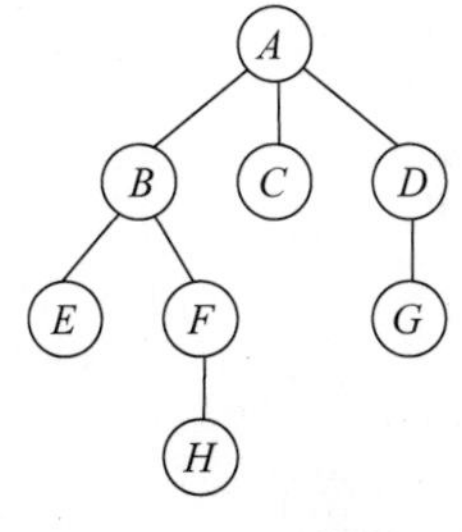

图 5-32　一棵树

将树转换二叉树的方法可归纳为“加线”“删线”和“旋转”三个步骤，具体描述如下：

(1) 加线：在树中所有相邻的兄弟结点之间加一条连线。

(2) 删线：对树中的每个结点，只保留它与第1个孩子(长子)结点之间的连线，删去它与其他孩子结点之间的连线。

(3) 旋转：以树的根结点为轴心，将树平面顺时针旋转一定的角度并做适当的调整，使得转化后所得的二叉树看起来比较规整。

图5-33给出了将图5-32中树转换成二叉树的过程。

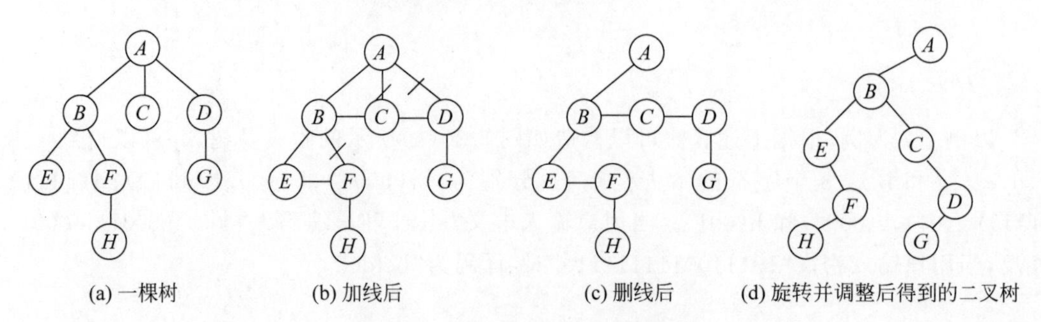

图5-33 树转换成二叉树的过程

由转换过程可知，树与由它转换成的二叉树是一一对应的，树中的任意一个结点都对应着二叉树中的一个结点，树中每个结点的第1个孩子结点在二叉树中对应结点的左孩子，而树中每个结点的右邻兄弟在二叉树中对应结点的右孩子(简言之，左孩子右兄弟)。也就是说，在二叉树中，左分支上的各个结点在原来的树中是父子关系，而右分支上的各个结点在原来的树中是兄弟关系。由于树中的根结点没有兄弟，所以由树转换成的二叉树永远都是一棵根结点的右子树为空的二叉树。

2. 二叉树转换成树

二叉树转换成树是由树转换成二叉树的一个逆过程，也就是一个由二叉树还原成它原来所对应的树的过程。具体操作步骤如下。

(1) 加线：若某结点是其双亲结点的左孩子，则将该结点沿着右分支向下的所有结点与该结点的双亲结点用线连接。

(2) 删线：将树中所有双亲结点与右孩子结点的连线删除。

(3) 旋转：经过(1)、(2)两步操作得到的树以根结点为轴心，沿逆时针方向旋转一定的角度并做适当调整，使得转化后所得的树看起来比较规整。

图5-34给出了将图5-33(d)中的二叉树还原成图5-33(a)中的树的过程。

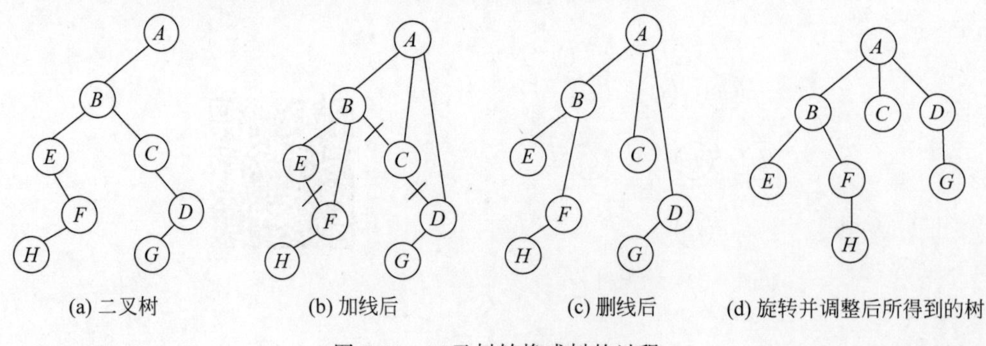

图5-34 二叉树转换成树的过程

3. 森林与二叉树的转换

森林是若干棵树的集合,而任何一棵和树对应的二叉树其右子树一定为空,因而可得到将森林转换成二叉树的方法如下。

(1) 将森林中的每棵树转换成相应的二叉树。

(2) 按照森林中树的先后顺序,将后一棵二叉树视为前一棵二叉树的右子树,依次连接起来,从而构成一棵二叉树。

图 5-35 给出了一个森林转换成二叉树的过程。从这个转换过程中可以得出森林与二叉树之间的一一对应关系:森林中第一棵树的根结点对应着二叉树中的根结点;森林中第一棵树的根结点的子树所构成的森林对应着二叉树的左子树;森林中除第一棵树之外的其他树所构成的森林对应着二叉树的右子树。根据这种对应关系及森林转换成二叉树的逆操作,就可将一棵二叉树转换成其对应的森林。图 5-36 给出了一棵二叉树转换成森林的过程。

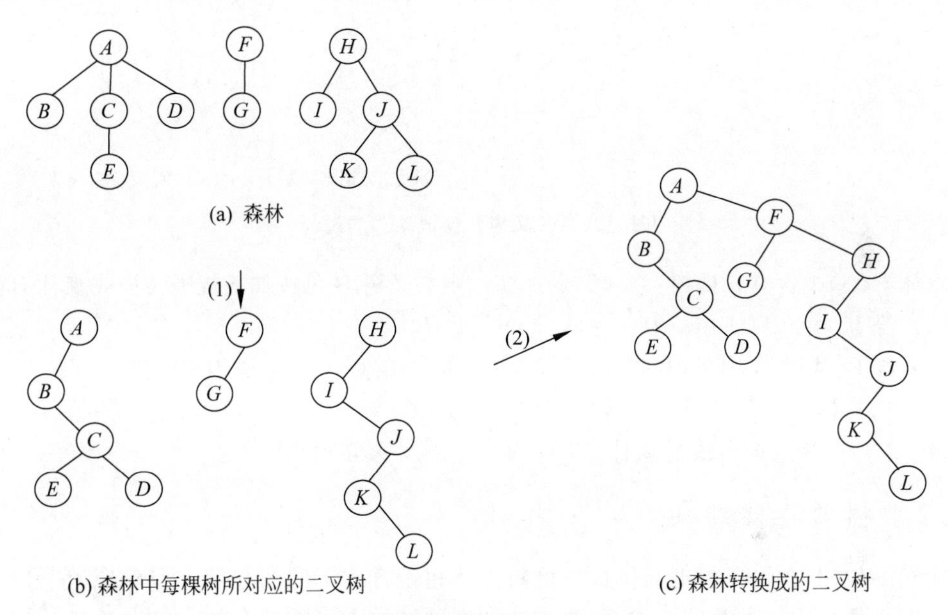

图 5-35　森林转换成二叉树的过程

森林与二叉树之间的转换规则也可以用递归方法加以描述,下面分别给出森林与二叉树之间相互转换的递归形式定义。

1) 森林转换成二叉树

假设有序集合 $F=\{T_1,T_2,\cdots,T_n\}$表示由 n 棵树 $T_1,T_2,\cdots,T_n$ 所组成的森林,则森林 F 可按如下规则转换成二叉树 $B(F)$。

(1) 若 F 为空,即 $n=0$ 时,则 $B(F)$为空。

(2) 若 F 为非空,即 $n>0$ 时,则 $B(F)$的根是森林中第一棵树 T_1 的根,$B(F)$中的左子树是森林中树 T_1 的根结点的子树所构成的森林 $F_1=\{T_{11},T_{12},\cdots,T_{1m}\}$转换而成的二叉树 $B(T_{11},T_{12},\cdots,T_{1m})$,而右子树是由森林 $F'=\{T_2,\cdots,T_n\}$转换而成的二叉树 $B(T_2,\cdots,T_n)$。

2) 二叉树转换成森林

设 B 是一棵二叉树,Root 是 B 的根结点,L 是 B 的左子树,R 是 B 的右子树,并且 B 对

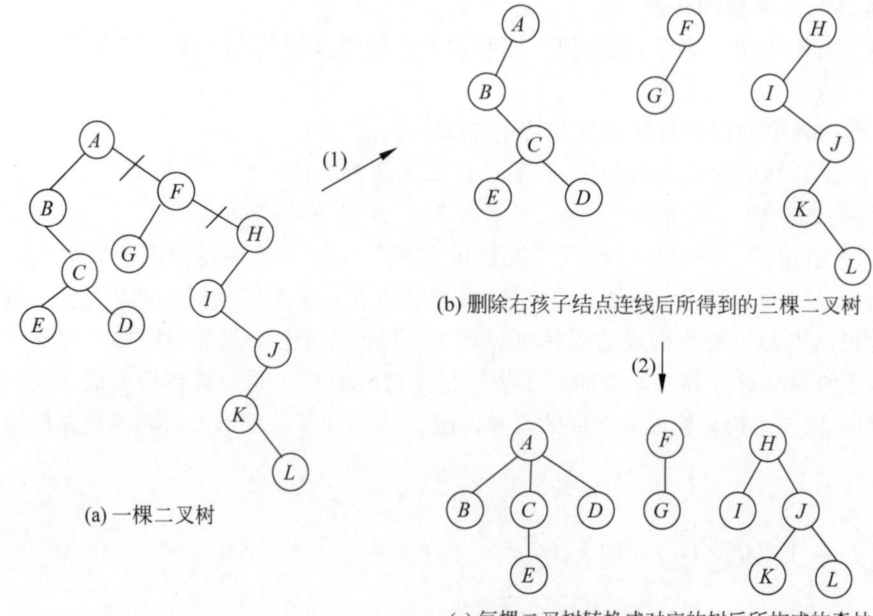

(a) 一棵二叉树

(b) 删除右孩子结点连线后所得到的三棵二叉树

(c) 每棵二叉树转换成对应的树后所构成的森林

图 5-36 二叉树转换成森林的过程

应的森林 $F(B)$中含有 n 棵树：$T_1,T_2,\cdots,T_n$,则二叉树 B 可按如下规则转换成森林 $B(F)$。

(1) 若 B 为空,则 $F(B)$为空森林。

(2) 若 B 为非空,则 $F(B)$中第一棵树 T_1 的根结点为二叉树 B 中的根结点,T_1 中根结点的子树森林由 B 的左子树 L 转换而成,即 $F(L)=\{T_{11},T_{12},\cdots,T_{1m}\}$,$B$ 的右子树 R 转换成 $F(B)$中其余树组成的森林,即 $F(R)=\{T_2,\cdots,T_n\}$。

5.5.2 树的存储结构

在实际应用中,可以根据具体操作的特点将树设计成不同的存储结构。但无论采用何种存储方式,都要求树的存储结构不但能够存储各个结点本身的数据域信息,还要求能够准确反映树中各个结点之间的逻辑关系。这里介绍 4 种树的存储结构。

1. 双亲链表存储结构

双亲链表存储结构中的每个结点存放的信息既包含结点本身的数据域信息,又包含指示双亲结点在存储结构中的位置信息,所以这种存储结构可以设计成：用一组地址连续的存储单元存放树中的各个结点,每个结点有两个域,一个是数据域,用来存储树中该结点本身的值；另一个是指针域,用来存储该结点的双亲结点在存储结构中的位置信息。图 5-37 所示的是一棵树及其双亲链表存储结构。其中,图 5-37(b)中的 data 域是数据域,parent 域是指针域(注意：这里的指针域不是真正的指针类型,而是位置数值)。parent 域值为 -1,表示该结点无双亲,即根结点,如 A 结点；parent 域值为 2,表示该结点的双亲结点是数组下标序号为 2 的结点,如 G 结点的双亲结点是 C 结点。

由于双亲链表存储结构中的指针域是向上链接的,因而这种存储结构便于实现与指定结点的双亲结点或祖先结点有关的操作,但不便于实现与其孩子结点或子孙结点有关的操作。

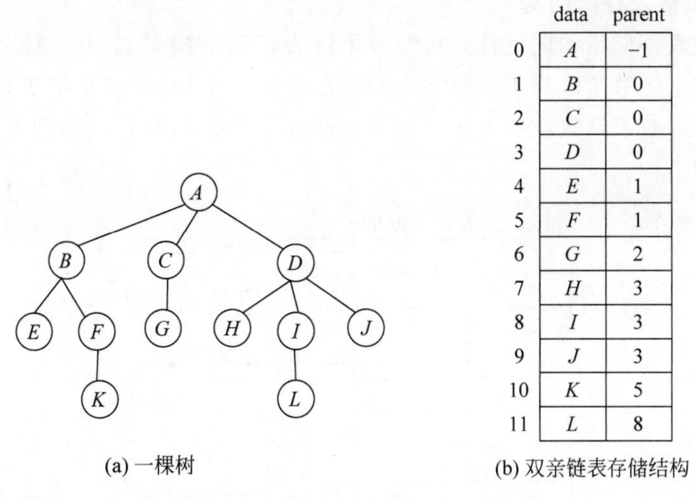

A
B
C
D
E
F
G
H
I
J
K
L
data parent
0 A -1
1 B 0
2 C 0
3 D 0
4 E 1
5 F 1
6 G 2
7 H 3
8 I 3
9 J 3
10 K 5
11 L 8

(a) 一棵树　　(b) 双亲链表存储结构

图 5-37　树及其双亲链表存储结构

2. 孩子链表存储结构

在孩子链表存储结构中,除了存放结点本身的数据域信息外,还存放了其所有孩子结点在存储结构中的位置信息。由于每个结点的子结点数不同,则可将一个结点的所有孩子的位置信息按从左到右的顺序链接成一个单链表,称此单链表为该结点的孩子链表。因此,这种存储结构可以设计为:用一组地址连续的存储单元存放树中的各个结点,每个结点有两个域,一个是数据域,用来存储树中该结点的值;另一个是指针域,用来存放该结点的孩子链表的头指针。图 5-38 所示的是图 5-37(a)中树的孩子链表存储结构。其中,data 域是数据域,firstChild 域是指针域。孩子链表中的每个结点也有两个域,一个是 child 域,用来存放孩子结点在数组中的位置;另一个是 next 域,用来存放指向孩子链表中下一个结点的指针值。

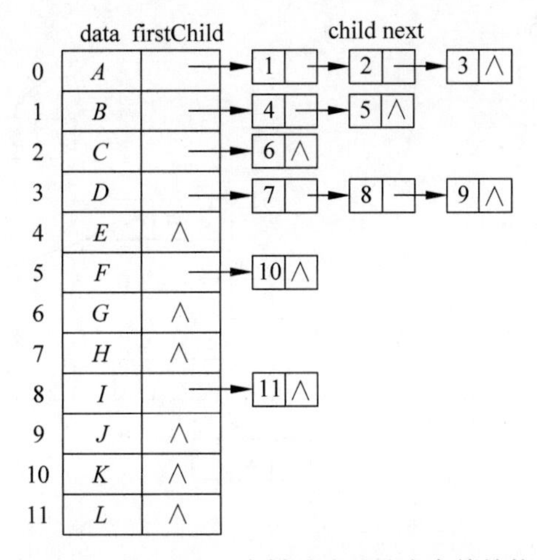

图 5-38　图 5-37(a)中树的孩子链表存储结构

这种存储结构与双亲链表存储结构正好相反,它便于实现与指定结点的孩子结点或子孙结点有关的操作,但不便于实现与其双亲结点或祖先结点有关的操作。

3. 双亲孩子链表存储结构

双亲孩子链表存储结构的设计方法与孩子链表存储结构类似，其主体仍然是一个存储树中各个结点信息的数组。只不过数组中的元素包括三个域，比孩子链表存储结构中多了一个存放该结点的双亲结点在数组中位置的指针域。图5-39所示的是图5-37(a)中树的双亲孩子链表存储结构。

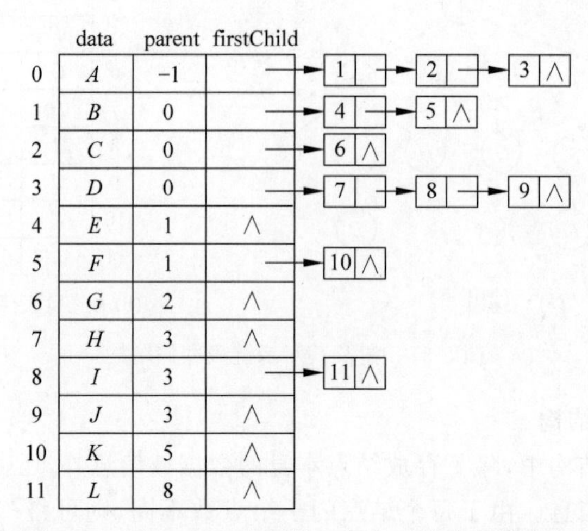

图5-39　图5-37(a)中树的双亲孩子链表存储结构

这种存储结构既便于实现与指定结点的孩子结点或子孙结点有关的操作，也便于实现与其双亲结点或祖先结点有关的操作。

4. 孩子兄弟链表存储结构

孩子兄弟链表存储结构又称为"左孩子/右兄弟"二叉链表存储结构，它类似于二叉树的二叉链表存储结构，其差别在于：其链表中每个结点的左指针指向该结点的第一个孩子，而右指针指向该结点的右邻兄弟。结点的存储结构如图5-40所示。图5-41给出了图5-37(a)中树的孩子兄弟链表存储结构。

firstchild	data	nextsibling

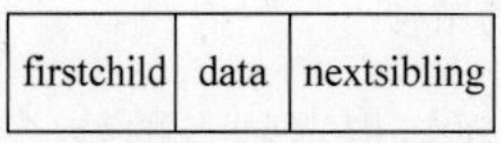

图5-40　孩子兄弟链表中的结点结构

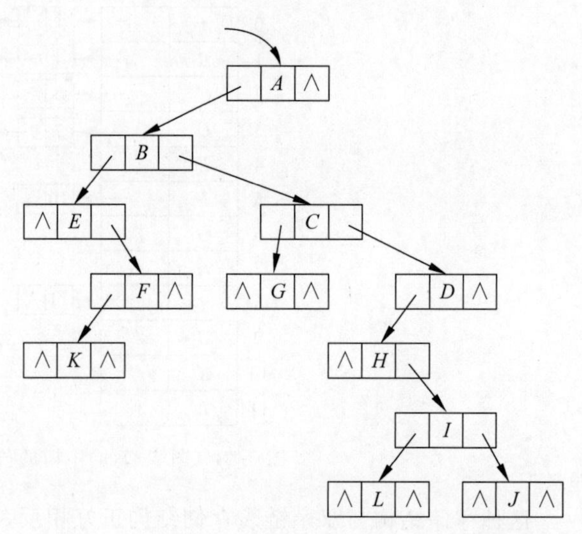

图5-41　图5-37(a)中树的孩子兄弟链表存储结构

树的孩子兄弟链表存储结构描述如下：

```
typedef struct CSNode
{
    TElemType data;                        //数据域
    struct CSNode * FirstChild;            //左孩子域
    struct CSNode * NextSibling;           //右兄弟域
}CSNode, * CSTree;
```

这种存储结构与树所对应的二叉树的二叉链表存储结构相同。一切对树的操作都可以通过这种方式转换成对二叉树的操作,所以这种存储方式应用最为广泛。

5.5.3 树和森林的遍历

1. 树的遍历

树可被看成是由树的根结点和根结点的所有子树所构成的森林两部分构成,因此树的遍历操作有先根遍历、后根遍历和层次遍历 3 种方式,下面分别给出它们的定义和它们在孩子兄弟链表存储结构下的实现算法。

1）先根遍历

若树为非空,则：

(1) 访问根结点。

(2) 从左到右依次先根遍历根结点的每棵子树。

对图 5-32 中的树进行先根遍历后得到的遍历序列为：$ABEFHCDG$。

说明：树的先根遍历序列与树所对应的二叉树的先根遍历序列相同。

【算法 5-18】 树的先根遍历递归算法。

```
void CSPreRootTraverse(CSTree T)
//树的先根遍历递归算法
{     if(T!= NULL)
      {  printf("%c",T->data);                 //访问树的根结点
         CSPreRootTraverse(T->FirstChild);  //先根遍历树中根结点的第一棵子树
         CSPreRootTraverse(T->NextSibling); //先根遍历树中根结点的其他子树
      }
} //算法 5-18 结束
```

2）后根遍历

若树为非空,则：

(1) 从左到右依次后根遍历根结点的每棵子树。

(2) 访问根结点。

对图 5-32 中的树进行后根遍历后得到的遍历序列为：$EHFBCGDA$。

说明：树的后根遍历序列与树所对应的二叉树的中根遍历序列相同。

【算法 5-19】 树的后根遍历递归算法。

```
void CSPostRootTraverse(CSTree T)
 //树的后根遍历递归算法
{     if(T!= NULL)
      {    CSPostRootTraverse(T->FirstChild);          //后根遍历树中根结点的第一棵子树
```

```
        printf("%c",T->data);                           //访问树的根结点
        CSPostRootTraverse(T->NextSibling);             //后根遍历树中根结点的其他子树
    }
} //算法 5-19 结束
```


3）层次遍历

若树为非空，则从根结点开始，从上到下依次访问每层的各个结点，在同一层中的结点，则按从左到右的顺序依次进行访问。

对图 5-32 中的树进行层次遍历后得到的遍历序列为：*ABCDEFGH*。

【算法 5-20】 树的层次遍历算法。

```
void CSLevelTraverse(CSTree T)
//树的层次遍历算法
{  CSTree que[20]; int rear = 0,front = 0;                //采用队列结构,初始化队首与队尾
   if(T!= NULL)
        que[rear++] = T;                                  //根结点入队
   while(front < rear)
   {    while(que[front]!= NULL)                          //当队列不空时
        {  printf("%c",que[front]->data);
           if(que[front]->FirstChild)
                que[rear++] = que[front]->FirstChild;     //树中根结点的第一棵子树入队
           que[front] = que[front]->NextSibling;          //树中根结点的其他子树入队
        }
        front++;
   }
}  //算法 5-20 结束
```

2. 森林的遍历

按照森林与树的定义，森林也可被看成是由第一棵树的根结点，第一棵树的根结点的子树所构成的森林，以及除第一棵树之外的其余树所构成的森林3部分构成。为此，可以得到森林的3种遍历方法：先根遍历、后根遍历和层次遍历。

1）先根遍历

若森林为非空，则：

(1) 访问森林中第一棵树的根结点。

(2) 先根遍历第一棵树中根结点的子树所构成的森林。

(3) 先根遍历森林中除第一棵树之外的其他树所构成的森林。

对图 5-35(a)中的森林进行先根遍历后得到的遍历序列为：*ABCEDFGHIJKL*。

说明：对森林进行先根遍历操作等同于从左到右对森林中的每棵树进行先根遍历操作，并且森林的先根遍历序列与森林所对应的二叉树的先根遍历序列相同。

2）后根遍历

若森林为非空，则：

(1) 后根遍历森林中第一棵树的根结点的子树所构成的森林。

(2) 访问森林中第一棵树的根结点。

(3) 后根遍历森林中除第一棵树之外的其他树所构成的森林。

对图 5-35(a)中的森林进行后根遍历后得到的遍历序列为：*BECDAGFIKLJH*。

说明：对森林进行后根遍历操作等同于从左到右对森林中的每棵树进行后根遍历操作，并且森林的后根遍历序列与森林所对应的二叉树的中根遍历序列相同。

3) 层次遍历

若森林为非空，则按照从左到右的顺序对森林中的每棵树进行层次遍历。

对图 5-35(a)中的森林进行层次遍历，得到的遍历序列为：*ABCDEFGHIJKL*。

说明：对森林进行层次遍历操作等同于从左到右对森林中的每棵树进行层次遍历操作。

小　　结

本章首先介绍了树与二叉树的概念，读者应领会这两个概念的递归定义，并注意树与二叉树的结构差别，明确二叉树是一种应用非常广泛的重要的树结构。在二叉树中，每个结点至多只有两棵子树，这两棵子树仍是二叉树且这两棵子树有明确的左、右之分。要注意树结构与线性结构之间的差别，树结构是一种具有层次关系的非线性结构。在树结构中除根结点之外的其他结点只有一个前驱结点(或父结点)，而每个结点的后继结点(或孩子结点)可能有零个或多个。

完全二叉树和满二叉树是二叉树的两种特殊形态，要注意这两者的概念和它们之间的关系。二叉树具有 5 个重要性质，其中性质 4 是针对完全二叉树或满二叉树的，它说明了一个具有 n 个结点的二叉树其深度至少为$\lfloor \log_2 n \rfloor+1$。

树与二叉树的遍历是树与二叉树各种操作的基础，要求在掌握各种遍历递归算法的基础上，学会灵活运用遍历算法实现树与二叉树的其他操作，特别是二叉树的遍历算法，它是本章需要掌握的重点。对于二叉树，主要介绍了二叉树的先根遍历、中根遍历、后根遍历和层次遍历 4 种遍历方式；对于树，主要介绍了树的先根遍历，后根遍历以及层次遍历 3 种方式。实现树与二叉树遍历的具体算法与所采用的存储结构有关，二叉树的存储结构分为顺序存储和链式存储两种，顺序存储比较适合于满二叉树和完全二叉树。对于一般的二叉树，常用的存储结构是二叉链表存储结构；对于一般的树，在双亲链表、孩子链表、双亲孩子链表和孩子兄弟链表存储结构中，常用的是孩子兄弟链表存储结构。树与二叉树之间的转换最简单的方法就是通过树的孩子兄弟链表与二叉树的二叉链表存储方法实现转换。转换规则是：二叉树中结点的左孩子就是对应树中该结点的第一个孩子，而二叉树中结点的右孩子就是对应树中该结点相邻的右兄弟。也就是说，树的孩子兄弟链表存储结构与该树对应的二叉树的二叉链表存储结构是完全相同的。正因为它们之间的转换实现起来非常容易，所以对树的所有操作都可以转换成对它所对应的二叉树的相关操作来实现。例如，对树的先根遍历操作可以转化成对其相应的二叉树进行先根遍历操作；对树的后根遍历操作可以转化成对其相应的二叉树进行中根遍历操作。

二叉树的一种重要应用是哈夫曼树，利用哈夫曼树构造哈夫曼编码在通信领域具有广泛的应用，它为数据的压缩问题提供了解决方法。哈夫曼树的概念及构造方法也是本章重点介绍的内容。

习 题 5

一、客观测试题

扫码答题

二、算法设计题

1. 编写算法,统计一棵二叉树的叶结点数目。
2. 编写算法,在二叉树中查找值为 x 的结点。
3. 编写算法,将二叉树的每个结点的左、右子树进行交换。
4. 编写算法,求一棵二叉树的根结点 root 到一个指定结点 p 之间的路径并输出。
5. 编写算法,统计树(基于孩子兄弟链表存储结构)的叶结点数目。
6. 编写算法,计算树(基于孩子兄弟链表存储结构)的深度。

三、综合应用题

1. 假设一棵深度为 h 的满 k 叉树具有如下性质:第 h 层上的结点都是叶结点,其余各层上的每个结点都是 k 棵非空子树。若按层次顺序(同一层上自左向右)从1开始对所有结点编号,则:

(1) 各层上的结点个数是多少?

(2) 编号为 i 的结点的双亲结点(若存在)的编号是多少?

(3) 编号为 i 的结点的第 j 个孩子结点(若存在)的编号是多少?

2. 若一棵二叉树中任意结点的值均不相同,则由二叉树的先根遍历序列和中根遍历序列,或由后根遍历序列和中根遍历序列均能唯一地确定这棵二叉树,但由先根遍历序列和后根遍历序列却不一定能够唯一地确定这棵二叉树,试证明上述结论。

3. 假设有一段正文为“THIS-IS-THE-THESTT-THAT-IT-TITHET-TETTEE”,它所使用的字符集为 $C=\{T,H,I,S,E,A,-\}$。请设计一套 C 中字符的二进制编码,使上述正文的二进制编码最短,并计算出存储上述正文的二进制编码所需要的字节数(每个字节由8个二进制位组成)(提示:以每个字符在正文中出现的频度为权值)。

习题5 主观题参考答案

第6章 图

与线性结构和树形结构相比，图(Graph)是一种更复杂的数据结构。在线性结构中，数据元素之间仅存在线性关系，即除了首元素和尾元素外，每一个数据元素只有一个前驱结点和一个后继结点。在树形结构中，数据元素之间存在着明显的层次关系，并且每一层上的数据元素可能和下一层中多个数据元素(即其子结点)相关，但只能和上一层中的一个数据元素(即其父结点)相关。而在图形结构中，数据元素之间的关系可以是任意的，任意两个数据元素之间都可能相关。

【本章主要知识导图】

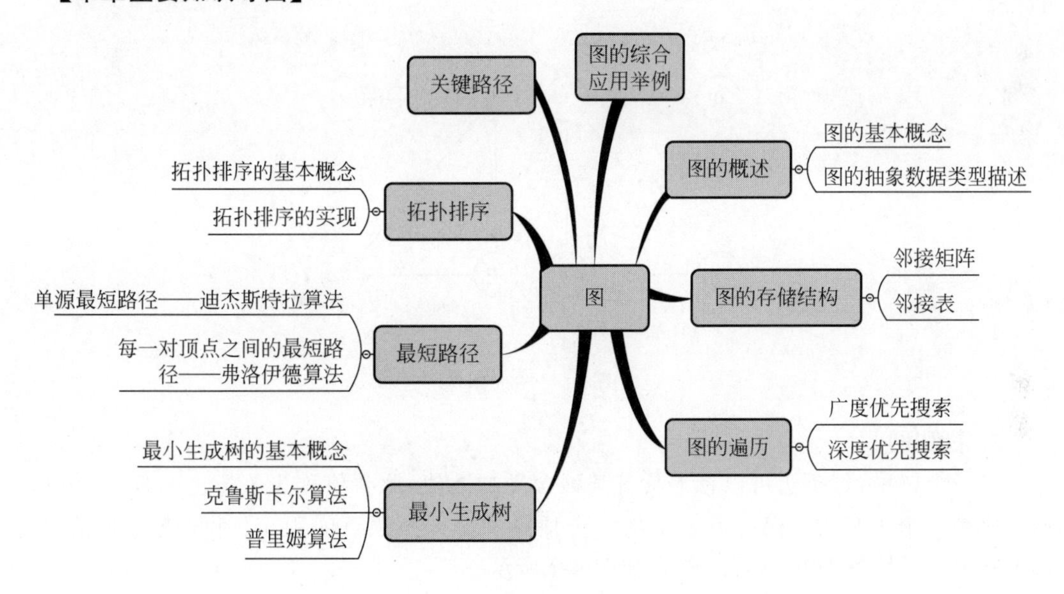

6.1 图的概述

在实际生活中，图的应用极为广泛，它已渗透到诸如语言学、逻辑学、物理、系统工程、计算机科学和控制论等众多领域中。

6.1.1 图的基本概念

图是由顶点(Vertex)集 V 和边(Edge)集 E 组成的，记为 $G=(V,E)$。V 是有穷非空集合，称为顶点集，$v\in V$ 称为顶点。E 是有穷集合，称为边集，$e\in E$ 称为边。$e=(u,v)$ 或 $e=\langle u,v\rangle$，$u,v\in V$。其中，(u,v) 表示顶点 u 与顶点 v 的一条无向边，简称为边，即 (u,v) 没有

方向，这时(u,v)和(v,u)是等同的；而$\langle u,v\rangle$表示从顶点 u 到顶点 v 的一条有向边，简称为弧(Arc)，u 为始点(Initial Node)或弧尾(Tail)，v 为终点(Terminal Node)或弧头(Head)。由于$\langle u,v\rangle$是有方向的，故$\langle u,v\rangle$和$\langle v,u\rangle$是不同的。需要说明的是：E 可以是空集，此时图 G 只有顶点没有边，称为零图。

对于图论中的一些基本概念介绍如下。

1. 无向图

全部由无向边构成的图称为无向图(Undirected Graph)。图 6-1(a)所示的是无向图 G_1。G_1 的顶点集 V_1 和边集 E_1 分别为：

$$V_1=\{0,1,2,3,4\}$$

$$E_1=\{(0,1),(1,2),(1,4),(2,3),(3,4)\}$$

2. 有向图

全部由有向边构成的图称为有向图(Directed Graph)。图 6-1(b)所示的是有向图 G_2，G_2 的顶点集 V_2 和边集 E_2 分别为：

$$V_2=\{v_0,v_1,v_2,v_3,v_4\}$$

$$E_2=\{\langle v_0,v_1\rangle,\langle v_0,v_2\rangle,\langle v_2,v_3\rangle,\langle v_3,v_0\rangle,\langle v_3,v_4\rangle\}$$

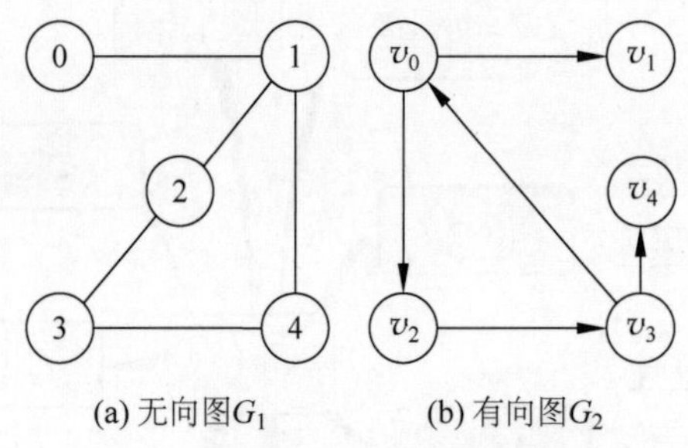

图 6-1　图的示例

3. 权和网

在一个图中，每条边可以标上具有某种含义的数值，此数值称为该边上的权(Weight)。通常权是一个正实数。权可以表示从一个顶点到另一个顶点的距离、时间或代价等含义。边上标识权的图称为网(Network)，如图 6-2 所示。

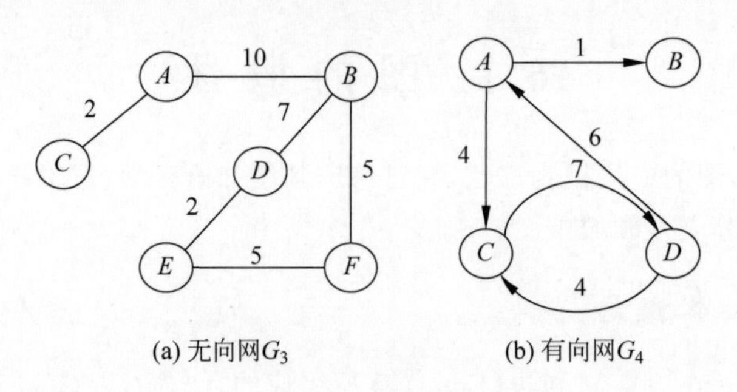

图 6-2　网的示例

4. 完全图

在具有 n 个顶点的无向图 G 中，当边数达到最大值 $\frac{n(n-1)}{2}$ 时，称图 G 为无向完全图(Undirected Complete Graph)。

在具有 n 个顶点的有向图 G 中，当边数达到最大值 $n(n-1)$ 时，称图 G 为有向完全图(Directed Complete Graph)。

5. 稠密图和稀疏图

在具有 n 个顶点、e 条边的图 G 中，若含有较少的边(例如：$e < n\log n$)，则称图 G 为稀疏图(Sparse Graph)；反之则称为稠密图(Dense Graph)。

6. 子图

设有两个图 $G=(V,E)$ 和 $G'=(V',E')$，若 V' 是 V 的子集，即 $V' \subseteq V$，并且 E' 是 E 的子集，即 $E' \subseteq E$，则称 G' 为 G 的子图(Subgraph)，记为 $G' \subseteq G$。若 G' 为 G 的子图，并且 $V'=V$，则称 G' 为 G 的生成子图(Spanning Subgraph)。例如，图 6-3 所示的是图 6-1 中的无向图 G_1 和有向图 G_2 的几个子图。

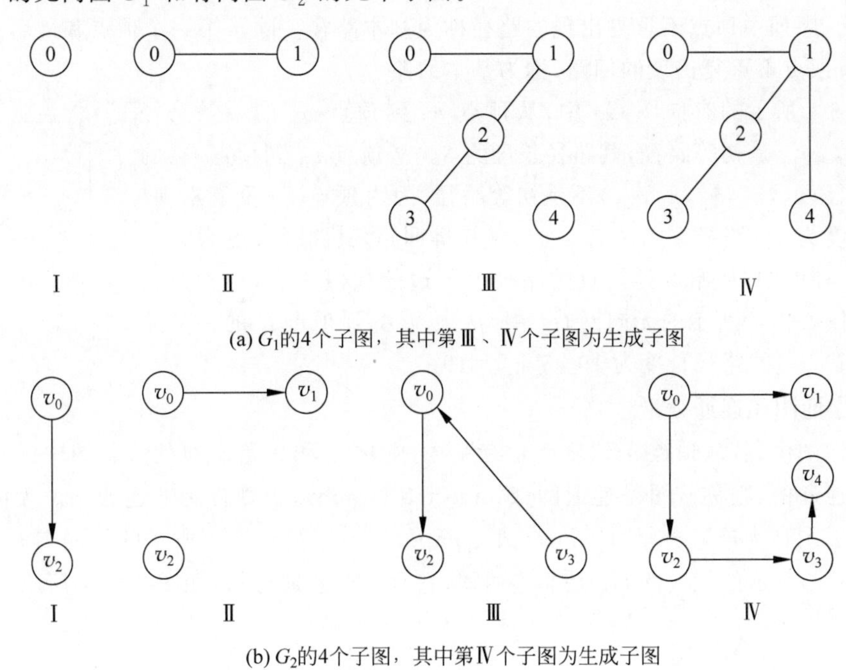

(a) G_1的4个子图，其中第Ⅲ、Ⅳ个子图为生成子图

(b) G_2的4个子图，其中第Ⅳ个子图为生成子图

图 6-3 子图示例

7. 邻接点

在一个无向图中，若存在一条边 (u,v)，则称顶点 u 与 v 互为邻接点(Adjacent)。边 (u,v) 是顶点 u 和 v 关联的边，顶点 u 和 v 是边 (u,v) 关联的顶点。

在一个有向图中，若存在一条弧 $\langle u,v \rangle$，则称顶点 u 邻接到 v，顶点 v 邻接自 u。弧 $\langle u,v \rangle$ 和顶点 u、v 关联。

8. 顶点的度

顶点的度(Degree)是图中与该顶点相关联的边的数目。顶点 v 的度记为 $D(v)$。例如,在图 6-1(a)所示的无向图 G_1 中,顶点 1 的度为 3,记为 $D(1)=3$。

在有向图中,顶点 v 的度有入度和出度之分,以 v 为终点的弧的数目称为入度(In Degree),记为 ID(v);以 v 为起点的弧的数目称为出度(Out Degree),记为 OD(v)。顶点的度等于它的入度和出度之和,即有:D(v)=ID(v)+OD(v)。例如,在图 6-1(b)所示的有向图 G_2 中,顶点 v_0 的入度 ID(v_0)=1,出度 OD(v_0)=2,顶点 v_0 的度 $D(v_0)=3$。

若一个图有 n 个顶点和 e 条边,则该图所有顶点的度之和与边数 e 满足如下关系,称为握手定理:

$$\sum_{i=0}^{n-1} D(v_i)=2e$$

该式表示度与边的关系。每条边关联两个顶点,对顶点的度贡献为 2,所以全部顶点的度之和为所有边数的 2 倍。

9. 路径与回路

在一个图中,路径(Path)是从顶点 u 到顶点 v 所经过的顶点序列,即($u=v_{i_0}, v_{i_1}, \cdots, v_{i_m}=v$)。路径长度是指该路径上边的数目。第一个顶点和最后一个顶点相同的路径称为回路或环。序列中顶点不重复出现的路径称为基本路径。除了第一个顶点和最后一个顶点之外,其余顶点不重复出现的回路,称为基本回路。

在图 6-4 所示的有向图 G_5 中,从顶点 v_0 到顶点 v_1 的一条路径(v_0, v_2, v_3, v_1)是初等路径,其路径长度为 3。从顶点 v_0 到顶点 v_1 的另一条路径(v_0, v_2, v_3, v_0, v_1)不是初等路径,因为顶点 v_0 重复出现,其路径长度为 4。路径(v_0, v_2, v_3, v_0)是初等回路,其路径长度为 3。

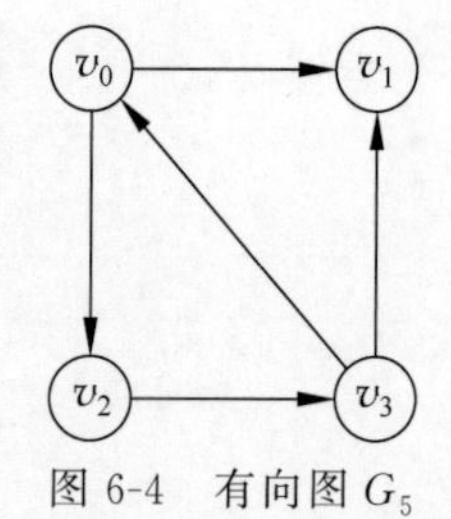

图 6-4　有向图 G_5

此外,在网中,从始点到终点的路径上各边的权值之和,称为路径长度。在图 6-2(a)所示的无向网 G_3 中,从顶点 A 到顶点 E 的一条路径(A, B, D, E)的路径长度为 10+7+2=19。

10. 连通图和连通分量

在无向图中,若从顶点 u 到顶点 v 有路径,则称 u 和 v 是连通的。若图中的任意两个顶点均是连通的,则称该图是连通图(Connected Graph),否则称为非连通图。无向图中的极大连通子图称为连通分量(Connected Component)。图 6-1(a)所示的无向图 G_1 是连通图;图 6-5(a)所示的无向图 G_6 是非连通图,它有三个连通分量,如图 6-5(b)所示。

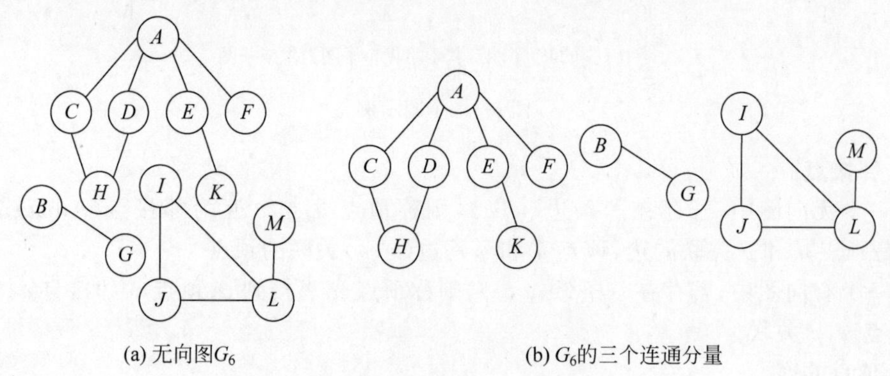

图 6-5　非连通图及其连通分量

11. 强连通图和强连通分量

在有向图中,若任意两个顶点均连通,则称该图是强连通图。有向图中的极大强连通子图称为强连通分量,强连通图只有一个强连通分量,即其本身;非强连通图有多个强连通分量。图 6-4 所示的有向图 G_5 不是强连通图,它有两个强连通分量,如图 6-6 所示。

12. 生成树和生成森林

生成树是一种特殊的生成子图,它包含图中的全部顶点,但只有构成一棵树的 $n-1$ 条边。如图 6-3(a)的第Ⅳ个生成子图即为生成树。

对于非连通图,每个连通分量可形成一棵生成树,这些生成树组成了该非连通图的生成森林。

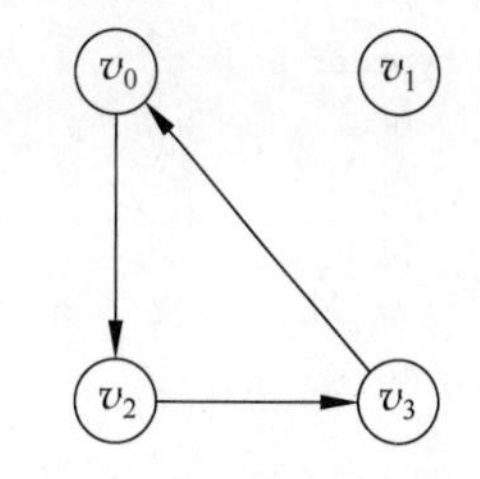

图 6-6　G_5 的两个强连通分量

6.1.2　图的抽象数据类型描述

图由顶点集和边集组成,因此对图的操作也集中在对顶点和边的操作上,抽象数据类型定义如下:

```
ADT Graph{
  数据对象 V:V 是具有相同特性的数据元素的集合,称为顶点集。
  数据关系 R:R = {VR}
                    VR = {<v,w>|v,w∈V 且 P(v,w),<v,w>表示从 v 到 w 的弧,
                    谓词 P(v,w)定义了弧<v,w>的意义或信息}
  基本操作 P:
    CreateGraph(&G, V, VR),图的创建操作:按 V 和 VR 的定义构造图 G,其中 V 是图的顶点集,VR 是
    图中弧的集合。
    DestroyGraph(&G ),图的销毁操作:销毁已经存在的图 G。
    LocateVex(G, v),顶点定位操作:在已知图 G 中查找指定的顶点 v,若 G 中存在顶点 v,则返回该
    顶点在图中位置; 否则返回 0。
    GetVex(G, v),读取指定顶点值的操作:v 是已知图 G 的某个顶点,返回顶点 v 的值。
    PutVex(&G, v, value) ,对顶点赋值的操作:对已知图 G 的某个顶点 v 赋予值 value。
    FirstAdjVex(G, v),求第一个邻接顶点的操作:v 是已知图 G 的某个顶点,返回 v 的第一个邻接顶
    点,若顶点在 G 中没有邻接顶点,则返回 - 1。
    NextAdjVex(G, v, w),求下一个邻接顶点的操作:v 是已知图 G 的某个顶点,w 是 v 的邻接顶点,返
    回 v 的(相对于 w 的)下一个邻接顶点,若 w 是 v 的 最后一个邻接点,则返回"空"。
    InsertVex(&G, v),插入顶点的操作:在已知图 G 中增加一个新顶点 v。
    DeleteVex(&G, v),删除顶点的操作:删除已知 G 中顶点 v 及其相关的弧。
    InsertArc(&G, v, w),插入弧的操作:v 和 w 是已知 G 中的两个顶点,要求在 G 中增添弧<v,w>,若
    G 是无向的,则还增添对称弧<w,v>。
    DeleteArc(&G, v, w),删除弧的操作: v 和 w 是已知 G 中的两个顶点,要求在 G 中删除弧<v,w>,
    若 G 是无向的,则还删除对称弧<w,v>。
    DFSTraverse(G, Visit()),深度优先遍历操作:要求对已知图 G 中的每个顶点按深度优先遍历的
    方法调用函数 Visit()一次且仅一次,一旦 Visit()失败,则操作失败。
    BFSTraverse(G, Visit()),广度优先遍历操作: 要求对已知图 G 中的每个顶点按广度优先遍历
    方法调用函数 Visit()一次且仅一次,一旦 Visit()失败,则操作失败。
}ADT Graph
```

6.2 图的存储结构

图的类型主要有4种：无向图、有向图、无向网和有向网。可以用枚举表示如下：

```
typedef enum{
  UDG,                          //无向图(UnDirected Graph)
  DG,                           //有向图(Directed Graph)
  UDN,                          //无向网(UnDirected Network)
  DN                            //有向网(Directed Network)
} GraphKind;
```

图的存储结构除了存储图中各个顶点的信息外，还要存储与顶点相关联的边的信息。图的常见存储结构有邻接矩阵、邻接表、邻接多重表、十字链表等，每种存储结构都能表示上面所讲的4种类型的图。下面主要介绍邻接矩阵和邻接表。

6.2.1 邻接矩阵

1. 图的邻接矩阵

图的邻接矩阵(Adjacency Matrix)是用来表示顶点之间相邻关系的矩阵。假设图 $G=(V,E)$ 具有 $n(n\geqslant 1)$ 个顶点，顶点的顺序依次为 $\{v_0,v_1,\cdots,v_{n-1}\}$，则图 G 的邻接矩阵 $\mathbf{A}$ 是一个 n 阶方阵，定义如下：

$$\mathbf{A}[i][j]=\begin{cases}1 & (v_i,v_j)\in E \text{ 或} \langle v_i,v_j\rangle \in E \\ 0 & (v_i,v_j)\notin E \text{ 或} \langle v_i,v_j\rangle \notin E\end{cases}$$

其中，$0\leqslant i,j\leqslant n-1$。

例如，图6-1所示的无向图 G_1 和有向图 G_2，对应的邻接矩阵分别为 $\mathbf{A}_1$ 和 $\mathbf{A}_2$。

$$\mathbf{A}_1=\begin{array}{c} \\ 0\\1\\2\\3\\4\end{array}\begin{array}{c}\begin{matrix}0&1&2&3&4\end{matrix}\\ \begin{pmatrix}0&1&0&0&0\\1&0&1&0&1\\0&1&0&1&0\\0&0&1&0&1\\0&1&0&1&0\end{pmatrix}\end{array},\quad \mathbf{A}_2=\begin{array}{c} \\ v_0\\v_1\\v_2\\v_3\\v_4\end{array}\begin{array}{c}\begin{matrix}v_0&v_1&v_2&v_3&v_4\end{matrix}\\ \begin{pmatrix}0&1&1&0&0\\0&0&0&0&0\\0&0&0&1&0\\1&0&0&0&1\\0&0&0&0&0\end{pmatrix}\end{array}$$

从邻接矩阵 $\mathbf{A}_1$ 和 $\mathbf{A}_2$ 中不难看出，无向图的邻接矩阵是对称阵，因此一般可以采用压缩存储；有向图的邻接矩阵一般不对称。用邻接矩阵存储图，所需的存储空间只与顶点数有关。

用邻接矩阵表示图，很容易判断任意两个顶点之间是否有边，同样很容易求出各个顶点的度。对于无向图，邻接矩阵的第 i 行或第 i 列的非零元素的个数正好是顶点 v_i 的度；对于有向图，邻接矩阵的第 i 行的非零元素的个数正好是顶点 v_i 的出度，第 i 列的非零元素的个数正好是顶点 v_i 的入度。

对于网 G，假设 w_{ij} 代表边 (v_i,v_j) 或 $\langle v_i,v_j\rangle$ 上的权值，则图 G 的邻接矩阵 $\mathbf{A}$ 定义如下：

$$\boldsymbol{A}[i][j]=\begin{cases}w_{ij} & (v_i,v_j)\in E \text{ 或} \langle v_i,v_j\rangle \in E\\ \infty & (v_i,v_j)\notin E \text{ 或} \langle v_i,v_j\rangle \notin E\end{cases}$$

其中，$0\leqslant i,j\leqslant n-1$。

例如，图 6-2 所示的网 G_3 和 G_4，对应的邻接矩阵分别为 $\boldsymbol{A}_3$ 和 $\boldsymbol{A}_4$。

$$\boldsymbol{A}_3=\begin{matrix} & A & B & C & D & E & F\\ A & \infty & 10 & 2 & \infty & \infty & \infty\\ B & 10 & \infty & \infty & 7 & \infty & \infty\\ C & 2 & \infty & \infty & \infty & \infty & \infty\\ D & \infty & 7 & \infty & \infty & 2 & \infty\\ E & \infty & \infty & \infty & 2 & \infty & 5\\ F & \infty & 5 & \infty & \infty & 5 & \infty\end{matrix},\quad \boldsymbol{A}_4=\begin{matrix} & A & B & C & D\\ A & \infty & 1 & 4 & \infty\\ B & \infty & \infty & \infty & \infty\\ C & \infty & \infty & \infty & 7\\ D & 6 & \infty & 4 & \infty\end{matrix}$$

2. 图的邻接矩阵存储结构

对于一个具有 n 个顶点的图 G 来说，可以将图 G 的邻接矩阵存储在一个二维数组中，图的邻接矩阵的存储结构描述如下：

```
typedef struct {                                    // 边的定义
    VRType adj;                                     // VRType 是顶点关系类型
                                                    // 对无权图,用 1 或 0 表示是否相邻
                                                    // 对带权图,则为权值类型
    InfoType * info;                                // 该弧相关信息的指针
} AdjMatrix[MAX_VERTEX_NUM] [MAX_VERTEX_NUM];
typedef struct {                                    // 图的定义
      VertexType vexs[MAX_VERTEX_NUM];              // 顶点信息
      AdjMatrix arcs;                               // 邻接矩阵
      int vexnum, arcnum;                           // 顶点数,边数
      GraphKind kind;                               // 图的种类标志
  } MGraph;
```

3. 基本操作的实现

下面主要介绍采用图的邻接矩阵作为存储结构时，图的创建、顶点定位、查找第一个邻接点、查找下一个邻接点操作的实现方法。

1）图的创建

图的类型共有 4 种，算法 6-1 是对图的创建操作的实现框架，它根据图的种类调用具体的创建算法。若 G 是无向网，则调用算法 6-2；若 G 是有向网，则调用算法 6-3。具体的实现算法描述如下。

【算法 6-1】 图的创建算法。

```
Status CreateGraph(MGraph &G)
//采用邻接矩阵表示法,构造图 G
{  scanf(&G.kind);
   switch(G.kind)
    {    case DG : return CreateDG(G);              //构造有向图 G
         case DN : return CreateDN(G);              //构造有向网 G
```

```
        case UDG : return CreateUDG(G);                 //构造无向图 G
        case UDN : return CreateUDN(G);                 //构造无向网 G
        default : return ERROR;
    }
} //算法 6-1 结束
```

【算法 6-2】 无向网的创建算法。

```
Status CreateUDN(MGraph &G)
// 采用数组(邻接矩阵)表示法,构造无向网 G
{   int i, j, k, w;
    VertexType v1, v2;
    printf("输入顶点数 G.vexnum: ");
    scanf("%d", &G.vexnum);
    printf("输入边数 G.arcnum: ");
    scanf("%d", &G.arcnum);
    for (i = 0; i < G.vexnum; i++)
    {   printf("输入顶点 G.vexs[%d]: ", i);
        scanf("%c", &G.vexs[i]);
    } // 构造顶点向量
    for (i = 0; i < G.vexnum; ++i)                      //初始化邻接矩阵
        for (j = 0; j < G.vexnum; ++j)
        {   G.arcs[i][j].adj = INFJNITY;                //{adj,info}
            G.arcs[i][j].info = NULL;
        }
    for (k = 0; k < G.arcnum; ++k)                      //构造邻接矩阵
    {   printf("输入第%d条边 vi、vj 和权值 w (int):\n", k + 1);
        scanf("%c %c %d", &v1, &v2, &w);                //输入一条边依附的顶点及权值
        getchar();
        i = LocateVex(G, v1); j = LocateVex(G, v2);     //确定 v1 和 v2 在 G 中位置
        G.arcs[i][j].adj = w;                           //弧<v1,v2>的权值
        G.arcs[j][i].adj = G.arcs[i][j].adj;            //置<v1,v2>的对称弧<v2,v1>
    }
    return OK;
}//算法 6-2 结束
```

【算法 6-3】 有向网的创建算法。

```
Status CreateDN(MGraph &G)
// 采用数组(邻接矩阵)表示法,构造有向网 G
{   int i, j, k, w;
    VertexType v1, v2;
    printf("输入顶点数 G.vexnum: " );
    scanf("%d", &G.vexnum);
    printf("输入边数 G.arcnum: ");
    scanf("%d", &G.arcnum);
    for (i = 0; i < G.vexnum; i++)
    {   printf("输入顶点 G.vexs[%d]: ",i);
        scanf("%c", &G.vexs[i]);
        getchar();                                      // 跳过上行输入的回车
    }                                                   // 构造顶点向量
```

```
    for (i = 0; i < G.vexnum; ++i)                            // 初始化邻接矩阵
        for (j = 0; j < G.vexnum; ++j)
        {   G.arcs[i][j].adj = INFINITY; //{adj,info}
            G.arcs[i][j].info = NULL;
        }
    for (k = 0; k < G.arcnum; ++k)                            // 构造邻接矩阵
    {   printf("输入第 %d 条边 vi、vj 和权值 w (int): \n", k + 1);
        scanf(" %c %c %d", &v1, &v2, &w);                     // 输入一条边依附的顶点及权值
        getchar();
        i = LocateVex(G, v1); j = LocateVex(G, v2);   // 确定 v1 和 v2 在 G 中位置
        G.arcs[i][j].adj = w;                                 // 弧<v1,v2>的权值
    }
    return OK;
}//算法 6-3 结束
```

构造一个具有 n 个顶点和 e 条边的网 G 的时间复杂度是 $O(n^2+en)$，其中邻接矩阵 arcs 的初始化耗费了 $O(n^2)$的时间。

2）顶点定位

顶点定位的基本要求是：根据顶点信息 vexs，取得其在顶点数组中的位置，若图中无此顶点，则返回－1。具体的实现算法描述如下：

【算法 6-4】 顶点定位算法。

```
int LocateVex(MGraph G, char v)
{   int i;
    for(i = 0; i < G.vexnum; ++i)
        if (G.vexs[i] == v)
            return i;
    return -1;
}//算法 6-4 结束
```

该算法需遍历顶点数组。对一个具有 n 个顶点的图 G，其时间复杂度是 $O(n)$。

3）查找第一个邻接点

查找第一个邻接点的基本要求是：已知图中的一个顶点 v，返回 v 的第一个邻接点，若 v 没有邻接点，则返回－1，其中 $0 \leqslant v < \text{G.vexnum}$。具体的实现算法描述如下。

【算法 6-5】 查找第一个邻接点的算法。

```
int FirstAdjVex(MGraph G, int v)
{   if (v < 0 || v >= G.vexnum)
        return -1;
    for (int j = 0; j < G.vexnum; j++)                    //遍历邻接阵第 v 行
        if (G.arcs[v][j].adj != 0 && G.arcs[v][j].adj < INFINITY)
            return j;
    return -1;
}//算法 6-5 结束
```

该算法需遍历邻接矩阵 arcs 的第 v 行。对一个具有 n 个顶点的图 G，其时间复杂度是 $O(n)$。

4) 查找下一个邻接点

查找下一个邻接点的基本要求是：已知图中的一个顶点 v，以及 v 的一个邻接点 w，返回 v 相对于 w 的下一个邻接点，若 w 是 v 最后一个邻接点，则返回 -1，其中：$0 \leqslant v, w <$ G. vexNum。具体的实现算法描述如下：

【算法 6-6】 查找下一个邻接点的算法。

```
int NextAdjVex(MGraph G, int v, int w)
{    if (v < 0 || v >= G.vexnum)
         return -1;
    for (int j = w + 1; j < G.vexnum; j++)              //遍历邻接阵第 v 行
         if (G.arcs[v][j].adj != 0 && G.arcs[v][j].adj < INFINITY)
             return j;
    return -1;
}//算法 6-6 结束
```

该算法需要从 $w+1$ 处遍历邻接矩阵 G. arcs 的第 $v+1$ 行。对一个有 n 个顶点的图 G，其时间复杂度是 $O(n)$。

用邻接矩阵存储图，虽然能很好地确定图中的任意两个顶点之间是否有边，但是不论是求任一顶点的度，还是查找任一顶点的邻接点，都需要访问对应的一行或一列中的所有的数据元素，其时间复杂度为 $O(n)$。而要确定图中有多少条边，则必须按行对每个数据元素进行检测，花费的时间代价较大，其时间复杂度为 $O(n^2)$。从空间上看，不论图中的顶点之间是否有边，都要在邻接矩阵中保留存储空间，其空间复杂度为 $O(n^2)$，空间效率较低，这也是邻接矩阵的局限性。

6.2.2 邻接表

1. 图的邻接表存储结构

邻接表(Adjacency List)是图的一种链式存储方法，邻接表表示类似于树的孩子链表表示。邻接表是由一个顺序存储的顶点表和 n 个链式存储的边表组成的。其中，顶点表由顶点结点组成，边表是由边(或弧)结点组成的一个单链表，表示所有依附于顶点 v_i 的边(对于有向图就是所有以 v_i 为起点的弧)。

顶点结点和边(或弧)结点的结构分别如下：

顶点结点

data	firstArc

边(或弧)结点

adjVex	value	nextArc

顶点结点包括 data 和 firstArc 两个域。data 表示顶点信息；firstArc 表示指向边表中的第一个边(或弧)结点。边结点包括 adjVex、nextArc 和 value 共三个域。其中，adjVex 指示与顶点 v_i 邻接的顶点在图中的位置；nextArc 指向下一个边结点；value 存储与边相关的信息，例如权值等，边结点对应与该顶点相关联的一条边。一个图的邻接表存储结构可说明如下：

```
//----- 图的邻接表存储表示 -----
```

```
#define MAX_VERTEX_NUM 20

//顶点结点
typedef struct VNode{
    VertexType    data;           //顶点信息
    ArcNode       * firstArc;     //第一个表结点的地址,指向第一条依附该顶点的边(弧)的指针
}VNode, AdjList[MAX_VERTEX_NUM];

//边(或弧)结点
typedef struct ArcNode{
    int  adjVex;                  //该边(弧)所指向的顶点的位置
    ArcNode   * nextArc;          //指向下一条弧的指针
    InfoType   * value;           //该边(弧)相关信息
}ArcNode;

typedef struct{
    AdjList vertices;
    int  vexNum, arcNum;          //图的顶点数和弧数
    int  kind;                    //图的种类标志
}ALGraph;
```

例如,图 6-7(a)、(b)和(c)所示的分别为无向图 G_1、有向图 G_2 和有向网 G_4 的邻接表。

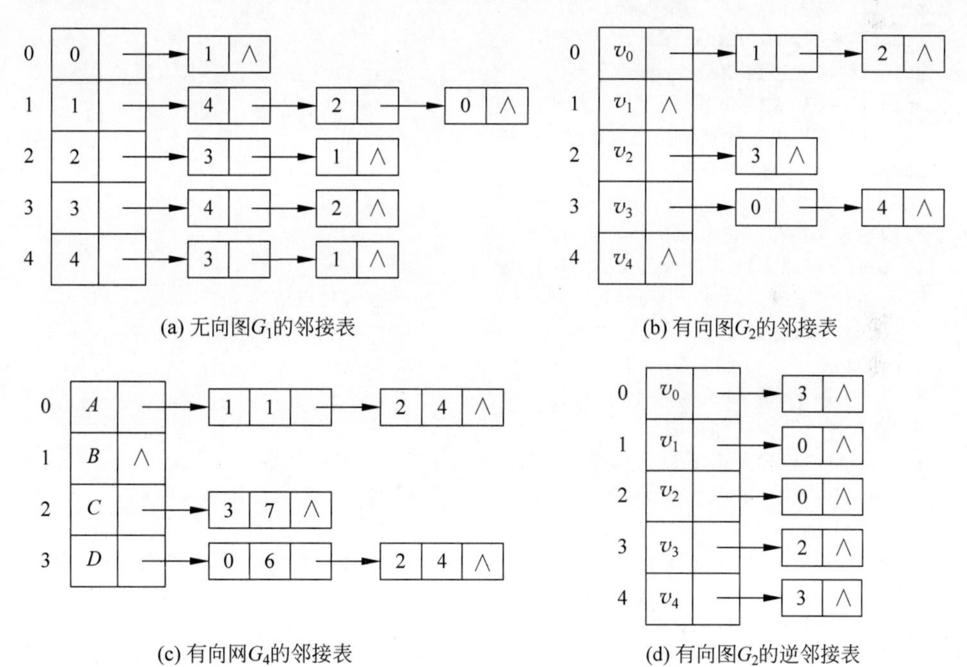

图 6-7 邻接表和逆邻接表

邻接表具有以下特点:

(1) 在无向图的邻接表中,顶点 v_i 的度恰好等于该顶点的邻接表中边结点的个数;而在有向图中,顶点 v_i 的邻接表中边结点的个数仅为该顶点的出度,若要求顶点的入度,则需遍历整个邻接表。有时为了便于求有向图中顶点的入度,可以通过建立一个有向图的逆邻

接表得到。所谓逆邻接表,就是对图中的每个顶点 v_i 建立一个链表,存储以 v_i 为终点(弧头)的弧,例如,图 6-7(d)所示是有向图 G_2 的逆邻接表。

(2) 对于有 n 个顶点和 e 条边的无向图,其邻接表有 n 个顶点结点和 $2e$ 个边结点;而对于有 n 个顶点和 e 条弧的有向图,其邻接表有 n 个顶点结点和 e 个弧结点。显然,对于稀疏图,邻接表比邻接矩阵节省存储空间。

2. 基本操作的实现

下面主要介绍采用图的邻接表作为存储结构时图的创建、在图中插入边(或弧)结点和查找下一个邻接点操作的实现方法。

1) 图的创建

与邻接矩阵相似,它根据图的种类调用具体的创建算法。这里只分析无向图的创建算法,其余算法可类似分析。无向图的创建算法描述如下。

【算法 6-7】 无向图的创建算法。

```
Status CreateUDG(ALGraph &G)
//采用邻接表存储表示,构造无向图 G(G.kind = UDG)
{   int i, j, k, IncInfo;
    ArcNode *pi, *pj;
    char v1, v2;
    printf("输入顶点数 G.vexNum: " );
    scanf("%d", &G.vexNum);
    printf("输入边数 G.arcNum: ");
    scanf("%d", &G.arcNum);
    printf("输入边包含其他信息情况(1 -- 包含,0 -- 不包含): ");
    scanf("%d", &IncInfo);
    for (i = 0; i < G.vexNum; ++i)
    //构造表头向量
    {   printf("输入顶点 G.vertices[%d].data: ", i);
        scanf("%c", &G.vertices[i].data);          // 输入顶点值
        G.vertices[i].firstArc = NULL;             // 初始化链表头指针为"空"
    }//endfor
    for (k = 0; k < G.arcNum; ++k)
    // 输入各边并构造邻接表
    {   printf("请输入第%d条边的两个顶点(逗号分开): \n", k + 1);
        scanf("%c, %c", &v1, &v2);                 // 输入一条边的始点和终点
        i = LocateVex(G, v1);
        j = LocateVex(G, v2);                      // 确定 v1 和 v2 在 G 中位置,即顶点的序号
        if (!(pi = (ArcNode *)malloc(sizeof(ArcNode))))
            exit(OVERFLOW);
        pi -> adjVex = j;                          // 对弧结点赋予邻接点"位置"信息
         pi -> nextArc = G.vertices[i].firstArc;  // 头插法插入链表 G.vertices[i]
         G.vertices[i].firstArc = pi;
         if (!(pj = (ArcNode *)malloc(sizeof(ArcNode))))
            exit(OVERFLOW);
         pj -> adjVex = i;                         // 对弧结点赋予邻接点"位置"信息
         pj -> nextArc = G.vertices[j].firstArc; G.vertices[j].firstArc = pj; // 插入链表
                                                                   //G.vertices[j]
     }//endfor
```

```
    return OK;
}//算法 6-7 结束
```

该算法在建立边结点时，输入的都是边依附的顶点值，而不是顶点的位置，因此在建立每个边结点时，先要通过定位操作 LocateVex()确定顶点的位置，其时间复杂度是 $O(n)$。因此，构造一个有 n 个顶点和 e 条边的图时，该算法的时间复杂度是 $O(ne)$。

2）查找首个邻接点

查找首个邻接点的基本要求是：已知图中的一个顶点 v，返回 v 的第一个邻接点，若 v 没有邻接点，则返回 -1，其中：$0 \leqslant v < \text{vexNum}$。具体的实现算法描述如下：

【算法 6-8】 在图中查找首个邻接点的算法。

```
int FirstAdjVex(ALGraph G, VertexType v)
{   ArcNode *p;
    int v1;
    v1 = LocateVex(G, v);                          // v1 为顶点 v 在图 G 中的序号
    p = G.vertices[v1].firstArc;
    if(p)
        return p->adjVex;
    else
        return -1;
}//算法 6-8 结束
```

该算法需要通过访问邻接表的第 v 个单链表去寻找第一个弧结点，时间复杂度是 $O(1)$。

3）查找下一个邻接点

要在图的邻接表中查找 v 相对于 w 的下一个邻接点(其中：$0 \leqslant v, w < \text{vexNum}$)，则只需在依附于顶点 v 的边表中沿着边结点的后继指针依次去查找 v 的邻接顶点 w，若找到，则 w 的后继即为顶点 v 相对于顶点 w 的下一个邻接点。查找下一个邻接点的算法描述如下：

【算法 6-9】 查找下一个邻接点的算法。

```
int NextAdjVex(ALGraph G, VertexType v, VertexType w)
{   ArcNode *p;
    int v1, w1;
    v1 = LocateVex(G, v);                        // v1 为顶点 v 在图 G 中的序号
    w1 = LocateVex(G, w);                        // w1 为顶点 w 在图 G 中的序号
    p = G.vertices[v1].firstArc;
    while(p && p->adjVex != w1)                  // 指针 p 不空且所指表结点不是 w
        p = p->nextArc;
    if(!p || !p->nextArc)
        return -1;                               // 没找到 w,或 w 是最后一个邻接点
    else
        return p->nextArc->adjVex;              // 返回 v 的(相对于 w 的)下一个邻接顶点的序号
}//算法 6-9 结束
```

该算法需要通过访问邻接表的第 v 个单链表去寻找弧结点 w 的下一个弧结点，其时间复杂度为 $O(e/n)$。

在邻接表上很容易找到任意一个顶点的第一个邻接点和下一个邻接点，但若要判定任意两个顶点是否有边相连，则需遍历单链表，不如邻接矩阵方便。

6.3 图的遍历

与树的遍历类似,遍历也是图的一种基本操作。图的遍历(Traversing Graph)是指从图中的某个顶点出发,对图中的所有顶点访问且仅访问一次的过程。图的遍历算法是图的基本操作,是拓扑排序和关键路径等算法的基础。

然而,图的遍历要比树的遍历复杂,因为图中一般存在回路,也就是,在访问了某个顶点后,可能会沿着某条路径再次回到该顶点。为了避免顶点的重复访问,在遍历图的过程中,必须记下已访问过的顶点。为此,需要增设一个辅助数组 visited,其初始值为"假",一旦访问了顶点 v_i,置 visited[i]为"真"。

图常见的遍历有广度优先搜索(Breadth First Search,BFS)和深度优先搜索(Depth First Search,DFS)两种方式,它们对无向图和有向图都适用。

6.3.1 广度优先搜索

广度优先搜索类似于树的层次遍历,是树的层次遍历的推广。

1. 算法描述

从图中的某个顶点 v 开始,先访问该顶点,再依次访问该顶点的每一个未被访问过的邻接点 $w_1,w_2,\cdots$;然后按此顺序访问顶点 $w_1,w_2,\cdots$的各个还未被访问过的邻接点。重复上述过程,直到图中的所有顶点都被访问过为止。也就是说,广度优先搜索遍历的过程是一个以顶点 v 为起始点,由近及远,依次访问和顶点 v 有路径相通且路径长度为1,2,3…的顶点,并且遵循"先被访问的顶点,其邻接点就先被访问"的原则。广度优先搜索是一种分层的搜索过程,每向前走一步就可能访问一批顶点。例如,在图6-8(a)所示的无向图 G_7 中,从顶点 v_0 出发,进行广度优先搜索遍历的过程如图6-8(b)所示。

假设 v_0 是出发点,首先访问起始点 v_0;顶点 v_0 有两个未被访问的邻接点 v_1 和 v_2,先访问顶点 v_1,再访问顶点 v_2;然后,访问顶点 v_1 未被访问过的邻接点 v_3、v_4,及顶点 v_2 未被访问过的邻接点 v_5 和 v_6;最后访问顶点 v_3 未被访问过的邻接点 v_7。至此,图中所有顶点均已被访问过,得到的顶点访问序列为$\{v_0,v_1,v_2,v_3,v_4,v_5,v_6,v_7\}$。

广度优先搜索遍历图得到的顶点序列,定义为图的广度优先遍历序列,简称为BFS序列。一个图的BFS序列不是唯一的。因为在执行广度优先搜索时,一个顶点可以从多个邻接点中任意选择一个邻接点进行访问。但是在给定了起始点及图的存储结构时,BFS算法所给出的BFS序列是唯一的。

2. 图的广度优先搜索算法的实现

在广度优先搜索遍历中,需要使用队列,依次记住被访问过的顶点。因此,算法开始时,访问起始点 v,并将其插入队列中,以后每次从队列中删除一个数据元素,都依次访问它的每一个未被访问过的邻接点,并将其插入队列中。这样,当队列为空时,表明所有与起始点相通的顶点都已被访问完毕,算法结束。

在访问过程中,队列的状态及操作过程如表6-1所示。广度优先搜索算法的实现如算法6-10所示。

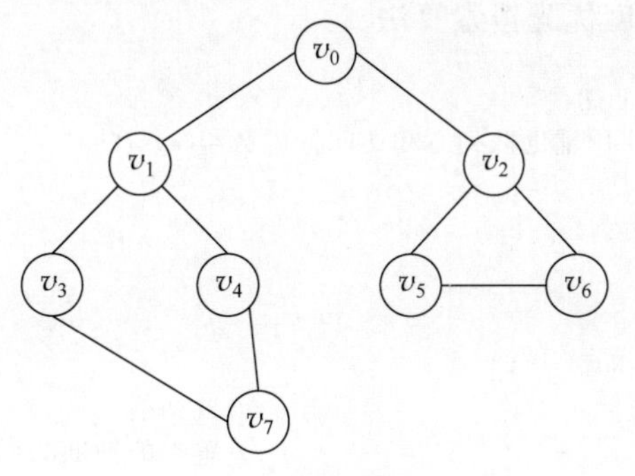

(a) 无向图G_7

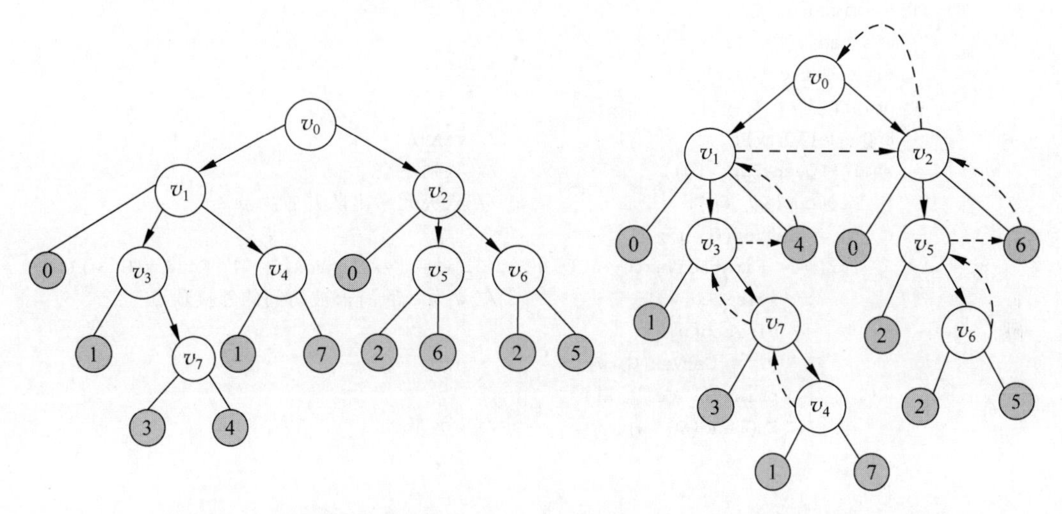

(b) 广度优先搜索的过程

(c) 深度优先搜索的过程

图 6-8　遍历图的过程

表 6-1　队列的状态及操作过程

步骤	队列的状态	队列的操作过程
1	v_0	从顶点 v_0 开始执行广度优先搜索，将顶点 v_0 入队
2	v_1, v_2	将顶点 v_0 从队列中取出，将顶点 v_0 的邻接点 v_1 和 v_2 依次入队
3	v_2, v_3, v_4	将顶点 v_1 从队列中取出，然后，按照先访问顶点 v_1 未被访问过的邻接点，再访问顶点 v_2 未被访问过的邻接点的次序，将 v_1 的邻接点 v_3 和 v_4 依次入队
4	v_3, v_4, v_5, v_6	将顶点 v_2 从队列中取出，再将顶点 v_2 未被访问过的邻接点 v_5 和 v_6 入队
5	v_4, v_5, v_6, v_7	将顶点 v_3 从队列中取出，再将顶点 v_3 未被访问过的邻接点 v_7 入队
6	v_5, v_6, v_7	将顶点 v_4 从队列中取出，访问顶点 v_4 的邻接点，由于顶点 v_4 的邻接点 v_1 和 v_7 已被访问过，故不必入队
7	空	按照先访问顶点 v_5 未被访问过的邻接点，再访问顶点 v_6 未被访问过的邻接点，最后访问顶点 v_7 未被访问过的邻接点的次序，由于顶点 v_5、v_6 和 v_7 的邻接点都被访问过，将顶点 v_5、v_6 和 v_7 依次从队列中取出。此时队列为空，广度优先搜索遍历结束，顶点出队的顺序，就是广度优先搜索遍历的序列，即 $\{v_0, v_1, v_2, v_3, v_4, v_5, v_6, v_7\}$

【算法 6-10】 图的广度优先搜索算法。

```
void BFSTraverse(ALGraph G)
//按广度优先遍历图 G.使用辅助队列 Q 和访问标志数组 visited
{   int v, u, w;
    VertexType v1, u1, w1;
    LinkQueue Q;

    for(v = 0; v < G.vexNum; ++v)
        visited[v] = 0;                                  // 置初值
    InitQueue(&Q);                                       // 置空的辅助队列 Q
    for(v = 0; v < G.vexNum; v++)                        // 如果是连通图,v = 0,就遍历全图
        if(!visited[v])                                  // v 尚未访问
        {   visited[v] = 1;
            v1 = GetVex(G, v);
            printf(" %c ", v1);
            EnQueue(&Q, v);                              // v 入队
            while(!QueueEmpty(Q))                        // 队列不空
            {   DeQueue(&Q, &u);                         // 队头元素出队并置为 u
                u1 = GetVex(G, u);
                for(w = FirstAdjVex(G, u1); w >= 0; w = NextAdjVex(G, u1, GetVex(G, w)))
                    if(!visited[w])                      // w 为 u 的尚未被访问的邻接顶点
                    {   visited[w] = 1;
                        w1 = GetVex(G, w);
                        printf(" %c ", w1);
                        EnQueue(&Q, w);                  // w 入队
                    }
            }
        }
}//算法 6 - 10 结束
```

在上述算法中,每一个顶点最多入队、出队一次。广度优先搜索遍历图的过程实际上就是寻找队列中顶点的邻接点的过程。假设图 G 有 n 个顶点和 e 条边,当图的存储结构采用邻接矩阵时,需要扫描邻接矩阵中的每一个顶点,其时间复杂度为 $O(n^2)$;当图的存储结构采用邻接表时,需要扫描邻接表中的每一个单链表,其时间复杂度为 $O(n+e)$。

6.3.2 深度优先搜索

深度优先搜索类似于树的先根遍历,是树的先根遍历的推广。

1. 算法描述

从图的某个顶点 v 开始访问,然后访问它的任意一个邻接点 w_1;再从 w_1 出发,访问

与 w_1 邻接但未被访问的顶点 w_2;然后再从 w_2 出发,进行类似访问;如此进行下去,直至所有的邻接点都被访问过为止。接着,退回一步,退到前一次刚访问过的顶点,看是否还有其他未被访问的邻接点。如果有,则访问此顶点,之后再从此顶点出发,进行与前述类似的访问。重复上述过程,直到连通图中的所有顶点都被访问过为止。该遍历的过程是一个递归的过程。

例如,在图 6-8(a)所示的无向图 G_7 中,从顶点 v_0 出发进行深度优先搜索遍历的过程如图 6-8(c)所示[①]。

假设 v_0 是起始点,首先访问起始点 v_0,由于 v_0 有两个邻接点 v_1、v_2,均未被访问过,选择访问顶点 v_1;再找 v_1 的未被访问过的邻接点 v_3、v_4,选择访问顶点 v_3。重复上述搜索过程,依次访问顶点 v_7、v_4。当 v_4 被访问过后,由于与 v_4 相邻的顶点均已被访问过,搜索退回到顶点 v_7。顶点 v_7 的邻接点 v_3、v_4 也被访问过;同理,依次退回到顶点 v_3、v_1。这时选择顶点 v_0 的未被访问过的邻接点 v_2,继续搜索,依次访问顶点 v_2、v_5、v_6,从而遍历图中全部顶点。这就是深度优先搜索遍历的整个过程,得到的顶点的深度遍历序列为:$\{v_0,v_1,v_3,v_7,v_4,v_2,v_5,v_6\}$。

图的深度优先搜索遍历的过程是递归的。深度优先搜索遍历图所得的顶点序列,定义为图的深度优先遍历序列,简称为 DFS 序列。一个图的 DFS 序列一般不是唯一的,一个顶点可以从多个邻接点中选择一个邻接点执行深度优先搜索遍历。但是在给定了起始点及图的存储结构时,DFS 算法所给出的 DFS 序列是唯一的。

2. 图的深度优先搜索算法的实现

从某个顶点 v 出发的深度优先搜索过程是一个递归的搜索过程,因此可简单地使用递归算法实现。在遍历的过程中,必须标记已访问过的顶点,避免同一顶点被多次访问。深度优先搜索算法的实现如下。

【算法 6-11】 图的深度优先搜索算法。

```
void DFS(ALGraph G, int v)
//从第 v 个顶点出发,递归地深度优先遍历图 G
{   int w;
    VertexType v1,w1;
    v1 = GetVex(G, v);
    visited[v] = 1;                              // 设置访问标志为 1(已访问)
    printf(" %c ", v1);                          // 访问第 v 个顶点
    for(w = FirstAdjVex(G,v1); w >= 0; w = NextAdjVex(G,v1,GetVex(G, w)))
        if(!visited[w])
            DFS(G, w);                           // 对 v 的尚未访问的邻接点 w 递归调用 DFS
}

void DFSTraverse(ALGraph G)
//  对图 G 深度优先遍历
{
    int v;
    for(v = 0; v < G.vexNum; v++)
        visited[v] = 0;                          // 访问标志数组初始化
    for(v = 0; v < G.vexNum; v++)
        if(!visited[v])
            DFS(G, v);                           // 对尚未访问的顶点调用 DFS
} //算法 6 - 11 结束
```

① 图中以带箭头的实线表示遍历时的访问路径,以带箭头的虚线表示递归函数的返回路径。灰色小圆圈表示已被访问过的邻接点,大圆圈表示访问的邻接点。

在上述算法中，对图中的每一个顶点最多调用一次 DFS 方法，因为某个顶点一旦被访问，就不再从该顶点出发进行搜索。因此，遍历图的过程实际上就是查找每一个顶点的邻接点的过程。深度优先搜索遍历图的时间复杂度和广度优先搜索遍历相同，不同之处仅在于对顶点的访问顺序不同。假设图 G 中有 n 个顶点和 e 条边，当图的存储结构采用邻接矩阵时，其时间复杂度为 $O(n^2)$；当图的存储结构采用邻接表时，其时间复杂度为 $O(n+e)$。

6.4 最小生成树

6.4.1 最小生成树的基本概念

根据树的特性可知，连通图的生成树(Spanning Tree)是图的极小连通子图，它包含图中的全部顶点，但只有构成一棵树的边；生成树又是图的极大无回路子图，它的边集是关联图中的所有顶点而又没有形成回路的边。

一个有 n 个顶点的连通图的生成树只能有 $n-1$ 条边。若有 n 个顶点而少于 $n-1$ 条边，则是非连通图；若多于 $n-1$ 条边，则一定形成回路。值得注意的是，有 $n-1$ 条边的生成子图并不一定是生成树。

假设图 $G=(V,E)$ 为连通图，则从图中的任意一个顶点出发遍历图时，必定将 E 分成两个子集：$T(G)$ 和 $B(G)$。其中：$T(G)$ 是遍历图时经过的边的集合；$B(G)$ 是剩余边的集合。显然 $T(G)$ 和图中所有顶点一起构成连通图 G 的生成树。由深度优先遍历和广度优先遍历得到的生成树，分别称为广度优先搜索生成树(BFS Spanning Tree)和深度优先搜索生成树(DFS Spanning Tree)。在图 6-8(a)所示的无向图 G_7 中，从顶点 v_0 出发，其对应的广度优先搜索生成树和深度优先搜索生成树分别如图 6-9(a)和图 6-9(b)所示。

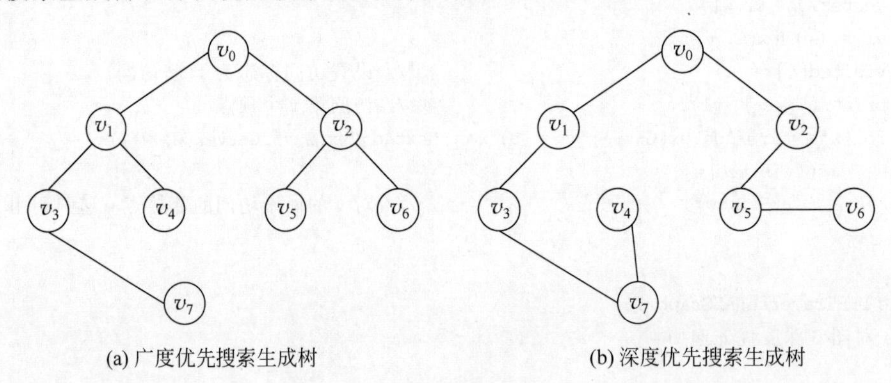

图 6-9 遍历图的过程

图的生成树，根据遍历方法的不同或遍历起始点的不同，可得到不同的生成树。因此，图的生成树不是唯一的。

对于非连通图，每一个连通分量中的顶点集和遍历时经过的边一起构成若干棵生成树，这些生成树组成了该非连通图的生成森林。由深度优先遍历和广度优先遍历得到的生成森林，分别称为广度优先生成森林(BFS Spanning Forest)和深度优先生成森林(DFS Spanning Forest)。

在一个图的所有生成树中，权值总和最小的生成树称为最小代价生成树(Minimum

Cost Spanning Tree)(简称为最小生成树)。最小生成树在许多应用领域中都有重要的应用。例如,利用最小生成树可以解决如下工程中的实际问题:图 G 表示 n 个城市之间的通信网络,其中顶点表示城市,边表示两个城市之间的通信线路,边上的权值表示线路的长度或造价,可通过求该网络的最小生成树达到求解通信线路总代价最小的最佳方案。

根据生成树的定义,具有 n 个顶点连通图的生成树,有 n 个顶点和 $n-1$ 条边。因此,构造最小生成树的准则有以下 3 条:

(1) 只能使用该图中的边构造最小生成树。

(2) 当且仅当使用 $n-1$ 条边来连接图中的 n 个顶点。

(3) 不能使用产生回路的边。

需要进一步指出的是,尽管最小生成树一定存在,但不一定是唯一的。

求图的最小生成树的典型的算法有克鲁斯卡尔(Kruskal)算法和普里姆(Prim)算法,下面分别予以介绍。

6.4.2 克鲁斯卡尔算法

克鲁斯卡尔算法是根据边的权值递增的方式,依次找出权值最小的边建立的最小生成树,并且规定每次新增的边,不能造成生成树有回路,直到找到 $n-1$ 条边为止。

克鲁斯卡尔算法的基本思想是:设图 $G=(V,E)$ 是一个具有 n 个顶点的连通无向网,$T=(V,TE)$ 是图 G 的最小生成树,其中:V 是 T 的顶点集,TE 是 T 的边集,则构造最小生成树的具体步骤如下:

(1) T 的初始状态为 $T=(V,\varnothing)$,即开始时,最小生成树 T 是图 G 的生成零图。

(2) 将图 G 中的边按照权值从小到大的顺序依次选取,若选取的边未使生成树 T 形成回路,则加入 TE 中;否则舍弃,直至 TE 中包含了 $n-1$ 条边为止。

例如,以克鲁斯卡尔算法构造网的最小生成树的过程如图 6-10 所示,其中图 6-10(g)所示为其中的一棵最小生成树。

构造最小生成树时,每一步都应该尽可能选择权值最小的边,但并不是每一条权值最小的边都必然可选。例如,在完成图 6-10(f)后,接下来权值最小的边是(v_0,v_3),但不能选择该边,因为会形成回路,而(v_1,v_2)和(v_2,v_4)两条边可任选。因此,最小生成树不是唯一的。

该算法的时间复杂度为 $O(e\log e)$,即克鲁斯卡尔算法的执行时间主要取决于图的边数 e。该算法适用于针对稀疏图的操作。

6.4.3 普里姆算法

为描述方便,在介绍普里姆算法之前,先给出如下有关距离的定义。

(1) 两个顶点之间的距离:两个顶点 u 和 v 之间的距离是指将顶点 u 邻接到 v 的关联边的权值,记为 $|u,v|$。若两个顶点之间无边相连,则这两个顶点之间的距离为无穷大。

例如,在图 6-10(a)中,$|v_0,v_1|=7$,求两个顶点之间的距离的时间复杂度为 $O(1)$。

(2) 顶点到顶点集合之间的距离:顶点 u 到顶点集合 V 之间的距离是指顶点 u 到顶点集合 V 中所有顶点之间的距离中的最小值,记为:$|u,V|=\min\limits_{v\in V}|u,v|$。

例如,在图 6-10(a)中,令 $V=\{v_1,v_3,v_4\}$,则 $|v_0,V|=5$。

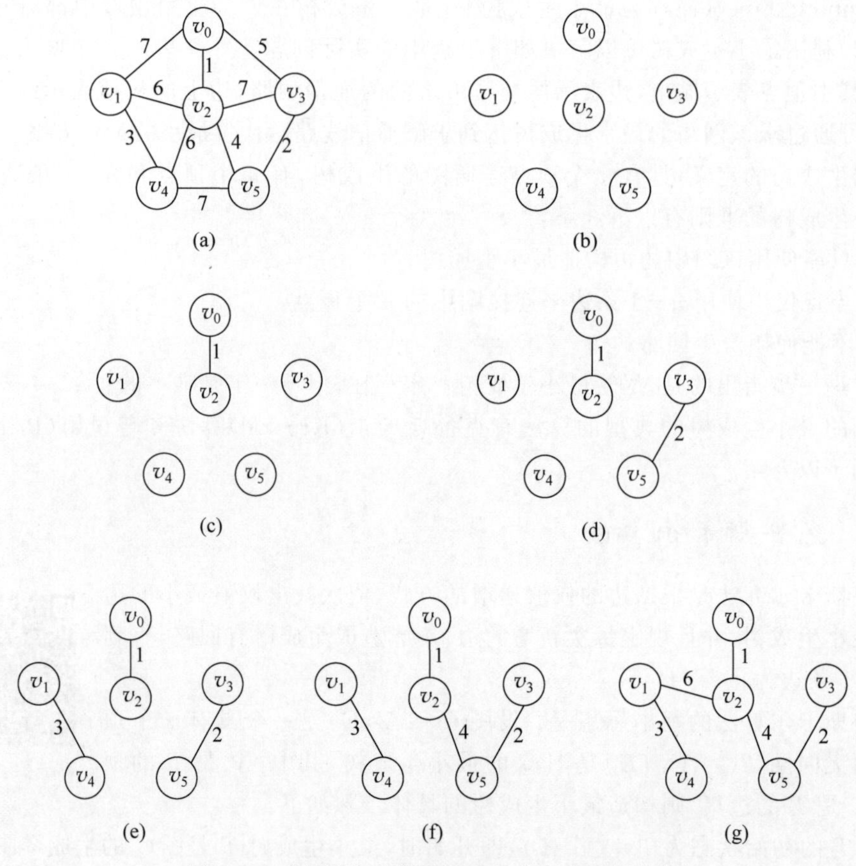

图 6-10　克鲁斯卡尔算法构造最小生成树的过程

在求顶点到顶点集合之间的距离时,由于需要遍历 V 中的所有顶点,因此,其时间复杂度为 $O(|V|)$。

(3) 两个顶点集合之间的距离:顶点集合 U 到顶点集合 V 之间的距离是指顶点集合 U 到顶点集合 V 中所有顶点之间的距离中的最小值,记为 $|U,V|=\min\limits_{u\in U}|u,V|$。

例如,在图 6-10(a)中,令 $U=\{v_0,v_2,v_5\}$,$V=\{v_1,v_3,v_4\}$,则 $|U,V|=2$。

在求两个顶点集合之间的距离时,由于需要遍历 U 和 V 中的所有顶点,因此,其时间复杂度为 $O(|UV|)$。

1. 普里姆算法的基本思想

普里姆算法的基本思想是:假设 $G=(V,E)$ 是一个具有 n 个顶点的连通网,$T=(V,TE)$ 是网 G 的最小生成树。其中,V 是 T 的顶点集,TE 是 T 的边集,则最小生成树的构造步骤为:从 $U=\{u_0\}$,$TE=\varnothing$ 开始,必存在一条边 (u^*,v^*),$u^*\in U$,$v^*\in V-U$,使得 $|u^*,v^*|=|U,V-U|$,将 (u^*,v^*) 加入集合 TE 中,同时将顶点 v^* 加入顶点集 U 中,直到 $U=V$ 为止,此时 TE 中必有 $n-1$ 条边,最小生成树 T 构造完毕。

为了实现普里姆算法需要引入一个辅助数组,用于记录从 U 到 $V-U$ 具有最小代价的边 (u^*,v^*)。针对每一个顶点 $v_i\in V-U$,在辅助数组中存在一个相应分量 closedge[i],

它包括两个域,其中:lowcost 域存储该边上的权,即该顶点到 U 的距离;adjvex 域存储该边依附的在 U 中的顶点。显然,closedge[i]. lowcost $=|v_i,U|$。

需要说明的是,表面上计算 closedge[i]. lowcost $=|v_i,U|$ 的时间复杂度为 $O(|U|)$,但是实际上集合 U 是随着数据元素的加入而逐步扩大的。因此,closedge[i]. lowcost 存储的始终是当前的 v_i 与 U 的距离。当有新的数据元素加入时,无须再次遍历 U 中的所有顶点,只需将 closedge[i]. lowcost 与新加入的数据元素比较即可,其时间复杂度为 $O(1)$。

图 6-11 所示是按普里姆算法构造连通网的最小生成树的过程。其中,图 6-11(g)是一棵最小生成树。可以看出,普里姆算法呈现了一棵树的逐步生长的过程。连通网的最小生成树在构造过程中,辅助数组中各分量的变化情况如表 6-2 所示。

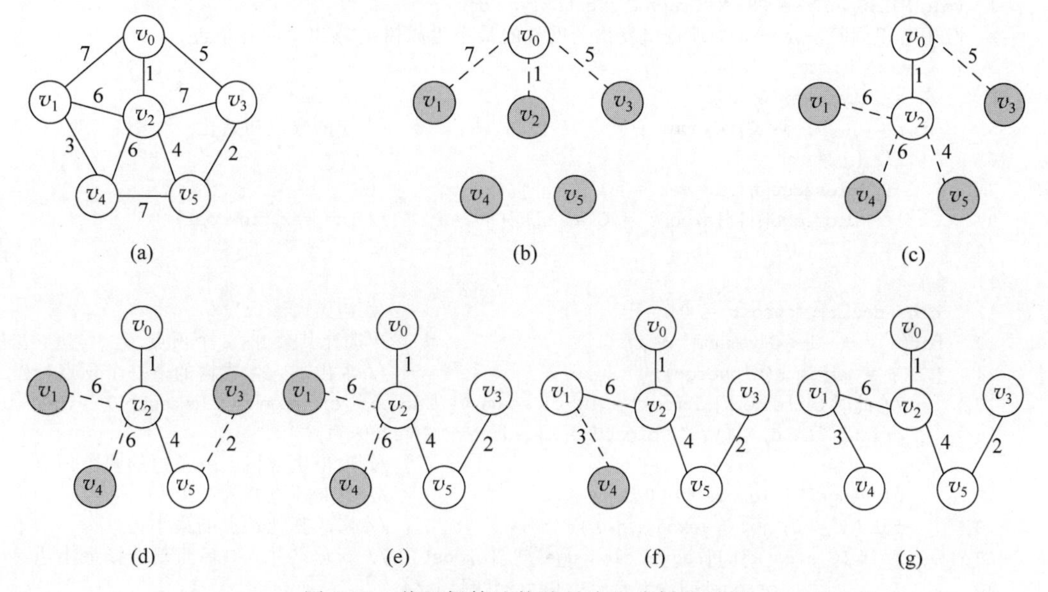

图 6-11 普里姆算法构造最小生成树的过程

表 6-2 图 6-11 构造最小生成树过程中辅助数组中各分量的值

closedge	i							
	1	2	3	4	5	U	$V-U$	k
adjvex	v_0	v_0	v_0			$\{v_0\}$	$\{v_1,v_2,v_3,v_4,v_5\}$	2
lowcost	7	1	5					
adjvex	v_2		v_0	v_2	v_2	$\{v_0,v_2\}$	$\{v_1,v_3,v_4,v_5\}$	5
lowcost	6	0	5	6	4			
adjvex	v_2		v_5	v_2		$\{v_0,v_2,v_5\}$	$\{v_1,v_3,v_4\}$	3
lowcost	6	0	2	6	0			
adjvex	v_2			v_2		$\{v_0,v_2,v_3,v_5\}$	$\{v_1,v_4\}$	1
lowcost	6	0	0	6	0			
adjvex				v_1		$\{v_0,v_1,v_2,v_3,v_5\}$	$\{v_4\}$	4
lowcost	0	0	0	3	0			
adjvex						$\{v_0,v_1,v_2,v_3,v_4,v_5\}$	$\varnothing$	
lowcost	0	0	0	0	0			

初始状态时,由于$U=\{v_0\}$,则求到$V-U$中各顶点的最小边,即为从依附于顶点v_0的各条边中,找到一条代价最小的边$(u^*,v^*)=\{v_0,v_2\}$为生成树上的第一条边,同时将$v^*=v_2$并入集合U中;并修改辅助数组中的值,令 closedge[2]. lowcost=0,表示顶点v_2已加入U。然后,由于边$\{v_1,v_2\}$上的权值小于 closedge[1]. lowcost,故修改 closedge[1]. lowcost 为$\{v_1,v_2\}$的权值,并修改 closedge[1]. adjvex 为v_2。同理,修改 closedge[4]和 closedge[5]。依次类推,直到$U=V$为止。

2. 用普里姆算法构造最小生成树的算法描述

【算法 6-12】 普里姆算法构造最小生成树。

```
1  void MiniSpanTree_PRIM(MGraph G, VertexType u)
2  //用普里姆算法从第 u 个顶点出发构造网 G 的最小生成树 T,输出 T 的各条边
3  {  int k, i, j;
4     k = LocateVex(G, u);
5     for (j = 0; j < G.vexnum; j++)                   // 辅助数组初始化
6     {  if (j != k)
7        {  closedge[j].adjvex = u;
9           closedge[j].lowcost = G.arcs[k][j].adj;  // {adjvex, lowcost}
10       }
11    }
12   closedge[k].lowcost = 0;                         // 初始,U = {u}
13   for(i = 1; i < G.vexnum; ++i)                    //选择其余 N - 1 个顶点
14   {  k = minimum(closedge);                        // 求出加入生成树的下一个顶点(k)
15      // 此时 closedge[k].lowcost = MIN{closedge[vi ].lowcost|closedge[vi].lowcost > 0, Vi∈V - U}
16      printf("( %c, %c)\n", closedge[k].adjvex, G.vexs[k]);
                                                      // 输出生成树上一条边的两个顶点
17      closedge[k].lowcost = 0;                      // 第 k 顶点并入 U 集
18      for (j = 0; j < G.vexnum; j++)                // 修改其他顶点的最小边
19        if (G.arcs[k][j].adj < closedge[j].lowcost) // 新顶点并入 U 后重新选择最小边
20           {  closedge[j].adjvex = G.vexs[k];
21              closedge[j].lowcost = G.arcs[k][j].adj;// {adjvex, lowcost}
22           }
23   }
24 } // 算法 6 - 12 结束
```

例如,对 6-11(a)中的连通网,利用普里姆算法,得到的生成树上的 5 条边为$\{(v_0,v_2),(v_2,v_5),(v_5,v_3),(v_2,v_1),(v_1,v_4)\}$。

分析上面算法 6-12 中带标号的语句,假设网有n个顶点,则第 5～11 行进行初始化的循环语句的频度为 n,第 13～23 行循环语句的频度为$n-1$。存在两个内循环:一个是在 closedge[v]. lowcost 中求最小值,参见第 14 行,其频度为$n-1$;另一个是重新选择具有最小代价的边,参见第 18～22 行,其频度为n。由此,普里姆算法的时间复杂度为$O(n^2)$。由于该算法与网中边数无关,故适用于稠密图。

6.5 最短路径

网经常用于描述一个城市或城市间的交通运输网络,以顶点表示一个城市或某个交通枢纽,以边表示两地之间的交通状况,边上的权值表示各种相关信息,例如两地之间的距离、

行驶时间或交通费用等。当两个顶点之间存在多条路径时，其中必然存在一条“最短路径”。本节中讨论如何求得最短路径的算法。考虑到交通的有向性(例如，在航运中，逆水和顺水时的航速不一样；城市交通有单行道)，本节将讨论有向网，并称路径中的第一个顶点为源点(Source)，最后一个顶点为终点(Destination)。以下讨论两种最常见的最短路径问题。

6.5.1 某个源点到其余各顶点的最短路径

例如，在图6-12所示的有向网 G_8 中，从源点 v_0 到终点 v_5 存在多条路径，如 (v_0,v_5) 的长度为100，(v_0,v_4,v_5) 的长度为90，其中 (v_0,v_4,v_3,v_5) 的长度(=60)最短。类似地，从源点 v_0 到其他各终点也都存在一条最短路径。从源点 v_0 到其他终点的最短路径按路径长度从短到长依次为：(v_0,v_2) 的长度为10，(v_0,v_4) 的长度为30，(v_0,v_4,v_3) 的长度为50，(v_0,v_4,v_3,v_5) 的长度为60，而 v_0 到 v_1 没有路径。

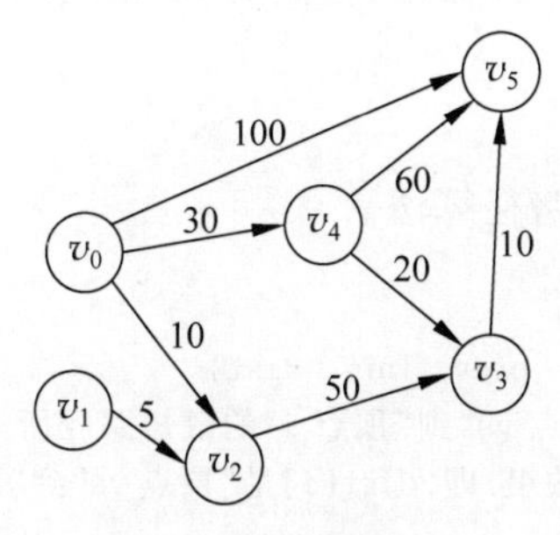

图6-12 有向网 G_8

1. 迪杰斯特拉算法的基本思想

如何求得这些最短路径？迪杰斯特拉(Dijkstra)提出了一个“按最短路径长度递增的次序”产生最短路径的算法。

从刚才分析的图6-12所示的有向网 G_8 的例子中可见，若从源点到某个终点存在路径，则必定存在一条最短路径。这些从某个源点到其余各顶点的最短路径彼此之间的长度不一定相等，下面分析一下这些最短路径的特点。

首先，在这些最短路径中，长度最短的这条路径上必定只有一条弧，且它的权值是从源点出发的所有弧上权的最小值。例如，在有向网 G_8 中，从源点 v_0 出发有3条弧，其中以弧 $\langle v_0,v_2\rangle$ 的权值为最小。因此，(v_0,v_2) 不仅是 v_0 到 v_2 的一条最短路径，并且它是从源点到其他各个终点的最短路径中长度最短的路径。

其次，第二条长度次短的最短路径只可能有两种情况：它或者只含一条从源点出发的弧且弧上的权值大于已求得最短路径的那条弧的权值，但小于其他从源点出发的弧上的权值；或者是一条只经过已求得最短路径的顶点的路径。

依次类推，按照迪杰斯特拉算法先后求得的每一条最短路径必定只有两种情况，或者是由源点直接到达终点，或者是只经过已经求得最短路径的顶点到达终点。

例如，有向网 G_8 中从源点 v_0 到其他终点的最短路径的过程。从这个过程中可见，类似于普里姆算法，在该算法中应保存当前已得到的从源点到各个终点的最短路径，初值为：若从源点到该顶点有弧，则存在一条路径，路径长度即为该弧上的权值。每求得一条到达某个终点 w 的最短路径，就需要检查是否存在经过这个顶点 w 的其他路径(即是否存在从顶

点 w 出发到尚未求得最短路径顶点的弧),若存在,判断其长度是否比当前求得的路径长度短,若是,则修改当前路径。

该算法中需要引入一个辅助向量 $\boldsymbol{D}$,它的每个分量 $\boldsymbol{D}[i]$存放当前所找到的从源点到各个终点 v_i 的最短路径的长度。迪杰斯特拉算法求最短路径的过程为:

(1) 令 $S=\{v\}$,其中 v 为源点,并设定 $\boldsymbol{D}[i]$的初始值为 $\boldsymbol{D}[i]=|v,v_i|$。

(2) 选择顶点 v_j 使得

$$\boldsymbol{D}[j]=\min_{v_i\in V-S}\{\boldsymbol{D}[i]\}$$

并将顶点 v_j 并入到集合 S 中。

(3) 对集合 V-S 中所有顶点 v_k,若 $\boldsymbol{D}[j]+|v_j,v_k|<\boldsymbol{D}[k]$,则修改 $\boldsymbol{D}[k]$的值为

$$\boldsymbol{D}[k]=\boldsymbol{D}[j]+|v_j,v_k|$$

(4) 重复操作(2)和(3)共 $n-1$ 次,由此求得从源点到所有其他顶点的最短路径是依路径长度递增的序列。

2. 用迪杰斯特拉算法构造最短路径

【算法 6-13】 用迪杰斯特拉算法构造最短路径算法。

```
#include "MGraph.h"
1  void ShortestPath_DJJ(MGraph G, int v, int *prev, int *dist)
2  //prev 为前驱顶点数组,即 prev[i]的值是"顶点 vs"到"顶点 i"的最短路径所经历的全部顶点中
3  //位于"顶点 i"之前的那个顶点.dist 为长度数组,即,dist[i]是"顶点 vs"到"顶点 i"的最短路径
   //的长度
4  {  int i, j, k;
5     int min;
6     int tmp;
   // flag[i] = 1 表示"顶点 v"到"顶点 i"的最短路径已成功获取
7     bool flag[MAX_VERTEX_NUM];
8     // 初始化
9     for (i = 0; i < G.vexnum; i++)
10    {
11        flag[i] = FALSE;                  // 顶点 i 的最短路径还没获取到
12        prev[i] = 0;                      // 顶点 i 的前驱顶点为 0
13        dist[i] = G.arcs[v][i].adj;       // 顶点 i 的最短路径为"顶点 v"到"顶点 i"的权
14    }
15    // 对"顶点 v"自身进行初始化
16    flag[v] = 1;
17    dist[v] = 0;
18    // 遍历 G.vexnum - 1 次; 每次找出一个顶点的最短路径
19    for (i = 1; i < G.vexnum; i++)
20    {
21        // 寻找当前最小的路径
22        // 即,在未获取最短路径的顶点中,找到离 vs 最近的顶点(k)
23        min = INFINITY;
24        for (j = 0; j < G.vexnum; j++)
25        {
26            if (!flag[j] && dist[j]< min)
27            {
28                min = dist[j];
```

```
29                  k = j;
30              }
31          }
31          // 标记"顶点 k"为已经获取到最短路径
32          flag[k] = TRUE;
33          // 修正当前最短路径和前驱顶点
34          // 当已经得到"顶点 k 的最短路径"之后,更新"未获取最短路径的顶点的最短路径和前
            //驱顶点"
35          for (j = 0; j < G.vexnum; j++)
36          {  // 防止溢出
37              tmp = (G.arcs[k][j].adj == INFINITY ? INFINITY : (min + G.arcs[k][j].adj));
38              if (!flag[j] && (tmp < dist[j]) )
39              {
40                  dist[j] = tmp;
41                  prev[j] = k;
42              }
43          }
44      }
45      // 打印 dijkstra 最短路径的结果
46      printf("dijkstra( %c): \n", G.vexs[v]);
47      for (i = 0; i < G.vexnum; i++)
48          printf(" shortest( %c, %c) = %d\n", G.vexs[v], G.vexs[i], dist[i]);
49  } //算法 6 - 13 结束
```

假设 v=G.vexs[i],则 final[i]为 true 时,表示 $v \in S$,即已经求得从 u 到 v 的最短路径。

若对有向网 G_8 执行迪杰斯特拉算法,则得到的从 v_0 到各个终点的最短路径,以及运算过程中 $\boldsymbol{D}$ 向量的变化状况,如表 6-3 所示。

表 6-3 从源点 v_0 到各个终点的 $\boldsymbol{D}$ 值和最短路径的求解过程

终点	1	2	3	4	5
v_1	∞	∞	∞	∞	∞ 无
v_2	10 (v_0, v_2)				
v_3	∞	60 (v_0, v_2, v_3)	50 (v_0, v_4, v_3)		
v_4	30 (v_0, v_4)	30 (v_0, v_4)			
v_5	100 (v_0, v_5)	100 (v_0, v_5)	90 (v_0, v_4, v_5)	60 (v_0, v_4, v_3, v_5)	
v_j	v_2	v_4	v_3	v_5	
S	$\{v_0, v_2\}$	$\{v_0, v_2, v_4\}$	$\{v_0, v_2, v_3, v_4\}$	$\{v_0, v_2, v_3, v_4, v_5\}$	

分析一下这个算法的时间复杂度:第 9 行的 for 循环的频度为 n,第 19~44 行的 for 循环的频度为 $n-1$,其中:内循环的频度为 n。因此,该算法总的时间复杂度为 $O(n^2)$。

有时,我们可能只希望找到一条从源点到某一特定终点之间的最短路径。然而,这个问

题和求源点到各个终点的最短路径一样复杂,其时间复杂度仍为$O(n^2)$。

6.5.2 每一对顶点之间的最短路径

若希望得到图中任意两个顶点之间的最短路径,只要依次将每一个顶点设为源点,调用迪杰斯特拉算法n次便可求出,其时间复杂度为$O(n^3)$。弗洛伊德(Floyd)提出了另外一个算法,虽然其时间复杂度也是$O(n^3)$,但算法形式更为简单。

1. 弗洛伊德算法的基本思想

弗洛伊德算法的基本思想是求得一个n阶方阵序列:$\boldsymbol{D}^{(-1)},\boldsymbol{D}^{(0)},\boldsymbol{D}^{(1)},\cdots,\boldsymbol{D}^{(k)},\cdots,\boldsymbol{D}^{(n-1)}$,其中:$\boldsymbol{D}^{(-1)}[i][j]$表示从顶点$v_i$出发,不经过其他顶点直接到达顶点$v_j$的路径长度,即$\boldsymbol{D}^{(-1)}[i][j]=$G. arcs$[i][j]$,则$D^{(k)}[i][j]$表示从$v_i$到$v_j$的中间只可能经过$v_0,v_1,\cdots,v_k$而不可能经过$v_{k+1},v_{k+2},\cdots,v_{n-1}$等顶点的最短路径长度。

因此,$\boldsymbol{D}^{(n-1)}[i][j]$就是从顶点$v_i$到顶点$v_j$的最短路径的长度。

为了记下路径,和以上路径长度序列相对应的是路径的n阶方阵序列为:$\boldsymbol{P}^{(-1)},\boldsymbol{P}^{(0)},\boldsymbol{P}^{(1)},\cdots,\boldsymbol{P}^{(k)},\cdots,\boldsymbol{P}^{(n-1)}$。

弗洛伊德算法的基本操作如下:

```
if(D[i][k] + D[k][j]< D[i][j])
{
    D[i][j] = D[i][k] + D[k][j];
    P[i][j] = P[i][k] + P[k][j];
}
```

其中,k表示在路径中新增的顶点号,i为路径的源点,j为路径的终点。

2. 用弗洛伊德算法构造最短路径

【算法 6-14】 弗洛伊德算法构造最短路径算法。

```
#include "MGraph.h"

void ShortestPath_FLOYD(MGraph G,
    bool prev[MAX_VERTEX_NUM][MAX_VERTEX_NUM][MAX_VERTEX_NUM],
    int dist[MAX_VERTEX_NUM][MAX_VERTEX_NUM])
//利用弗洛伊德算法求图 GA 中每对顶点间的最短长度,对应存于二维数组 A 中
{   int i, v, w, u;
    for(v = 0; v < G.vexnum; v++)
        for(w = 0; w < G.vexnum; w++)           // 各对结点之间初始化已知路径及距离
        {  dist[v][w] = G.arcs[v][w].adj;
           for(u = 0; u < G.vexnum; u++) prev[v][w][u] = FALSE;
           if(dist[v][w] < INFINITY)            // 从 v 到 w 有直接路径
           {   prev[v][w][v] = TRUE; prev[v][w][w] = TRUE;
           }
    }
    for(u = 0; u < G.vexnum; u++)
        for(v = 0; v < G.vexnum; v++)
```

```
        for(w = 0; w < G.vexnum; w++)
            if( dist[v][u] + dist[u][w] < dist[v][w])
                                                    // 从 v 经 u 到 w 的一条路径是最短的
            {   dist[v][w] = dist[v][u] + dist[u][w];
                for(i = 0; i < G.vexnum; ++i)
                    prev[v][w][i] = prev[v][u][i];
            }
} //算法 6 - 14 结束
```

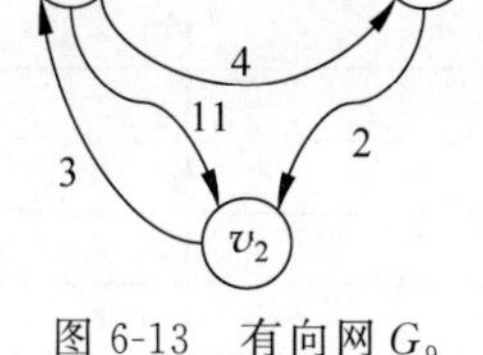

图 6-13　有向网 G_9

例如，利用上述算法，求得图 6-13 所示的有向网的每一对顶点之间的最短路径及其长度，如表 6-4 所示。

表 6-4　图 6-13 中有向网的各对顶点间的最短路径及其路径长度

D	$\boldsymbol{D}^{(-1)}$			$\boldsymbol{D}^{(0)}$			$\boldsymbol{D}^{(1)}$			$\boldsymbol{D}^{(2)}$		
	v_0	v_1	v_2	v_0	v_1	v_2	v_0	v_1	v_2	v_0	v_1	v_2
v_0	0	4	11	0	4	11	0	4	6	0	4	6
v_1	6	0	2	6	0	2	6	0	2	5	0	2
v_2	3	∞	0	3	7	0	3	7	0	3	7	0
P	$\boldsymbol{P}^{(-1)}$			$\boldsymbol{P}^{(0)}$			$\boldsymbol{P}^{(1)}$			$\boldsymbol{P}^{(2)}$		
	v_0	v_1	v_2	v_0	v_1	v_2	v_0	v_1	v_2	v_0	v_1	v_2
v_0		v_0v_1	v_0v_2		v_0v_1	v_0v_2		v_0v_1	$v_0v_1v_2$		v_0v_1	$v_0v_1v_2$
v_1	v_1v_0		v_1v_2	v_1v_0		v_1v_2	v_1v_0		v_1v_2	$v_1v_2v_0$		v_1v_2
v_2	v_2v_0			v_2v_0	$v_2v_0v_1$		v_2v_0	$v_2v_0v_1$		v_2v_0	$v_2v_0v_1$	

6.6　拓 扑 排 序

一个无环的有向图称作有向无环图(Directed Acycline Graph，DAG)。DAG 图在工程计划和管理方面有着广泛而重要的应用。除了最简单的情况之外，几乎所有的工程都可分解为若干个具有相对独立性的称作“活动(Activity)”的子工程。这些活动之间通常受到一定条件的约束，即某些活动必须在另一些活动完成之后才能开始。例如，建造大楼的第一步是打地基，而房屋的内装修必须在房子建好之后才能进行。我们可以采用一个有向图来表示子工程及子工程之间相互制约的关系，其中以顶点表示活动，弧表示活动之间的优先制约关系，称这种有向图为顶点活动网(Activity on Vertex)，简称为 AOV 网。对整个工程来说，人们关心的是两方面的问题：一是工程能否顺利进行；二是完成整个工程所必需的最短时间。对应到有向无环图即为进行拓扑排序和求关键路径的操作。本节和下一节中将分别讨论这两个算法。

假设一个软件工程人员必须系统学习几门课程，每一个接受培训的人都必须学完和通过规定中的全部课程才能领到合格证书。整个培训过程就是一项工程，每门课程的学习就是一项活动，一门课程可能以其他若干门课程为先修课，而它本身又可能是另一些课程的先修课，各门课程之间的先修关系如表 6-5 所示。

表 6-5 课程及课程之间的先修关系

课程编号	课程名称	先修课
C_0	计算机文化基础	无
C_1	高等数学	无
C_2	线性代数	无
C_3	程序设计基础	C_0
C_4	离散数学	C_3
C_5	数值分析	C_1、C_2、C_3
C_6	数据结构	C_3、C_4
C_7	计算机组成原理	C_0
C_8	数据库原理	C_3、C_6
C_9	操作系统	C_6、C_7
C_{10}	编译原理	C_3、C_6、C_7
C_{11}	计算机网络	C_3、C_6、C_9

在 AOV 网中不允许出现环,否则意味着某项活动的开始以本身的完成作为先决条件,显然这说明该工程的施工设计图存在问题。若 AOV 网表示的是数据流图,则出现环表明存在死循环。

6.6.1 拓扑排序的基本概念

判断有向网中是否存在有向环的一个办法是:针对 AOV 网进行“拓扑排序”,即构造一个包含图中所有顶点的“拓扑有序序列”,若在 AOV 网中存在一条从顶点 u 到顶点 v 的弧,则在拓扑有序序列中顶点 u 必然优先于顶点 v;反之,若在 AOV 网中顶点 u 和顶点 v 之间没有弧,则在拓扑有序序列中这两个顶点的先后次序关系可以随意。例如,表 6-5 所示的是根据课程之间的先修关系,可得到如图 6-14 所示的 AOV 网。

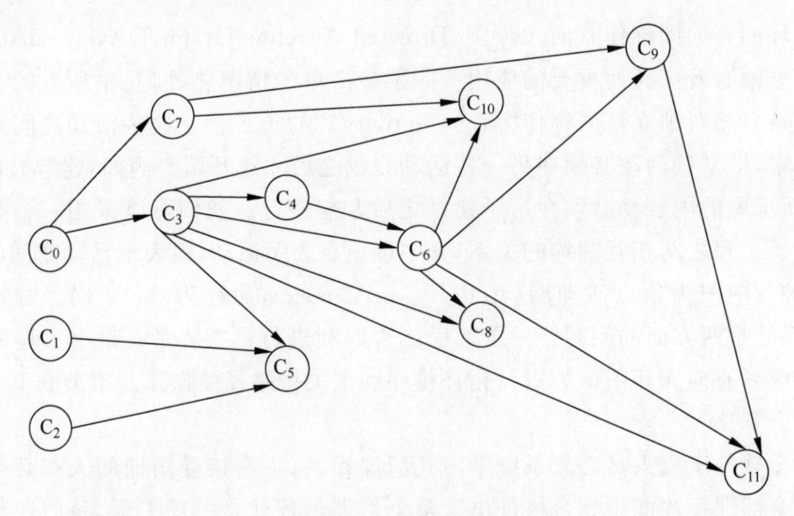

图 6-14 有向网 G_{10}

可得到以下两个拓扑有序序列：C_0、C_1、C_2、C_3、C_4、C_5、C_6、C_7、C_8、C_9、C_{10}、C_{11} 和 C_0、C_1、C_2、C_7、C_3、C_5、C_4、C_6、C_9、C_8、C_{11}、C_{10}。当然，对图 6-14 的 AOV 网还可以得到更多的拓扑有序序列。

显然，若 AOV 网存在环，则不可能将所有的顶点都纳入到一个拓扑有序序列中；反之，若 AOV 网不能得到拓扑有序序列，则说明网中必定存在有向环。

6.6.2 拓扑排序的实现

如何执行拓扑排序？具体步骤如下。

(1) 在 AOV 网中选择一个没有前驱的顶点并输出。

(2) 从 AOV 网中删除该顶点以及从它出发的弧。

(3) 重复(1)和(2)直至 AOV 网为空(即已输出所有的顶点)，或者剩余子图中不存在没有前驱的顶点。后一种情况则说明该 AOV 网中存在有向环。

图 6-15 所示的是 AOV 网的拓扑排序的过程。

由于拓扑排序的结果输出了图中所有的顶点，一个拓扑有序序列为：a、b、c、e、f、d、g、h，说明该图中不存在环。

但是，若将图中从顶点 f 到顶点 h 的弧改为从顶点 h 到 f，如图 6-16 所示，此时图中存在一个环(f,d,g,h,f)，则在拓扑排序输出 a、b、c、e 之后就找不到“没有前驱”的顶点了。

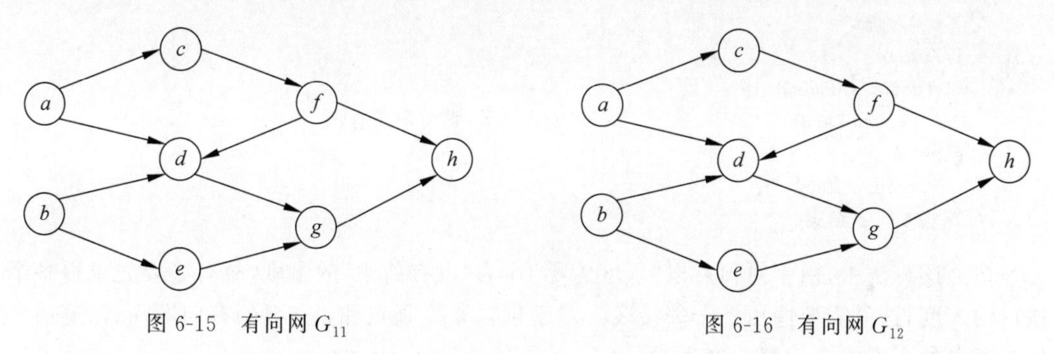

图 6-15　有向网 G_{11}　　　　图 6-16　有向网 G_{12}

在计算机中实现该算法时，需要以“入度为零”作为“没有前驱”的量度，而“删除顶点及以它为尾的弧”的这类操作不必真正对图的存储结构执行，可用“弧头顶点的入度减 1”的办法来替代。并且为了方便查询入度为零的顶点，该算法中设置了“栈”，用于保存当前出现的入度为零的顶点。由于拓扑排序中对图的主要操作是“找从顶点出发的弧”，并且 AOV 网在多数情况下是稀疏图，因此存储结构选取邻接表为宜。整个拓扑排序分成求各个顶点的入度和求出一个拓扑序列两个过程进行，具体算法描述如下。

【算法 6-15】 求各顶点入度的算法。

```
void FindInDegree(ALGraph G, int * indegree)
{   ArcNode * p;
    int i;
    for(i = 0; i < G.vexNum; i++)
        for(p = G.vertices[i].firstArc; p; p = p->nextArc)
            ++indegree[p->adjVex];                    // 入度增 1
}//算法 6-15 结束
```

【算法 6-16】 求拓扑序列的算法。

```
Status TopologicalSort(ALGraph G)
//若G无回路,则输出G的顶点的一个拓扑序列并返回TRUE,否则返回FALSE
{  SqStack S;
   int i, k, count;
   int indegree[MAX_VERTEX_NUM] = {0};
   ArcNode *p;
   FindInDegree(G, indegree);                    // 求各顶点入度
   InitStack(S);                                 // 建零入度顶点栈
   for (i = 0; i < G.vexNum; i++)
       if (!indegree[i])                         // 入度为0者入栈
           Push(S, i);
   count = 0;                                    // 输出顶点计数
   while (!StackEmpty(S))
   {  Pop(S, i);                                 //栈不空,取栈顶元素
      printf(" %c ", G.vertices[i].data);        // 输出i号顶点并计数
      ++count;
      for (p = G.vertices[i].firstArc; p; p = p->nextArc)
      {  k = p->adjVex;
         if (!(--indegree[k]))  // 对i号顶点的每个邻接点的入度减1,若入度减为0,则入栈
             Push(S, k);
      }//for
   }//while
   if (count < G.vexNum)
       return FALSE;                             // 该有向图有环
   else
       return TURE;
}//算法6-16结束
```

在上述算法中,由于对顶点以“入度为零”作为“没有前驱”的量度,故有必要先求得各个顶点的入度,这就需要遍历整个邻接表。对于包含 n 个顶点和 e 条弧的有向图而言,遍历求各个顶点的入度的时间复杂度为 $O(e)$。

算法6-16中建零入度顶点栈操作需遍历由算法6-15产生的存放顶点入度的数组,其时间复杂度为 $O(n)$。在拓扑排序过程中,若有向图无环,则每一个顶点进一次栈,退一次栈,while循环语句的频度为 n,内循环for语句遍历本次出栈顶点对应的边表,两层循环相当于遍历整个邻接表,故入度减1的操作总共执行了 e 次。拓扑排序算法总的时间复杂度为 $O(n+e)$。

6.7 关键路径

若以弧表示活动,弧上的权值表示进行该项活动所需的时间,以顶点表示“事件”(Event),称这种有向网为边活动网络,简称为AOE网。所谓“事件”是一个关于某几项活动开始或完成的断言:指向它的弧表示活动已经完成,而从它出发的弧表示活动开始进行。因此,整个有向网也表示了活动之间的优先关系,显然,这样的有向网也是不允许存在环的。除此之外,工程的负责人还关心的是整个工程完成的最短时间,以及哪些活动将是影响整个

工程如期完成的关键所在。

例如，图 6-17 所示的是某项工程的 AOE 网。其中，弧表示活动，弧上的数字表示完成该项活动所需的时间；v_0 表示整个工程开始的事件；v_8 表示整个工程结束的事件；v_4 表示活动 a_4 和 a_5 完成，同时活动 a_7 和 a_8 开始的事件。显然，表示工程开始事件的顶点的入度为零（称作源点），表示工程结束事件的顶点的出度为零（称作汇点），一个工程的 AOE 网应该是只有一个源点和一个汇点的有向无环图。从图 6-17 的 AOE 网中可知，该项工程从开始到完成需要 18 天，其中，a_1、a_4、a_8 和 a_{11} 这 4 项活动必须按时开始并按时完成，否则将延误整个工程的工期，使得整个工程不能在 18 天内完成。于是，称 a_1、a_4、a_8 和 a_{11} 为此 AOE 网的关键活动，由它们构成的路径（v_0，v_1，v_4，v_7，v_8）为关键路径。

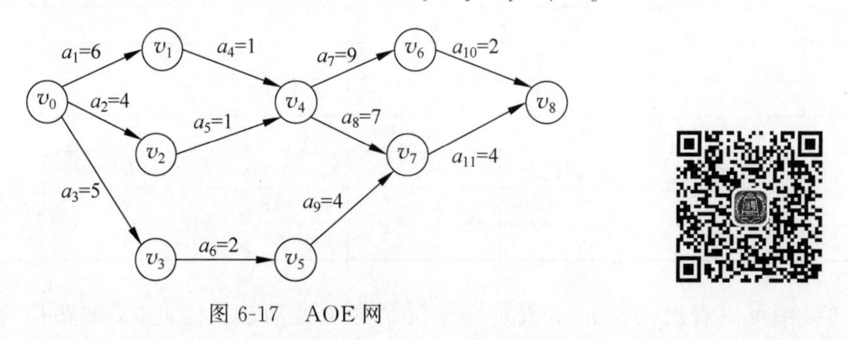

图 6-17　AOE 网

由于 AOE 网中某些活动可以并行进行，故完成整个工程的最短时间即为从源点到汇点最长路径的长度，这条路径称为关键路径。构成关键路径的弧即为关键活动。

假设顶点 v_0 为源点，v_{n-1} 为汇点，事件 v_0 的发生时刻为 0 时刻。从 v_0 到 v_i 的最长路径叫作事件 v_i 的最早发生时间，这个时间决定了所有以 v_i 为尾的弧所表示活动的最早开始时间。用 $e(i)$ 表示活动 a_i 的最早开始时间。还可定义一个活动 a_i 的最晚开始时间 $l(i)$，这是在不推迟整个工程完成的前提下，活动 a_i 最迟必须开始的时间。两者之差 $l(i)-e(i)$ 意味着完成活动 a_i 的时间余量。当 $l(i)=e(i)$ 时的活动称为关键活动。由于关键路径上的活动都是关键活动，所以，提前完成非关键活动并不能加快工程的进度。例如，在图 6-17 所示的 AOE 网中，顶点 v_0 到 v_8 的一条关键路径是（v_0，v_1，v_4，v_6，v_8），路径长度为 $6+1+7+4=18$。活动 a_6 不是关键活动，它的最早开始时间为 5，最迟开始时间为 8，这就意味着，若 a_6 延迟 3 天，并不会影响整个工程的完成。由此可见，要缩短整个工期，必须首先找到关键路径，提高关键活动的工效。

根据事件 v_j 的最早发生时间 $ve(j)$ 和最晚发生时间 $vl(j)$ 的定义，可以采用如下步骤求得关键活动。

（1）从源点 v_0 出发，令 $ve(0)=0$，按拓扑有序序列求其余各顶点的 $ve(j)=\max\limits_{i}\{ve(i)+|v_i,v_j|\}$，$<v_i,v_j>\in T$。其中：$T$ 是所有以第 j 个顶点为终点的弧的集合。若得到的拓扑有序序列中顶点的个数小于网中的顶点个数 n，则说明网中有环，不能求出关键路径，算法结束。

（2）从汇点 v_{n-1} 出发，令 $vl(n-1)=ve(n-1)$，按逆拓扑排序求其余各顶点允许的最晚开始时间为：$vl(i)=\min\limits_{j}\{vl(j)-|v_i,v_j|\}$，$<v_i,v_j>\in S$，其中：$S$ 是所有以第 i 个顶点为始点的弧的集合。

(3) 求每一项活动 $a_i(1\leqslant i\leqslant n)$ 的最早开始时间 $e(i)=ve(j)$ 和最晚开始时间 $l(i)=vl(j)-|v_i,v_j|$。若对于 a_i 满足 $e(i)=l(i)$,则它是关键活动。

对于如图6-17所示的AOE网,按以上步骤得到的结果如表6-6所示。

表 6-6 图 6-17 所示 AOE 网中顶点的发生时间和活动的开始时间

事件	ve	vl	活动	e	l	$l-e$
v_0	0	0	a_1	0	0	0
v_1	6	6	a_2	0	2	2
v_2	4	6	a_3	0	3	3
v_3	5	8	a_4	6	6	0
v_4	7	7	a_5	4	6	2
v_5	7	10	a_6	5	8	3
v_6	16	16	a_7	7	7	0
v_7	14	14	a_8	7	7	0
v_8	18	18	a_9	7	10	3
			a_{10}	16	16	0
			a_{11}	14	14	0

从表6-6中可以看出,a_1、a_4、a_7、a_8、a_{10}、a_{11} 是关键活动。因此,关键路径有两条,即 (v_0,v_1,v_4,v_6,v_8) 和 (v_0,v_1,v_4,v_7,v_8),如图6-18所示。

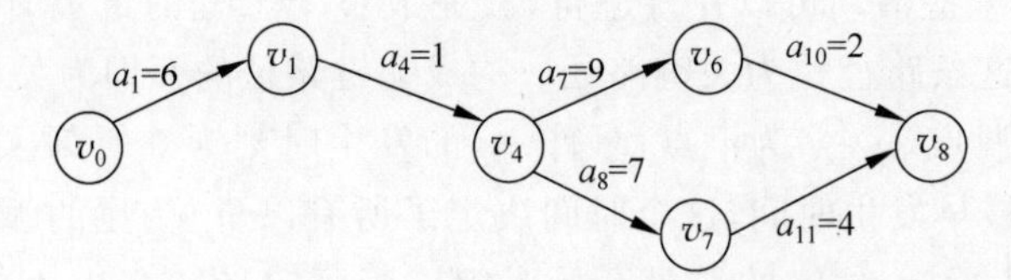

图6-18 图6-17所示AOE网的两条关键路径

需要注意的是,并不是加快任何一个关键活动都可以缩短整个工程完成的时间,只有在不改变AOE网的关键路径的前提下,加快包含在关键路径上的关键活动才可能缩短整个工程的完成时间。

6.8 图的综合应用举例

【例 6-1】 编程实现应用广度优先搜索算法确定无向图的连通分量。

【问题分析】 当无向图是非连通图时,从图中的一个顶点出发遍历图,不能访问该图的所有顶点,而只能访问包含该顶点的连通分量中的所有顶点。因此,从无向图的每个连通分量中的一个顶点出发遍历图,可求得无向图的所有连通分量。例如,图6-19是由两个连通分量组成的非连通图。

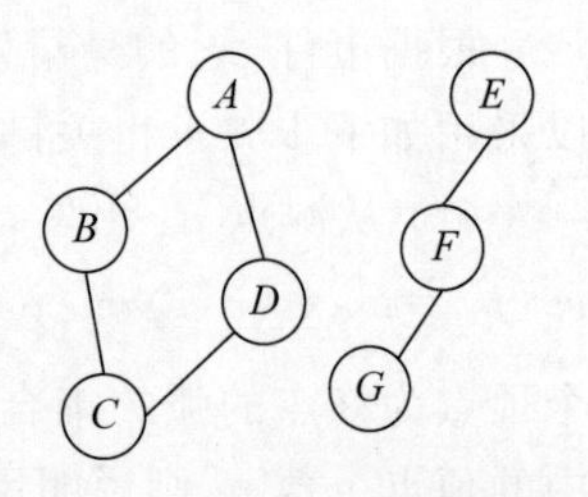

图6-19 由两个连通分量组成的非连通图

【程序代码】

```
#include "ALGraph.h"
```

```
#include "LinkQueue.h"
int visited[MAX_VERTEX_NUM];                          // 访问标志数组
void CC_BFS(ALGraph G)
//按广度优先遍历图 G.使用辅助队列 Q 和访问标志数组 visited
{  int v, u, w, count = 0;                            //count 用于记数连通分量的个数
   VertexType v1, u1, w1;
   LinkQueue Q;
   for(v = 0; v < G.vexNum; ++v)
       visited[v] = 0;                                // 置初值
   InitQueue(&Q);                                     // 置空的辅助队列 Q
   for(v = 0; v < G.vexNum; v++)                      // 如果是连通图,只 v = 0 就遍历全图
   {  if(!visited[v])                                 // v 尚未访问
      {  count++;
         printf("第 %d 个连通分量: ", count);
         visited[v] = 1;
         //Visit(G.vertices[v].data);
         v1 = GetVex(G, v);
         printf(" %c ", v1);
         EnQueue(&Q, v);                              // v 入队
         while(!QueueEmpty(Q))                        // 队列不空
         {  DeQueue(&Q, &u);                          // 队头元素出队并置为 u
            u1 = GetVex(G, u);
            for(w = FirstAdjVex(G, u1); w >= 0; w = NextAdjVex(G, u1, GetVex(G, w)))
                if(!visited[w])                       // w 为 u 的尚未访问的邻接顶点
                {  visited[w] = 1;
                   w1 = GetVex(G, w);
                   printf(" %c ", w1);
                   EnQueue(&Q, w);                    // w 入队
                }
         }
      putchar('\n');
      }
   }
}

main()
{
    ALGraph G;
    CreateGraph(G);
    printf("\n 利用图的广度优先搜索得到连通分量为: \n");
    CC_BFS(G);
```

【运行结果】 运行结果如图 6-20 所示。

【例 6-2】 编程实现:判断一个有向图中任意给定的两个顶点之间是否存在一条长度为 k 的简单路径。

【问题分析】 可以采用深度优先搜索遍历策略。以图 6-21 为例,取 $k=3$,判断图中任意给定的两个顶点是否存在长度为 3 的简单路径。

```
请输入图的种类: 0表示有向图DG, 1表示有向网DN, 2表示无向图UDG, 3表示无向网UDN
2
输入顶点数G.vexNum: 7
输入边数G.arcNum: 6
输入边包含其它信息情况(1--包含, 0--不包含): 0
输入顶点G.vertices[0].data: A
输入顶点G.vertices[1].data: B
输入顶点G.vertices[2].data: C
输入顶点G.vertices[3].data: D
输入顶点G.vertices[4].data: E
输入顶点G.vertices[5].data: F
输入顶点G.vertices[6].data: G
请输入第1条边的两个顶点(逗号分开): A,B
请输入第2条边的两个顶点(逗号分开): A,D
请输入第3条边的两个顶点(逗号分开): B,C
请输入第4条边的两个顶点(逗号分开): C,D
请输入第5条边的两个顶点(逗号分开): E,F
请输入第6条边的两个顶点(逗号分开): F,G

利用图的广度优先搜索得到连通分量为:
第1个连通分量: A D B C
第2个连通分量: E F G
请按任意键继续. . .
```

图 6-20　例 6-1 的程序运行结果

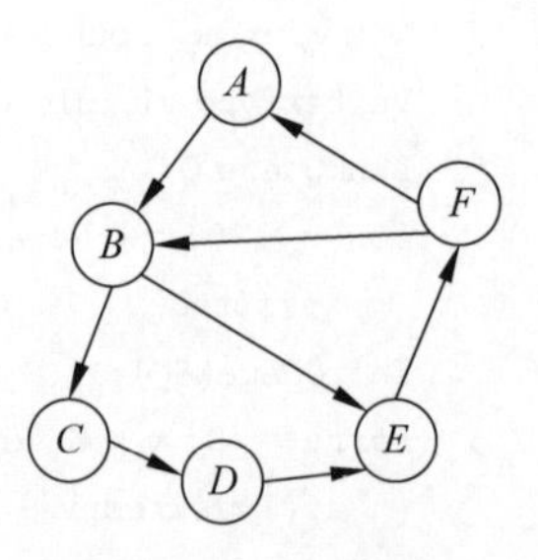

图 6-21　有向图

【程序代码】

```
#include "ALGraph.h"
int visited[MAX_VERTEX_NUM];                       // 访问标识数组
int i = 0;                      // 辅助变量,在遍历过程中用于记录从起始点出发的路径长度
bool find = FALSE;                                 // 标示是否已找到了指定长度的路径
void Find_DFS(ALGraph G, int u, int v, int k)
// 从第 u 个顶点出发递归地深度优先遍历图 G, 查找是否在<u,v>之间存在长度为 k 的路径
{  int w;
   if(i == k && u == v)
       find = TRUE;
   else if(!find)
   {  visited[u] = 1;
      for(w = FirstAdjVex(G, GetVex(G, u)); w >= 0; w = NextAdjVex(G, GetVex(G, u), GetVex(G, w)))
          if(!visited[w])
          {  if(i < k)
             {
                 i++;
                 Find_DFS(G, w, v, k);      // 对 v 的尚未访问的邻接顶点 w 递归调用 Find_DFS
             }
             else
                 break;
               //若路径长度已达 k 值而仍未找到简单路径,则不再继续对当前顶点深度优先搜索
          }
       i--;                                        // 回退一个顶点
   }
}

void Find_Path(ALGraph G, VertexType u, VertexType v, int k)
// 对图 G 作深度优先遍历
{  int w;
   for(w = 0; w < G.vexNum; w++)
       visited[w] = 0;                             // 访问标志数组初始化
   Find_DFS(G, LocateVex(G, u), LocateVex(G, v), k);
   if(find)
```

```
        printf(" %c 到 %c 之间存在一条长度为 %d 的简单路径\n", u, v, k);
    else
        printf(" %c 到 %c 之间不存在一条长度为 %d 的简单路径\n", u, v, k);
}

main()
{   ALGraph G;
    VertexType u, v;
    int k;
    CreateGraph(G);
    List(G);
    printf("请输入起点: ");
    scanf(" %c", &u);
    getchar();                                          //跳过上行输入的回车符
    printf("请输入终点: ");
    scanf(" %c", &v);
    getchar();
    printf("请输入路径长度: ");
    scanf(" %d", &k);
    getchar();
    Find_Path(G, u, v, k);
}
```

【运行结果】 程序运行结果如图 6-22 所示。

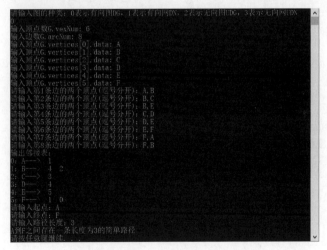

图 6-22　例 6-2 的程序运行结果

【例 6-3】 编程实现：应用深度优先搜索策略判断一个有向图是否存在环。

【问题分析】 对于有向图，在进行深度优先搜索时，从有向图上某个顶点 v 出发，在 dfs(v)结束之前出现一条从顶点 u 到顶点 v 的回边，由于 u 在生成树上是 v 的子孙，则有向图中必定存在包含顶点 v 和顶点 u 的环。在具体实现时，可建立一个全局栈，每次递归调用 dfs(v)前，先检查实参 v 是否已在栈中，若是，则表明有向图必定存在环；否则将实参 v 入栈，再递归调用 dfs(v)。例如图 6-21 就存在环。

【程序代码】

```
#include "ALGraph.h"

int visited[MAX_VERTEX_NUM];                          // 访问标志数组
int visitList[MAX_VERTEX_NUM];                        // 访问顺序数组
int len = 0;                  // 辅助变量,在遍历过程中用于记录从起始点出发的路径长度
int find = 0;                                         // 标识是否已找到了指定长度的路径
int isDuplicate(int w)
{
    int i;
    for(i = 0; i < len; i++)
        if(visitList[i] == w) return 1;
}

void FindDFS(ALGraph G, int v)
// 从第 v 个顶点出发递归地深度优先遍历图 G
{   int w;
    VertexType v1, w1;

    v1 = GetVex(G, v);
    visited[v] = 1;                                   // 设置访问标志为 1(已访问)
    visitList[len++] = v;
    for(w = FirstAdjVex(G,v1); w >= 0; w = NextAdjVex(G, v1, GetVex(G, w)))
        if(visited[w] && isDuplicate(w))
            find = 1;
        else
            FindDFS(G, w);                            // 对 v 的尚未访问的邻接点 w 递归调用 DFS
    len--;
}

void FindCicle(ALGraph G)
// 对图 G 作深度优先遍历
{   int v;
    for(v = 0; v < G.vexNum; v++)
        visited[v] = 0;                               // 访问标志数组初始化

    for(v = 0; v < G.vexNum; v++)
        if(!visited[v])
            FindDFS(G, v);                            // 对尚未访问的顶点调用 DFS
    if(find)printf("此有向图存在环!\n");
    else printf("此有向图不存在环!\n");
}

main()
{   ALGraph G;
    CreateGraph(G);
    List(G);
    FindCicle(G);
}
```

【运行结果】 构建如图 6-21 所示有向图，程序运行结果如图 6-23 所示。

【例 6-4】 某乡有 A、B、C 和 D 共 4 个村，如图 6-24 所示。图中弧上的数值为两村的距离，现在要选择在某村建立俱乐部，其选址应位于图的中心①。请编程实现以下功能。

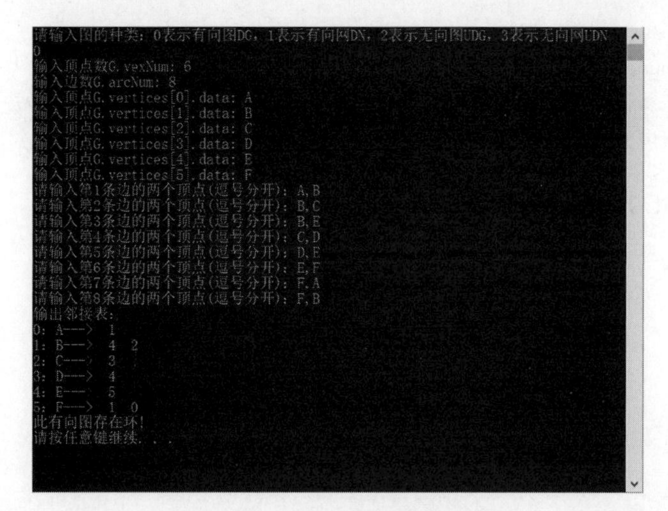

图 6-23 例 6-3 的程序运行结果

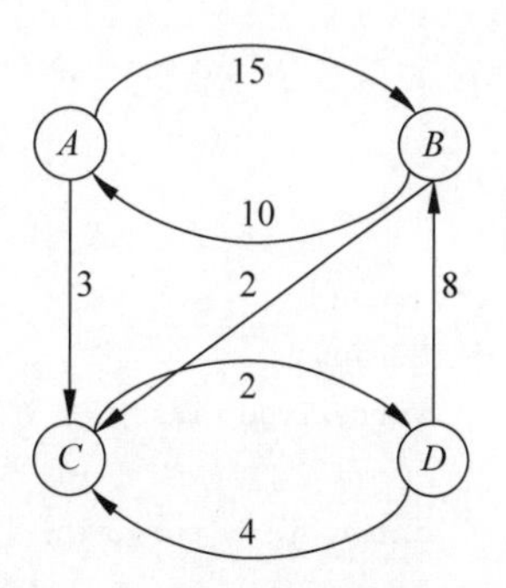

图 6-24 4 个村之间的位置关系图

(1) 求出各村之间的最短路径，并以矩阵的形式输出。

(2) 确定俱乐部应设在哪个村，并求各村到俱乐部的路径和路径长度。

【问题分析】 首先用弗洛伊德算法计算出各村之间的最短路径，然后根据偏心距的定义，将每行相加得到各村的偏心距，其最小者即为 4 个村的中心，将俱乐部设在该村是最合理的。

【程序代码】

```
#include "MGraph.h"

bool prev[MAX_VERTEX_NUM][MAX_VERTEX_NUM][MAX_VERTEX_NUM] = {FALSE};
int dist[MAX_VERTEX_NUM][MAX_VERTEX_NUM] = {0};

void ShortestPath_FLOYD(MGraph G)
//利用弗洛伊德算法求图 GA 中每对顶点间的最短长度,对应存于二维数组 A 中
{   int i, v, w, u;
    for(v = 0; v < G.vexnum; v++)
        for(w = 0; w < G.vexnum; w++)              // 各对结点之间初始化已知路径及距离
        {   dist[v][w] = G.arcs[v][w].adj;
            for(u = 0; u < G.vexnum; u++)
                prev[v][w][u] = FALSE;                                    //0 表示 FALSE
            if(dist[v][w] < INFINITY){             // 从 v 到 w 有直接路径
```

① 设 $G=(V,E)$ 是一个有向网，v 是 G 的一个顶点，v 的偏心距定义为：

$$\sum_{w \in V}\{\text{从 } w \text{ 到 } v \text{ 的最短路径长度}\}$$

G 中偏心距最小的顶点称为 G 的中心。

```
                prev[v][w][v] = TRUE; prev[v][w][w] = TRUE;                 //1 表示 TRUE
            }
        }
    for(u = 0; u < G.vexnum; u++)
        for(v = 0; v < G.vexnum; v++)
            for(w = 0; w < G.vexnum; w++)
                if( dist[v][u] + dist[u][w] < dist[v][w])     // 从 v 经 u 到 w 的一条路径最短
                {  dist[v][w] = dist[v][u] + dist[u][w];
                   for(i = 0; i < G.vexnum; ++i)
                      prev[v][w][i] = prev[v][u][i];
                }
}

int main()                                                  //调用主函数
{  MGraph G;
   VertexType first;

   int i, j, k, sum, min;

   //CreateGraph(G);

   G.kind = DN;                                              //有向网
   G.vexnum = 4;
   G.arcnum = 7;

   for (i = 0; i < G.vexnum; i++)                            //构造顶点向量
       G.vexs[i] = i + 65;
   for (i = 0; i < G.vexnum; ++i)                            //初始化邻接矩阵
       for (j = 0; j < G.vexnum; ++j) {
           if(i == j ) G.arcs[i][j].adj = 0;
               else G.arcs[i][j].adj = INFINITY;  //{adj,info}
               G.arcs[i][j].info = NULL;
       }
       i = LocateVex(G, 'A');
       j = LocateVex(G, 'B');                                //确定 v1 和 v2 在 G 中位置
       G.arcs[i][j].adj = 15;                                //弧<v1,v2>

       i = LocateVex(G, 'A');
       j = LocateVex(G, 'C');                                //确定 v1 和 v2 在 G 中位置
       G.arcs[i][j].adj = 3;                                 //弧<v1,v2>

       i = LocateVex(G, 'B');
       j = LocateVex(G, 'A');                                //确定 v1 和 v2 在 G 中位置
       G.arcs[i][j].adj = 10;                                //弧<v1,v2>

       i = LocateVex(G, 'B');
       j = LocateVex(G, 'C');                                //确定 v1 和 v2 在 G 中位置
       G.arcs[i][j].adj = 2;                                 //弧<v1,v2>
```

```
        i = LocateVex(G, 'C');
        j = LocateVex(G, 'D');                              //确定 v1 和 v2 在 G 中位置
        G.arcs[i][j].adj = 2;                               //弧<v1,v2>

        i = LocateVex(G, 'D');
        j = LocateVex(G, 'B');                              //确定 v1 和 v2 在 G 中位置
        G.arcs[i][j].adj = 8;                               //弧<v1,v2>

        i = LocateVex(G, 'D');
        j = LocateVex(G, 'C');                              //确定 v1 和 v2 在 G 中位置
        G.arcs[i][j].adj = 4;                               //弧<v1,v2>

        List(G);

        printf("各顶点间的最短路径:\n");
        ShortestPath_FLOYD(G);
        for (i = 0; i < G.vexnum; i++)
        {   for (j = 0; j < G.vexnum; j++)
                printf("%5d", dist[i][j]);
            printf("\n");
        }

        for (k = 0, min = INFINITY, i = 0; i < G.vexnum; i++)
        {   sum = 0;
            for (j = 0; j < G.vexnum; j++)
                sum += dist[i][j];
            if(min > sum)
              {   min = sum;
                  k = i;
              }
        }
        printf("俱乐部应设在%c村,其到各村的路径长度依次为:\n", G.vexs[k]);
        for (j = 0; j < G.vexnum; j++)
            printf("%5d", dist[k][j]);
        printf("\n");
        return 0;
}
```

【运行结果】 运行结果如图 6-25 所示。

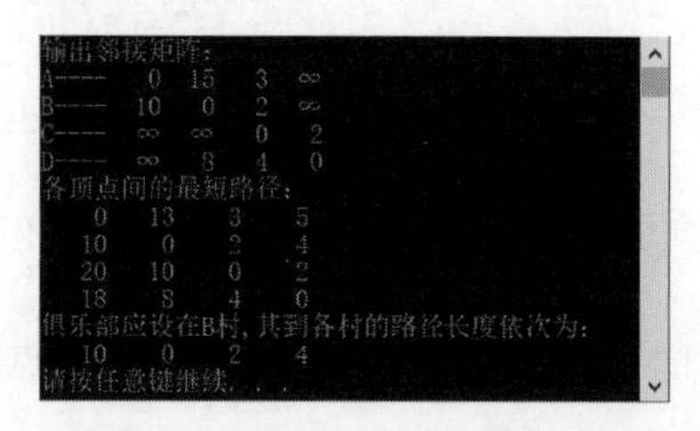

图 6-25 例 6-4 的程序运行结果

小 结

图是一种比线性表和树更为复杂的数据结构。在线性表中,数据元素之间仅有线性关系,每一个数据元素只有一个直接前驱结点和一个直接后继结点。在树状结构中,数据元素之间存在明显的层次关系,并且每层的数据元素可能与下一层的多个数据元素(即其子结点)相邻,但只能和上一层的一个数据元素(即其双亲结点)相关。而在图形结构中,数据元素之间的关系可以是任意的,图中任意两个元素之间都可能相邻。

和树类似,图的遍历是图的一种主要操作,可以通过遍历判断图中任意两个顶点之间是否存在路径,判断给定的图是否是连通图并求得非连通图的各个连通分量。但是,对于网,其最小生成树或最短路径都取决于弧或边上的权值,需要有特定的算法求解。

习 题 6

一、客观测试题

扫码答题

二、应用题

1. 已知如图6-26所示的有向图,请给出该图的

(1) 每个顶点的出度和入度;

(2) 邻接矩阵;

(3) 邻接表;

(4) 逆邻接表。

2. 试对如图6-27所示的非连通图,画出其广度优先生成森林。

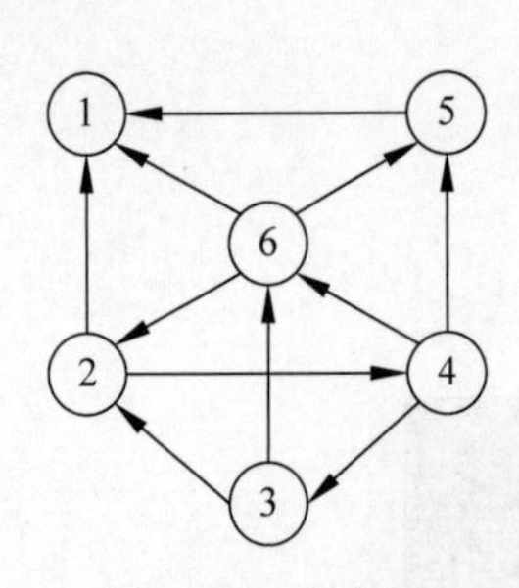

图6-26 有向图

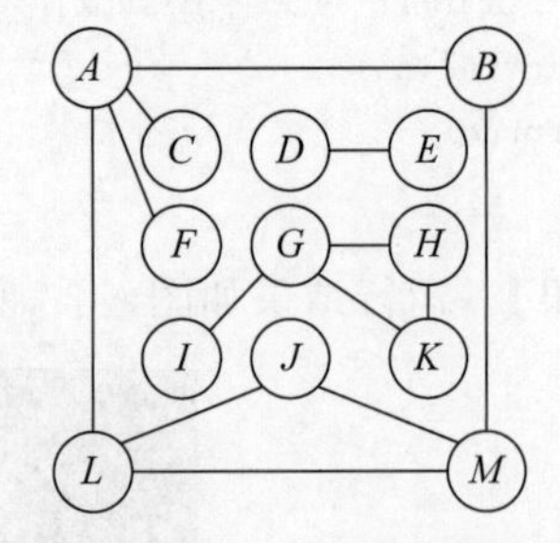

图6-27 非连通图

3. 已知图的邻接矩阵如图6-28所示。试分别画出自顶点A出发进行遍历所得的深度优先生成树和广度优先生成树。

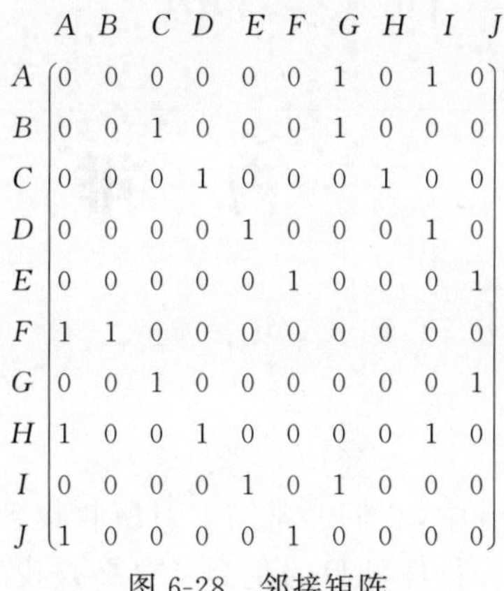

	A	B	C	D	E	F	G	H	I	J
A	0	0	0	0	0	0	1	0	1	0
B	0	0	1	0	0	0	1	0	0	0
C	0	0	0	1	0	0	0	1	0	0
D	0	0	0	0	1	0	0	0	1	0
E	0	0	0	0	0	1	0	0	0	1
F	1	1	0	0	0	0	0	0	0	0
G	0	0	1	0	0	0	0	0	0	1
H	1	0	0	1	0	0	0	0	1	0
I	0	0	0	0	1	0	1	0	0	0
J	1	0	0	0	0	1	0	0	0	0

图 6-28　邻接矩阵

4. 请对如图 6-29 所示的无向网：

(1) 写出它的邻接矩阵，并按克鲁斯卡尔算法求其最小生成树。

(2) 写出它的邻接表，并按普里姆算法求其最小生成树。

5. 试列出图 6-30 中全部可能的拓扑有序序列。

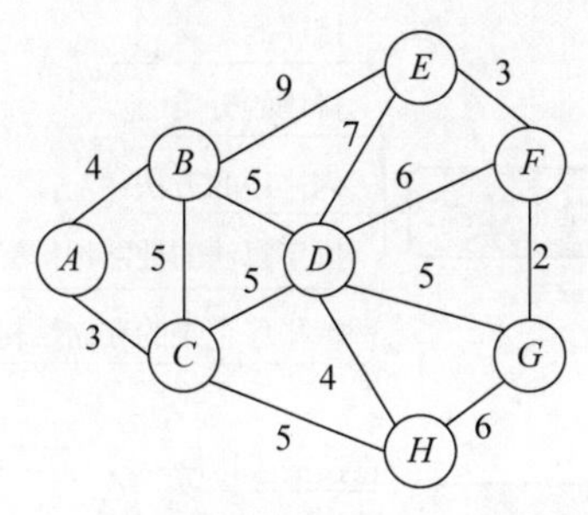

图 6-29　无向网

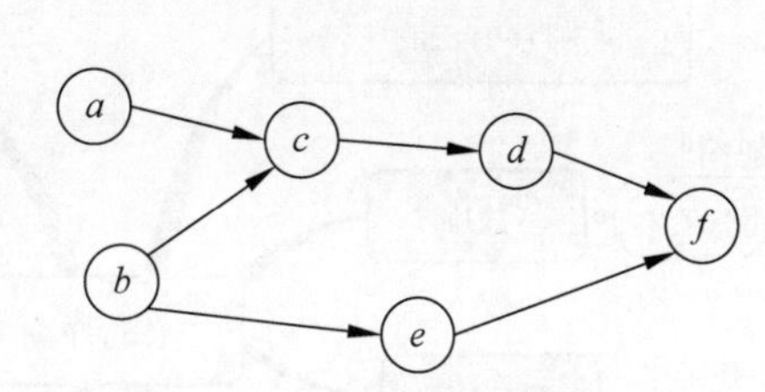

图 6-30　有向图

三、算法设计题

1. 编写算法，从键盘读入有向图的顶点和弧，创建有向图的邻接表存储结构。

2. 编写算法判别以邻接表方式存储的无向图中是否存在由顶点 u 到顶点 v 的路径($u \neq v$)。

3. 编写算法求距离顶点 v_i 的最短路径长度为 K 的所有顶点。

4. 编写克鲁斯卡尔算法构造最小生成树的算法。

习题 6　主观题参考答案

第7章　内　排　序

在日常工作和软件系统设计中，我们经常需要对所收集到的各种数据进行处理，而排序就是常用的一种数据处理方法。排序的目的是为了提高查找的效率，因此，如何高效地对数据进行排序是各种软件系统设计中的重要问题。排序主要分为内排序和外排序两类，关于外排序的内容将在第8章进行讨论。本章主要讨论几种最常见的内排序的实现方法，并分析其性能和特点，以便于读者在解决实际问题时能针对数据的特性来选择适当的排序方法。

【本章主要知识导图】

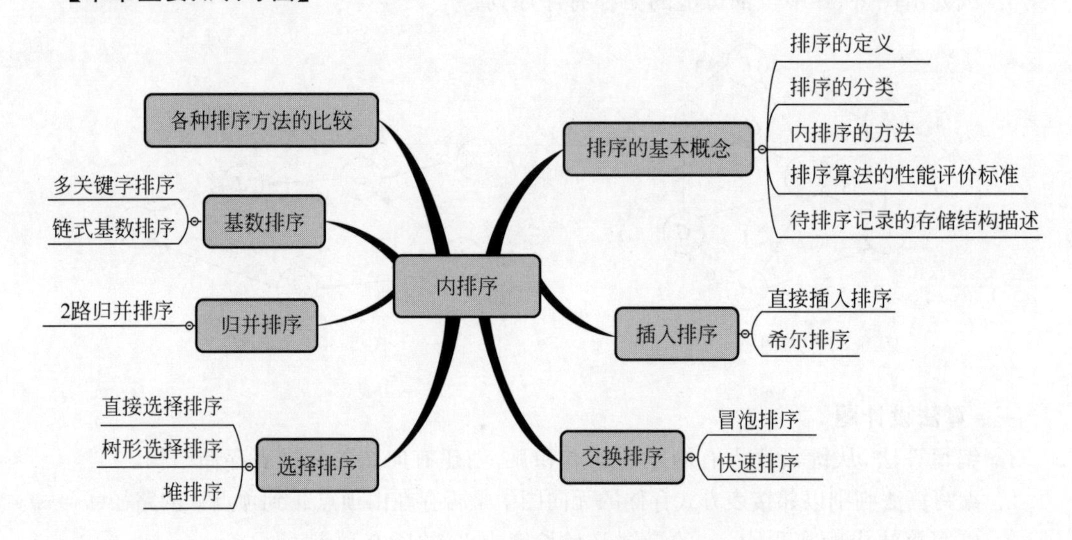

7.1　排序的基本概念

1. 排序的定义

所谓排序，简单地说就是将一组“无序”的记录序列调整为“有序”的记录序列的一种操作。

为了讨论的方便，先给出“关键字”的概念。通常待排序的数据元素(或记录)有多个数据项，其中作为排序依据的数据项称为关键字。例如，学生成绩表由学号、姓名和各科成绩等数据项组成，这些数据项都可作为排序的关键字。换句话说，关键字就是数据元素(或记录)中可以标识一个数据元素(或记录)的数据项，其中可以唯一标识一个数据元素(或记录)的数据项被称为**主关键字**，否则被称为**次关键字**。例如，如果以“学号”为关键字对学生成绩表进行排序，其排序结果是唯一的，此时“学号”为主关键字；若以“姓名”进行排序，其排序结果不一定是唯一的，因为可能有多个学生的姓名是相同的，此时“姓名”为次关键字。为了简便起见，本章中涉及的排序算法都是基于主关键字的排序，且排序结果均约定为按主关键字从小到大的顺序排列。

下面将基于关键字的排序形式化定义为：假设有一个含 n 个记录的序列 $\{R_1, R_2, \cdots, R_n\}$，其相应的关键字序列为 $\{K_1, K_2, \cdots, K_n\}$，这些关键字相互之间可以进行比较，且在它们之间存在着这样一个关系 $K_{p1} \leqslant K_{p2} \leqslant \cdots \leqslant K_{pn}$，按此固有关系将上面的记录序列重新排列为 $\{R_{p1}, R_{p2}, \cdots, R_{pn}\}$ 的操作称为**排序**。如果待排序序列正好符合排序要求，则称此序列为**正序序列**；如果待排序的序列正好与符合排序要求的序列相反，则称此序列为**逆序序列**。

2. 排序的分类

根据排序过程中所涉及的存储器的不同可分为内排序和外排序，又根据相同关键字的记录在排序前与排序后的相对位置的变化情况不同而分为稳定排序和不稳定排序。

1）内排序与外排序

内排序是指待排序序列完全存放在内存中进行的排序过程，这种方法适合数量不太多的数据元素的排序。**外排序**是指待排序的数据元素量多，以至于它们必须存储在外部存储器上，这种排序需要在内存和外部存储器之间进行多次数据交换，以达到对整个文件排序的目的。

2）稳定排序与不稳定排序

若对任意一组数据元素（或记录）序列，使用某种排序算法对它进行排序，其中相同关键字记录间的前后位置关系在排序前与排序后保持一致，则称此排序方法是**稳定的**，而不能保持一致的排序方法则称为**不稳定的**。例如，一组关键字序列 $\{3,4,2,\bar{3},1\}$，其中“$\bar{3}$”和“3”都代表数字 3，只不过用“$\bar{3}$”来区分它与“3”在序列中出现的先后位置不同，若此序列经排序后变为 $\{1,2,3,\bar{3},4\}$，则此排序方法是稳定的；若经排序后变为 $\{1,2,\bar{3},3,4\}$，则此排序方法是不稳定的。

3. 内排序的方法

内排序的过程是一个逐步扩大记录的有序序列长度的过程。基于不同“扩大”有序序列长度的策略，可以将内排序方法大致分为插入类、交换类、选择类、归并类和其他类。

(1) 插入类排序方法是指将无序子序列中的一个或几个记录“插入”有序序列中，从而增加记录有序子序列的长度。

(2) 交换类排序方法是指通过“交换”无序序列中的记录，从而得到其中关键字最小或最大的记录，并将它加入有序子序列中，以此方法增加记录有序子序列的长度。

(3) 选择类排序方法是指从记录的无序子序列中“选择”关键字最小或最大的记录，并将它加入有序子序列中，以此方法增加记录有序子序列的长度。

(4) 归并类排序方法是指通过“归并”两个或两个以上的记录有序子序列，逐步增加记录有序序列的长度。

本章将直接插入排序和希尔排序归为插入类排序，冒泡排序、快速排序归为交换类排序，直接选择排序、树形选择排序、堆排序归为选择类排序，基数排序归为其他类排序。

4. 排序算法的性能评价标准

本章要讨论多种排序的实现算法。在众多的排序算法中，评价一种排序算法好坏的衡量标准主要有两方面：算法的时间复杂度和空间复杂度。

由于排序是一种经常使用的操作，并且往往属于软件系统的核心部分，所以，排序算法所需的时间是衡量排序算法好坏的重要标志。又由于在排序过程中，通常要执行的主要操作是比较待排序序列中两个记录关键字值的大小，和将一个记录从一个位置移至另一个位置，因此，排序的时间开销可用算法执行过程中的记录**比较次数**和**移动次数**来衡量，其中一次移动就对应着算法中的一次赋值，两个数据的交换意味着有三次移动。本章将讨论各种排序算法在**最坏情况**或**平均情况**下的时间复杂度。

5. 待排序记录的存储结构描述

内排序方法可在不同的存储结构上实现，但待排序的数据元素集合通常以线性表为主，因此存储结构多选用顺序表和链表。此外，顺序表又具有随机存取的特性，因此本章中介绍的排序算法都是针对在顺序表的存储结构上执行的。同时，为简单起见，假设关键字的数据类型为整型。

待排序的顺序表其存储结构描述如下：

```
#define MAXSIZE 80                          //顺序表的最大长度
typedef int KeyType;                        //将关键字类型定义为整型
typedef struct {
    KeyType key;                            //关键字项
    InfoType otherinfo;                     //其他数据项
}RecdType;                                  //记录类型
typedef struct{
    RecdType r[MAXSIZE+1];                  //一般情况将r[0]闲置
    int length;                             //顺序表长度
}SqList;                                    //顺序表的类型
```

7.2 插入排序

插入排序(Insertion Sort)的算法思想非常简单，就是每次将待排序序列中的一个记录，按其关键字值的大小插入已排序的记录序列中的适当位置上。插入排序算法的关键在于如何确定待插入的位置。由于插入方法很多，本节只介绍两种插入排序方法：直接插入排序和希尔排序。

7.2.1 直接插入排序

直接插入排序(Straight Insertion Sort)是一种简单的排序方法，其基本思想是首先将第一个记录构成有序子序列，而剩下的记录序列则构成无序子序列，然后每次将无序序列中的第一个记录，按其关键字值的大小插入前面已经排好序的有序序列中，并使其仍然保持有序而且这种排序是通过顺序查找来确定待插入位置的。

假设待排序表 L 中有 n 个记录，存放在数组 $r[1..n]$ 中，重新排列记录的存放顺序，使得它们按照关键字值从小到大有序，即：$r[1].key \leqslant r[2].key \leqslant \cdots \leqslant r[n].key$。

首先来探讨将一个记录插入到有序表中的方法。

对于由 n 个记录所构成的待排序序列$\{r[1],r[2],\cdots,r[n]\}$，在第一趟排序中，是将第2个记录插入到由$\{r[1]\}$所构成的有序序列中，并使插入后所构成的序列仍然有序，如图7-1中的“第一趟排序”所示。在第 $i(1\leqslant i\leqslant n-1)$ 趟排序中，要将第 $i+1$ 个记录 $r[i+1]$ 插入到前面的有序序列$\{r[1],r[2],\cdots,r[i]\}$中并使其仍然保持有序，其方法是将 $r[i+1]$.key的值依次与 $r[i]$.key，$r[i-1]$.key，…，$r[1]$.key 进行比较，并将关键字值大于 $r[i+1]$.key值的记录后移一个位置，直至比较到一个记录其关键字值小于或等于 $r[i+1]$.key 值为止。此时，这个记录所在位置的后一个位置即是应插入的位置，最后将 $r[i]$插入这个位置，则完成这趟直接插入排序过程。

已知一组待排序的记录的关键字序列为$\{52,39,67,95,79,8,25,\overline{52}\}$，直接插入排序过程如图7-1所示。

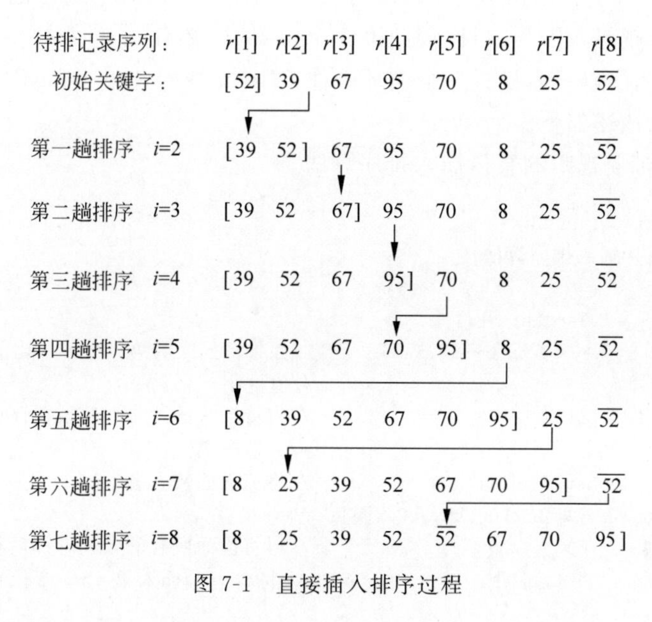

图 7-1　直接插入排序过程

直接插入排序算法的基本要求是，假设待排序的记录存放在数组 $r[1..n]$中。开始时，先将第一个记录 $r[1]$组成一个有序的子表，然后将后面的记录$\{r[2],\cdots,r[n]\}$依次插入前面有序的子表中，并且一直保持其子表的有序性。

直接插入排序算法的主要步骤归纳如下。

(1) 将 $r[i](2\leqslant i\leqslant n)$暂存在临时变量 temp 中。

(2) 将 temp 与 $r[j](j=i-1,i-2,\cdots,1)$依次比较，若 temp.key$<r[j]$.key，则将 $r[j]$后移一个位置，直到 temp.key$\geqslant r[j]$.key 或 $j=0$ 为止。(此时 $j+1$ 即为 $r[i]$的插入位置)。

(3) 将 temp 插入第 $j+1$ 个位置上。

(4) 令 $i=2,3,4,\cdots,n$，重复上述步骤(1)～(3)。

【算法 7-1】 不带监视哨的直接插入排序算法。

```
1  void Sort_Insert_1(SqList &L)
2  //不带监视哨的直接插入排序算法
3  {   int i, j;
4      for(i = 2; i < = L.length; ++i)
```

```
5     {  RecdType temp = L.r[i];
6        for(j = i - 1; j >= 1&&temp.key < L.r[j].key; -- j)
7            L.r[j + 1] = L.r[j];                  //后移
8        L.r[j + 1] = temp;                        // 将 L.r[i]插入第 j + 1 个位置
9     }//for
10 }//算法 7 - 1 结束
```

在此算法中第6行的循环条件“j>=1&& temp.key<L.r[j].key”中“j>=1”用来控制下标越界，当j=0时表示插入位置在表的最前面。为了提高算法效率，可对该算法进行如下改进：首先将待排序的 n 个记录从下标为1的存储单元开始依次存放在数组 r 中，再将顺序表的第0个存储单元设置为一个**“监视哨”**，即在查找插入位置之前先将待插入的记录 $r[i]$ 暂存在 $r[0]$ 中，充当“监视哨”的作用，这样每循环一次只须进行记录关键值的比较，无须比较下标是否越界。因为，当比较到第0个位置时，必有 $r[0]$.key == $r[i]$.key 成立，则将自动退出循环，所以只需设置一个循环条件：“temp.key<r[j].key”。

改进后的算法描述如下。

【算法 7-2】 带监视哨的直接插入排序算法。

```
void Sort_Insert(SqList &L)
//带监视哨的直接插入排序算法
{   int i,j;
    for(i = 2; i <= L.length; ++i)
        if (L.r[i].key < L.r[i - 1].key)        //如果待插入的第 i 个记录比前一个记录的关键字
                                                //值更小
        {  L.r[0] = L.r[i];                     //将待插入的第 i 个记录暂存在 r[0]中,此时 r[0]
                                                //为监视哨
           L.r[i] = L.r[i - 1];                 //将前面的较大者 L.r[i - 1]后移
           for(j = i - 2; L.r[0].key < L.r[j].key; -- j)
               L.r[j + 1] = L.r[j];             //再将前面所有的较大者都后移一位
           L.r[j + 1] = L.r[0];                 // 将 L.r[i]插入第 j + 1 个位置
        }//if
}//算法 7 - 2 结束
```

说明：对于顺序表，在该算法中因为 $r[0]$ 用于存放监视哨，正常的记录存放在下标从1开始的存储单元中，所以长度为 n 的排序表需要 $n+1$ 个存储单元。下面以算法7-2为例进行算法性能分析。

【算法性能分析】

从算法7-2的执行过程可知，其空间复杂度、时间复杂度及其稳定性如下。

(1) 空间复杂度：排序过程中仅用了一个辅助单元 $r[0]$ 充当监视哨，因此空间复杂度为 $O(1)$。

(2) 时间复杂度：从时间性能上看，有序表中逐个插入记录的操作进行了 $n-1$ 趟，每趟排序的比较次数和移动记录的次数取决于待排序列关键字的初始排列状况。最好情况是当待排序记录序列的初始状况是“正序”时，每趟排序只需与记录关键字进行1次比较，0次移动，即总的比较次数达到最小值 $n-1$ 次，总的移动次数也达到最小值0次。最坏情况是当待排序记录序列初始状况为“逆序”时，每趟排序都要将待插入的记录插入记录表的最前面位置。为此，第 $i(1\leqslant i\leqslant n-1)$ 趟直接插入排序需要进行关键字比较的次数为 $i+1$ 次，

移动记录的次数为 $i+2$ 次，总的比较次数为

$$\sum_{i=1}^{n-1}(i+1)=\sum_{i=2}^{n}i=\frac{(n+2)(n-1)}{2}$$

总的移动次数为

$$\sum_{i=1}^{n-1}(i+2)=\sum_{i=2}^{n}(i+1)=\frac{(n+4)(n-1)}{2}$$

当待排序记录是随机序列的情况下，即待排序记录出现的概率相同，则第 i 趟排序所需的比较和移动次数可达上述最小值与最大值的平均值，分别约为 $i/2$，总的平均比较和移动次数分别约为

$$\sum_{i=1}^{n-1}\frac{i}{2}=\frac{1}{4}n(n-1)\approx\frac{n^2}{4}$$

因此，直接插入排序的时间复杂度为 $O(n^2)$。

(3) 算法稳定性：直接插入排序是一种稳定的排序算法。

7.2.2 希尔排序

直接插入排序算法简单，在 n 值较小时，效率比较高；当 n 值很大时，若待排序列的初始状态是按关键字值基本有序时，效率依然较高，其时间效率可提高到 $O(n)$。希尔排序正是基于直接插入排序的这两个优势而提出的一种改进方法。

希尔排序(Shell Sort)，是由 D. L. Shell 在 1959 年首先提出的，所以这种排序以他的名字命名。它不像直接插入排序那样着眼于两个相邻记录之间的比较，而是通过将待排序序列分成若干个子表，然后在每个子表中分别进行插入排序。例如，若待排序序列{$r[1],r[2],\cdots,r[n]$}由 n 个记录组成，如果是分成 d 个子表，则这 d 个子表序列分别是：

{$r[1],r[1+d],r[1+2d],\cdots$}；

{$r[2],r[2+d],r[2+2d],\cdots$}；

…

{$r[d],r[d+d],r[d+2d],\cdots$}。

希尔排序的基本思路是：假设待排序的记录序列存储在数组 $r[1..n]$中，先选取一个小于 n 的整数 d_i(称之为增量)，然后把排序表中的 n 个记录分为 d_i 个子表，即从下标为 1 的第一个记录开始，将间隔为 d_i 的记录组成一个子表，再在各个子表内进行直接插入排序。在一趟排序结束之后，间隔为 d_i 的记录组成的子表已经有序，随着有序性的改善，再逐步减小增量 d_i，重复进行上述操作，直到 $d_i=1$，使得间隔为 1 的记录有序，也就是整个序列都达到有序。

由于希尔排序是按照不断缩小的增量将待排序序列分成若干个子序列，因此也称希尔排序为**缩小增量排序**。

例如，设排序表关键字序列{52,39,67,95,70,8,25,$\overline{52}$,56,5}，增量分别取 5、3、1，则希尔排序过程如图 7-2 所示。

希尔排序算法的主要步骤归纳如下。

(1) 选择一个增量序列$\{d_0, d_1, \cdots, d_{k-1}\}$。

(2) 根据当前增量d_i将n个记录分成d_i个子表,每个子表中记录的下标相隔为d_i。

(3) 对各个子表中的记录进行直接插入排序。

(4) 令$i=0,1,\cdots,k-1$,重复上述步骤(2)~(4)。

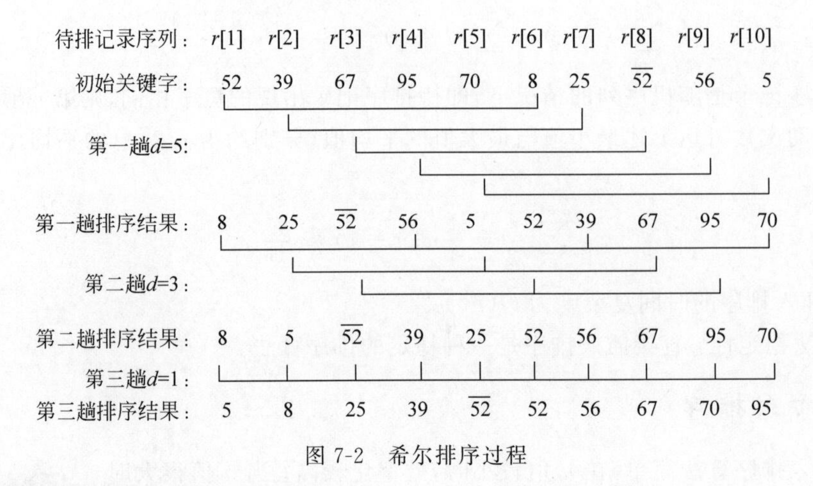

图7-2　希尔排序过程

设置监视哨的希尔排序算法描述如下。

【算法7-3】 希尔排序算法。

```
void Sort_Shell(SqList &L, int dk )
//对表L做一趟希尔排序,增量为dk
{  int i,j;
   for(i = 1 + dk; i <= L.length; ++i)
          if (L.r[i].key < L.r[i - dk].key)   //将L.r[i]插入有序增量子表
          {  L.r[0] = L.r[i];          //将待插入的第i个记录暂存在r[0]中,同时r[0]为监视哨
             L.r[i] = L.r[i - dk];
             for(j = i - 2 * dk; j > 0&&L.r[0].key < L.r[j].key; j -= dk)
                    L.r[j + dk] = L.r[j];      // 将前面的较大者L.r[j + dk]后移
             L.r[j + dk] = L.r[0];             // 将L.r[i]插入第j + dk个位置
          }
}
void  Sort_Shell(SqList &L, int dlta[],int t)
// 按照增量dlta[0..t - 1]对L做希尔排序
{  for(int k = 0; k < t;++k)
      Sort_Shell (L, dlta[k]);                 //完成一趟增量为dlta[k]的希尔排序
} //算法7 - 3结束
```

【算法性能分析】

(1) 空间复杂度:由于希尔排序实际上就是分组的直接插入排序,而直接插入排序的空间复杂度为$O(1)$,因此,希尔排序的空间复杂度也为$O(1)$。

(2) 时间复杂度:希尔排序的时间效率分析很困难,因关键字的比较次数与记录的移动次数依赖于增量序列的选取,但在特定情况下可以准确估算出关键字的比较次数和记录的移动次数。目前还没有一种最好的选取增量序列的方法,但经过学者大量研究,已得出一些局部结论。例如,按希尔增量dlta[0]$=n/2$,dlta[$k+1$]$=$dlta[$k+1$]$/2$,即$\{n,(n/2)/2,\cdots,$

1},则希尔排序的时间复杂度为 $O(n^2)$；按 Hibbard 提出的一种增量序列 $\{2^k-1, 2^{k-1}-1, \cdots, 7, 3, 1\}$,推理证明这种增量序列的希尔排序,其时间效率可达到 $O(n^{3/2})$；V. Pratt 于 1969 年证明了如下结论,如果渐减增量序列取值为形如 2^p3^q 且小于排序表长度 n 的所有自然数集合,则希尔排序算法的时间复杂度为 $O(n(\log_2 n)^2)$。事实上,选取其他增量序列还可以更进一步减少算法的时间代价,甚至有的增量序列可以令时间复杂度达到 $O(n^{7/6})$,这就很接近 $O(n\log_2 n)$了,所以说,希尔排序时间复杂度的最好情况是 $O(n\log_2 n)$。增量序列可以有各种取法,但好的增量序列具有共性：增量序列中应没有除 1 之外的公因子,并且最后一个增量值必须为 1。

(3) 算法稳定性：从图 7-2 的排序结果可以看出,希尔排序是一种**不稳定**的排序算法。其实,它的不稳定性是由于子序列元素之间的位置跨度较大,在多个插入排序时,就会引起元素跳跃性的移动,从而稳定性就会被打乱。一般来说,如果排序过程中元素的移动是跳跃性的移动时,这种排序就是不稳定的排序。

7.3 交换排序

交换排序的总体思想是：两两比较待排序记录的关键字,若前者大于(或小于)后者,则交换这两个记录,直到没有逆序的记录为止。本节只介绍应用交换排序基本思想的两种排序：冒泡排序和快速排序。

7.3.1 冒泡排序

冒泡排序(Bubble Sort)的基本思想是：将待排序序列看成是从上到下排放的,把关键字值较小的记录看成“较轻的”,关键字值较大的记录看成“较重的”。较小关键字值的记录就像水中的气泡一样,向上浮；较大关键字值的记录如水中的石块向下沉。当所有的气泡都浮到了相应的位置,并且所有的石块都沉到了水中,排序就结束了。所以,冒泡排序是从第一个记录开始,依次对无序区中的两两相邻的记录进行关键字比较,如果大在上、小在下,则交换,第一趟扫描下来表中最大的沉在最下面。然后再对前 $n-1$ 个记录进行冒泡排序,直到排序成功为止。

假设 n 个待排序的记录序列为 $\{r[1], r[2], \cdots, r[n]\}$,则对含有 n 个记录的排序表进行冒泡排序的过程是：在第一趟排序中,从第 1 个记录开始到第 n 个记录,对两两相邻的两个记录的关键字值进行比较,若前者大于后者,则交换,这样在一趟之后,具有最大关键字值的记录交换到了 $r[n]$的位置上；在第二趟排序中,从第 1 个记录开始到第 $n-1$ 个记录继续进行冒泡排序,这样在两趟之后,具有次最大关键字的记录交换到了 $r[n-1]$的位置上；以此类推,在第 i 趟中,从第 1 个记录开始到第 $n-i+1$ 个记录,对两两相邻的两个记录的关键字进行比较,当关键字值逆序时,交换位置,在第 i 趟之后,这 $n-i+1$ 个记录中关键字值最大的记录就交换到了 $r[n-i+1]$的位置上。因此,整个冒泡排序最多进行 $n-1$ 趟,在某趟的两两比较中,若一次交换都未发生,则表明已经有序,排序结束。

假设待排序的 8 个记录的关键字序列为 $\{52, 39, 67, 95, 70, 8, 25, \overline{52}\}$,冒泡排序过程如图 7-3 所示。

待排记录序列	初始关键字	第一趟	第二趟	第三趟	第四趟	第五趟	无交换,结束
$r[1]$	52	39	39	39	39	8	8
$r[2]$	39	52	52	52	8	25	25
$r[3]$	67	67	67	8	25	39	39
$r[4]$	95	70	8	25	52	52	52
$r[5]$	70	8	25	$\overline{52}$	$\overline{52}$	$\overline{52}$	$\overline{52}$
$r[6]$	8	25	$\overline{52}$	67	67	67	67
$r[7]$	25	$\overline{52}$	70	70	70	70	70
$r[8]$	$\overline{52}$	95	95	95	95	95	95

图 7-3　冒泡排序过程

假设记录存放在顺序表 L 的数组 $r[1..n]$ 中,开始时,有序序列为空,无序序列为 $\{r[1],r[2],\cdots,r[n]\}$,则冒泡排序算法的主要步骤归纳如下。

(1) 置初值 $i=L.\text{length}$。

(2) 在无序序列 $\{r[1],r[2],\cdots,r[i]\}$ 中,从头至尾依次比较相邻的两个记录 $r[j]$ 与 $r[j+1]$($1\leqslant j\leqslant i-1$),若 $r[j].\text{key}>r[j+1].\text{key}$,则交换位置。

(3) $\text{i}=\text{i}-1$。

(4) 重复步骤(2)~(3),直到在步骤(2)中未发生记录交换或 $i=1$ 为止。

要实现上述步骤,需要引入一个布尔变量 change,用来标记相邻记录是否发生交换。具体算法如算法 7-4 所示。

【算法 7-4】 冒泡排序算法。

```
void Sort_Bubble(SqList &L)
//对顺序表 L 进行冒泡排序
{   int i,j,change;
    RecdType temp;
    change = TRUE;                              //设置交换标志变量,初值为真
    for (i = L.length;i > 1&&change; -- i)      //控制每趟排序
      {   change = FALSE;                       //每趟排序开始时,设置交换标志变量值为假
          for(j = 1;j < i;++j)                  //控制在无序区 r[1..i]
            if (L.r[j].key > L.r[j + 1].key)    //如果前者大于后者,则交换
              {   temp = L.r[j];
                  L.r[j] = L.r[j + 1];
                  L.r[j + 1] = temp;
                  change = TRUE;
              }//if
      }// for i
}//算法 7 - 4 结束
```

【算法性能分析】

(1) 空间复杂度:由于冒泡排序算法中有交换操作,需要用到一个辅助记录,因此算法的空间复杂度为 $O(1)$。

(2) 时间复杂度：冒泡排序算法的时间开销在最好情况下是初始待排序序列为“正序”时，在第一趟排序的比较过程中，进行了 $n-1$ 次比较后发现一次交换都未发生，所以算法在执行一次循环后就结束，因此最好的时间复杂度为 $O(n)$。最坏情况是初始待排序序列为“逆序”时，总共要进行 $n-1$ 趟冒泡排序，在第 $i(1 \leqslant i \leqslant n-1)$ 趟排序中，比较次数为 $n-i$，移动次数为 $3(n-i)$，总的比较次数为

$$\sum_{i=1}^{n-1}(n-i)=\frac{1}{2}n(n-1)$$

总的移动次数为

$$\sum_{i=1}^{n-1}3(n-i)=\frac{3}{2}n(n-1)$$

因此，冒泡排序算法的时间复杂度为 $O(n^2)$。

(3) 算法稳定性：冒泡排序是一种稳定的排序算法。

7.3.2 快速排序

快速排序(Quick Sort)是由伦敦 Elliott Brothers 公司的 Tony Hoare 在 1962 年提出的一种划分交换排序方法，它是冒泡排序的一种改进算法。快速排序采用了分治策略，即将原问题划分成若干个规模更小但与原问题相似的子问题，然后用递归方法解决这些子问题，最后再将它们组合成原问题的解。

快速排序的基本思想是：通过一趟排序将待排序的记录分割成独立的两个部分，其中一部分的所有记录的关键字值都比另外一部分的所有记录关键字值小，然后再按此方法对这两部分记录分别进行快速排序，整个排序过程可以递归进行，以此使整个记录序列变成有序。快速排序过程如图 7-4 所示，所以快速排序是一种基于“分治法”的排序方法。

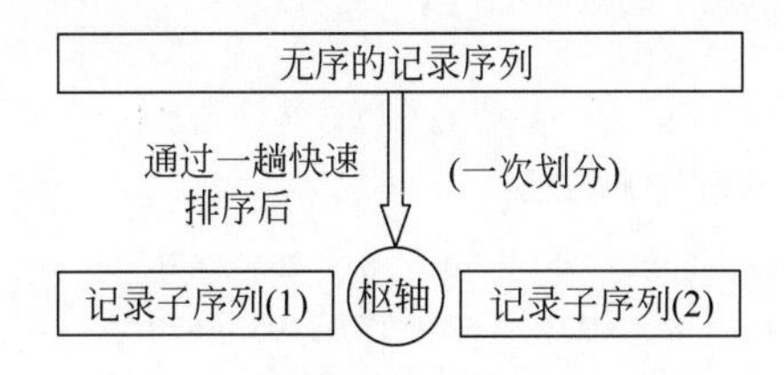

图 7-4 快速排序基本思想示意图

假设待排序表 L 中的记录序列为 $\{r[\text{low}], r[\text{low}+1], \cdots, r[\text{high}]\}$，首先在该序列中任意选取一个记录作为枢轴(通常选第一个记录 $r[\text{low}]$ 作为枢轴)，然后将所有关键字值比枢轴关键字值小的记录都移到它的前面，所有关键字值比枢轴关键字值大的记录都移到它的后面，由此可以将该枢轴记录最后所落的位置 i 作为分界线，将记录序列 $\{r[\text{low}], r[\text{low}+1], \cdots, r[\text{high}]\}$ 分割成两个子序列 $\{r[\text{low}], r[\text{low}+1], \cdots, r[i-1]\}$ 和 $\{r[i+1], r[i+2], \cdots, r[\text{high}]\}$。这个过程称为一趟快速排序(或一次划分)。通过一趟排序，枢轴记录就落在了最终排序结果的位置上。

一趟快速排序算法的主要步骤归纳如下。

(1) 设置两个变量 i、j，初值分别为 low 和 high，分别表示待排序记录的起始下标和终止下标。

(2) 选择下标为 i 的记录作为枢轴,并将枢轴记录暂存于0号存储单元,框轴记录的关键字暂存于变量 pivotkey 中,即执行 $L.r[0]=L.r[i]$ 和 pivotkey$=L.r[i]$.key。

(3) 从下标为 j 的位置开始从后往前依次搜索,当找到第一个关键字值比 pivotkey 小的记录时,则将该记录向前移动到下标为 i 的位置上,然后 i 加 1。

(4) 从下标为 i 的位置开始从前往后依次搜索,当找到第一个比 pivotkey 大的记录时,则将该记录向后移动到下标为 j 的位置上,然后 j 减 1。

(5) 重复第(3)、(4)步,直到 $i=j$ 为止。

(6) 最后将枢轴记录移动到下标为 i 的位置上,即执行 $L.r[i]=L.r[0]$。

例如,待排序的初始序列为{52, 39, 67, 95, 70, 8, 25, $\overline{52}$},一趟快速排序的过程如图7-5(a)所示。整个快速排序过程可递归进行。若待排序序列中只有一个记录,显然已有序,否则进行一趟快速排序后,再分别对分割所得的两个子序列进行快速排序,具体步骤如图7-5(b)所示。

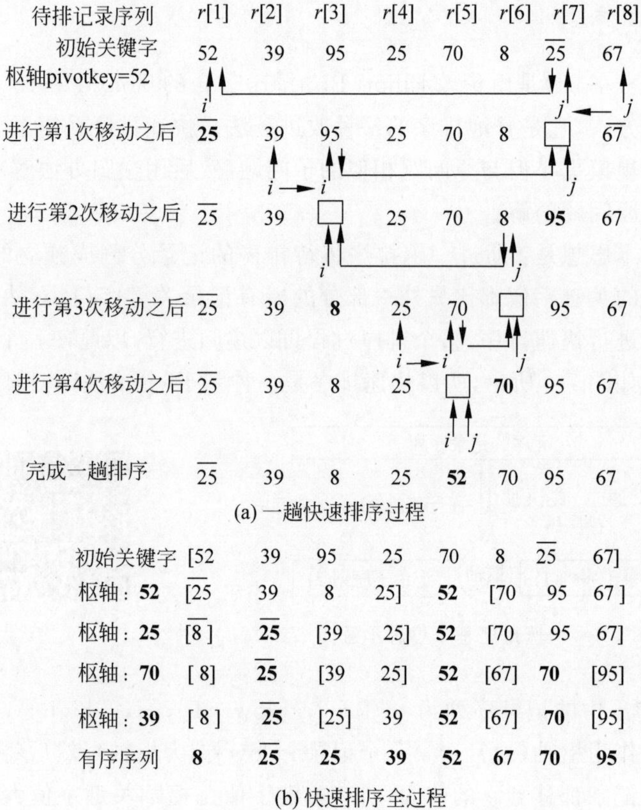

图7-5 快速排序过程

【算法7-5】 一趟快速排序算法。

```
int Partition(SqList &L, int low, int high)
//对L中的子表L.r[low..high]做一趟快速排序,使一个枢轴记录到位,并返回其所在的位置
{   L.r[0] = L.r[low];                          //设置枢轴,并暂存在r[0]中
    KeyType pivotkey = L.r[low].key;            //将枢轴记录的关键字暂存在变量pivotkey中
    while(low < high)                           //当low == high时,结束本趟排序
```

```
    {  while(low < high&& L.r[high].key >= pivotkey)                          //向前搜索
           -- high;
       if(low < high)
          L.r[low++] = L.r[high]; //将比枢轴小的记录移至低端 low 的位置,然后 low 后移一位
       while(low < high&& L.r[low].key <= pivotkey)                           //向后搜索
           ++low;
       if (low < high)
           L.r[high--] = L.r[low];
                                 //将比枢轴小的记录移至低端 low 的位置,然后 high 前移一位
       }
   L.r[low] = L.r[0];                                  //枢轴记录移至最后位置
   return low;                                         //返回枢轴所在的位置
}//算法 7-5 结束
```

【算法 7-6】 递归形式的快速排序算法。

```
void Q_Sort(SqList &L, int low, int high)
//对表 r[low..high]采用递归形式的快速排序算法
{  if (low < high)                                      //如果无序表长大于 1
   {  int pivotloc = Partition(L, low, high);          //完成一次划分,确定枢轴位置
      Q_Sort(L, low, pivotloc - 1);                     //递归调用,完成左子表的排序
      Q_Sort(L, pivotloc + 1, high);                    //递归调用,完成右子表的排序
   }
}//算法 7-6 结束
```

【算法 7-7】 顺序表快速排序算法。

```
void Sort_Quick(SqList &L)
//对表 L 进行快速排序算法
{
   Q_Sort(L,1, L.length);
}//算法 7-7 结束
```

【算法性能分析】

(1) 空间复杂度:快速排序在系统内部需要用一个栈来实现递归,每层递归调用时的指针和参数均需要用栈来存放。快速排序的递归过程可用一棵二叉树来表示,若每次划分较为均匀,则其递归树的高度为 $O(\log_2 n)$,故所需栈空间为 $O(\log_2 n)$,如图 7-6 所示。最坏情况下,即递归树是一个单枝树,树的高度为 $O(n)$时,所需的栈空间也为 $O(n)$。

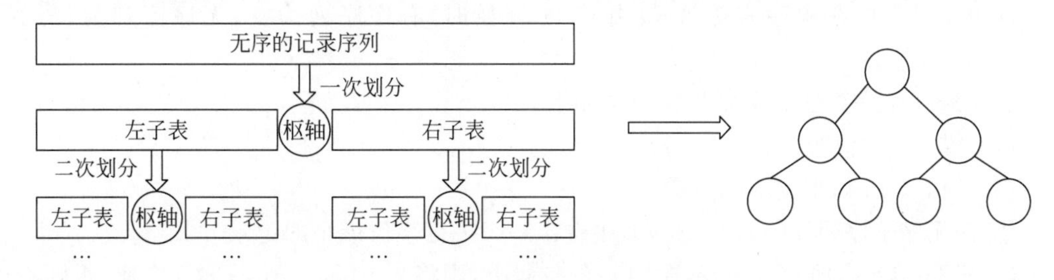

图 7-6 快速排序划分过程示意图

(2) 时间复杂度:从时间复杂度上看,在含有 n 个记录的待排序列中,一次划分需要约 n 次关键字比较,时间复杂度为 $O(n)$. 若设 $T(n)$为对含有 n 个记录的待排序列进行快速

排序所需时间,则最好情况下,每次划分正好将待排序列分成两个等长的子序列,则:

$$
\begin{aligned}
T(n) &\leqslant cn + 2T(n/2) \quad (c\text{ 是一个常数}) \\
&\leqslant cn + 2(cn/2 + 2T(n/4)) = 2cn + 4T(n/4) \\
&\leqslant 2cn + 4(cn/4 + T(n/8)) = 3cn + 8T(n/8) \\
&\cdots \\
&\leqslant cn\log_2 n + nT(1) = O(n\log_2 n)
\end{aligned}
$$

最坏情况是当初始关键字序列为“正序”时,在快速排序过程中每次划分只能得到一个子序列,这样快速排序就蜕化为冒泡排序,时间复杂度为 $O(n^2)$。

尽管快速排序的最坏时间为 $O(n^2)$,但就平均性能而言,它是基于关键字比较的内排序算法中速度最快的,平均时间复杂度为 $O(n\log_2 n)$。

(3) 算法稳定性:从图7-5的排序结果可以看出,快速排序是一种不稳定的排序算法。

7.4 选择排序

选择排序的总体思想是每一趟排序都从待排序的无序子序列中选取一个关键字值最小的记录,并将其加入到有序子序列的指定位置上。即第一趟排序是从 n 个记录中选取关键字值最小的记录;第二趟排序是从剩下的 $n-1$ 个记录中选取关键字值最小的记录,直到整个序列中的记录都选完为止。这样,由选取记录的顺序便可得到按关键字值有序的序列。本节介绍3种基于选择排序的方法:直接选择排序、树形选择排序和堆排序。

7.4.1 直接选择排序

直接选择排序(Straight Selection Sort)的基本思想是:第一趟排序是从 $\{r[1], r[2], \cdots, r[n]\}$ 这 n 个记录中找出关键字值最小的记录与第一个记录 $r[1]$ 交换;第二趟排序是从剩下的 $\{r[2], r[3], \cdots, r[n]\}$ 这 $n-1$ 个记录中找出关键字值最小的记录与第二个记录交换;以此类推,第 $i(1\leqslant i\leqslant n-1)$ 趟排序是从 $\{r[i], r[i+1], \cdots, r[n]\}$ 这 $n-i+1$ 个记录中选出关键字值最小的记录与第 i 个记录交换,直到整个序列按关键字值有序为止。

假设待排序的8个记录的关键字序列为 $\{52, 39, 67, 95, 70, 8, \overline{95}, 25\}$,直接选择排序过程如图7-7所示。

假设记录存放在顺序表 L 的数组 r 中,开始时,有序序列为空,无序序列为 $\{r[1], r[2], \cdots, r[n]\}$。

直接选择排序算法的主要步骤归纳如下。

(1) 置 i 的初值为1。

(2) 当 $i<n$ 时,重复下列步骤。

① 在无序子序列 $\{r[i], \cdots, r[n]\}$ 中选出一个关键字值最小的记录 $r[\min]$。

② 若 min!=i,即 $r[\min]$ 不在 $r[i]$ 的位置上,则将 $r[i]$ 和 r[min]进行交换,否则不进行任何交换。

③ 将 i 的值加1。

待排记录序列：	$r[1]$	$r[2]$	$r[3]$	$r[4]$	$r[5]$	$r[6]$	$r[7]$	$r[8]$
初始关键字：	52	39	67	95	70	8	$\overline{95}$	25
第一趟	[8]	39	67	95	70	52	$\overline{95}$	25
第二趟	[8	25]	67	95	70	52	$\overline{95}$	39
第三趟	[8	25	39]	95	70	52	$\overline{95}$	67
第四趟	[8	25	39	52]	70	95	$\overline{95}$	67
第五趟	[8	25	39	52	67]	95	$\overline{95}$	70
第六趟	[8	25	39	52	67	70]	$\overline{95}$	95

图 7-7　直接选择排序过程

【算法 7-8】 直接选择排序算法。

```
void Sort_Select(SqList &L)
//对表 L 进行直接选择排序
{  for(int i = 1; i < L.length; ++i)  //控制 n - 1 趟排序
   {  int min = i;                     //假设无序子序列中的第一个记录的关键字最小
      for(int j = i + 1; j <= L.length; ++j)
         if (L.r[j].key < L.r[min].key)
            min = j;
         if (min!= i)                 //如果最小关键字记录不在无序子序列的第一个位置,则交换
         {  RecdType temp = L.r[i];
            L.r[i] = L.r[min];
            L.r[min] = temp;
         }//if
   } //for i
}//算法 7 - 8 结束
```

【算法性能分析】

(1) 空间复杂度：直接选择排序过程中,由于交换操作发生时要临时占用一个辅助单元,因此空间复杂度为 $O(1)$。

(2) 时间复杂度：从直接选择排序算法可以看出,整个排序过程中关键字的比较次数与初始关键字的状态无关。算法中每执行一次循环都必须进行关键字的比较,其外循环是控制循环的趟数,共需执行 $n-1$ 次,内循环是控制每趟排序与关键字值比较的次数,而第 $i(1\leqslant i\leqslant n-1)$趟排序时,其内循环共需执行 $n-i$ 次比较,因此,总的比较次数为

$$\sum_{i=1}^{n-1}(n-i)=\frac{1}{2}n(n-1)$$

从算法中也可看到,直接选择排序移动记录的次数较少,最好情况是当待排序记录序列为"正序"时,移动记录次数为 0；最坏情况是当每趟排序中所选择的最小关键字记录都不在无序子序列的第一个位置时,移动记录次数为 $3(n-1)$。综上所述,直接选择排序算法的时间复杂度为 $O(n^2)$。

(3) 算法稳定性：从图 7-7 的排序结果可以看出,直接选择排序是一种不稳定的排序算法。

7.4.2 树形选择排序

在直接选择排序中,关键字的总比较次数为 $n(n-1)/2$。实际上,在该方法中,有许多关键字之间进行了不止一次的比较,也就是说,两个关键字之间可能进行了两次以上的比较。能否在选择最小关键字值记录的过程中,把关键字比较的结果保存下来,以便在以后需要的时候直接查看这个比较结果,而不需要再进行比较呢?答案是肯定的。体育比赛中的淘汰制就是每两个对手经过比赛留下胜者继续参加下一轮的淘汰赛,直到最后剩下两个对手进行决赛争夺冠军。

树形选择排序(Tree Selection Sort)的原理与此类似。树形选择排序又被称为锦标赛排序,其基本思想是:首先针对 n 个记录进行两两比较,比较的结果是把关键字值较小者作为优胜者上升到父结点,得到 $\lceil n/2 \rceil$ 个比较后的优胜者(关键字值较小者),作为第一步比较的结果保留下来;然后对这 $\lceil n/2 \rceil$ 个记录再进行关键字的两两比较,如此重复,直到选出一个关键字值最小的记录为止。这个过程可用一个含有 n 个叶子结点的完全二叉树来表示,我们称这种树为胜者树。例如,对于由8个关键字组成的序列{52,39,67,95,70,8,25,45},使用树形选择排序选出最小关键字值的过程可用图7-8(a)所示的完全二叉树来表示。树中的每一个非叶子结点中的关键字均等于其左、右孩子结点中较小的关键字,则根结点中的关键字就是所有叶子结点中的最小关键字。

要求出次小关键字记录,只需将叶子结点中最小的关键字值改为“∞”,然后从该叶子结点开始与其左(或右)兄弟结点的关键字进行比较,用较小关键字修改父结点关键字。用此方法,从下到上修改从该叶子结点到根结点路径上的所有结点的关键字值,则可得到次小关键字记录,如图7-8(b)所示。以此类推,可依次选出从小到大的所有关键字。

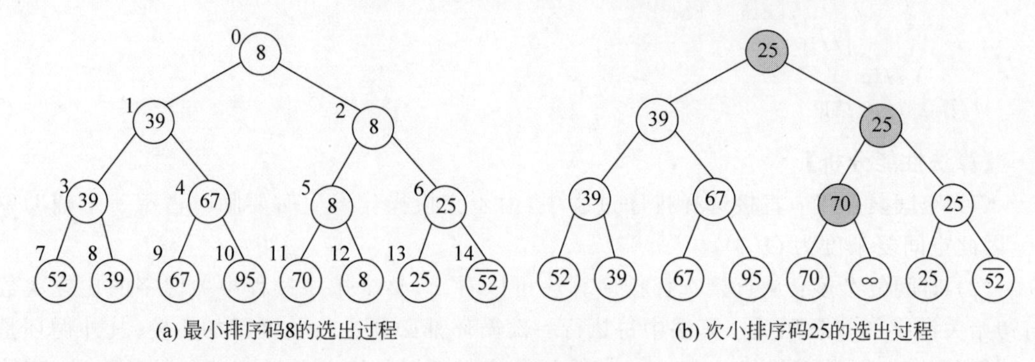

图7-8 树形选择排序示例

如果开始时记录个数 n 不是2的 k 次幂,则将叶子结点数补足到 2^k 个(k 满足 $2^{k-1}<n<2^k$),这样,胜者树就为一棵满二叉树,所以树形选择排序过程可用一棵满二叉树来表示,其高度为 $\lfloor \log_2 n \rfloor+1$。其中:$n$ 为待排序记录个数。除第一次选择具有最小关键字值的记录,需要进行 $n-1$ 次关键字比较外,调整胜者树所需的关键字比较次数为 $O(\log_2 n)$,总的关键字比较次数为 $O(n\log_2 n)$。由于结点的移动次数不会超过比较的次数,因此,树形选择排序的时间复杂度为 $O(n\log_2 n)$,它也是一种稳定的排序算法。

树形选择排序虽然减少了排序时间,但需要使用较多的附加存储空间。对于含有 n 个记录的顺序表,当 $n=2^k$ 时,需要使用 $2n-1$ 个结点来存放胜者树;当 $2^{k-1}<n<2^k$ 时,需

要使用 $2^{k+1}-1$ 个结点，总的存储空间需求较大。

7.4.3 堆排序

为了弥补树形选择排序需要辅助空间较多的不足，威洛姆斯(J. Willioms)在 1964 年提出了另一种基于选择排序的方法——堆排序。它是对树形选择排序方法的一种有效改进，是一种重要的选择排序方法，它只需要一个记录大小的辅助存储空间。

1. 堆的定义

堆有两种，一种是小顶堆，另一种是大顶堆。假设有 n 个记录的关键字序列$\{k_1, k_2, \cdots, k_n\}$，当且仅当满足式(7-1)或式(7-2)时，被称为堆(Heap)。前者被称为小顶堆，后者被称为大顶堆。

$$\begin{cases} K_i \leqslant K_{2i}, & 2i \leqslant n \\ K_i \leqslant K_{2i+1}, & 2i+1 \leqslant n \end{cases} \tag{7-1}$$

$$\begin{cases} K_i \geqslant K_{2i}, & 2i \leqslant n \\ K_i \geqslant K_{2i+1}, & 2i+1 \leqslant n \end{cases} \tag{7-2}$$

例如，关键字序列{91,85,47,30,53,36,24,16}是一个大顶堆；{16,36,24,85,47,30,53,91}是一个小顶堆。

现采用一个数组 $r[1..n]$(数组的 0 号存储单元闲置)存储待排序的记录序列$\{k_1, k_2, \cdots, k_n\}$，则该序列可以看作是一棵顺序存储的完全二叉树，那么 k_i 和 k_{2i}、k_{2i+1} 的关系就是双亲结点与其左、右孩子结点之间的关系。因此，通常用完全二叉树的形式来直观地描述一个堆。上述两个堆的完全二叉树表示形式和它们的存储结构如图 7-9 所示。

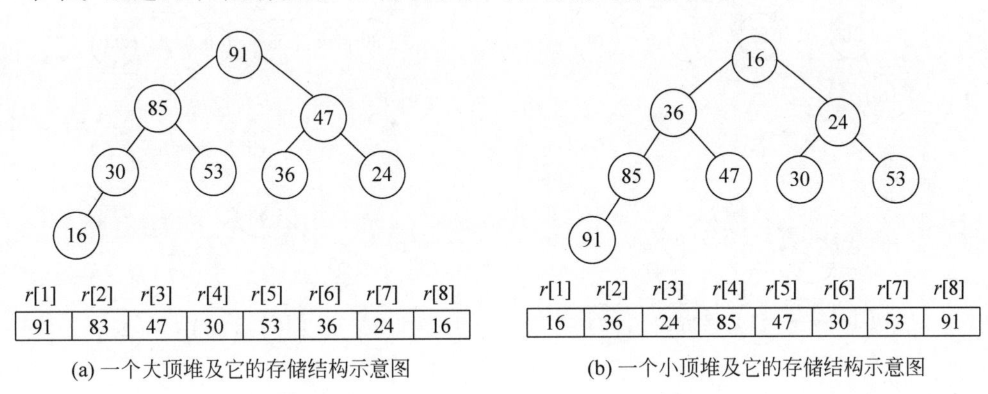

图 7-9　两个堆示例及存储结构示意图

以大顶堆为例，由堆的特点可知，虽然序列中的记录无序，但在大顶堆中，堆顶记录的关键字值是最大的，因此堆排序的基本思想是：首先将这 n 个记录按关键字值的大小建成堆(称为**初始堆**)，再将堆顶元素 $r[1]$与 $r[n]$交换(或输出)；然后，将剩下的 $r[1]..r[n-1]$序列调整成堆，再将 $r[1]$与 $r[n-1]$交换；又将剩下的 $r[1], \cdots, r[n-2]$序列调整成堆，如此反复，便可得到一个按关键字值有序的记录序列，这个过程称为堆排序。

由上述堆排序的主要思想可知，要实现堆排序需解决以下两个主要问题。

(1) 如何将待排序的 n 个记录序列按关键字值的大小建成初始堆。

(2) 将堆顶记录 $r[1]$与 $r[i]$交换后,如何将序列 $r[1],\cdots,r[i-1]$按其关键字值的大小调整成一个新堆。

下面从第(2)个问题开始进行讨论。

2. 筛选法调整堆

由堆的定义可知,堆顶结点的左、右子树也是堆,当将堆顶最大关键字值的结点与堆最后一个结点(第 n 个结点)交换后,这个根结点与其左、右子树之间可能不符合堆的定义。此时,需要调整根结点与其左、右两个堆顶结点之间的大小关系,使之符合堆的定义。其调整方法为:如果根结点 $r[1]$的关键字值小于其左、右孩子结点中关键字值较大者,则将根结点与其左、右孩子结点中关键字值较大者进行交换。若与左孩子交换,则左子树堆可能被破坏;若与右孩子交换,则右子树可能被破坏。接下来,继续对不满足堆性质的子树进行上述交换操作,直到叶子结点或者堆被建成为止。这种从堆顶到叶子结点的调整过程也被称为"筛选"。例如,图 7-10(a)为一个大顶堆,当根结点与最后一个结点交换后,得到如图 7-10(b)所示的完全二叉树,它不满足堆的定义,为此,需要比较根结点 16 的左、右孩子结点关键字值的大小,将大者 85 与根结点 16 进行比较,由于 16 小于 86,所以两者交换,得到如图 7-10(c)所示的完全二叉树,其中以 16 为根结点的子树又不满足堆的定义,再对此子树作上述同样的调整,可得到如图 7-10(d)所示的完全二叉树。此时,完全二叉树已满足堆的定义,则整个筛选过程结束。

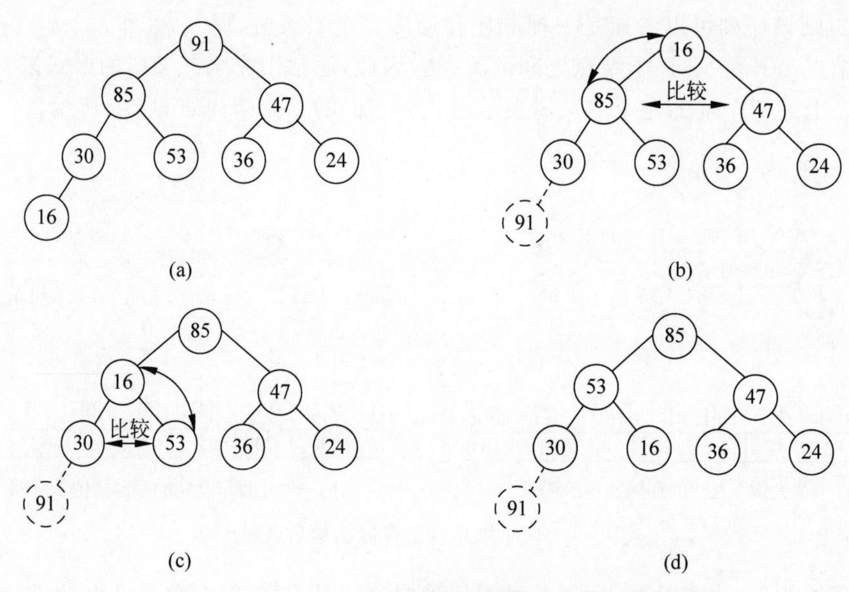

图 7-10　91 与 16 交换后调整成新堆的过程示意图

筛选过程是一个从上往下逐步"调整"的过程,假设待调整成堆的完全二叉树存放在顺序表 L 的数组 $r[s..m]$中,为了减少筛选过程中由于交换所引起的移动次数,在调整过程中引进了一个记录变量 rc,临时记载当前根结点的记录值,当调整过程中有交换发生时,就只要将关键字值大的结点记录上移而不是交换,当所有关键字值大的结点记录都上移完成后再将 rc 移至最后一次需上移结点的位置上。实现上述过程的调整堆算法的主要步骤归纳如下。

(1) 置初值 $j=2*s$,rc$=r[s]$。

(2) 当 $j \leqslant$ m 时,重复下列操作。

① 若 $j<m$ 且 $r[j]$. key$<r[j+1]$. key,则 $j++$,即用 j 记下关键值更大的记录下标。

② 若 rc. key$<r[j]$. key,则 $r[s]=r[j]$,$s=j$,$j=2*j$;否则中止重复操作。

(3) $r[s]=$rc。

【算法 7-9】 筛选法调整堆算法。

```
void HeapAdjust(SqList &L, int s, int m)
//筛选算法:即从上往下,调整 L.r[s],使 L.r[s..m]成为一个大顶堆
//已知 L.r[s..m]中记录的关键字除 L.r[s].key 之外均满足堆的定义
{  RecdType rc = L.r[s];              //将当前根结点暂存在记录变量 rc 中
   for(int j = 2 * s;j <= m;j * = 2)
   {  if (j < m&&L.r[j].key < L.r[j + 1].key)
           ++j;                       //j 记下左、右孩子中 key 较大者的下标
      if (rc.key > L.r[j].key)       //双亲结点与 key 较大的孩子结点比较
        break;
      L.r[s] = L.r[j];               //将 key 较大者移至其双亲的位置
      s = j;
   }
   L.r[s] = rc;                      //rc 移到 s 的位置
}//算法 7 - 9 结束
```

3. 建初始堆

为一个无序序列建堆的过程就是对完全二叉树从下往上反复"筛选"的过程。因为完全二叉树的最后一个非叶子结点的编号是$\lfloor n/2 \rfloor$(运算符"$\lfloor\rfloor$"表示对 $n/2$ 的运算结果向下取整),所以"筛选"只需从编号为$\lfloor n/2 \rfloor$的结点开始。例如,图 7-11(a)是无序序列{36,30,47,16,53,91,24,85}所对应的完全二叉树,则"筛选"从编号为 4 的结点开始。首先考察以编号 4 的结点 16 为根结点的子树,由于 16<85,需对结点 16 为根结点的子树进行"筛选","筛选"后的状态如图 7-11(b)所示。接着考察以编号 3 的结点 47 为根结点的子树,由于 47<91,需对以结点 47 为根结点的子树进行"筛选","筛选"后的状态如图 7-11(c)所示。再考察以编号为 2 的结点 30 为根结点的子树,由于 30<85,需对以结点 30 为根结点的子树进行"筛选","筛选"后的状态如图 7-11(d)所示。最后考察以编号 1 的结点 36 为根结点的二叉树,由于 36<91,需对以结点 36 为根结点的子树进行"筛选","筛选"后的状态如图 7-11(e)所示。此时,即得到一个初始堆。

4. 堆排序

首先将一个无序序列构造成一个初始堆,如图 7-12(a)所示是无序序列{36,30,47,16,53,91,24,85}对应的初始大顶堆;再将堆顶最小值结点与最后一个结点交换,交换后再调整构造成第 2 个堆,如图 7-12(b)所示;接着再将堆顶次小值结点与最后第二个结点交换,交换后再调整构造成第 3 个堆,如图 7-12(c)所示;如此反复,直至整个无序子表只有一个元素为止,堆排序完成,如图 7-12(d)至图 7-12(h)所示。

假设待排序序列所对应的完全二叉树是存储在顺序表 L 的 $r[1]$,$r[2]$,…,$r[n]$中。由上述分析可见,堆排序操作的主要步骤可归纳如下。

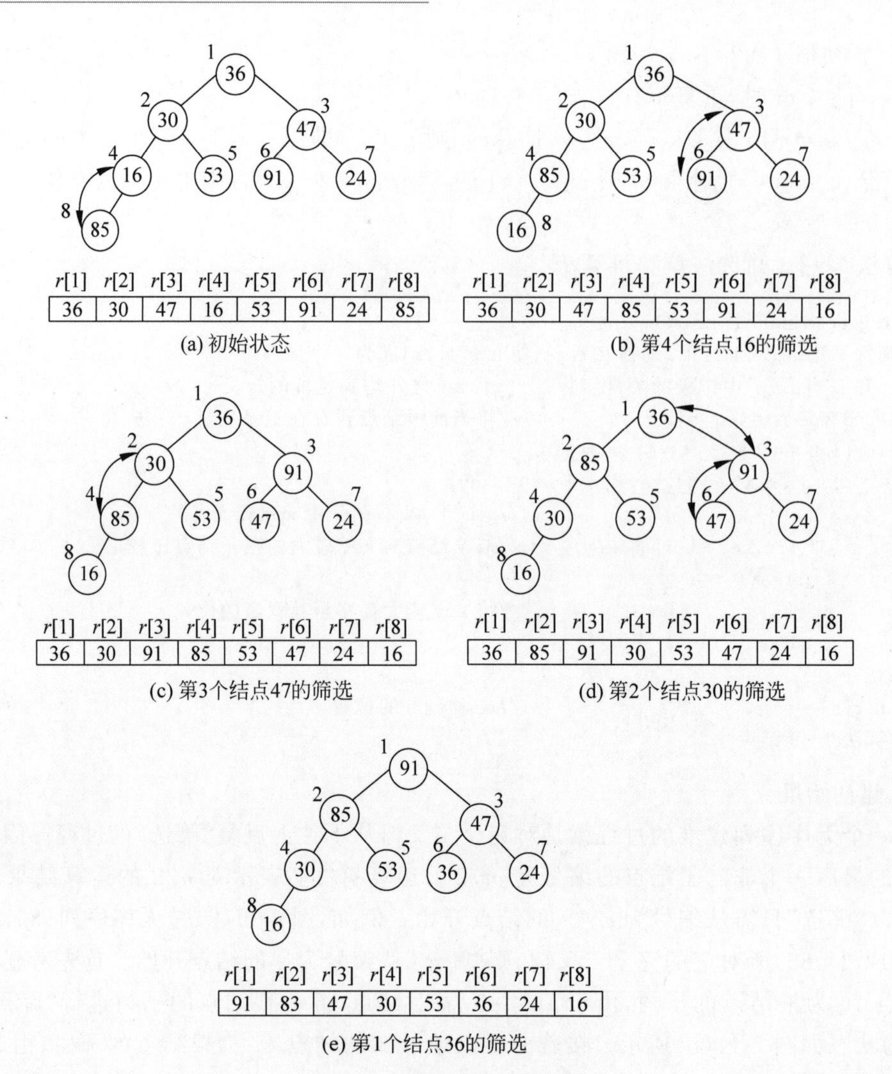

(a) 初始状态

(b) 第4个结点16的筛选

(c) 第3个结点47的筛选

(d) 第2个结点30的筛选

(e) 第1个结点36的筛选

图 7-11　构造初始堆的过程

(1) 将下标为$\lfloor n/2 \rfloor$的记录作为开始调整的子树的根结点。

(2) 找出此结点的两个孩子结点中关键字值较大者，将其与父结点比较，若父结点的关键字值较小，则交换；然后以交换后的子结点作为新的父结点，重复此步骤，直到没有子结点为止。

(3) 以步骤(2)中原来的父结点所在位置往前推一个位置，作为新的调整子树的根结点再执行(2)。继续重复步骤(2)和(3)，直到调整到树根，此时初始堆已形成。

(4) 初始堆建成后，将树根与二叉树的最后一个结点交换后，再将最后一个结点输出(即输出的是原本的树根)；然后比较根结点的两个孩子结点，若左孩子结点的关键字值较大，则调整左子树；反之，调整右子树，使它再成为堆。

(5) 重复步骤(4)，直至二叉树仅剩下一个结点为止。

堆排序的算法分为两个部分：第一部分通过一个循环调用算法 7-9 构造一个初始堆；另一部分将堆顶记录与第 i 个记录对调(i 从 n 递减到 2)，再调用算法 7-9，反复构造新堆以完成堆排序。

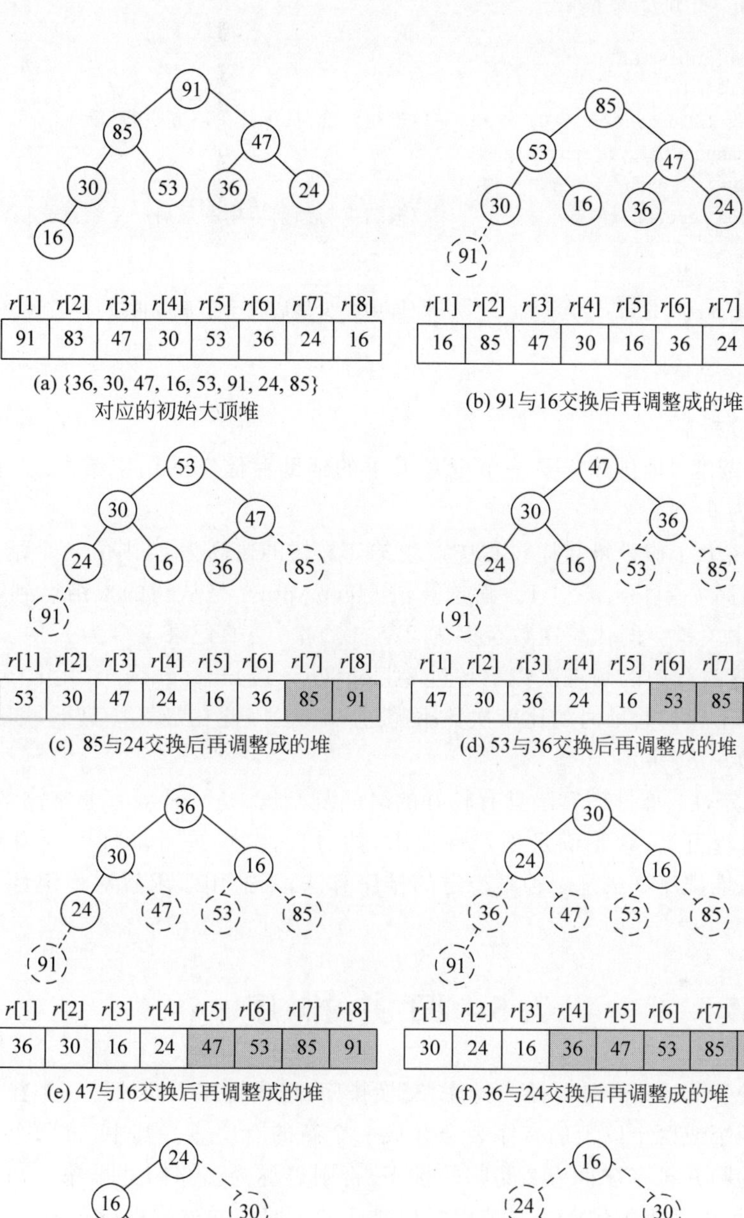

(a) {36, 30, 47, 16, 53, 91, 24, 85}
对应的初始大顶堆

(b) 91与16交换后再调整成的堆

(c) 85与24交换后再调整成的堆

(d) 53与36交换后再调整成的堆

(e) 47与16交换后再调整成的堆

(f) 36与24交换后再调整成的堆

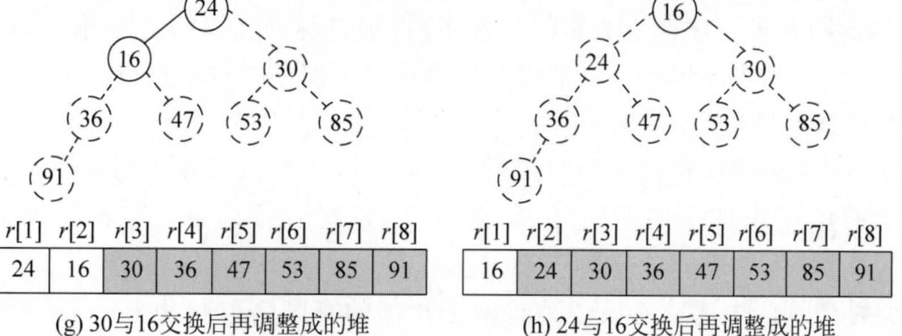

(g) 30与16交换后再调整成的堆

(h) 24与16交换后再调整成的堆

图 7-12　堆排序的过程

【算法 7-10】 堆排序算法。

```
void Sort_Heap(SqList &L)
//对表L进行堆排序
{  for( int i = L.length/2; i > 0; -- i)  //建初始堆,从下往上不断进行"筛选"
        HeapAdjust(L,i,L.length);
   for( int i = L.length; i > 1; -- i)
   {  RecdType temp = L.r[1];             //根结点与当前堆中的最后一个结点交换
      L.r[1] = L.r[i];
      L.r[i] = temp;
      HeapAdjust(L,1,i - 1);              //堆中减少最后一个元素后再进行从上往下的"筛选"
   }
} //算法 7 - 10 结束
```

【算法性能分析】

(1) 空间复杂度:堆排序需要一个记录大小的辅助存储空间用于结点之间的交换,因此,空间复杂度为$O(1)$。

(2) 时间复杂度:假设堆排序过程中产生的二叉树的树高为k,则由n个结点所构成的完全二叉树的树高$k=\lfloor \log_2 n \rfloor+1$。筛选算法 HeapAdjust 是从树的根结点到叶子结点的筛选,筛选过程中关键字的比较次数至多为$2(k-1)$次,交换记录至多为k次。所以,在建好初始堆后,排序过程中的筛选次数不超过$2(\lfloor \log_2(n-1) \rfloor+\lfloor \log_2(n-2) \rfloor+\cdots+\lfloor \log_2 2 \rfloor)<2n\log_2 n$,又由于建初始堆时的比较次数不超过$4n$次,因此在最坏情况下,堆排序算法的时间复杂度为$O(n\log_2 n)$。

(3) 算法稳定性:堆排序算法具有较好的时间复杂度,是一种效率非常高的排序算法。但从堆排序的过程可知,它不满足稳定性要求,如对$\{2,\overline{2},1\}$进行堆排序后得到的序列为$\{1,\overline{2},2\}$。所以,堆排序算法是一种不稳定的排序算法,不适用于求解对稳定性有严格要求的排序问题。

7.5 归并排序

归并排序(Merge Sort)是与插入排序、交换排序、选择排序不同的另一类排序方法。归并的含义是将两个或两个以上的有序表合并成一个新的有序表。其中,将两个有序表合并成一个有序表的归并排序被称为2路归并排序,否则被称为多路归并排序。归并排序既可用于内排序,也可以用于外排序。本节仅对内排序的2路归并方法进行介绍。

2路归并的基本思想是:将待排序记录$r[1..n]$看成是一个含有n个长度都为1的有序子表,把这些有序子表依次进行两两归并,得到$\lceil n/2 \rceil$个长度为2或1的有序子表;然后,再把这$\lceil n/2 \rceil$个有序子表进行两两归并,如此重复,直到最后得到一个长度为n的有序表为止。

2路归并排序算法中的核心操作是将两个相邻的有序序列归并为一个新的有序序列。其实现方法分析如下。

1. 两个相邻有序序列的归并

假设前后两个有序序列分别存放在一维数组$SR[i..m]$和$SR[m+1..n]$中,首先在两个有序序列中,分别从第1个记录开始进行对应关键字的比较,将关键字值较小的记录放入另一个有序数组 TR 中；然后，依次对两个有序序列中的剩余记录进行相同处理，直到两个有序序列中的所有记录都加入到有序数组 TR 中为止；最后，这个有序数组 TR 中存放的记录序列就是归并排序后的结果。例如，有两个有序表{39,52,67,95}和{8,25,56,70}，归并后得到的有序表{8,25,39,52,56,67,70,95}。其具体实现算法描述如下。

【算法 7-11】 两个有序序列的归并算法。

```
void Merge(RecdType SR[ ], RecdType TR[ ], int i, int m, int n)
//将两个相邻有序表 SR[i .. m] 与 SR[m+1.. n]归并为有序表 TR[i .. n]
{  int j = m + 1,k = i;
   while(i <= m&&j <= n)                  // 将 SR 中两个相邻的有序子表由小到大并入 TR 中
   {  if(SR[i].key <= SR[j].key)
          TR[k++] = SR[i++];
      else TR[k++] = SR[j++];
   }
   while (i <= m)                         //将前一有序子表的剩余部分复制到 TR
      TR[k++] = SR[i++];
   while (j <= n)                         //将后一有序子表的剩余部分复制到 TR
      TR[k++] = SR[j++];
}//算法 7 - 11
```

2. 归并排序

把完成一次将待排序序列中所有子序列合并的过程称为一趟归并排序过程。图 7-13 所示是一个无序序列{52,39,67,95,70,8,25,$\overline{52}$,56}的 2 路归并排序过程。整个归并排序过程中共进行了 4 趟归并排序。

假设 n 为待排序列的长度，t 为待归并的有序子序列的长度，一趟归并排序的结果存放在数组 TR1 中。当待排序列中含有偶数个有序子序列时，则只需调用$\lfloor n/(2t)\rfloor$次两两归并算法即可完成一趟归并排序；当待排序序列中含有奇数个有序子序列时，则只需调用$\lfloor n/(2t)\rfloor$次两两归并算法后，再将最后一个有序子序列复制到排序结果数组 TR 中，方可完成一趟归并排序。例如，如图 7-13 所示，对于第二趟归并排序，其中 $n=9$，$t=2$，由于$\lfloor 9/(2\times 2)\rfloor=2$，所以进行了 2 次相邻有序子表的归并后，再将最后一个有序子序列[56]复制到排序结果数组 TR1 中。假设待排序序列存储在一维数组 SR[$s..t$]中，归并排序实现的主要步骤可归纳如下。

初始关键字 [52] [39] [67] [95] [70] [8] [25] [$\overline{52}$] [56]

一趟归并之后 [39 52] [67 95] [8 70] [25 $\overline{52}$] [56]

二趟归并之后 [39 52 67 95] [8 25 $\overline{52}$ 70] [56]

三趟归并之后 [8 25 39 52 $\overline{52}$ 67 70 95] [56]

四趟归并之后 [8 25 39 52 $\overline{52}$ 56 67 70 95]

图 7-13 2 路归并排序示例

(1) 划分：将待排序序列划分为两个子序列 SR[$s..m$]和 SR[$m+1..t$]，其中 $m=(s+t)/2$，再采用 2 路归并排序算法对两个子序列递归地进行排序。

(2) 合并：将 SR[$s..m$]和 SR[$m+1..t$]已排好序的子序列再合并成一个有序序列。

递归形式的2路归并排序是一种基于“分治法”的排序。其排序过程中的“分”很简单，它更侧重于“治”和“合”，即对两个有序子序列进行归并排序和将两个已排好序的子序列再合并成一个有序序列的过程，如图7-14所示。

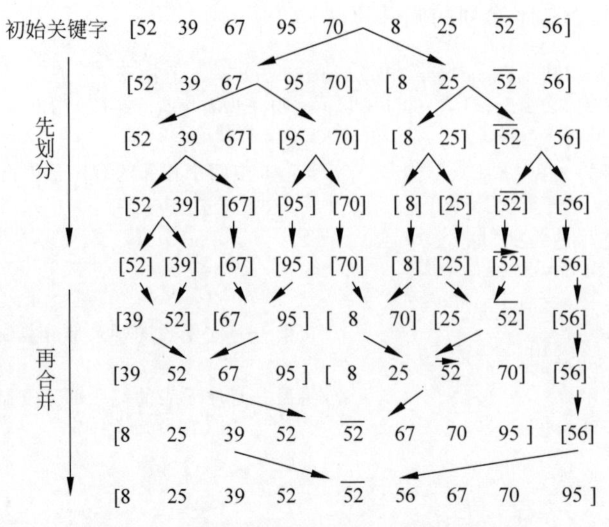

图7-14　2路归并排序的分与治的过程示意图

【算法7-12】 将 SR[$s..t$]归并排序为 TR1[$s..t$]的算法。

```
void M_Sort(RecdType SR[], RecdType TR1[], int s, int t)
// 将 SR[s..t]归并排序为 TR[s..t]
{  RecdType TR2[MAXSIZE + 1];
   if(s == t)
       TR1[s] = SR[s];
   else {                                   //待排序的记录序列只含一个记录
       int m = (s + t)/2;                   // 以 m 为分界点,将无序表分成前、后两部分
       M_Sort(SR,TR2,s,m);                  //将前部分递归归并为有序子表 TR2[s..m]
       M_Sort(SR,TR2,m + 1,t);              //将后部分递归归并为有序子表 TR2[m + 1..t]
       Merge(TR2,TR1,s,m,t);                //将 TR2[s..m]与 TR2[s..m]归并成有序表 TR1[s..t]
   }
}//算法 7 - 12 结束
```

【算法7-13】 2路归并排序算法。

```
void Sort_Merge(SqList &L)
 //对顺序表 L 进行 2 路归并排序
{
    M_Sort(L.r, L.r, 1, L.length);
}//算法 7 - 13 结束
```

【算法性能分析】

(1) 时间复杂度：2路归并排序的时间复杂度等于归并趟数与每一趟时间复杂度的乘积。归并趟数为$\lceil \log_2 n \rceil$。由于每一趟归并就是将两两有序序列归并，而每一对有序序列归

并时,记录的比较次数均不大于记录的移动次数,而记录的移动次数等于这一对有序序列的长度之和,所以每一趟归并的移动次数等于数组中记录的个数 n,即每一趟归并的时间复杂度为 $O(n)$。因此,2 路归并排序的时间复杂度为 $O(n\log_2 n)$。

(2) 空间复杂度:2 路归并排序需要一个与待排序记录序列等长的辅助数组来存放排序过程中的中间结果,所以空间复杂度为 $O(n)$。

(3) 算法稳定性:与快速排序相比,2 路归并排序的最大特点在于它是一种稳定的排序算法,因 Sort_Merge( )操作过程中不会改变相同关键字记录的相对次序。

7.6 基数排序

前面介绍的各种排序方法都是建立在关键字值比较的基础上,而本节要介绍的基数排序(Radix Sorting)却无须进行关键字值之间的比较,但它需要将关键字拆分成各个位,然后根据关键字中各位的值,再通过对待排序记录进行若干趟"分配"与"收集"来实现排序。基数排序是一种借助于多关键字进行的排序,也就是一种将单关键字按基数分成"多关键字"进行排序的方法。

7.6.1 多关键字排序

首先看一个例子。

扑克牌中有 52 张牌(不含大、小王),可按花色和面值分成两个属性,设其大小关系如下。

花色:梅花<方块<红心<黑心

面值:2<3<4<5<6<7<8<9<10<J<Q<K<A

若对扑克牌按花色、面值进行升序排序,则得到如下序列。

梅花 2,梅花 3,…,梅花 A,方块 2,方块 3,…,方块 A,红心 2,红心 3,…,红心 A,黑心 2,黑心 3,…,黑心 A。

即两张牌,若花色不同,不论面值怎样,花色低的那张牌小于花色高的,只有在同花色情况下,大小关系才由面值的大小确定,这就是多关键字排序。为得到排序结果,我们讨论两种排序方法。

方法 1:先对花色排序,将其分为 4 个组,即梅花组、方块组、红心组和黑心组;再对每个组分别按面值进行排序;最后,将 4 个组连接起来即可。

方法 2:先按 13 个面值给出 13 个花色组(2 号,3 号,…,A 号),将牌按面值依次放入对应的编号组,分成 13 堆;再按花色给出 4 个编号组(梅花、方块、红心、黑心),将 2 号组中的牌取出分别放入对应花色组,再将 3 号组中的牌取出分别放入对应花色组……这样,4 个花色组中均按面值有序;最后,将 4 个花色组依次连接起来即可。

一般地,假设含 n 个记录的待排序表中,其每个记录包含 d 个关键字$\{k^1,k^2,\cdots,k^d\}$。排序表有序是指对于排序表中任意两个记录 $r[i]$和 $r[j]$($1\leqslant i\leqslant j\leqslant n$),都满足有序关系:

$$(k_i^1,k_i^2,\cdots,k_i^d)<(k_j^1,k_j^2,\cdots,k_j^d) \tag{7-3}$$

其中,k^1 称为最高位关键字,k^d 称为最低位关键字。

多关键字排序按照从最主位关键字到最次位关键字,或从最次位关键字到最主位关键字的顺序逐次排列,可分为以下两种方法。

(1) 最高位优先(Most Significant Digit First)法,简称MSD法:先按最高位k^1排序分组,同一组中的记录,若关键字k^1相等,再对各组按k^2排序分成子组;之后,对后面的关键字继续这样的排序分组,直到按最低位关键字k^d对各子表排序后,再将各组连接起来,便得到一个有序序列。扑克牌按花色、面值排序中介绍的方法1即是MSD法。

(2) 最低位优先(Least Significant Digit First)法,简称LSD法:先从k^d开始排序,再对k^{d-1}进行排序,依次重复,直到对k^1排序后便得到一个有序序列。扑克牌按花色、面值排序中介绍的方法2即是LSD法。

计算机常用LSD法进行分配排序,因为它速度较快,便于统一处理。而MSD法在分配之后还需处理各子集的排序问题,这通常需要借助递归来完成,计算机处理比较复杂。下面讨论的基数排序就是在链式存储结构下使用LSD法的排序。

7.6.2 链式基数排序

当关键字值域较大时,可以将关键字值拆分为若干项,每项作为一个"关键字",则对单关键字的排序可按多关键字排序方法进行。例如,如果要对0～999 999之间的整数进行排序,可以先按万、千、百、十、个位拆分,每一位对应一项。又如,关键字由5个字符组成的字符串,可以每个字符作为一个关键字。由于这样拆分后,每个关键字都在相同的范围内(数字是0～9,字符是a～z),称这样的关键字可能出现的符号个数为"基",记作RADIX。上述取数字为关键字的"基"为10;取字符为关键字的"基"为26。基于这一特性,采用LSD法排序较为方便。

在基数排序中,常使用d表示关键字的位数,用rd表示关键字可取值的种数,即关键字的基。例如,关键字为一个3位数,则$d=3$;每一位关键字为数字,rd=10。若关键字是长度为4的字符串,则$d=4$;每一位关键字为字母,rd=26。

基数排序的基本思想为:将一个序列中的逻辑关键字看成是由d个关键字复合而成,并采用LSD方法对该序列进行多关键字排序。即从最低关键字开始,将整个序列中的元素"分配"到rd个队列中,再依次"收集"成一个新的序列,如此重复进行d次,即完成排序过程。

执行基数排序可采用顺序的存储结构,也可以采用链表的存储结构,由于在"分配"和"收集"过程中需要移动所有记录,所以采用链式存储效率会较高。假设用一个长度为n的单链表rd存放待排序的n个记录,再使用两个长度为rd的一维数组f和e,分别存放rd个链队列中指向队首结点和队尾结点的指针。其处理过程如下。

(1) 将待排序记录构成一个单链表。

(2) 将最低关键字位作为当前关键字,即$i=d$。

(3) 执行第i趟分配:按当前"关键字位"所取的值,将记录分配到不同的"链队列"中,每个队列中记录的"关键字位"相同。分配时只要改变序列中各个记录结点的指针,使得当前的处理序列按该关键字位分成了rd个子序列,链头和链尾分别由$f[0..\text{rd}-1]$和$e[0..\text{rd}-1]$指向。

(4) 执行第i趟收集:按当前关键字位的取值从小到大将各队列首尾相连构成一个链

表，形成一个新的当前处理序列。

(5) 将当前关键字向高位推进一位，即 $i=i-1$；重复执行步骤(3)和(4)，直至 d 位关键字都处理完毕。

例如，初始的记录关键字为{379，106，317，940，588，283，515，168，006，089}，则对其进行基数排序的执行过程如图 7-15 所示。

在图 7-15 中，图 7-15 (a)表示由初始关键字序列所构成的单链表。第一趟分配对最低位关键字(个位数)进行，改变结点指针值，将链表中的各个结点分配到 10 个链队列中去，每个队列中的结点关键字的个位数相等，如图 7-15(b)所示，其中 $f[i]$和 $e[i]$分别为第 i 个队列的队首指针和队尾指针。第一趟收集是改变所有非空队列的队尾结点的指针域，令其指向下一个非空队列的队首结点，重新将 10 个队列中的结点连成一条链，如图 7-15(c)所示。第二趟分配与收集及第三趟分配与收集分别是对十位数和百位数进行的，其过程和个位数相同，如图 7-15(d)～图 7-15(g)所示，至此排序完毕。

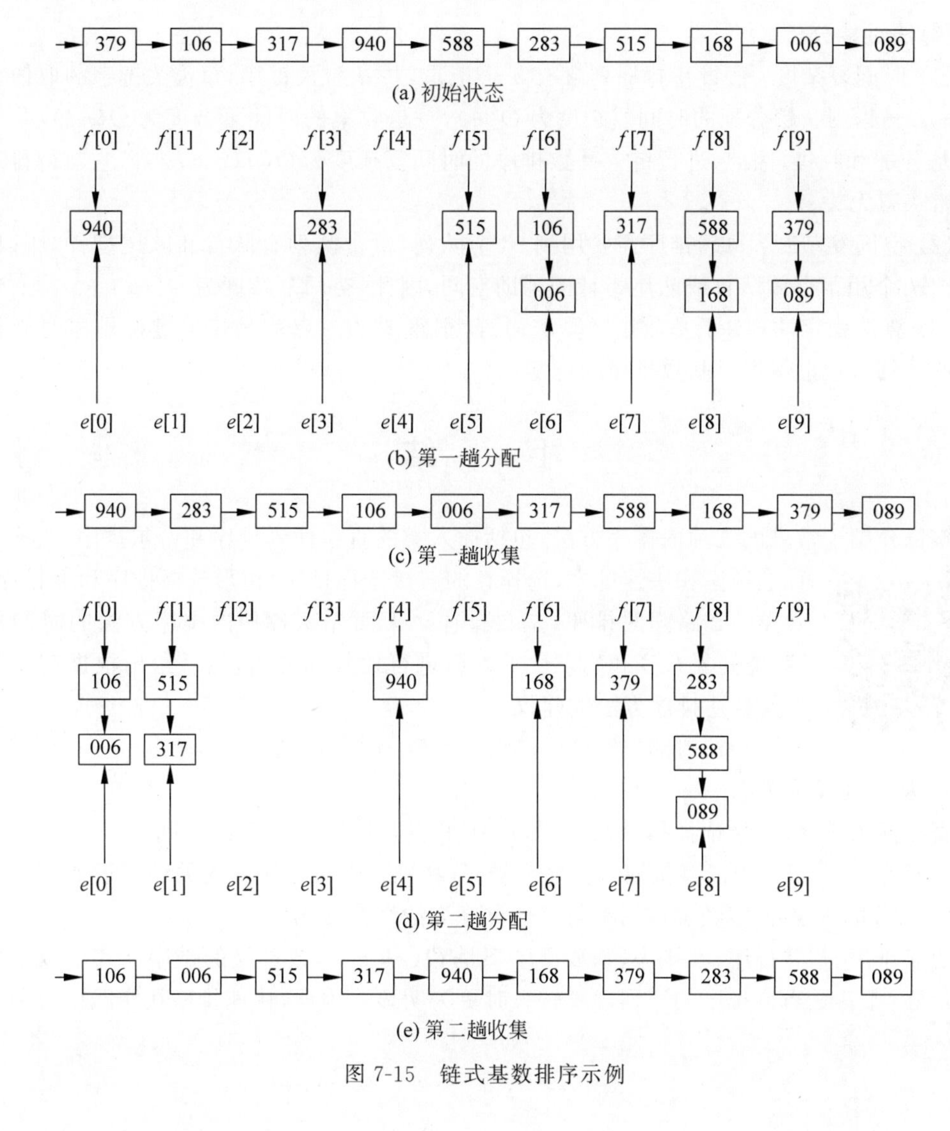

图 7-15　链式基数排序示例

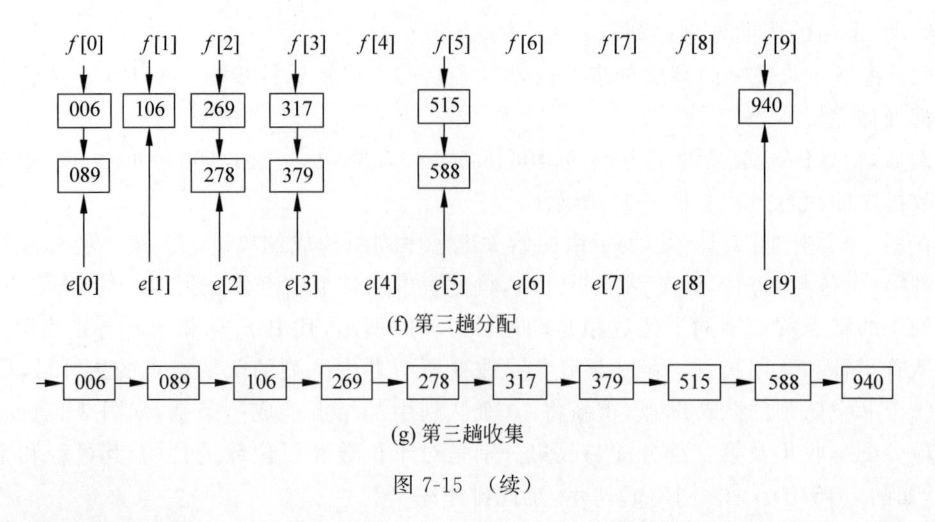

(f) 第三趟分配

(g) 第三趟收集

图 7-15 （续）

【算法性能分析】

(1) 时间复杂度：假设待排序列含有 n 个记录，共 d 位关键字，每位关键字的取值范围为 $0\sim rd-1$，则一趟分配的时间复杂度为 $O(n)$，一趟收集的时间复杂度为 $O(rd)$，共进行了 d 趟分配和收集，因此，进行链式基数排序的时间复杂度为 $O(d(n+rd))$，它与待排序列的初始状态无关。

(2) 空间复杂度：每趟排序需要用到 rd 个队列，每个队列有队首和队尾指针，所以，需要 $2\times rd$ 个用于存放队首或队尾指针的辅助空间，因此，空间复杂度为 $O(rd)$。

(3) 算法稳定性：对于基数排序算法而言，很重要的一点就是按关键位排序时必须是稳定的，因此，这也保证了基数排序的稳定性。

小　结

本章介绍了常见的几种内排序方法，包括插入类的直接插入排序和希尔排序，交换类的冒泡排序和快速排序，选择类的直接选择排序、树形选择排序和堆排序，归并类的2路归并排序，基数排序。下面先从各种内排序方法的时间复杂度、空间复杂度和稳定性等方面进行比较和分析，然后给出根据实际问题选择合适排序方法的建议。

各种内部排序算法的性能比较如表7-1所示。

1. 从时间代价考虑

直接插入排序、直接选择排序、冒泡排序在平均与最坏情况下的时间复杂度都为$O(n^2)$，其中以直接插入排序为最好，特别是对待排序列的关键字近似有序时尤为如此。因此，插入排序经常被用来与其他排序方法结合使用。

快速排序、归并排序、堆排序、基数排序都是 $O(n\log_2 n)$数量级的排序。其中以快速排序为最好，尤其是当待排序的序列规模较大时更为明显。因此，快速排序在实践中应用十分广泛。

表 7-1　各种内排序算法的性能比较

排序算法	时间复杂度			空间复杂度	稳定性
	平均情况	最好情况	最坏情况		
直接插入排序	$O(n^2)$	$O(n)$	$O(n^2)$	$O(1)$	稳定
希尔排序	与增量序列选择有关			$O(1)$	不稳定
冒泡排序	$O(n^2)$	$O(n)$	$O(n^2)$	$O(1)$	稳定
快速排序	$O(n\log_2 n)$	$O(n\log_2 n)$	$O(n^2)$	$O(\log_2 n)$	不稳定
直接选择排序	$O(n^2)$	$O(n^2)$	$O(n^2)$	$O(1)$	不稳定
堆排序	$O(n\log_2 n)$	$O(n\log_2 n)$	$O(n\log_2 n)$	$O(1)$	不稳定
归并排序	$O(n\log_2 n)$	$O(n\log_2 n)$	$O(n\log_2 n)$	$O(n)$	稳定
基数排序	$O(d(n+rd))$	$O(d(n+rd))$	$O(d(n+rd))$	$O(rd)$	稳定

当待排序序列按关键字“正序”排列时，直接插入排序和冒泡排序的时间复杂度都达到$O(1)$，而对于快速排序而言，则是最坏的情况，其时间复杂度为$O(n^2)$。因此应用中要尽量避免这种情况。

2. 从空间代价考虑

直接插入排序、直接选择排序、冒泡排序、希尔排序、堆排序的空间复杂度都为$O(1)$，快速排序的空间复杂度为$O(\log_2 n)$，归并排序的空间复杂度为$O(n)$，而基数排序的空间复杂度为$O(rd)$。如果实际应用中对空间有特殊限制时，则要注意选择空间复杂度较小的算法。

3. 从稳定性考虑

直接插入排序、冒泡排序、归并排序、基数排序属于稳定排序，其他的则是不稳定排序。

因为不同的排序算法适用于不同的应用环境和要求，因此，在解决实际的排序问题时选择合适的排序方法要综合考虑多种因素，包括：待排序的序列的规模、稳定性要求、待排序序列的初始有序状态、时间和空间要求等。

下面给出几点选择排序算法的建议。

(1) 若待排序序列的规模 n 较小(例如 $n\leqslant 50$)，则可采用直接插入排序或直接选择排序。

(2) 若待排序序列初始状态按关键字基本有序(指正序)时，则应选用直接插入排序或冒泡排序。其中直接插入排序最快，冒泡排序次之。

(3) 若 n 较大，则应采用时间复杂度为$O(n\log_2 n)$的排序算法：快速排序、堆排序或归并排序。

(4) 若 n 较大，且待排序序列的关键字是随机分布(即杂乱无序)时，如果没有稳定性要求，则采用快速排序效果最好。

(5) 堆排序所需的辅助空间少于快速排序，并且不会出现快速排序可能出现的最坏情况，这两种排序都是不稳定的。当内存空间允许，且要求排序是稳定时，则可选用归并排序。

(6) 当 n 很大且关键字位数较少时，采用链式的基数排序效果比较好。

由于排序操作在计算机应用中所处的重要地位，希望读者能够深刻理解各种内排序算法的基本思想和特点，熟悉内排序的执行过程，记住各种排序算法的稳定性、空间复杂度，以及在最好、最坏情况下的时间复杂度，以便在实际应用中，根据实际问题的要求，选择合适的排序方法。

习　题　7

一、客观测试题

扫码答题

二、算法设计题

1. 试设计算法,用直接插入排序方法对单链表进行排序。

2. 试设计算法,用直接选择排序方法对单链表进行排序。

3. 试设计算法,实现双向冒泡排序(即相邻两边向相反方向冒泡)。

4. 试设计算法,使用非递归方法实现快速排序。

5. 试设计算法,判断一棵以二叉链表存储表示的完全二叉树是否为大顶堆。

6. 有一种简单的排序算法,叫做计数排序(Cout Sorting),这种排序算法对一个待排序的表(采用数组表示)进行排序,并将排序结果存放在另一个新的表中。必须注意的是,表中所有待排序的关键字互不相同,计数排序算法针对表中的每个记录,扫描待排序的表一趟,统计表中有多少个记录的关键字值比该记录的关键字值小,假设针对某一个记录,统计出的计数值为 c,那么,这个记录在新的有序表中的合适的存放位置即为 c。

(1) 设计实现计数排序的算法。

(2) 对于有 n 个记录的表,关键码比较次数是多少?

(3) 与简单选择排序相比较,这种方法是否更好?为什么?

习题7　主观题参考答案

第8章 外 排 序

前面章节中介绍的各种排序方法,其待排序的记录及其相关信息都是存储在内存中,无须借助外存就能完成整个排序过程,这些排序叫内排序。但当待排序的记录的数据量较大时,则无法一次性在内存中完成整体排序,为此需要将待排序的记录以文件的形式存储在外存储器中,排序时每次只能将文件中的部分记录数据输入内存进行处理,这样,要达到对文件整体排序的目的,需要在内存和外存之间进行多次数据交换。像这种需要借助外存储器才能完成整个排序过程的排序就叫外排序。

【本章主要知识导图】

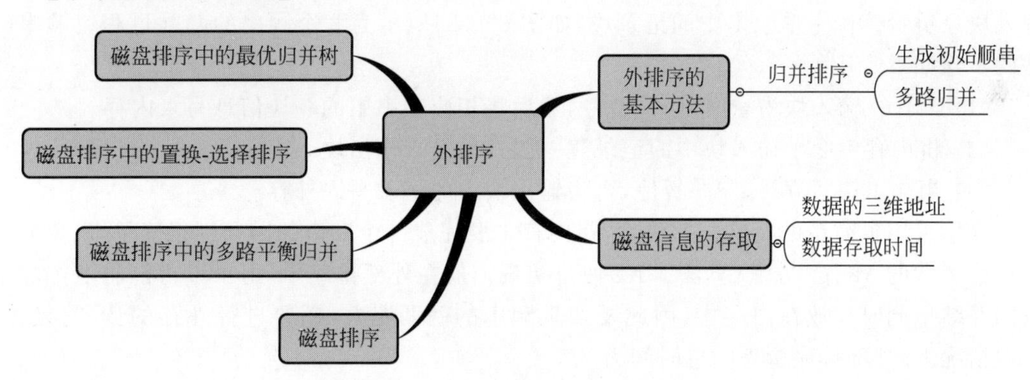

8.1 外排序方法

文件存储在外存上,因此外排序方法与各种外部设备的特征有关。外存设备一般分为两大类:一类是顺序存取设备,如磁带;另一类是直接存取设备,如磁盘。

外排序最基本的方法是归并排序法。该方法由两个相对独立的阶段组成:第一阶段是生成若干初始顺串(或归并段),先按可用内存大小,将外存上含 n 个记录的文件分成若干个长度为 $l(l<n)$ 的子文件或段,依次读入内存,再用一种有效的内排序方法对文件的各个段进行排序,并将排序后得到的有序子文件重新写入外存,通常将排序后的子文件称为顺串(或归并段);第二阶段是进行多路归并,即采用多路归并方法对顺串进行逐趟归并,使顺串长度逐渐由小变大,直至得到整个有序文件为止。最初形成的顺串文件长度取决于内存所能提供的排序区大小和最初排序的策略,而归并路数取决于能提供的外存设备数。例 8-1 给出了一个简单的外排序过程。

【例 8-1】 假设外存储器上有一文件,共有 9 大块记录需要排序,而计算机中的内存最多只能对 3 个记录块进行内排序,则其外排序的过程如图 8-1 所示。

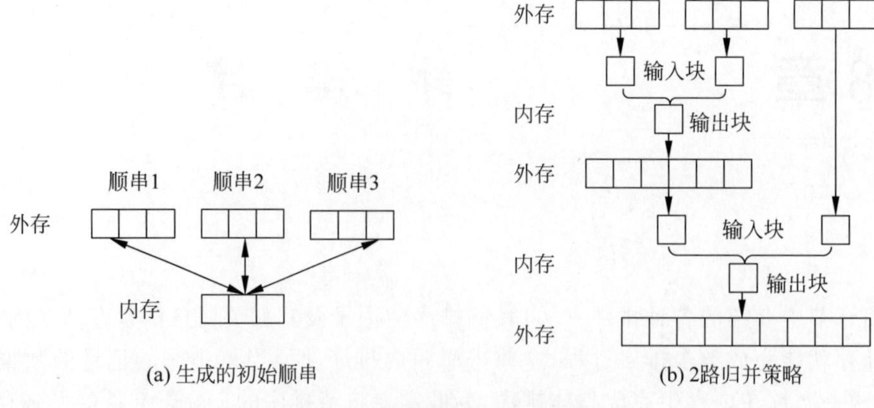

图 8-1　外排序的过程示意图

【分析】 第一阶段,首先是将连续的 3 大块记录由外存读入内存,用一种内排序方法完成排序,再写回外存。经过 3 次 3 大块的内排序,得到 3 个初始顺串,结果如图 8-1(a)所示。

第二阶段,将供内部排序的内存分为 3 块,其中 2 块作为输入,1 块作为输出,指定一个输入块只负责读取一个顺串中的记录块,如图 8-1(b)所示为 3 个顺串的归并过程。顺串归并的步骤如下。

(1) 当任一输入块为空时,归并暂停,然后将相应顺串中的一块信息写入内存。

(2) 将内存中 2 个输入块中的记录逐一归并后送入输出块。

(3) 当输出块写满时,归并暂停,再将输出块中的记录写入外存。

这里采用了简单的 2 路归并法,若在内存中要完成 2 个顺串的归并则很简单,只要通过调用第 7 章的 Merge 方法(算法 7-13)便可实现。但在外部排序中,由于不可能将 2 个顺串及归并结果同时存放在内存中,因此要实现顺串的两两归并,还要进行外存的读/写操作。一般情况下,外部排序所需的总时间为

$$m \times t_{\mathrm{IS}} + d \times t_{\mathrm{IO}} + s \times u \times t_{\mathrm{mg}} \tag{8-1}$$

其中,t_{IS} 是为得到一个初始顺串进行内部排序所需时间的均值,m 为初始顺串的个数,$m \times t_{\mathrm{IS}}$ 则为内排序(产生初始顺串)所需的时间; t_{IO} 是进行一次外存读/写所需时间的均值,d 为总的读/写外存的次数,$d \times t_{\mathrm{IO}}$ 则为外存信息读/写的时间; $u \times t_{mg}$ 是对 u 个记录进行内部归并所需时间,s 为归并的趟数,$s \times u \times t_{\mathrm{mg}}$ 则为内部归并所需的时间。

对同一文件而言,进行外排序时所需读/写外存的次数 d 和归并的趟数 s 是成正比的。则从式 8-1 可知,需要提高外排序的效率,主要要考虑以下 4 个问题。

(1) 如何减少归并的趟数。

(2) 如何有效安排内存中的输入、输出,使得计算机的并行处理能力被最大限度地利用。

(3) 如何有效生成顺串。

(4) 如何将顺串进行有效归并。

针对这 4 个问题,人们设计了多种解决方案。例如,采用多路归并取代简单的 2 路归并,就可以减少归并的趟数,这是由于对 m 个初始顺串进行 k 路平衡归并时,归并的趟数为

$$s = \lceil \log_k m \rceil \tag{8-2}$$

所以，增加 k 或减少 m，都能减少 s；在内存中划分两个输出块，而不是只用一个，就可以设计算法使得归并排序不会因为对外存的写操作而暂停，达到并行处理归并排序和外存写操作的效果；通过一种"败者树"的数据结构，可以一次生成 2 倍于内存容量的顺串；利用哈夫曼树的贪心策略选择归并排序，可以耗费最少的外存读写时间等。下面通过磁盘排序的实现来讨论外排序的解决方法。

8.2 磁盘排序

8.2.1 磁盘信息的存取

磁盘是一种随机存取(直接存取)的存储设备，它具有存储容量大、数据传输速率高和存取时间变化不大的特点。磁盘是一个扁平的圆盘，如图 8-2 所示为磁盘的结构示意图。磁盘由一个或多个盘片组成，多个盘片被固定在同一主轴上，每个盘片有两个面，每个面被划分为若干磁道，每个磁道又被划分为若干个扇形的区域。所有盘面上相同直径的同心磁道组成一个圆柱面，圆柱面的个数就是盘片上的磁道数。通常，一个磁道大约有零点几毫米的宽度，数据就记载在这些磁道上。每一盘面有一个读/写磁头，在磁盘控制器的作用下，读/写磁头沿着盘片表面做直线移动，而盘片沿着主轴高速旋转，当磁道在读/写头下通过时便可对数据进行读与写。划分磁道和扇区的结构使得在一段时间对磁盘数据的读/写是在一个扇区进行，数据块可以被存放在一个或几个扇区上。磁盘上要标明一个具体数据必须用一个三维地址：柱面号、盘面号、块号。其中，柱面号确定读/写头的径向运动，而块号确定信息在盘片圆圈上的位置。

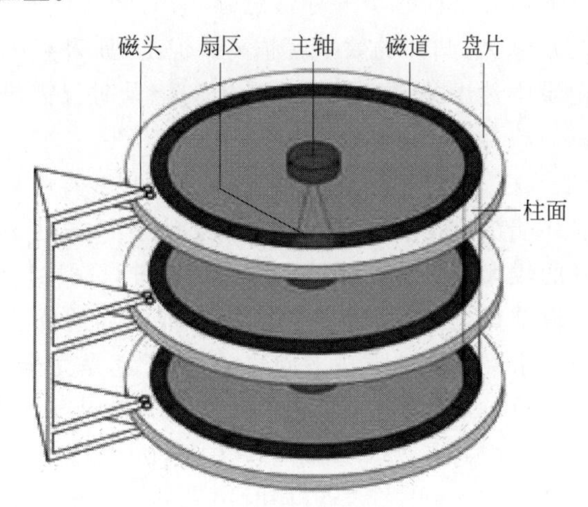

图 8-2　磁盘结构示意图

磁盘的存取时间(t_{IO})是指从发出读/写命令后，磁头从某一起始位置移动至所需的记录位置到完成从盘片表面读出或写入数据所需要的时间。它由 3 个数值所决定：一个是磁头臂将磁头移动到所需的磁道上所需的时间，称为寻找时间或寻道时间(seek time，记为 t_{seek})；另一个是寻道完成后等待需要访问的数据到达磁头之下的时间，称为等待时间(latency time，记为 t_{la})；第三个是从磁盘或向磁盘传送数据所需的时间，称为传输时间

(transmission time,记为 t_{wm})。因此磁盘的存取时间等于找道时间、等待时间和传输时间之和,记为

$$t_{IO}=t_{seek}+t_{la}+t_{wm} \tag{8-3}$$

8.2.2 多路平衡归并

从式(8-2)可知,对 m 个归并段采用 k 路平衡归并时,需要进行 $s=\lceil \log_k m \rceil$趟的归并,显然增加 k,可减少归并的趟数,从而达到减少对外存的读/写的次数。下面就来讨论,是不是通过增加 k,就可以提高归并的效率。

对于 k 路归并,假设有 u 个记录分布在 k 个归并段中,归并后的第一个记录一定是 k 个归并段中关键字最小或最大的记录,它是通过对每个归并段中的第一个记录的相互比较中选出的,这需要进行 $k-1$ 次关键字的比较。以此类推,要得到含 u 个记录的有序归并段则需进行$(u-1)(k-1)$次比较,若归并趟数为 s 次,那么对 n 个记录的文件进行外排序时,内部归并过程中进行的总的比较次数为 $s(n-1)(k-1)$。由此,假设对于 n 个记录的文件所得到的初始归并段是m 个,则对 m 个初始归并段进行k 路平衡归并过程中需对关键字进行比较的总次数为

$$\lceil \log_k m \rceil(n-1)(k-1)=\left\lceil \frac{\log_2 m}{\log_2 k} \right\rceil(n-1)(k-1) \tag{8-4}$$

当归并段数 m 和待排序的记录个数 n 一定时,上式中$\lceil \log_2 m \rceil(n-1)$是常量,而 $\dfrac{(k-1)}{\lceil \log_2 k \rceil}$的值则随 k 的增大而增大。由此可知,增大 k 值会使归并的时间增大,当 k 增大到一定程度时,将抵消由于增大 k 而减少外存信息读/写时间所得的效益。因此,在 k 路平衡归并中,其效率并非是 k 越大,归并的效率就越高。但是,如果利用"败者树"进行 k 路平衡归并,则可使在 k 个记录中选出关键字最小或最大的记录时仅需进行$\lceil \log_2 k \rceil$次比较,从而使总比较次数变为$\lceil \log_2 m \rceil(n-1)$,与 k 无关。

败者树是一棵完全二叉树,它是树形选择排序的一种变形。可见图 7-8 中的二叉树是"胜者树",因其中每个非终端结点均表示左、右孩子的"胜者"(关键字较小者)。反之,所谓"败者",是两个关键字中的较大者。若在父结点中记载刚进行完比较的败者,而让胜者去参加更高一层的比较,且在根结点之上附加一个结点以存放全局的优胜者,便可得到一棵"败者树"。败者树是采用类似于堆调整的方法来创建的,由于它是完全二叉树,因此可以采用一维数组作为存储结构,假设一维数组为 IS,树中元素有 k 个叶子结点,$k-1$ 个比较结点,一个冠军结点,所以一维数组中共有 $2k$ 个元素。其中 ls[0]为冠军结点,ls[1],…,ls[$k-1$]为比较结点,ls[k],…,ls[$2k-1$]为叶子结点,同时用另外一个指针索引 b[0],…,b[$k-1$]指向叶子结点,b 为一个附加的辅助空间,不属于败者树,初始化时存放一个含最小关键字 MINKEY 的叶子结点值。

利用败者树对 k 个初始归并段进行k 路平衡归并排序的具体方法描述如下。

(1) 首先将 k 个归并段中的第一条记录的关键字依次存入b[0],…,b[$k-1$]中,作为叶子结点,创建初始败者树。其建立的过程是:从叶子结点开始分别对两两叶子结点进行比较,在父结点中记录比赛的败者,而让胜者参加更高一层的比赛,如此重复,创建完毕之后最小的关键字下标(即所在归并段的序号)便被存入在根结点之上的冠军结点 ls[0]中。

(2) 根据 ls[0]的值确定最小关键字所在的归并段序号 q,将该归并段的第一条记录输出到有序归并段中,然后再将此归并段中的下一条记录的关键字存入上一条记录本来所在的叶子结点 $b[q]$中。

(3) 重构败者树。将新的 $b[q]$这个叶子结点与父结点进行比较,大的存放在父结点,小的与上一级父结点再进行比较,如此逐层向上调整,直到根结点,最后将选出的新的最小关键字下标同样存在 ls[0]中。

(4) 重复步骤(2)和(3),直至所有记录都被写到有序归并段中为止。

如图 8-3(a)所示为一棵实现 7 路平衡归并的初始败者树 ls[0..6]。图中方形结点是叶子结点,分别指示 7 路归并段中当前参加归并选择的记录的关键字,败者树中根结点 ls[1]的父结点 ls[0]为"冠军",指示各大归并段中的最小关键字记录所在段的序号。败者树的修改过程如图 8-3(b)所示。在败者树的重构过程中只需要查找父结点,而不必查找兄弟结点,因而重构时对败者树要修改的结点数要比胜者树更少且更容易一些。

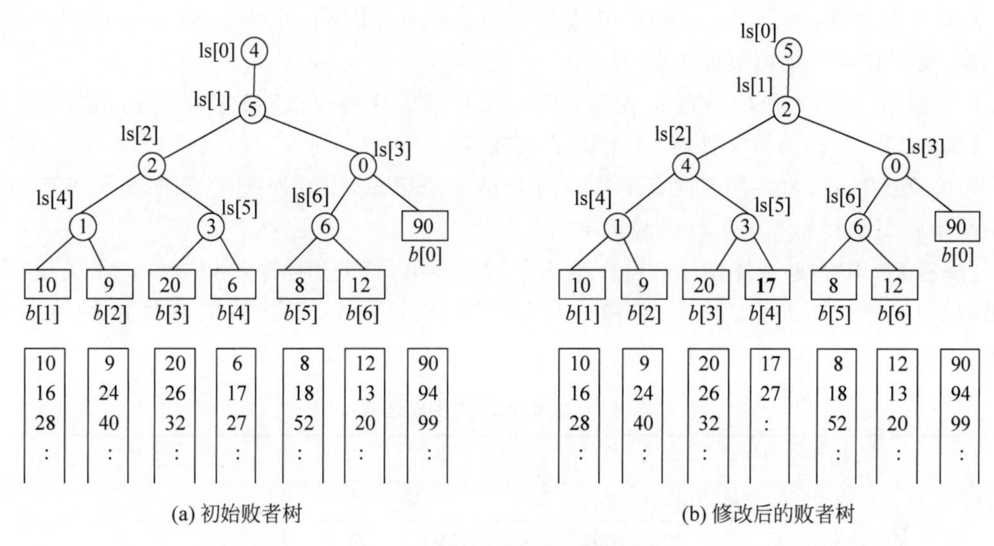

图 8-3 7 路平衡归并的败者树

采用多路平衡归并可以减少对数据的扫描遍数从而可减少读/写的数据量,但并不是 k 值越大越好,如何选择合适的 k 值,需从可用缓冲区的内存空间大小及磁盘的特性参数等多方面进行综合考虑。

8.2.3 置换-选择排序

在进行多路平衡归并前,还需生成待归并的顺串。采用第 7 章介绍的内排序方法,可以实现初始顺串的生成,但生成的顺串长度只与内存工作区的大小有关。假设内存工作区的大小为 l,则用内排序生成的顺串除了最后一个它的长度可能小于 l 之外,其他的都与 l 相等。所以,如果待排序的文件记录个数为 n,则初始顺串的个数 m 为$\lceil n/l \rceil$。再从式(8-2)得知,归并的趟数 s 与 m 成正比,而 m 又与顺串的长度 l 成反比,因此,可以考虑通过增加顺串的长度来减少顺串的个数,从而提高归并排序的效率。这里要介绍的置换-选择排序法就可以达到此目的。

1. 置换-选择排序方法

置换-选择排序是在树形选择排序的基础上得来的,它的特点是:在生成所有初始顺串的整个排序过程中,选择最小或最大关键字和输入、输出交叉或平行进行。这种排序可以增加初始顺串的长度。

假设输入文件 FI 是待排序文件,输出文件 FO 存放初始顺串,WA 是可以容纳 m 个记录的内存工作区,则置换-选择排序的基本过程如下。

(1) 从 FI 输入 m 个记录到内存工作区 WA。

(2) 从 WA 中选出关键字最小的记录 MIN,其关键字为 MINKEY。

(3) 将 MIN 输出到 FO 中去。

(4) 若 FI 不空,则从 FI 读入下一个记录,送到 WA 中。

(5) 从 WA 中所有关键字大于 MINKEY 的记录中,重新选出关键字最小的记录 MIN(在这个选择过程中需要利用败者树来实现),其关键字为 MINKEY。

(6) 重复步骤(3)至(5),直到在 WA 中选不出新的 MIN 记录为止,此时已得到一个初始顺串,所以输出一个结束标志到 FO 中。

(7) 重复步骤(2)至(6),直到 WA 为空。此时,FO 中将顺次存放着所有初始顺串。

【例 8-2】 已知初始文件有 14 个记录,它们的关键字分别为{23,13,11,18,04,33,22,03,29,07,40,15,20,16}。若内存工作区可容纳 4 条记录,用置换-选择排序法可产生几个初始顺串?每个初始顺串包含哪些记录?

【解答】 用置换-选择排序法可产生 2 个初始顺串,每个初始顺串包含的记录关键字分别是{11,13,18,22,23,29,33,40}和{03,04,07,15,16,20},其生成的具体过程如表 8-1 所示。

表 8-1 初始顺串的生成过程

输入文件 FI	工作区 WA	输出文件 FO
23,13,11,18,04,33,22,03,29,07,40,15,20,16	空	空
04,33,22,03,29,07,40,15,20,16	23,13,**11**,18	空
33,22,03,29,07,40,15,20,16	23,**13**,04,18	(顺串 1):11
22,03,29,07,40,15,20,16	23,33,04,**18**	(顺串 1):11,13
03,29,07,40,15,20,16	23,33,04,**22**	(顺串 1):11,13,18
29,0337,40,15,20,16	**23**,33,04,03	(顺串 1):11,13,18,22
07,40,15,20,16	**29**,33,04,03	(顺串 1):11,13,18,22,23
40,15,20,16	07,**33**,04,03	(顺串 1):11,13,18,22,23,29
15,20,16	07,**40**,04,03	(顺串 1):11,13,18,22,23,29,33
20,16	07,15,04,**03**	(顺串 1):11,13,18,22,23,29,33,40
16	07,15,**04**,20	(顺串 1):11,13,18,22,23,29,33,40 (顺串 2):03
空	**07**,15,16,20	(顺串 1):11,13,18,22,23,29,33,40 (顺串 2):03,04
空	,**15**,16,20	(顺串 1):11,13,18,22,23,29,33,40 (顺串 2):03,04,07

续表

输入文件 FI	工作区 WA	输出文件 FO
空	,,**16**,20	(顺串 1)：11,13,18,22,23,29,33,40 (顺串 2)：03,04,07,15
空	,,,**20**	(顺串 1)：11,13,18,22,23,29,33,40 (顺串 2)：03,04,07,15,16
空	**空**	(顺串 1)：11,13,18,22,23,29,33,40 (顺串 2)：03,04,07,15,16,20

说明：如果用第 7 章介绍的内排序法则会产生 4 个长度不超过内存工作区大小的初始顺串,它们分别为：

顺串 1{11,13,18,23}

顺串 2{03,04,22,33}

顺串 3{07,15,15,40}

顺串 4{16,20}

而从例 8-2 可知,用置换-选择排序法可使生成的顺串长度大于内存工作区的大小,它生成的初始顺串的长度不但与内存工作区的大小有关,并且与输入文件中记录的排列次序有关。并且可以证明,当输入文件中的记录按其关键字随机排列时,所生成的初始顺串的平均长度为内存工作区大小的 2 倍。它的证明是由 E. F. Moore 在 1961 年从置换-选择排序和扫雪机的类比中得出的,具体证明过程这里就不阐述,有兴趣的读者可查阅相关书籍。

2. 利用败者树实现置换-选择排序

在工作区 WA 中选择 MIN 记录的过程要用败者树来实现。前面已对利用败者树实现多路平衡归并排序的方法和顺串的生成过程做了详细的描述,下面仅就利用败者树实现置换-选择排序的一些关键方法加以说明：

(1) 内存工作区中的记录 wa[0],…,wa[$k-1$](其中 k 为内存工作区可容纳的记录个数)是作为败者树的叶子结点,而败者树中根结点的双亲结点指示工作区中关键字最小的记录的下标 q。

(2) 为了便于找出关键字最小的记录,特为每个记录附设一个指示所在顺串的序号,在进行关键字的比较时,先比较顺串的序号值,顺串序号小的为胜者,而顺串序号相同的则以关键字小的为胜者。

(3) 败者树初始建立时,先将工作区中所有记录的顺串序号值初始为 0,然后从 FI 中逐个读入记录到工作区,再自下而上调整败者树,由于开始读入的这些记录的顺串序号为 1,则它们对于 0 序号顺串的记录而言均为败者,从而可逐个填充到败者树的各结点中。

(4) 得到一个最小关键字记录 wa[q]后,则将此记录输出,并从 FI 中输入下一个记录至 wa[q]。同时,如果新记录的关键字小于刚输出记录的关键字,则将此新输入记录的顺串序号值置为刚输出记录的顺串序号值加 1,否则新输入记录的顺串序号值与刚刚输出记录的顺串序号值相同。

如图 8-4 所示是对例 8-2 进行置换-选择排序过程中败者树的状态变化示意图。其中,图 8-4(a)至图 8-4(e)显示了初始败者树建立过程中的状态变化情况,从如图 8-4(e)的败者树中可选出第一个最小关键字记录为 wa[1],它是生成的顺串 1 中的第一条记录。

图 8-4(f)则显示输出 wa[1]并从 FI 中读入下一条记录至 wa[1]后的败者树的状态,其中由于新读入的记录的关键字 04 小于刚输出的记录关键字 11,所以新读入的记录的顺串序号值为 2。如图 8-4(g)中由于读入记录的关键字 33 大于刚输出的记录关键字 13,所以新读入的记录的顺串序号仍为 1。图 8-4(l)是输出 wa[2]并从 FI 中读入下一条记录后通过调整得到的最小关键字记录为 wa[2]的败者树。图 8-4(m)则表明在输出记录 wa[2]之后,由于读入的下一条记录关键字 15 小于刚输出的记录关键字 40,所以其顺串序号值为 2,而且此时败者树中所有记录的顺串序号值都为 2。由此可得败者树所选出的最小关键字记录的顺串序号值也为 2,它大于当前生成的顺串的序号值,这就说明顺串 1 已经生成结束,而新的最小关键字的记录应为下一顺串中的第一条记录。图 8-4(p)表示输出 wa[3]后输入文件 FI 已为空,则将输出记录的顺串序号值加 1,使此成为虚设的记录,由此败者树也可选出最小关键字记录为 wa[2]。后面做相同的处理就可完成整个排序,并生成两个顺串,其中顺串 1 为{11,13,18,22,23,29,33,40},顺串 2 为{03,04,07,15,16,20},与表 8-1 展示的结果相同。

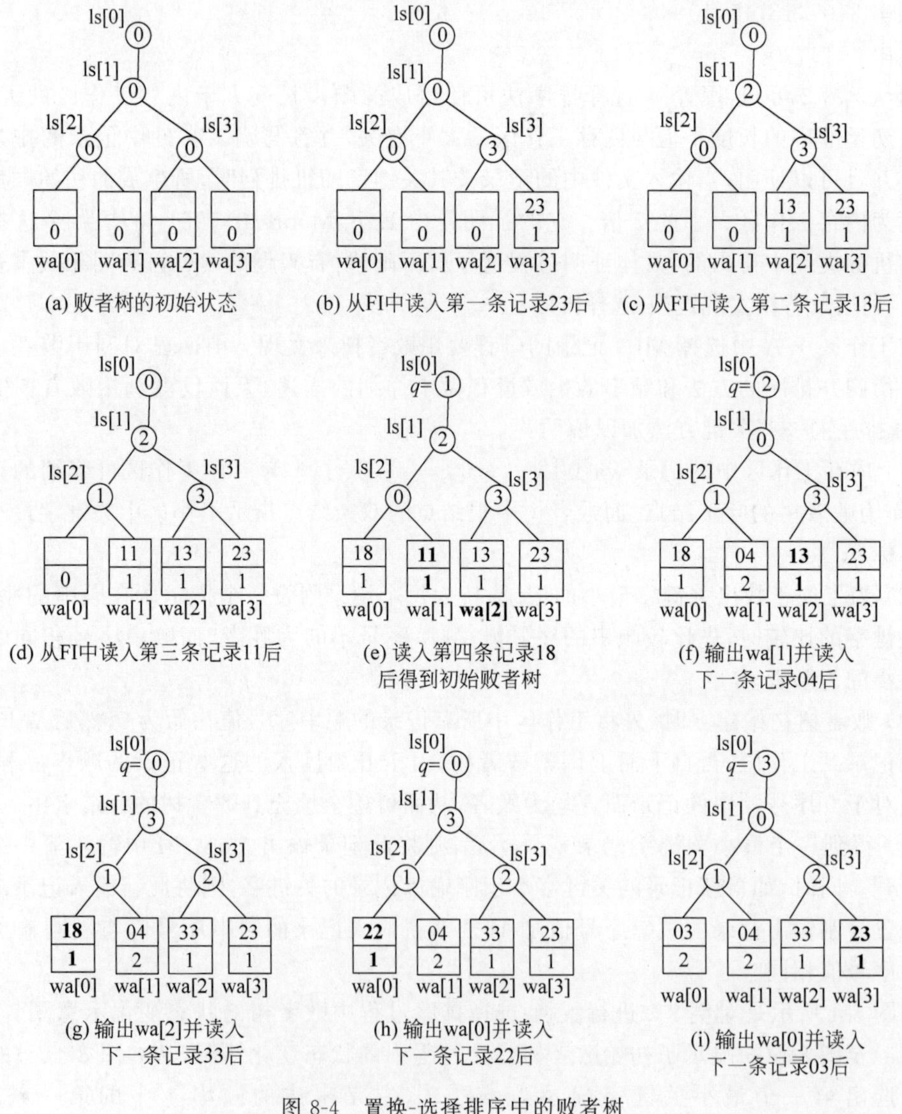

图 8-4　置换-选择排序中的败者树

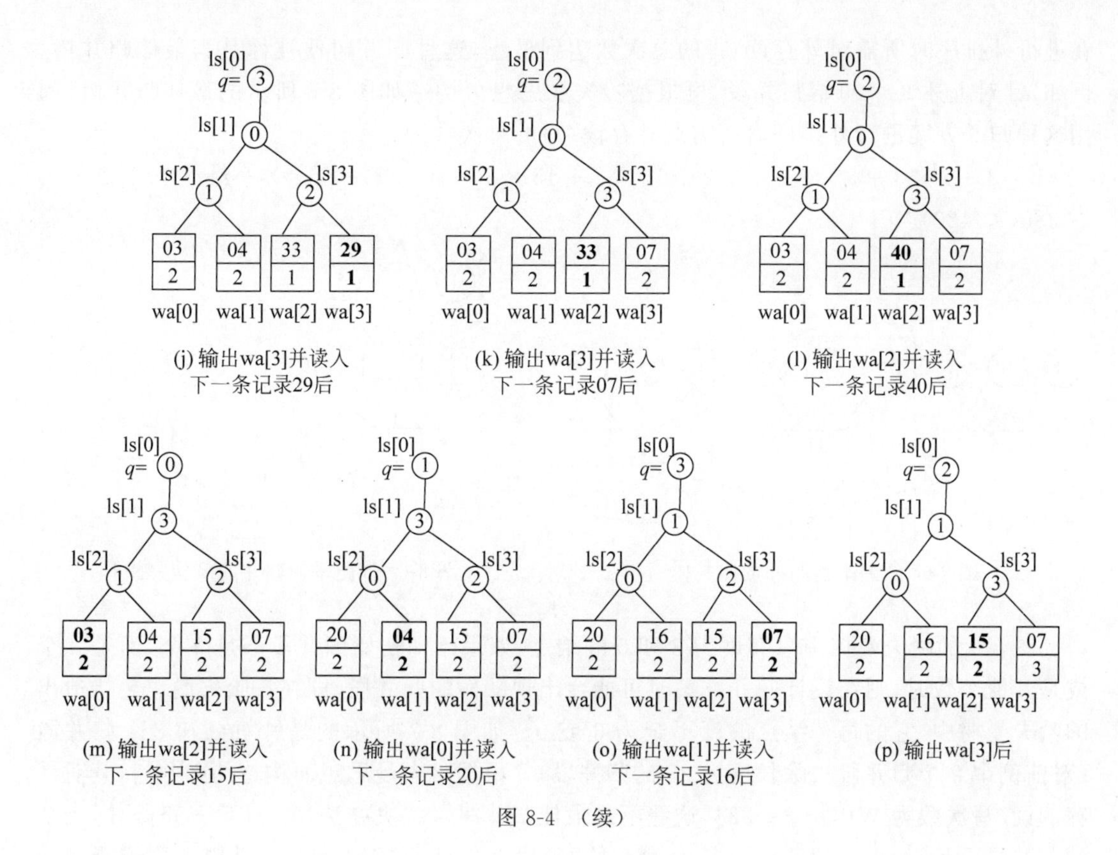

(j) 输出wa[3]并读入下一条记录29后　(k) 输出wa[3]并读入下一条记录07后　(l) 输出wa[2]并读入下一条记录40后

(m) 输出wa[2]并读入下一条记录15后　(n) 输出wa[0]并读入下一条记录20后　(o) 输出wa[1]并读入下一条记录16后　(p) 输出wa[3]后

图 8-4 （续）

8.2.4 最优归并树

从上述内容分析可知，虽然置换-选择排序可生成长度大于内存工作区大小的顺串，从而可减少顺串的个数，进而减少归并的趟数。但由于生成的初始顺串其长度不等，由此在进行多路平衡归并时，如果归并方案不同，也会导致归并过程中对外存进行读/写的次数不同。例如，假设有 9 个初始归并段，其长度分别为 28、10、7、16、2、15、1、5 和 21，如图 8-5 所示为其中一种 3 路平衡归并的归并树（表示归并过程的树），图中每个圆结点表示一个初始归并段，方结点表示归并后生成的归并段，根结点表示最后生成的归并段，每个结点中的数字表示归并段的长度。假设每个记录占一个物理块，则这个两趟归并过程中所需读/写外存的总次数为：

$$(28+10+7+16+2+15+1+5+21)\times 2\times 2=420 \tag{8-5}$$

再将式(8-5)左边改写为：

$$(28\times 2+10\times 2+7\times 2+16\times 2+2\times 2+15\times 2+1\times 2+5\times 2+21\times 2)\times 2 \tag{8-6}$$

若将初始归并段的长度看成是归并树中叶子结点的权，则式(8-5)的值正好等于此归并树的带权路径长度 WPL 的两倍。由于不同的归并方案会得到不同的归并树，因而归并树就会有不同的带权路径长度。为此，要减少归并排序对外存的读/写次数，可以从如何构造一个归并树使其带权路径长度的值达到尽可能小的角度进行思考。回顾在第 5 章介绍的哈夫曼树，哈夫曼树就是一棵具有 n 个叶子结点的带权路径长度最小的二叉树。同理，可将哈夫曼树扩充到 k 叉树，即具有 n 个叶子结点的带权路径长度最小的 k 叉树也被称为哈夫曼树。所以，针对长度不等的 n 个初始归并段，可以构造一棵哈夫曼树作为归并树，就能使在进行外排序时所需对外存读/写的总次数达到最小,这种归并树便被称其为最佳归并树。例如,针对上述 9 个初始归并段,再根据哈夫曼思想可构造如图 8-6 所示的最佳归并树,利用这种归并方案进行外排序时所需对外存读/写的总次数为

$$(1\times3+2\times3+5\times3+7\times2+10\times2+15\times2+16\times2+21\times2+28\times1)\times2=380(<420)$$

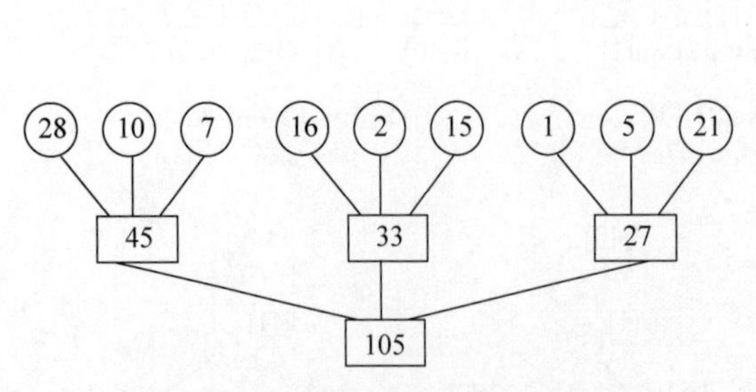

图 8-5　3 路平衡归并的归并树

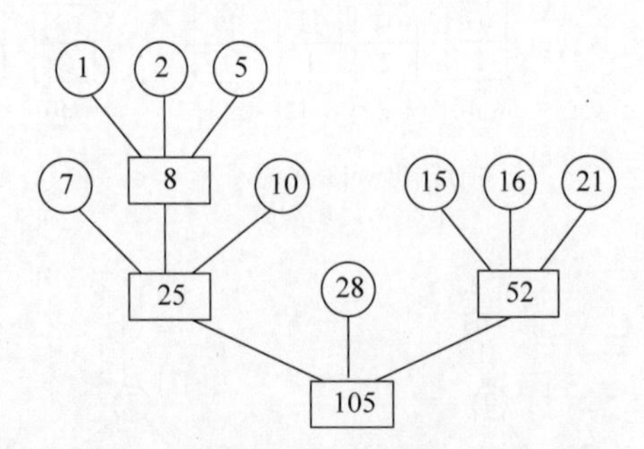

图 8-6　3 路平衡归并的最佳归并树

图 8-6 的哈夫曼树中只有度为 3 和 0 的结点,如果已知初始归并段不是 9 个,而是 8 个或是其他个数时,则在设计归并方案时可能会出现缺额的归并段,即在按哈夫曼思想构造出的哈夫曼树中,它的每一结点的度不全为 3 或 0。如图 8-7 所示的是针对已知 8 个归并段(对前例中 9 个归并段去除长度为 28 的归并段)并根据哈夫曼思想而构造的归并树,其对外存的读/写次数为 WPL×2=324,这并不是最佳归并树。解决办法是:对于 k 路归并,当初始归并段不足时,先附加若干个长度为 0 的“虚段”,然后再按照哈夫曼思想去构造哈夫曼树,使得每次归并都有 k 个对应的归并段。如图 8-8(a)所示的是附加了一个“虚段”后的哈夫曼树,其外存的读/写次数仅为 WPL×2=270,是最佳归并树。由于按照哈夫曼的思想,在哈夫曼树中权值为 0 的叶子结点一定离根结点最远。附加的“虚段”在最佳归并树的图形中可不显式表现出来,如图 8-8(b)所示。

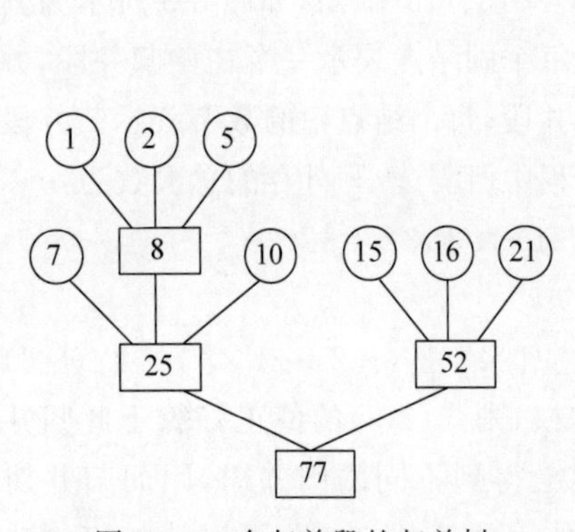

图 8-7　8 个归并段的归并树

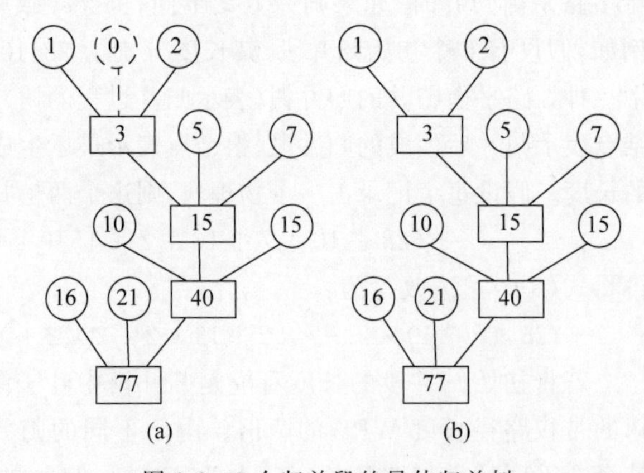

图 8-8　8 个归并段的最佳归并树

一般地,如果对 n 个初始归并段做 k 路平衡归并,需要附加的“虚段”数目该如何计算呢?当 $k=3$ 时,如果三叉树中只有度为 3 和 0 的结点,则度为 3 的结点数 n_3 与度为 0 的结点数 n_0 满足关系 $n_3=(n_0-1)/2$,由于其中 n_3 为整数,所以有 $(n_0-1)\%2=0$。为此,对于

3 路归并，只有当初始归并段数为偶数时，才需附加“虚段”。同理，可推算得到：若$(n-1)\%(k-1)=0$，则不需附加“虚段”；否则需附加“虚段”的数目为$k-(n-1)\%(k-1)-1$。也就是说，第一次参加归并的归并段数目是：$(n-1)\%(k-1)+1$。

【例 8-3】 已知有 14 个长度不等的初始归并段，它们所包含的记录个数分别为 13、28、4、26、65、11、54、2、39、3、76、7、36、16（单位均为物理块）。请为此设计一个最佳 5 路归并方案，并计算总的（归并所需的）读外存的次数。

【解答】 由于归并段数 $n=14$，$k=5$，且$(n-1)\%(k-1)=13\%4=1$，所以需附加 3$(=k-1-1)$个长度为 0 的虚段，则根据集合{13,28,4,26,65,11,54,2,39,3,76,7,36,16,0,0,0}构造的 5 叉哈夫曼树即为所要求的实现最佳 5 路归并方案的最佳归并树，如图 8-9(a)或(b)所示。

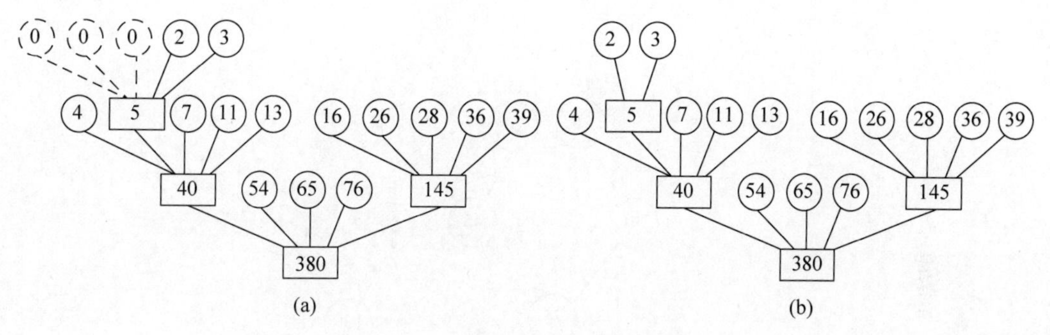

图 8-9　5 路归并的最佳归并树

按照此归并方案，所需读内存的次数为：

$$(2+3)\times 3+(4+7+11+13+16+26+28+36+39)\times 2+$$
$$(54+65+76)\times 1=570\text{ 次}$$

【例 8-4】 设有 7 个有序表 A、B、C、D、E、F 和 G，分别含有 5、10、15、20、25、60 和 70 个数据元素，各表中元素按升序排列。要求通过 6 次两两合并，将 7 个表最终合并成一个升序表，并在最坏情况下比较的总次数达到最小。回答下列问题。

(1) 写出合并方案，并求出最坏情况下需比较的总次数。

(2) 根据你的合并过程，描述 $N(N\geqslant 2)$个不等长升序表的合并策略，并说明理由。

【解答】 按照题意，此题可以采用 2 路最佳归并树来解决。

(1) 以各有序表的长度为权值，构建如图 8-10 所示的 2 路最佳归并树，根据该归并树，7 个有序表的合并过程如下。

第 1 次合并：表 A 与表 B 合并，生成含有 15 个元素的表 AB。

第 2 次合并：表 AB 与表 C 合并，生成含有 30 个元素的表 ABC。

第 3 次合并：表 D 与表 E 合并，生成含有 45 个元素的表 DE。

第 4 次合并：表 ABC 与表 DE 合并，生成含有 75 个元素的表 ABCDE。

第 5 次合并：表 F 与表 G 合并，生成含有 130 个元素的表 FG。

第 6 次合并：表 ABCDE 与表 FG 合并，生成含有 205 个元素的表 ABCDEFG。

由于合并两个长度分别为 m 和 n 的有序表，最坏情况下需要比较 $m+n-1$ 次，故最坏情况下比较的总次数计算如下。

第 1 次合并：最多比较次数为 14$(=5+10-1)$次。

第2次合并：最多比较次数为29(＝15＋15－1)次。

第3次合并：最多比较次数为44(＝20＋25－1)次。

第4次合并：最多比较次数为74(＝30＋45－1)次。

第5次合并：最多比较次数为129(＝60＋70－1)次。

第6次合并：最多比较次数为204(＝75＋130－1)次。

比较总次数最多为494(＝14＋29＋44＋74＋129＋204)次。

(2) 合并策略是：在对 $N(N\geqslant 2)$ 个有序表进行两两合并时，若表长不同，则最坏情况下总的比较次数依赖于表的合并次序。可以借用哈夫曼树的构造思想，依次选择最短的两个有序表进行合并，可以获得最坏情况下最佳的合并效率。

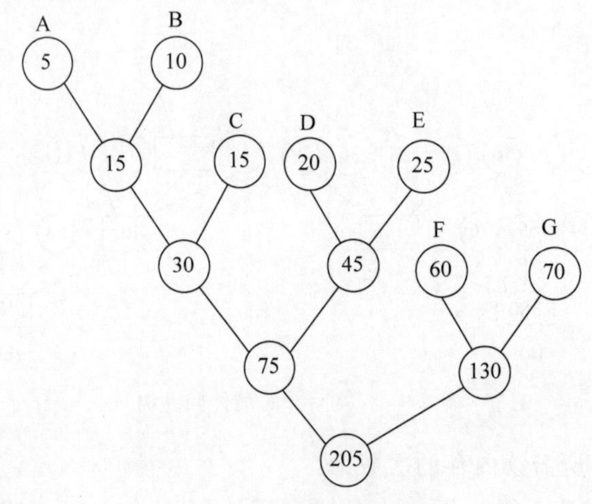

图8-10　2路最佳归并树

小　结

若待排序记录的数量很大，以致内存一次不能容纳全部记录，需将待排序的记录以文件的形式存放在外存中，在排序过程中借助对外存进行访问来完成的排序叫外部排序。外存设备主要有两类，一类是顺序存取设备，另一类是随机存取设备。最常用的外存有磁带和磁盘等。其中磁带为顺序存取的设备，它在读/写信息之前要先进行顺序查找，因此，磁带对于检索和修改信息很不方便，它主要适用于处理变化少，只进行顺序存取的大量数据；而磁盘为一种直接存取设备，它可直接存取任何信息，具有容量大、速度快的特点。本章主要通过磁盘排序的实现来讨论外排序基本方法的解决办法。

外排序的基本方法是归并排序法，它排序的基本过程可简述如下。

(1) 生成若干初始顺串(或归并段)。

(2) 利用多路归并对顺串进行逐趟归并，直到形成一个顺串为止。

外排序所需的总时间为：生成初始顺串所需的时间 $m\times t_{\mathrm{IS}}$＋外存信息读/写的时间 $d\times t_{\mathrm{IO}}$＋内部归并所需时间 $s\times u\times t_{\mathrm{mg}}$，其中 t_{IS} 是为得到一个初始顺串进行内排序所需时间的均值，m 为初始顺串的个数，t_{IO} 是进行一次外存读/写所需时间的均值，d 为总的读/写的次数，$u\times t_{\mathrm{mg}}$ 是对 u 个记录进行内部归并所需时间，s 为归并的趟数。

1. 初始归并段的生成方法

生成初始归并段可采用内部排序法和置换-选择排序法。用内排序法是按照可用内存工作区大小将待排序的部分记录读入内存,然后用一种内排序法进行排序,排序后再写入外存从而生成一个初始归并段。这种方法生成的所有初始归并段的长度只与内存工作区的大小有关,除了最后一个初始归并段的长度可能小于 l 之外,其他的长度都与 l 相等,个数为 $\lceil n/l \rceil$,其中 n 为待排序的文件记录个数,l 是内存工作区的大小。用置换-选择排序法可生成长度不等的初始归并段,且长度比 l 大,当输入文件中的记录是按其关键字随机排序时,所生成的初始归并段的平均长度为内存工作区大小的 2 倍。因此用置换-选择排序法可增加初始归并段的长度,从而减少生成的初始归并段的数目。特别地,当输入文件记录以关键字顺序排列时,可得到一个长度与文件长度相等的归并段;当输入文件记录以关键字逆序排序时,所得的初始归并段的最大长度为内存工作区的大小,最小长度为 1。

用置换-选择排序所生成的初始归并段应满足以下条件。

(1) 在每个归并段内按关键字有序。

(2) 前一个归并段最后一条记录的关键字一定大于下一个归并段的第一个关键字。

2. 多路平衡归并的方法

设初始归并段的个数为 m,归并趟数为 s,则进行 k 路平衡归并所需归并的趟数 $s=\lceil \log_k m \rceil$,而对于同一待排序文件而言,外排序时所需读/写外存的次数与归并的趟数成正比,因而通过增加 k 或减少 m,可减少归并的趟数,从而减少外存读/写的次数,提高归并效率。可见,多路平衡归并的目的就是为了减少归并的趟数,但并不是 k 越大越好,因单纯增加 k 将导致增加内部归并的时间,为解决这一矛盾,可在 k 路平衡归并时利用败者树从而使得在 k 个记录中选出关键字最小或最大的记录时所需进行的比较次数减少,最终使总的归并时间降低。

利用败者树对 m 个初始归并段进行 k 路平衡归可使在 k 个记录中选出关键字最小或最大的记录时仅需进行$\lceil \log_2 \mathrm{k} \rceil$次比较,从而使总比较次数变为$\lceil \log_2 m \rceil(n-1)$(其中 n 为待排序的记录个数),与 k 无关。

3. 最佳归并树

由于采用置换-选择排序法生成的初始归并段长度不等,则在归并过程中不同的归并方案会导致归并过程中对外存的读/写次数不同。且经过前面讨论可知,归并排序过程中所需读/写外存的次数正好等于归并树(归并方案的一种图形表示)的带权路径长度的两倍。所以为提高归并的时间效率,则需寻求一种归并方案,使对应的归并树的带权路径长度达到最短。这种使带权路径长度最短的归并树就称为最佳归并树,也可以说,最佳归并树就是带权路径长度最短的 k 叉哈夫曼树。

构造最佳归并树可以沿用哈夫曼树的构造原则并将其扩充到 k 叉树的情况来进行,但对于长度不等的 m 个初始归并段进行 k 路平衡归并,得到的哈夫曼树并不都是只有度为 k 或 0 的结点。当初始归并段不足时,则可通过增加长度为 0 的"虚段"来使得每次都是对 k 个归并段进行归并。下面给出对 n 个初始归并段做 k 路平衡归并时,其对应的最佳归并树的构造步骤。

(1) 若$(n-1)\%(k-1)\neq 0$,则附加 $k-(n-1)\%(k-1)-1$ 个虚段,以保证每次归并都有对应的 k 个归并段。或者第一趟归并时先对$(n-1)\%(k-1)+1$ 个长度最短的归并段进行归并;

(2) 再按照哈夫曼思想(权值越小的结点离根结点越远)完成最佳归并树的构造。

习　题　8

一、客观题测试

扫码答题

二、综合应用题

1. 在外部分类时,为了减少读/写的次数,可以采用 k 路平衡归并的最佳归并树模式。当初始归并段的总数不足时,可以增加长度为零的“虚段”。增加的“虚段”数目为多少？请推导之。设初始归并段的总数为 m。

2. 设有13个初始归并段,其长度分别为24、14、33、38、1、5、9、10、16、13、26、8和14。试画出4路归并时的最佳归并树,并计算它的带权路径长度WPL。

3. 设有11个长度(即包含记录个数)不同的初始归并段,它们所包含的记录个数分别为25、40、16、38、77、64、53、88、9、48和98。试将它们做4路平衡归并,要求:

(1) 指出总的归并趟数;

(2) 构造最佳归并树;

(3) 根据最佳归并树计算每一趟及总的读记录的次数。

4. 给出一组关键字{22,12,26,40,18,38,14,20,30,16,28},设内存工作区WA能容纳4个记录。

(1) 分别写出用内排序的方法和置换-选择排序的方法求得的初始归并段;

(2) 写出用置换-选择排序方法求初始归并段过程中FI、WA和FO的变化情况。

5. 已知有31个长度不等的初始归并段,其中8段长度为2,8段长度为3,7段长度为5,5段长度为12,3段长度为20(单位均为物理块),设计一个最佳5路归并方案,并计算总的(归并所需的)读/写外存的次数。

6. 设有6个有序表A、B、C、D、E、F,分别含有10、35、40、50、60和200个数据元素,各表中元素按升序排列。要求通过5次两两合并,将6个表最终合并成一个升序表,并在最坏情况下比较的总次数达到最小。回答下列问题:

(1) 写出合并方案,并求出最坏情况下的比较的总次数;

(2) 根据你的合并过程,描述 $N(N\geqslant 2)$ 个不等长升序表的合并策略,并说明理由。

习题8　主观题参考答案

第9章　查　找

查找又被称为检索，是数据处理中最常见的一种操作。查找操作和人们的日常工作与生活有着密切关系，例如，从电话号码簿中查找某人的电话号码，从学生成绩表中查找某个学生的课程成绩等。利用计算机查找信息，首先需要把原始数据整理成一张一张的数据表，数据表可以是集合、线性表、图等任意逻辑结构。然后，把每张数据表按照一定的存储结构存放到计算机中，变为计算机可处理的“表”，诸如顺序表、链接表等。最后，运用相应的查找算法从存储表中找出所需的信息。

【本章主要知识导图】

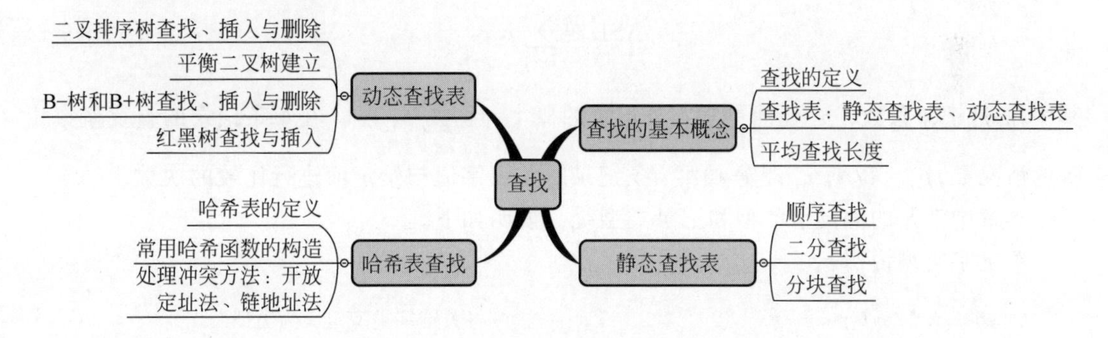

9.1　查找的基本概念

1. 查找的定义

所谓查找，就是在由一组数据元素(记录)组成的集合中寻找主关键字值等于给定值的某条(数据元素)记录，或是寻找属性值符合特定条件的某些数据元素(记录)。为了统一起见，本章用“记录”表述“数据元素”。例如，在学生成绩表中，若按学号进行查找，则最多只能找到一条与之相关的记录；若按姓名查找，则可能找到多条同姓名的记录。

下面将基于主关键字的查找形式化定义为：假设含 n 条记录的集合为$\{R_1,R_2,\cdots,R_n\}$，其相应的主关键字序列为$\{K_1,K_2,\cdots,K_n\}$，若给定某个主关键 K，查找就是在记录集合中定位满足条件 $K_j=K$ 的记录的过程。若记录集合中存在满足此条件的记录，则查找成功；否则，查找失败。为简单起见，本章所涉及的关键字均指主关键字，且假设关键字的类型为整型。

2. 查找表

查找表是一种以同一类型的记录构成的集合为逻辑结构，以查找为核心运算的数据结构。由于集合中的记录之间是没有"关系"的,并且在实现查找表时不受"关系"的约束,而是根据实际应用,按照查找的具体要求组织查找表,从而方便实现高效率的查找。因此,查找表是一种应用灵活的数据结构。

查找表中常做的操作有:查找、读表元、对表做修改操作(例如,插入和删除)。其中,查找操作是指确定满足某种条件的记录是否在查找表中;读表元操作是指在查找表中读取满足某种条件的记录的各种属性。查找表分为静态查找表和动态查找表两种。若对查找表的操作不包括对表的修改操作,则称此类查找表为静态查找表;若在查找的同时插入了表中不存在的记录,或从查找表中删除了已存在的记录,则称此类查找表为动态查找表。简单地说,静态查找表仅对查找表进行查找或读表元操作,而不能改变查找表;动态查找表除了对查找表进行查找或读表元操作外,还要进行向表中插入记录或删除记录的操作。

3. 平均查找长度

由于查找的主要操作是关键字的比较,所以通常把查找过程中给定值与关键字值的比较次数的期望值作为衡量一个查找算法效率优劣的标准,也被称为平均查找长度(Average Search Length),通常用ASL表示。

对一个含n条记录的查找表,查找成功时的平均查找长度为:

$$\mathrm{ASL}=\sum_{i=1}^{n} p_i c_i \tag{9-1}$$

其中,n是记录条数;p_i是查找第i条记录的概率,且$\sum_{i=1}^{n} p_i=1$,在每条记录的查找概率相等的情况下,$p_i=1/n$;c_i是查找第i条记录时关键字值与给定值进行比较的次数。

本章中涉及的关键字类型和记录类型统一说明如下。

关键字类型说明:

```
typedef int KeyType;                    //将关键字类型定义为类型
```

记录类型定义:

```
typedef struct{                         //记录类型定义
  KeyType key;                          //关键字域
  InfoType otherinfo;                   //其他数据域
}RecdType;
```

查找也有内查找和外查找之分。若整个查找过程中都在内存中进行,则是内查找;反之,若查找过程中需要访问外存,则是外查找。

9.2 静态查找表

静态查找表可用顺序表或线性链表作为表的组织形式,本节中只讨论在顺序存储结构上的实现方法,读者可以自行给出链式存储结构上的实现方法。静态查找表的抽象数据类型描述如下:

```
ADT StaticSearchTable {
    数据对象:D是具有相同特性的记录的集合.各条记录均含有类型相同且可唯一标识记录的关
```

键字。

数据关系：表中记录同属一个集合，记录之间关系用 R 表示。

基本操作：

Create(&ST,n)，**构造表操作**：构造一个含有 n 条记录的静态查找表 ST。

Destroy(&ST)，**销毁表操作**：释放一个已存在的静态查找表 ST 的存储空间。

Search(ST,key)，**查找表操作**：查找静态查找表 ST 中其关键字值等于给定值 key 的记录，并返回该记录的值或在表中的位置，若表中不包含此记录，则返回 0。

Traverse(ST,Visit())，遍历表操作：按照某种次序对静态查找表 ST 中的每条记录调用函数 Visit()一次且至多一次，其中 Visit()是对记录操作的应用函数，一旦 Visit()失败，则操作失败。

}ADT StaticSearchTable

静态查找表的顺序存储结构描述如下：

```
typedef struct{
 RecdType * elem;
 //记录存储空间基地址,构造表时按实际长度分配,其中第 0 个存储单元留空
 int length;                                   //表长度
}SSTable;
```

9.2.1 顺序查找

顺序查找又被称为线性查找，它是一种最简单、最基本的查找方法。顺序查找从表的一端开始，依次将每条记录的关键字值与给定值 key 进行比较，若某条记录的关键字值等于给定值 key，则表明查找成功；若直到所有记录都比较完毕，仍找不到关键字值等于给定值 key 的记录，则表明查找失败。

假设顺序查找的基本要求是：从查找表 ST.elem[1]到 ST.elem[ST.length]的 n 条记录中，顺序查找关键字值为给定值 key 的记录，若查找成功，则返回其下标；否则，返回 0。顺序查找算法描述如下。

【算法 9-1】 顺序查找算法。

```
int Search(SSTable ST,KeyType key)
 // 采用一般顺序查找方法,在查找表的 n 条记录中查找关键字值等于给定值 key 的记录
 //若查找成功,则返回其下标位置;否则,返回 0
{   int i;
    for (i = 1;i <= ST.length;i++)
        if (ST.elem[i].key == key)
            return i;                          //若找到,则返回下标位置
    return 0;                                  //若没有找到,则返回 0
 }//算法 9 - 1 结束
```

以上顺序查找算法简单，但缺点是时间开销大，查找效率较低。为了提高查找效率，通常在表的一端设置一个“监视哨”，即在表的开头位置或在表的最末位置设置一个“监视哨”。这里采用在表的开头位置(第 0 号存储单元)设置一个“监视哨”。改进后的算法描述如下。

【算法 9-2】 带监视哨的顺序查找算法。

```
int Search_Seq(SSTable ST, KeyType key)
// 采用带监视哨的顺序查找方法,在查找表的 n 条记录中查找关键字值等于给定值 key 的记录
```

```
//若查找成功,则返回其下标位置;否则,返回 0
{  int i;
   ST.elem[0].key = key;                                    //设置"监视哨"
   for(i = ST.length; ST.elem[i].key!= key; i -- );         //从后往前进行查找
      return i;                     //若找到,则返回下标位置;若没有找到,则返回 0
} //算法 9 - 2 结束
```

对于改进后的带监视哨的顺序查找算法,要查找第 i 条记录($1 \leqslant i \leqslant n$),需要与表中关键字值的比较次数为 $n-i+1$。所以在等概率的情况下,其查找成功的平均查找长度为:

$$\mathrm{ASL}=\sum_{i=1}^{n} p_i c_i=\frac{1}{n}\sum_{i=1}^{n}(n-i+1)=\frac{n+1}{2} \tag{9-2}$$

查找失败时,无论给定的 key 为何值,其关键字比较次数都为 $n+1$。因此,顺序查找的时间复杂度为 $O(n)$。可见,当 n 较大时,查找效率较低。

顺序查找的优点是既适用于顺序表,也适用于线性链表,同时对表中记录的排列次序无任何要求,这将给在表中插入新的记录带来方便。因为不需要在插入新记录时寻找插入位置和移动原有记录,只要把它们添加到表尾(对于顺序表)或表头(对于单链表)即可。

为了提高顺序查找的速度,一种方法是,在已知各条记录的查找概率不等的情况下,将各条记录按查找概率从大到小排序,从而降低查找的平均比较次数(即平均查找长度);另一种方法是,在事先未知各条记录查找概率的情况下,在每次查找到一条记录时,就将它与前驱记录对调位置,这样,过一段时间后,查找频率高(即概率大)的记录就被逐渐前移,最后形成记录的位置按照查找概率从大到小排列,从而达到了减少平均查找长度的目的。

9.2.2 二分查找

上述在顺序查找表上的查找算法虽然实现起来简单,但平均查找长度较大,特别不适于表长较大的查找表。若以有序表表示静态查找表,则查找过程可以基于"折半"进行。所谓"折半"也被称为"二分",故二分查找又被称为折半查找。二分查找的操作对象必须是顺序存储的有序表(对线性链表无法操作),通常假定有序表按关键字值从小到大排列有序。二分查找的基本思想是:首先取整个有序表的中间记录的关键字值与给定值 key 相比较,若相等,则查找成功;否则以位于中间位置的记录为分界点,将表分成左右两个子表,并判断待查找的给定值 key 是在左子表还是在右子表,再在左或右子表中重复上述步骤,直到找到关键字值为给定值 key 的记录或子表长度为 0。

假设二分查找的基本要求是:在有序表中查找关键字值为给定值 key 的记录,若查找成功,则返回其下标,否则返回 0。为实现二分查找算法,需要引进 low、high 和 mid 三个变量,用于分别表示待查找区域的第一条记录、最后一条记录和中间记录的数组下标。当待查找表非空时,二分查找算法的主要步骤归纳如下。

(1) 置初值:low=1,high=ST.length。

(2) 当 low≤high 时,重复执行下列步骤:

① mid=(low+high)/2。

② 若给定值 key 与 ST.elem[mid]的关键字值相等,则查找成功,返回 mid 值;否则转③。

③ 若给定值 key 小于 ST. elem[mid]的关键字值，则 high＝mid－1，否则 low＝mid＋1。

(3) 当 low＞high 时，查找失败，返回 0。

具体实现算法描述如下。

【算法 9-3】 二分查找算法。

```
int Search_Bin(SSTable ST, KeyType key)
// 采用二分查找方法,在有序表的 n 个记录中查找关键字值为给定值 key 的记录
//若查找成功,则返回其下标位置;否则,返回 0
{   int low = 1;                                          //查找范围的下界
    int high = ST.length;                                 //查找范围的上界
    while(low <= high)
        { int mid = (low + high)/2;                       //中间位置,当前比较的记录位置
          if(key == ST.elem[mid].key)
              return mid;                                 //查找成功,返回下标位置
          else if(key < ST.elem[mid].key)
                  high = mid - 1;                         //查找范围缩小到前半段(左子表)
          else
              low = mid + 1;                              //查找范围缩小到后半段(右子表)
}
      return 0;
}//算法 9 - 3 结束
```

例如，有序表中的 n 条记录（令 $n=10$）的关键字序列为{12,23,26,37,54,60,68,75,82,96}，当给定值 key 分别为 23、96 和 58 时，进行二分查找的过程分别如图 9-1(a)、图 9-1(b)和图 9-1(c)所示。图中用中括号表示当前查找区间，用“↑”标出当前 mid 位置，由于 low 和 high 分别为“【”之后和“】”之前的第一个数据元素的位置，故没有用箭头标出它们。

二分查找的过程可以用二叉树来描述，通常称这棵描述二分查找过程的二叉树为判定树。有序表的中间记录是判定树的根结点，左子表相当于判定树的左子树，右子表相当于判定树的右子树。二分查找的过程就是首先将给定值 key 与根结点的关键字值进行比较，若相等，则查找成功。若给定值 key 小于根结点的关键字值，则在左子树中继续查找；反之，若给定值 key 大于根结点的关键字值，则在右子树中继续查找。可见，无论查找是否成功，查找长度均不超过判定树的深度。对于含有 n 条记录的有序表，其对应的二分查找判定树的深度与含有 n 个结点的完全二叉树的深度相同，即为$\lfloor \log_2 n \rfloor+1$ 或$\lceil \log_2(n+1)\rceil$。所以，无论查找是否成功，二分查找的最大查找长度不会大于$\lfloor \log_2 n \rfloor+1$ 或$\lceil \log_2(n+1)\rceil$。

假设有序表的长度为 $n=2^h-1$，则描述二分查找的判定树的深度为 $h=\log_2(n+1)$的满二叉树。又假定有序表中的每条记录的查找概率相等，即 $p_i=1/n$，则查找成功时二分查找的平均查找长度为：

$$
\begin{aligned}
\text{ASL} &= \sum_{i=1}^{n} p_i c_i = \frac{1}{n}\sum_{i=1}^{n} c_i = \frac{1}{n}\sum_{j=1}^{h} j \cdot 2^{j-1} \\
&= \frac{1}{n}\left(\sum_{i=0}^{h-1} 2^i + 2\sum_{i=0}^{h-2} 2^i + \ldots + 2^{h-1}\sum_{i=0}^{0} 2^i\right) \\
&= \frac{1}{n}(h \cdot 2^h - (2^0 + 2^1 + \ldots + 2^{h-1})) = \frac{1}{n}((h-1)2^h + 1) \\
&= \frac{1}{n}((n+1)(\log_2(n+1) - 1) + 1) = \frac{n+1}{n}\log_2(n+1) - 1 \qquad (9\text{-}3)
\end{aligned}
$$

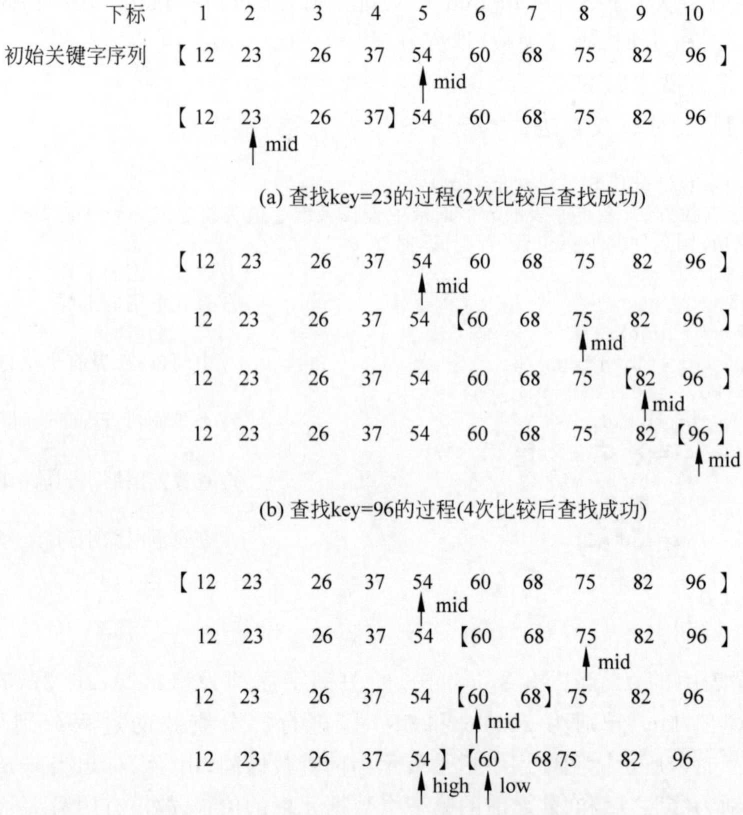

下标 1 2 3 4 5 6 7 8 9 10

初始关键字序列 【 12 23 26 37 54 60 68 75 82 96 】

↑mid (54)

【 12 23 26 37】 54 60 68 75 82 96

↑mid (23)

(a) 查找key=23的过程(2次比较后查找成功)

【 12 23 26 37 54 60 68 75 82 96 】

↑mid (54)

12 23 26 37 54 【60 68 75 82 96 】

↑mid (75)

12 23 26 37 54 60 68 75 【82 96 】

↑mid (82)

12 23 26 37 54 60 68 75 82 【96 】

↑mid (96)

(b) 查找key=96的过程(4次比较后查找成功)

【 12 23 26 37 54 60 68 75 82 96 】

↑mid (54)

12 23 26 37 54 【60 68 75 82 96 】

↑mid (75)

12 23 26 37 54 【60 68】 75 82 96

↑mid (60)

12 23 26 37 54 】【60 68 75 82 96

↑high (54) ↑low (60)

(c) 查找key=58的过程(3次比较后查找失败)

图 9-1 二分查找过程

对任意 n,当 n 较大时($n>50$)时,$ASL\approx\log_2(n+1)-1$。

例如,图 9-2 所示的是在含有 10 个记录的有序表上进行二分查找的判定树。

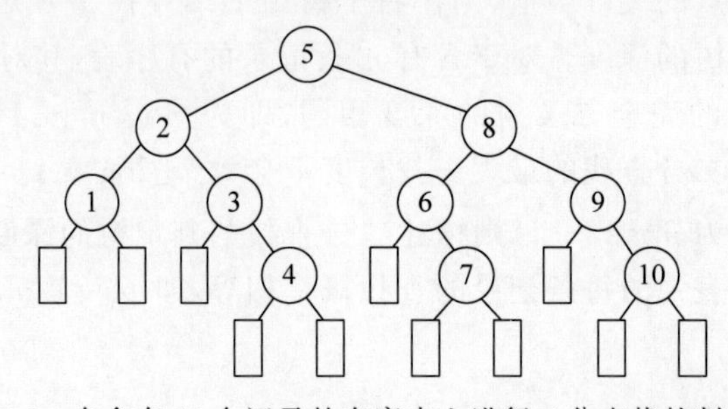

图 9-2 在含有 10 个记录的有序表上进行二分查找的判定树

在图 9-2 中,圆圈代表的是查找成功的结点,被称为内结点;方形代表的是虚构的查找失败的结点,被称为外结点;结点所在层次数就是查找该结点所需比较的次数。若有序表中的每条记录的查找概率相同,则基于以上这棵判定树,查找成功时二分查找的平均查找长度 $ASL=(1\times1+2\times2+3\times4+4\times3)/10=29/10$,查找不成功时二分查找的平均查找长度 $ASL=(3\times5+4\times6)/11=39/11$。

注意:判定树的形态只与查找表中记录条数 n 有关,而与记录中关键字的取值无关。

二分查找的时间复杂度为 $O(\log_2 n)$。不管查找成功或失败，二分查找比顺序查找要快得多，尤其当查找表中的记录条数较多时，其查找效率较高。但是，二分查找要求线性表必须按关键字值进行排序，排序的最佳时间复杂度是 $O(n\log_2 n)$。此外，二分查找仅适用于顺序存储结构，不适合于链式存储结构。为保持线性表的有序性，在顺序存储结构中进行插入或删除运算时都需要移动大量的元素，操作很不方便。因此，二分查找适用于一经建立就很少需要进行变动而又经常需要查找的静态查找表。

9.2.3 分块查找

分块查找又被称为索引顺序查找，它是顺序查找与二分查找的一种结合，其基本思想是：首先把查找表分成若干块，在每块中，记录的存放不一定有序，但块与块之间必须是有序的。假定按记录的关键字值递增有序，则第一块中记录的关键字值都小于第二块中任意记录的关键字值，第二块中的记录的关键字值都小于第三块中任意记录的关键字值；以此类推，最后一块中所有记录的关键字值大于前面所有块中记录的关键字值。为实现分块查找，还需建立一个索引表，将每块中最大的关键字值按块的顺序存放在一个索引表中，显然这个索引表是按关键字值递增排列的。查找时，首先通过索引表确定待查找记录可能所在的块，然后再在所在的块内寻找待查找的记录。由于索引表是按关键字值有序，则确定块的查找可以采用顺序查找，也可以采用二分查找，又由于每块中记录是无序的，则在块内只能采用顺序查找方法。

例如，图 9-3 所示的是一个带索引的分块有序的查找表。查找表中共有 15 条记录，被分成三块，其中第一块所有记录中的最大关键字值 31 小于第二块所有记录中的最小关键字值 35，第二块所有记录中的最大关键字值 62 小于第三块所有记录中的最小关键字值 71。

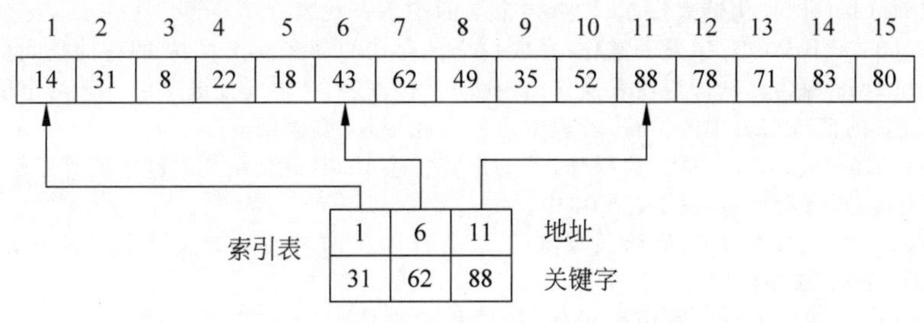

图 9-3　分块有序的查找表的索引存储表示

在如图 9-3 所示的存储结构中查找给定值 key 为 49 的记录，步骤如下。首先采用顺序查找方法或二分查找方法将给定值 49 依次与索引表中各个最大关键字值进行比较，由于 $31<49<62$，因此可以确定关键字值等于给定值 49 的记录只可能出现在查找表的第二块中；接下去，在查找表的第二块中采用顺序查找的方法查找待查找的记录，直到遇到 49 为止。

分块查找会出现两种结果：一是查找成功，返回待查找的记录在查找表中的位序号；另一种是查找失败，即查询完整的块后仍未找到待查找的记录，这时表明在整个查找表中都不存在这条记录，返回查找失败标记。

由于分块查找是顺序查找和二分查找的结合，因此，分块查找的平均查找长度 ASL=

L_b+L_s。其中,L_b 为在索引表中确定记录所在块的平均查找长度;L_s 为在查找表某一块中查找记录的平均查找长度。一般地,为进行分块查找,可以将长度为 n 的查找表均匀地分为 b 块,每块中含有 s 个记录,即 $b=\lceil n/s \rceil$;又假定查找表中的每条记录的查找概率相等,则每块查找的概率为 $1/b$,块中每条记录的查找概率为 $1/s$。

若用顺序查找确定记录所在块,则分块查找的平均查找长度为:

$$\mathrm{ASL}=L_b+L_s=\frac{1}{b}\sum_{i}^{b}i+\frac{1}{s}\sum_{j=1}^{s}j=\frac{b+1}{2}+\frac{s+1}{2}=\frac{1}{2}\left(\frac{n}{s}+s\right)+1 \tag{9-4}$$

若用二分查找确定记录所在块,则分块查找的平均查找长度为:

$$\mathrm{ASL}=L_b+L_s=\log_2(b+1)-1+\frac{s+1}{2}\approx\log_2\left(\frac{n}{s}+1\right)+\frac{s}{2} \tag{9-5}$$

可见,当 s 越小时,ASL 的值越小,即当采用二分查找确定记录所在块时,每块的长度越小越好。分块查找的缺点是为了建立索引表而增加的时间和空间的开销。

9.3 动态查找表

动态查找表的特点是:查找表结构本身是在查找过程中动态生成的,即对于给定值 key,若查找表中存在关键字值等于 key 的记录,则查找成功返回或是将该记录删除,否则插入关键字值等于 key 的记录。动态查找表的抽象数据类型描述如下。

```
ADT DynamicSearchTable {
    数据对象:D是具有相同特性的记录的集合.各条记录均含有类型相同且可唯一标识记录的关
键字。
    数据关系:表中记录同属一个集合,记录之间关系用R表示。
    基本操作:
    InitDSTable(&DT),构造表操作:构造一个空的动态查找表DT。
    DestroyDSTable(&DT),销毁表操作:释放一个已存在的动态查找表DT的存储空间。
    SearchDSTable(DT,key),查找表操作:查找动态查找表DT中其关键字值等于给定值key的记录,
并返回该记录的值或在表中的位置,若表中不包含此记录,则返回0。
    InsertDSTable(&DT,e),插入表操作:若动态查找表DT中不存在其关键字值等于给定记录e的关
键字值的记录,则将新记录e插入到DT中。
    DeleteDSTable(&DT,key),删除表操作:若动态查找表DT中存在其关键字值等于给定值key的记
录,则将该记录从DT中删除。
    Traverse(ST,Visit()),遍历表操作:按照某种次序对动态查找表DT中的每条记录调用函数
Visit()一次且至多一次,其中Visit()是对记录操作的应用函数,一旦Visit()失败,则操作失败。
}ADT DynamicSearchTable
```

动态查找表也可有不同的组织形式。本节中只讨论以各种树形结构作为表的组织形式。

9.3.1 二叉排序树

在静态查找表的三种查找方法中,二分查找具有最高的查找效率,但是由于二分查找要求表中记录按关键字值有序,且不能用线性链表作为存储结构,因此当表的插入或删除操作非常频繁时,为维护表的有序性,需要移动表中很多记录。这种由移动记录引起的额外时间开销,就会抵消二分查找的优点。本节讨论的二叉排序树不仅具有二分查找的效率,同时又

便于在查找表中进行记录的增加和删除操作。

1. 二叉排序树的定义

二叉排序树(Binary Sort Tree,BST)又被称为二叉查找树,它是一种常用的动态查找表。

二叉排序树或是一棵空树,或是一棵具有下列性质的二叉树。

(1) 若其左子树不空,则其左子树上所有结点的关键字值均小于根结点的关键字值。

(2) 若其右子树不空,则其右子树上所有结点的关键字值均大于根结点的关键字值。

(3) 它的左、右子树本身也都是二叉排序树。

图 9-4 所示就是一棵二叉排序树。

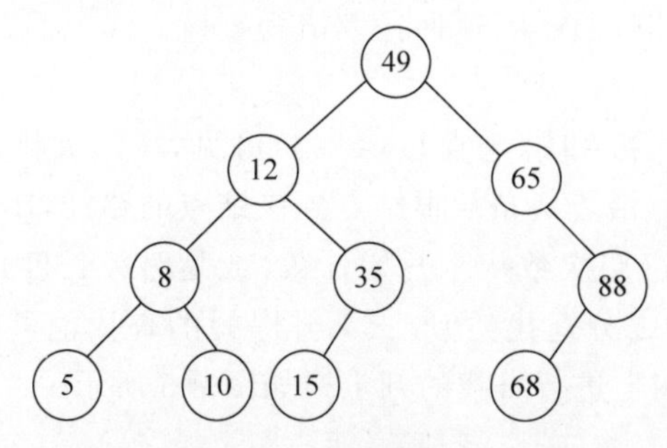

图 9-4　二叉排序树示例

可见,对二叉排序树进行中根遍历,将会得到一个按关键字值从小到大排序的记录序列,这是二叉排序树的一个重要特征。

2. 二叉排序树的查找过程

若采用二叉排序树作为查找表的组织形式,则根据二叉排序树的特点,查找过程的主要步骤归纳如下。

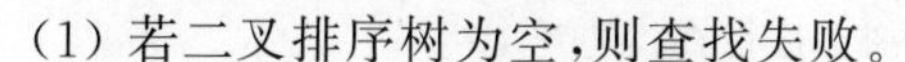

(1) 若二叉排序树为空,则查找失败。

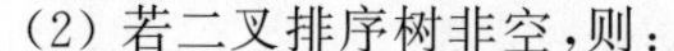

(2) 若二叉排序树非空,则:

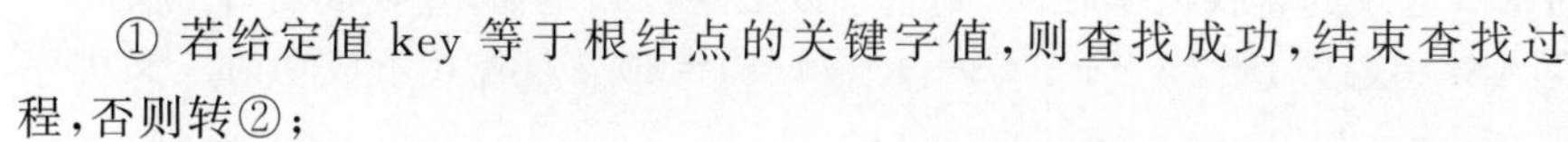

① 若给定值 key 等于根结点的关键字值,则查找成功,结束查找过程,否则转②;

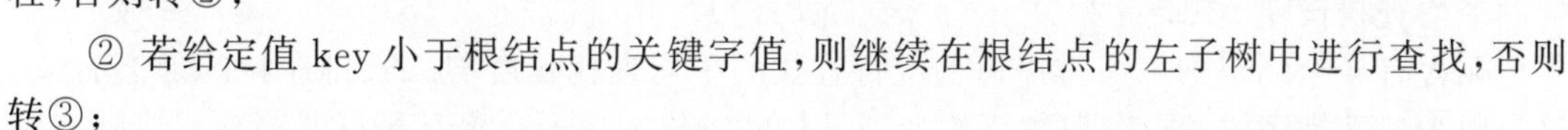

② 若给定值 key 小于根结点的关键字值,则继续在根结点的左子树中进行查找,否则转③;

③ 若给定值 key 大于根结点的关键字值,则继续在根结点的右子树中进行查找。

下面以二叉链表作为二叉排序树的存储结构,二叉排序树的查找算法描述如下。

【算法 9-4】 二叉排序树查找算法。

```
BiTree SearchDST(BiTree T,KeyType key)
 // 在二叉排序树中查找关键字值为给定值 key 的结点
 //若查找成功,则返回指向该结点的指针;否则,返回空指针
  {if((!T)||(key == T -> data.key))
       return T;                              //查找成功
   else if (key < T -> data.key)
       return SearchDST(T -> lchild,key);     //在左子树中继续查找
   else
```

```
        return SearchDST(T->rchild,key);        //在右子树中继续查找
    }//算法9-4结束
```

例如,在图9-4所示的二叉排序树中查找关键字值等于给定值key(key=35)的记录(树中结点内的数均为记录的关键字值)。首先以给定值35和根结点关键字值49进行比较,由于key<49,则查找以49为根结点的左子树,此时左子树不空,且key>12,则继续查找以12为根结点的右子树,由于给定值key和结点12的右子树的根结点关键字值35相等,则查找成功,返回指向结点35的指针值。又如在图9-4所示的二叉排序树中查找关键字值等于给定值key(key=66)的记录,和上述过程类似,在给定值66与关键字值49、65、88和68相继比较之后,继续查找以68为根结点的左子树,此时左子树为空,则说明二叉排序树中没有关键字值等于给定值66的记录,故查找不成功,返回指针值为空。

3. 二叉排序树的查找分析

从上述两个查找例子(给定值key=35和给定值key=66)可见,在二叉排序树上查找关键字值等于给定值的结点的过程,正好沿着一条从根结点到该结点的路径,比较次数是所要查找的结点在二叉排序树中的层次数(层次数从1开始计数)或是路径长度加1。因此,比较次数不超过二叉排序树的深度。与二分查找类似,二叉排序树的查找也可以用判定树来表述。例如,在图9-4中的二叉排序树上进行查找的判定树如图9-5所示。

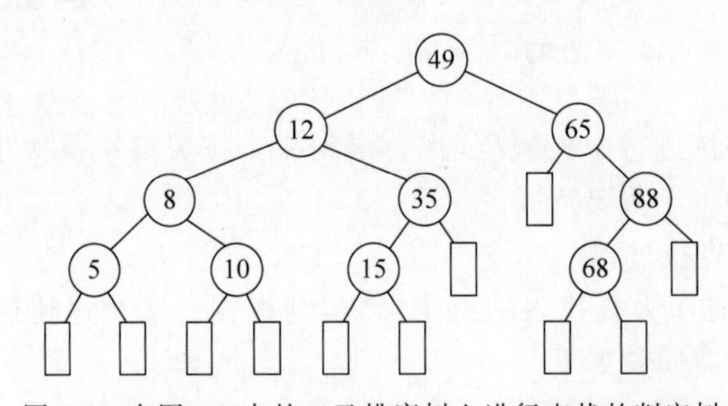

图9-5 在图9-4中的二叉排序树上进行查找的判定树

若查找表中的每条记录的查找概率相同,则基于以上这棵判定树,查找成功时二叉排序树的平均查找长度ASL=(1×1+2×2+3×3+4×4)/10=30/10,查找不成功时二叉排序树的平均查找长度ASL=(2×1+3×2+4×8)/11=40/11。

在含有n个结点的二叉排序树上进行查找的平均查找长度与二叉排序树的形态有关,这是因为二叉排序树的形态取决于构造二叉树时的输入序列。最坏情况是当输入序列有序时,会形成一棵单支树,树的深度为结点个数n,则等概率下查找成功时的平均查找长度为:

$$\mathrm{ASL}=\frac{1}{n}\sum_{i=1}^{n}i=\frac{n+1}{2} \tag{9-6}$$

最好情况是二叉排序树的形态与二分查找的判定树相同,其等概率下查找成功时的平均查找长度为:

$$\begin{aligned}\mathrm{ASL}&=\sum_{i=1}^{n}p_i c_i=\frac{1}{n}\sum_{j=1}^{h}j\cdot 2^{j-1}\\&=\frac{n+1}{n}\log_2(n+1)-1\\&\approx\log_2(n+1)-1\end{aligned} \tag{9-7}$$

平均情况下，二叉排序树的查找长度不大于 $1+4\log_2 n$，它与 $\log_2 n$ 也是等数量级的。因此，在二叉排序树上进行查找的时间复杂度为 $O(\log_2 n)$。

由于二叉排序树是一种动态查找表，其特点是二叉排序树的结构通常不是一次生成的，而是在查找过程中，当二叉排序树中不存在关键字值等于给定值的结点时再进行插入，因而需要对算法 9-4 进行修改，使得在查找不成功时返回插入位置。返回插入位置的二叉排序树的查找算法描述如下。

【算法 9-5】 返回插入位置的二叉排序树查找算法。

```
Status RSearchDST(BiTree T, KeyType key, BiTree f, BiTree &p)
  //在二叉排序树中查找关键字值为给定值 key 的结点
  //若查找成功,则指针 p 指向该结点,返回 TRUE;否则,若查找不成功,则指针 p 指向
  //查找路径上访问的最后一个结点,返回 FALSE
  //指针 f 指向当前访问的结点的双亲结点,其初始值为 NULL
  {  if (!T)                                    // 查找不成功
     {  p = f;
        return FALSE;
     }
     else if (key == T -> data.key)              // 查找成功
        {  p = T;
           return TRUE;
        }
        else if (key < T -> data.key)
               RSearchDST(T -> lchild,key,T,p);   // 在左子树中继续查找
               else
               RSearchDST(T -> rchild,key,T,p);   // 在右子树中继续查找
  }//算法 9 - 5 结束
```

4. 二叉排序树的插入操作

首先讨论向一棵二叉排序树中插入一个新结点的过程：假设待插入记录的关键字值为 key，为了将其插入查找表中，先要将它放入二叉排序树中进行查找，若查找成功，则按二叉排序树的定义，待插入结点已存在，不用插入；否则，将新结点插入二叉排序树中。

插入操作具体为：若二叉排序树为空，则新结点插入后将作为二叉排序树的根结点；否则，若待插入结点的关键字值小于根结点的关键字值，则插入在其左子树上；若待插入结点的关键字值大于根结点的关键字值，则插入在其右子树上。由于每次插入的新结点一定是作为叶结点插入二叉排序树中，因而在实现插入操作时，不必移动其他结点，只需要改变某个结点的指针域，将其由空变为非空。

在二叉排序树中插入一个新结点的算法描述如下。

【算法 9-6】 在二叉排序树中插入一个新结点的算法。

```
Status InsertDST (BiTree &T,RecdType e)
//在二叉排序树中插入关键字值为 key,记录为 e 的新结点
//若插入成功,则返回 TRUE;否则返回 FALSE
{  BiTree p,s;
```

```
    if (!RSearchDST(T,e.key,NULL,p))
    {  s=(BiTree)malloc(sizeof(BiTNode));  //当查找不成功时,生成新结点 s
       s->data=e; s->lchild=s->rchild=NULL;
       if(!p) T=s;                          //若 p 为空,结点 s 为新的根结点
       else if (e.key<p->data.key)
               p->lchild=s;                 //结点 s 为 p 的左孩子
          else p->rchild=s;                 //结点 s 为 p 的右孩子
       return TRUE;
    }
    else return FALSE;
} //算法 9-6 结束
```

5. 二叉排序树的构造操作

一棵二叉排序树的构造过程就是从一棵空树开始,然后按照输入记录的顺序,依次插入当前二叉排序树中的适当位置。因此,中根遍历二叉排序树可得到一个关键字值的有序序列,也即通过二叉排序树的构造过程可以将无序序列排成有序序列。假设有一个关键字值序列为{49,25,55,10,51,65},则构造一棵二叉排序树的过程如图 9-6 所示。

构造一棵二叉排序树的算法描述如下。

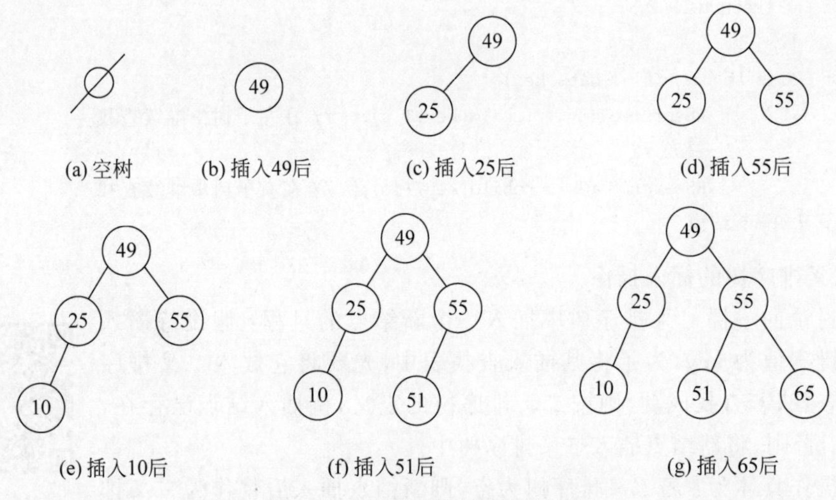

图 9-6 二叉排序树的构造过程

【算法 9-7】 构造一棵二叉排序树的算法。

```
Status CreateDST(BiTree &T,RecdType items[],int n)
 //构造一棵二叉排序树,数组 items 保存需要输入的记录,n 为记录条数
 { int i;
   for(i=0;i<n;i++)
      InsertDST(T,items[i]);                    //调用二叉排序树的插入算法
   return OK;
} //算法 9-7 结束
```

6. 二叉排序树删除操作

下面讨论如何从一棵二叉排序树中删除一个结点。与在二叉排序树上进行插入操作的要求相同，从一棵二叉排序树中删除一个结点，要保证删除后仍然是二叉排序树。根据二叉排序树的结构特点，删除操作可以分4种情况来考虑。

(1) 若待删除的结点是叶结点，则直接删除该结点即可。若该结点是根结点，则删除该结点后的二叉排序树将变为空树，如图 9-7(a)所示。

(2) 若待删除的结点只有左子树，而无右子树。根据二叉排序树的特点，可以直接将其左子树的根结点替代被删除结点的位置，如图 9-7(b)所示。

(3) 若待删除的结点只有右子树，而无左子树。与情况(2)类似，可以直接将其右子树的根结点替代被删除结点的位置，如图 9-7(c)所示。

(4) 若待删除结点既有左子树，又有右子树。根据二叉排序树的特点，可以用被删除结点在中根遍历序列下的前驱结点(或中根遍历序列下的后继结点)替代被删除结点的位置。图 9-7(d)的示例是用被删除结点的中根遍历序列下的前驱结点(即左子树中关键字值最大的结点，位于左子树中最右下方的结点)代替被删除结点。注意：当把左子树中关键字值最大的结点上移后，若该结点存在一棵左子树，则需要把这棵左子树改为该结点原来双亲结点的右子树，如图 9-7(e)所示。

二叉排序树的结点删除算法描述如下。

【算法 9-8】 在二叉排序树中删除一个结点的算法。

```
Status DeleteDST (BiTree &T, KeyType key)
//在二叉排序树中删除关键字值为给定值 key 的结点
//若存在该结点,则删除,返回 TRUE;否则返回 FALSE
{ if (!T)
      return FALSE;                              //空树删除失败
  else { if (key == T -> data.key)
            Delete(T);                           //找到关键字值等于给定值 key 的结点,执行删除操作
         else if (key < T -> data.key)
                DeleteDST(T -> lchild,key); //在左子树中继续删除操作
         else
                DeleteDST(T -> rchild,key); //在右子树中继续删除操作
  return TRUE;}
} //DeleteDS

 void Delete(BiTree &p)
//从二叉排序树中删除结点 p,并重接它的左子树或右子树
  {  BiTree q,s;
     if (!p -> rchild)                         //若右子树为空
      {  q = p;p = p -> lchild; free(q);       //直接将其左子树的根结点放在被删
                                               //除结点的位置
      }
     else if (!p -> lchild)                    //若左子树为空
      {  q = p;p = p -> rchild; free(q);       //直接将其右子树的根结点放在被删
                                               //除结点的位置
      }
     else //当左、右子树均非空时,将被删除结点的中根遍历序列下的前驱结点放在被删除结点的位置
        {  q = p; s = p -> lchild;
```

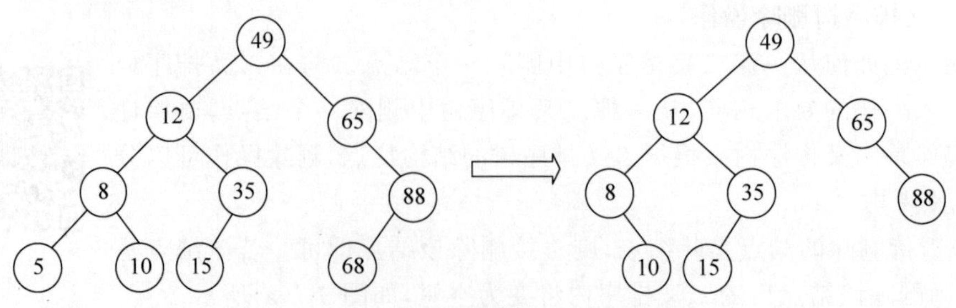

(a) 在二叉排序树中删除叶子结点5和68

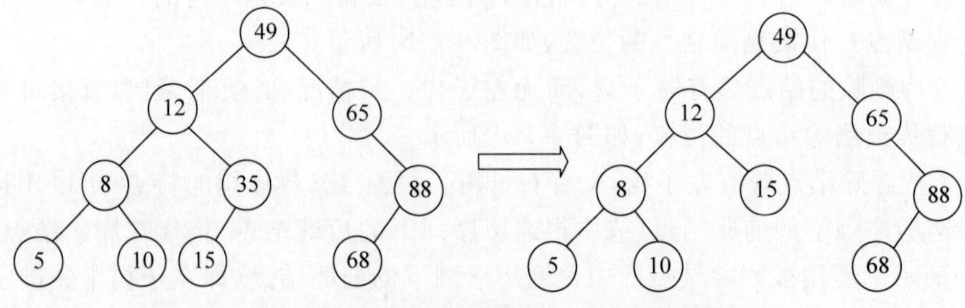

(b) 在二叉排序树中删除只有左子树的结点35

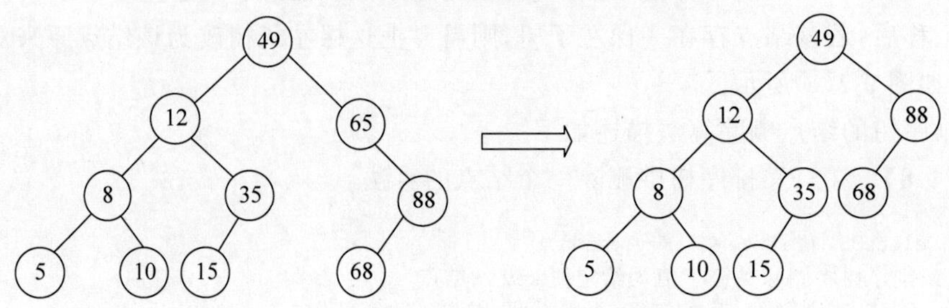

(c) 在二叉排序树中删除只有右子树的结点65

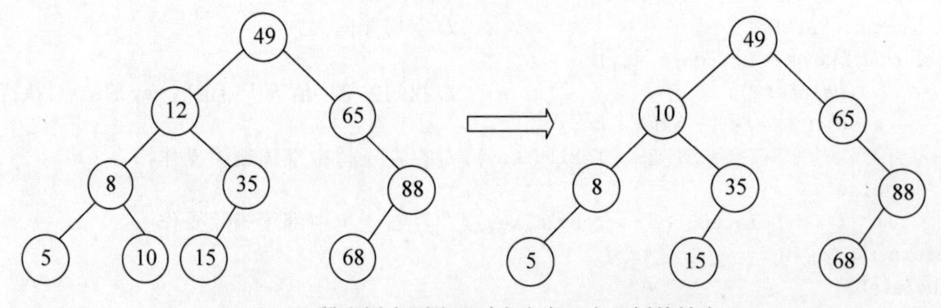

(d) 在二叉排序树中删除同时存在左、右子树的结点12

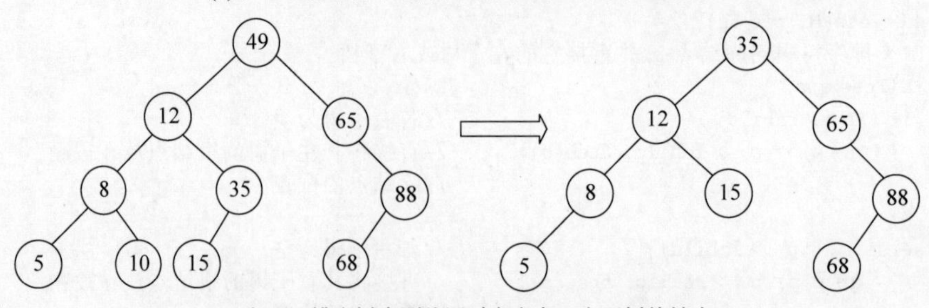

(e) 在二叉排序树中删除同时存在左、右子树的结点49

图 9-7　二叉排序树中结点的删除过程

```
        while(s->rchild!= NULL) {q = s;s = s->rchild;}                 //找最右下方的结点
        p->data = s->data;                //s 指向被删除结点的"前驱"
        if(q!= p) q->rchild = s->lchild;                                  //重接 q 的右子树
        else q->lchild = s->lchild;     //重接 q 的左子树
    }
} //算法 9-8 结束
```

二叉排序树的删除操作的主要时间花费在查找被删除结点，以及查找被删除结点的中根遍历下的前驱结点（或后继结点）上，而此操作的时间花费与树的深度密切相关。因此，删除操作的平均时间复杂度也是 $O(\log_2 n)$。

9.3.2 平衡二叉树

二叉排序树的查找效率与二叉树的形状有关，对于按给定序列建立的二叉排序树，若其左、右子树均匀分布，则查找过程类似于有序表的二分查找，时间复杂度变为 $O(\log_2 n)$。但若给定序列是有序的，则建立的二叉排序树就蜕化为单分支树，其查找效率同顺序查找一样，时间复杂度变为 $O(n)$。因此，在构造二叉排序树的过程中，当出现左、右子树分布不均匀时，若能对树的形态进行调整，使其保持"平衡"，就能够保证二叉排序树仍具有较高的查找效率。下面给出平衡二叉树的概念。

平衡二叉树(Balanced Binary Tree)又被称为 AVL 树(由于它是由两位苏联的数学家 Adel'son-Vel'sii 和 Landis 于 1962 年提出，故也用他们的名字命名)。平衡二叉树或是一棵空树，或是一棵具有如下性质的二叉树：它的左子树和右子树都是平衡二叉树，且左子树和右子树深度之差的绝对值不超过 1。

若将二叉树中某个结点的左子树深度与右子树深度之差称为该结点的平衡因子(或平衡度)，则平衡二叉树也就是树中任意结点的平衡因子的绝对值小于或等于 1 的二叉树，即平衡二叉树中的每个结点的平衡因子有 3 种取值：−1、0 和 1。图 9-8 给出了两棵二叉排序树，二叉树中的每个结点旁边标注的数字就是该结点的平衡因子。由平衡二叉树的定义可知，图 9-8(a)所示是一棵平衡二叉树，因为图中所有结点的平衡因子的绝对值都小于 1；图 9-8(b)所示的是一棵不平衡二叉树，因为图中结点 65 的平衡因子为−2。

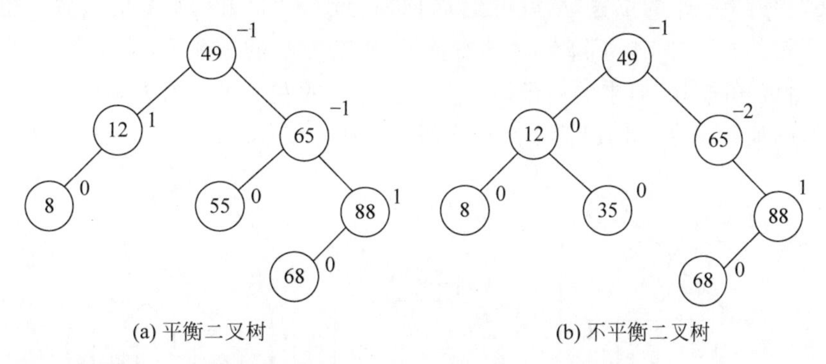

图 9-8 平衡二叉树与不平衡二叉树示例

在平衡二叉树上插入或删除结点后，可能会使二叉树失去平衡。因此，需要对失去平衡的二叉树进行调整，以保持平衡二叉树的性质。本节中主要介绍如何动态地使一棵二叉排序树保持平衡,即对失去平衡的二叉排序树进行平衡化调整。下面具体讨论在平衡二叉树上因插入新结点而导致失去平衡时的调整方法。

为叙述方便,假设在平衡二叉树上因插入新结点而失去平衡的最小子树的根结点为 A(即 A 为距离插入结点最近的,平衡因子不是-1、0 和 1 的结点)。失去平衡后的操作可依据失去平衡的原因归纳为下列 4 种情况分别进行。

(1) LL 型平衡旋转(单向右旋):由于在 A 的左孩子的左子树上插入新结点,使 A 的平衡因子由 1 变为 2,致使以 A 为根结点的子树失去平衡,如图 9-9(a)所示。此时应进行一次向右的顺时针旋转操作,"提升"B(即 A 的左孩子)为新子树的根结点,A 下降为 B 的右孩子,同时将 B 原来的右子树 B_R 调整为 A 的左子树。因为调整前后对应的中根遍历序列相同,所以调整后仍保持二叉排序树的性质不变。

(2) RR 型平衡旋转(单向左旋):由于在 A 的右孩子的右子树上插入新结点,使 A 的平衡因子由-1 变为-2,致使以 A 为根结点的子树失去平衡,如图 9-9(b)所示。此时应进行一次向左的逆时针旋转操作,"提升"B(即 A 的右孩子)为新子树的根结点,A 下降为 B 的左孩子,同时将 B 原来的左子树 B_L 调整为 A 的右子树。因为调整前后对应的中根遍历序列相同,所以调整后仍保持二叉排序树的性质不变。

(3) LR 型平衡旋转(先左旋后右旋):由于在 A 的左孩子的右子树上插入新结点,使 A 的平衡因子由 1 变为 2,致使以 A 为根结点的子树失去平衡,如图 9-9(c)所示。此时应进行两次旋转操作(先逆时针,后顺时针),即将 A 的左孩子 B 的右子树的根结点(设为 C)向左上旋转"提升"到 B 的位置,然后再把 C 向右上旋转"提升"到 A 的位置。也就是,"提升"C 为新子树的根结点,A 下降为 C 的右孩子,B 变为 C 的左孩子,C 原来的左子树 C_L 调整为 B 现在的右子树,C 原来的右子树 C_R 调整为 A 的左子树。因为调整前后对应的中根遍历序列相同,所以调整后仍保持二叉排序树的性质不变。

(4) RL 型平衡旋转(先右旋后左旋):由于在 A 的右孩子的左子树上插入新结点,使 A 的平衡因子由-1 变为-2,致使以 A 为根结点的子树失去平衡,如图 9-9(d)所示。此时应进行两次旋转操作(先顺时针,后逆时针),即将 A 的右孩子 B 的左子树的根结点(设为 C)向右上旋转"提升"到 B 的位置,然后再把 C 向左上旋转"提升"到 A 的位置。也就是,"提升"C 为新子树的根结点,A 下降为 C 的左孩子,B 变为 C 的右孩子,C 原来的左子树 C_L 调整为 A 现在的右子树,C 原来的右子树 C_R 调整为 B 的左子树。因为调整前后对应的中根遍历序列相同,所以调整后仍保持二叉排序树的性质不变。

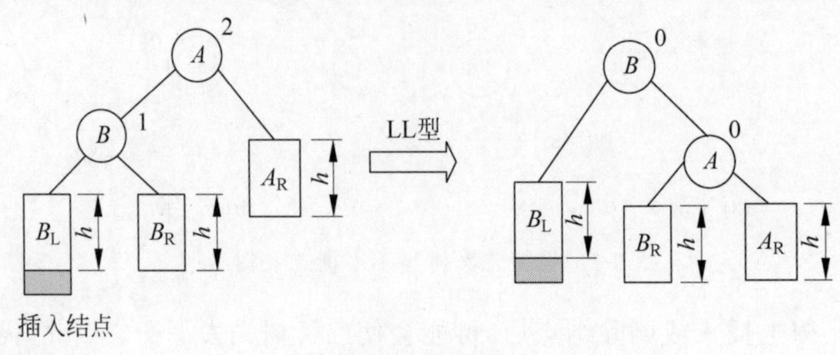

(a) LL型

图 9-9　平衡二叉树旋转示例

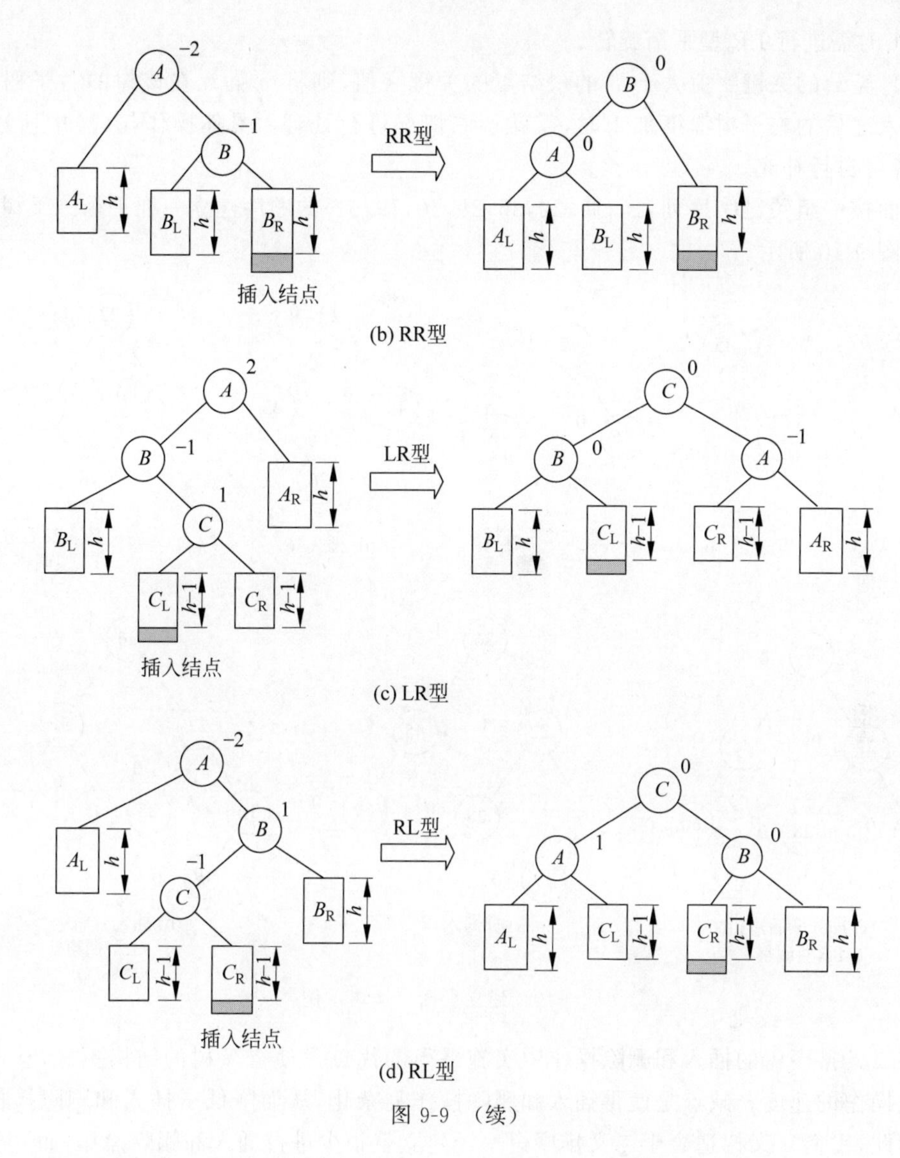

(b) RR型

(c) LR型

(d) RL型

图 9-9 （续）

综上所述，在平衡二叉排序树 T 上插入一个新记录 x 的算法描述如下。

(1) 若平衡二叉树为空树，则插入一个记录为 x 的新结点作为 T 的根结点，树的深度加 1。

(2) 若 x 的关键字值和 T 的根结点的关键字值相等，则不进行插入操作。

(3) 若 x 的关键字值小于 T 的根结点的关键字值，则将 x 插入在该树的左子树上，并且当插入之后的左子树深度加 1 时，分别就下列不同情况进行处理。

① 若 T 的根结点的平衡因子为 −1(右子树的深度大于左子树的深度)，则将根结点的平衡因子调整为 0，并且树的深度不变。

② 若 T 的根结点的平衡因子为 0(左、右子树的深度相等)，则将根结点的平衡因子调整为 1，树的深度加 1。

③ 若 T 的根结点的平衡因子为 1(左子树的深度大于右子树的深度)，则当该树的左子树的根结点的平衡因子为 1 时需进行 LL 型平衡旋转；当该树的左子树的根结点的平衡因

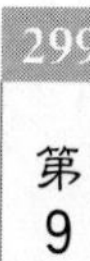

子为－1时需进行LR型平衡旋转。

(4) 若x的关键字值大于T的根结点的关键字值，则将x插入在该树的右子树上，并且当插入之后的右子树深度加1时，需就不同情况进行处理。具体操作与(3)中所述相对称，读者可自行补充。

下面按一组关键字序列{45,16,22,36,28,60,19,51}的顺序建立一棵平衡二叉树，建立过程如图9-10所示。

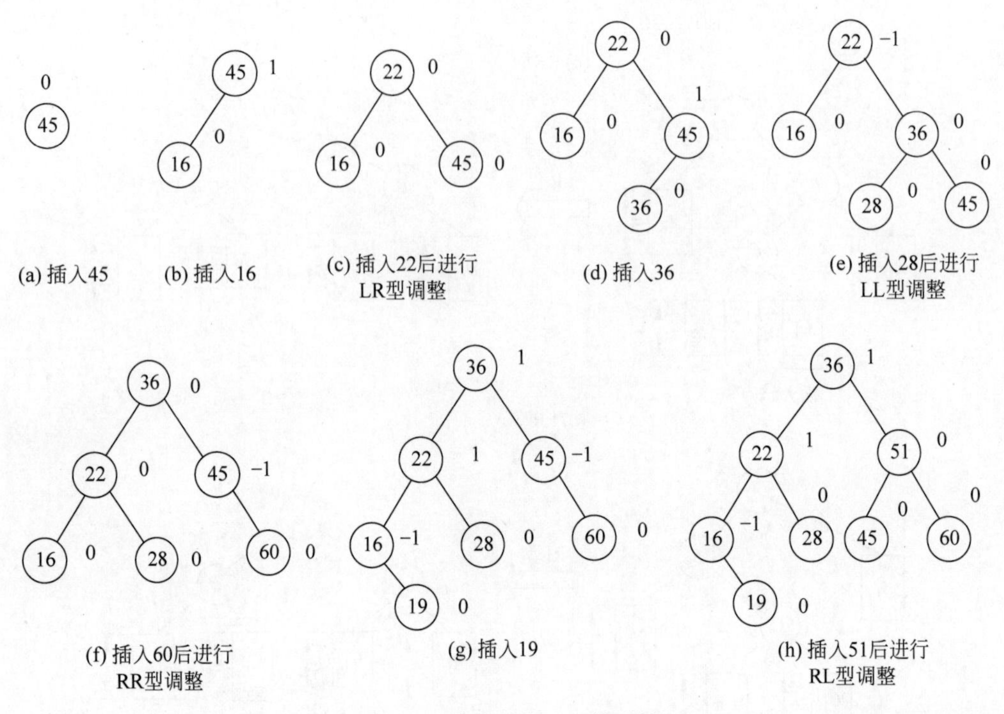

图9-10　建立平衡二叉树示例

在二叉排序树的插入和删除操作中实施平衡的优点是使二叉树的结构更好，从而提高了查找操作的速度。缺点是使得插入和删除操作复杂化，从而降低了插入和删除操作的速度。因此，平衡二叉树适合于二叉排序树一经建立就很少进行插入和删除操作，而主要进行查找操作的应用场合中。

在平衡二叉树上进行查找的过程和在二叉排序树上进行查找的过程相同，在查找过程中和给定值进行比较的关键字个数不超过树的深度。因此，在平衡二叉树上进行查找的时间复杂度为$O(\log_2 n)$。

9.3.3　B-树和B+树

前面所讨论的查找算法都是在内存中进行的，它们适用于较小的文件，而对于较大的、存放在外存储器上的文件就不合适了。对于此类较大规模的文件，即使采用了平衡二叉树，查找效率仍然较低。B-树是一种能够高效解决上述问题的数据结构。例如，若将存放在外存的10亿条记录组织成平衡二叉树，则每次访问记录需要进行约30次外存访问；而若采用256阶的B-树数据结构，则每次访问记录需要进行的外存访问次数为4～5次。

1. B-树的定义

B-树是一种平衡的多路查找树，也是一种特殊的多叉树。在文件系统中，B-树已经成为索引文件的一种有效结构，并得到广泛应用。下面介绍 B-树的定义、结构及其基本运算。

一棵 m 阶($m\geqslant 3$)B-树，或为空树，或为满足下列特点的 m 叉树。

(1) 树中每个结点至多有 m 棵子树(即至多含有 $m-1$ 个关键字)。

(2) 若根结点不是叶结点，则至少有两棵子树。

(3) 所有的非终端结点中包含下列信息：

$$(n, P_0, K_1, P_1, K_2, P_2, \cdots, K_n, P_n)$$

其中，n 为该结点中的关键字个数，除根结点外，其他所有非终端结点的关键字个数 n 均满足$\lceil m/2 \rceil-1\leqslant n\leqslant m-1$；$n+1$ 为子树个数；$K_i(1\leqslant i\leqslant n)$为该结点的关键字，且满足 $K_i<K_{i+1}$；$P_j(0\leqslant j\leqslant n)$为指向子树根结点的指针，且 $P_j(0\leqslant j<n)$所指子树中所有结点的关键字值均大于或等于 K_i 且小于 K_{j+1}，P_n 所指子树中所有结点的关键字值均大于 K_n。

(4) 除根结点之外，所有的非终端结点至少有$\lceil m/2 \rceil$棵子树(即至少含有$\lceil m/2 \rceil-1$ 个关键字)。

(5) 所有的叶结点都出现在同一层上，并且不带信息(可以看作是外部结点或查找失败的结点，实际上这些结点不存在，指向这些结点的指针为空)。

图 9-11 所示的是一棵由 8 个非终端结点、14 个叶结点和 13 个关键字组成的 4 阶 B-树的示例。B-树与二叉排序树一样，关键字的插入次序不同可能生成不同的结构。

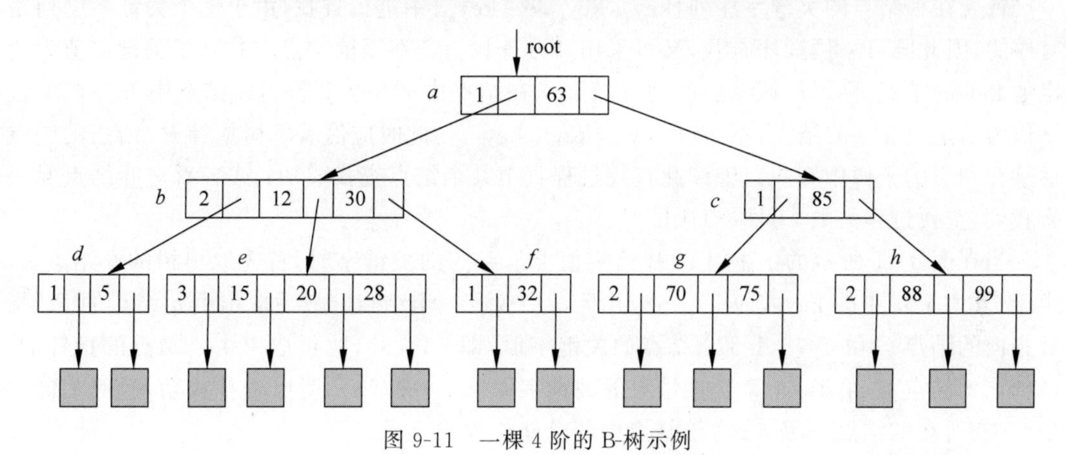

图 9-11 一棵 4 阶的 B-树示例

在一棵 4 阶的 B-树中，每个结点的关键字个数最少为$\lceil m/2 \rceil-1=\lceil 4/2 \rceil-1=1$，最多为 $m-1=4-1=3$；每个结点的子树数目最少为$\lceil m/2 \rceil=\lceil 4/2 \rceil=2$，最多 $m=4$。由于在 B-树中的叶结点不带信息，为了方便，后面的 B-树图中都没有画出叶结点层。

B-树主要用于文件的索引，因此它的查找涉及外存的存取(在此略去外存的读写，只给出示意性的描述)。B-树中的结点类型描述如下：

```
#define m 3                                //B-树的阶,设置为 3
typedef struct{
  KeyType key;                             //关键字域
  InfoType otherinfo;                      //其他数据域
}RecdType;
```

```
typedef struct BTNode
{   int keynum;                              //结点中的关键字个数,即结点的大小
    struct BTNode * parent;                  //指向双亲结点
    struct Node                              //结点向量类型
    { KeyType key;                           //关键字向量,0 号单元未用
    struct BTNode * ptr;                     //子树指针向量
    RecdType * recptr;                       //记录指针向量,0 号单元未用
    }node[m + 1];
}BTNode, * BTree;                            //B - 树结点和 B - 树的类型
typedef struct
{   BTNode * pt;                             //指向找到的结点
    int  i;                                  //在结点中的关键字序号
    int  tag;                                //1 表示查找成功,0 表示查找失败
}Result;                                     //B 树的查找结果类型
```

下面介绍在 B-树上进行查找、插入和删除的基本操作。

2. 基于 B-树的查找运算

根据 B-树的定义,在 B-树上进行查找的过程与在二叉排序树上类似,都是经过一条从树的根结点到待查的关键字所在结点的查找路径。但在 B-树中,路径上每个结点的比较过程比二叉排序树的情况更为复杂,通常需要经过与多个关键字比较后才能处理完一个结点。在 B-树中查找一个关键字值等于给定值 key 的具体过程描述如下。

首先在根结点的关键字序列{key_1,key_2,…,key_n}中进行查找,由于这个关键字序列是有序的,因此既可采用顺序查找,又可采用二分查找。若在当前结点中找到了关键字值为给定值 key 的结点,则返回该结点的地址及 key 在结点中的位置;若当前结点中不存在关键字值为给定值 key 的结点,不妨设 $key_i < key < key_{i+1}$,此时应沿着子树指针 P_i 所指的结点继续在相应的子树中查找。继续此查找过程直至某个结点查找成功;或者直至叶结点时仍未找到,查找过程失败,返回 NULL。

当在图 9-11 所示的 B-树上查找给定值 key=75 的关键字时,首先取出树的根结点 a,由于 75 大于 a 中的 key_1,即 75>63,并且 a 中仅有一个结点。然后取出由 a 结点的 P_1 指针指向的结点 c,由于 75 小于 c 结点的关键字值,即 75<85,故再取出由 c 结点的指针 P_0 所指向的结点 g,由于 75 等于 g 结点的关键字值 key_2(即 75),所以查找成功,返回关键字值为 75 所在的结点 g 及 75 在该结点中的存储位置。

当在图 9-11 所示的 B-树上查找给定值 key=35 的关键字时,首先取出树的根结点 a,由于 35<key_1(即 63),所以再取出由指针 P_0 所指向的结点 b;由于 35 大于 b 结点的所有关键字值(即 12,30),所以再取出由 b 结点的指针 P_2 所指向的结点 f;由于 35 大于该结点的 key_1(即 32),所以接着向 P_1 子树查找,因为 P_1 指针为空,所以查找失败,返回 NULL。

假设指向 B-树根结点的指针用 T 表示,待查找的关键字用 key 表示,返回结果为 r(Result 类型),若找到,则 found=TRUE,指针 pt 所指结点中的第 i 个关键字值等于 key,特征值 tag=1;若未找到,则 found=FALSE,等于 key 的关键字应插入在指针 pt 所指结点中的第 i 个和第 $i+1$ 个关键字之间,特征值 tag=0。在 B-树上进行查找的算法描述如下。

【算法 9-9】 B-树查找算法。

```
Result SearchBTree(BTree T,KeyType key)
```

```
// 在 m 阶 B- 树上查找关键字 key
//若查找成功,则特征值 tag = 1,指针 pt 所指结点中的第 i 个关键字值等于 key
//否则,特征值 tag = 0,等于 key 的关键字应插入在指针 pt 所指结点中的第 i 个和第 i+1 个关键字之间
{   BTree p = T, q = NULL;                    //初始化,p 指向待查结点,q 指向 p 的双亲
 int found = FALSE;
 int i = 0;
 Result r;
  while(p&&!found)
   { i = Search(p,key);                       //i 使得:p->node[i].key<=key<
                                              //p->node[i+1].key
     if(i>0&&p->node[i].key==key)
         found = TRUE;                        //找到待查找关键字
     else
         q = p; p = p->node[i].ptr;           //在子树中继续查找
   }
   r.i = i;
   if(found)                                  //查找成功
    { r.pt = p; r.tag = 1;}
   else
    { r.pt = q;r.tag = 0;}                    //查找不成功,返回 key 的插入位置信息
   return r;
}//SearchBTree

int Search(BTree p,KeyType key)
//在 p->node[1].key 到 p->node[p->keynum].key 中查找 i
//使得 p->node[i].key<=key<p->node[i+1].key
{   int i = 0,j;
   for(j = 1;j<=p->keynum;j++)
       if(p->node[j].key<=key)
           i = j;
   return i;
}//算法 9-9 结束
```

需要说明的是,B-树经常应用于外部文件的查找。在查找过程中,某些子树并未常驻内存,因此在查找过程中需要从外存读入内存,读盘的次数与待查找的结点在树中的层次有关,但至多不会超过树的深度。而在内存查找所需的时间与结点中关键字个数密切相关。

因为在外存上读取结点信息比在内存中进行关键字查找耗时多,所以在外存上读取结点的次数,即 B-树的层次树是决定 B-树查找效率的首要因素。

在 B-树上进行查找需要比较的结点个数最多为 B-树的深度。B-树的深度与 B-树的阶 m 和关键字总数 n 有关,下面就来讨论它们之间的关系。

由 B-树定义可知,第 1 层(即根结点所在层)上至少有 1 个结点,第 2 层上至少有 2 个结点,由于除根结点外的每个非终端结点至少有$\lceil m/2 \rceil$棵子树,则第 3 层上至少有 $2\times\lceil m/2 \rceil$ 个结点,第 4 层上至少有 $2\times\lceil m/2 \rceil^2$ 个结点;以此类推,若 B-树的深度用 h 表示,则第 $h+1$ 层上至少有 $2\times\lceil m/2 \rceil^{(h-1)}$ 个结点;而第 $h+1$ 层的结点为叶结点。若 m 阶 B-树有 n 个关键字,则叶结点数必为 $n+1$,因此,$n+1\geqslant 2\times\lceil m/2 \rceil^{(h-1)}$,推导出 $h-1\leqslant\log_{\lceil m/2 \rceil}\left(\frac{n+1}{2}\right)$,

即 $h \leqslant \log_{\lceil m/2 \rceil}\left(\frac{n+1}{2}\right)+1$，说明含有 n 个关键字的 m 阶 B-树的最大深度不超过 $\log_{\lceil m/2 \rceil}\left(\frac{n+1}{2}\right)+1$。

又因为具有深度为 h 的 m 阶 B-树的最后一层上的结点的所有空子树的个数不会超过 m^h，即 $n+1 \leqslant m^h$，求解后得 $h \geqslant \log_m(n+1)$。

由以上分析可知，m 阶 B-树的深度为 $\log_m(n+1) \leqslant h \leqslant \log_{\lceil m/2 \rceil}\left(\frac{n+1}{2}\right)+1$。

当 $n=10\,000$，$m=10$ 时，B-树的深度为 5～6。若由 $n=10\,000$ 条记录构成一棵二叉排序树，则树的深度至少为 14。由此可见，在 B-树上查找所需比较的结点数比在二叉排序树上查找所需比较的结点数要少得多。这意味着若 B-树和二叉排序树都被保存在外存上，或若每读取一个结点需要访问一次外存，则使用 B-树可以大幅度地减少访问外存的次数，从而显著提升处理数据的速度。

3. 基于 B-树的插入运算

在 B-树中插入关键字 key 的方法是：首先在树中查找 key，若查找到，则直接返回(假设不处理相同关键字的插入)；否则，查找操作必失败于某个叶结点上。利用查找函数 SearchBTree()的返回值可以确定关键字 key 的插入位置，即将 key 插入到指针 pt 所指的叶结点的第 i 个位置上。若该叶结点原来是非满的(结点中原来的关键字总数小于 $m-1$)，则插入 key 并不会破坏 B-树的性质，故插入 key 后即完成了插入操作。

若所指示的叶结点原为满，则 key 插入后，关键字个数 keynum＝m，破坏了 B-树的性质(1)，故需进行调整，使其维持 B-树的性质不变。调整的方法是将违反性质(1)的结点以中间位置的关键字 key[$\lceil m/2 \rceil$]为划分点，将该结点$[m, p_0, (k_1, p_1), (k_2, p_2), \ldots, (k_m, p_m)]$分裂成为两个结点，左边结点为$[\lceil m/2 \rceil-1, p_0, (k_1, p_1), \ldots, (k_{\lceil m/2 \rceil-1}, p_{\lceil m/2 \rceil-1})]$；右边结点为：$[m-\lceil m/2 \rceil, p_{\lceil m/2 \rceil}, (k_{\lceil m/2 \rceil+1}, p_{\lceil m/2 \rceil+1}), \ldots, (k_m, p_m)]$，同时把中间关键字插入双亲结点中。于是双亲结点中指向被插入结点的指针 p 改成 p_1 和 p_2 两部分。指针 p_1 指向分裂后的左边结点，指针 p_2 指向分裂后的右边结点。由于将 $k_{\lceil m/2 \rceil}$ 插入双亲结点时，双亲结点也可能原本就是满的，若如此，则需对双亲结点再做分裂操作。例如，图 9-12(a)所示的 5 阶 B-树的某结点 p 中(已有 4 个关键字)插入新的关键字 50 时，可得到如图 9-12(b)所示的结果。

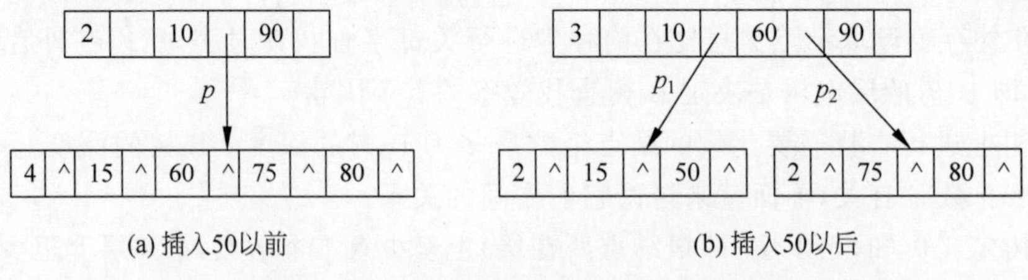

图 9-12 插入关键字 50 到 5 阶 B-树示例

若插入过程中的分裂操作一直向上传播到根结点，则当根结点分裂时，需要把根结点原来的中间关键字 $k_{\lceil m/2 \rceil}$ 往上推，作为一个新的根结点，此时，B-树升高了一层。

若初始时，B-树为空树，则通过逐个向 B-树中插入新结点，可生成一棵 B-树。例如，有下列关键字{19,55,70,85,71,30,25,78,93,42,8,76,51,66,68,53,3,79,35,13,15,65},建立 5 阶 B-树。建立过程如图 9-13 所示。

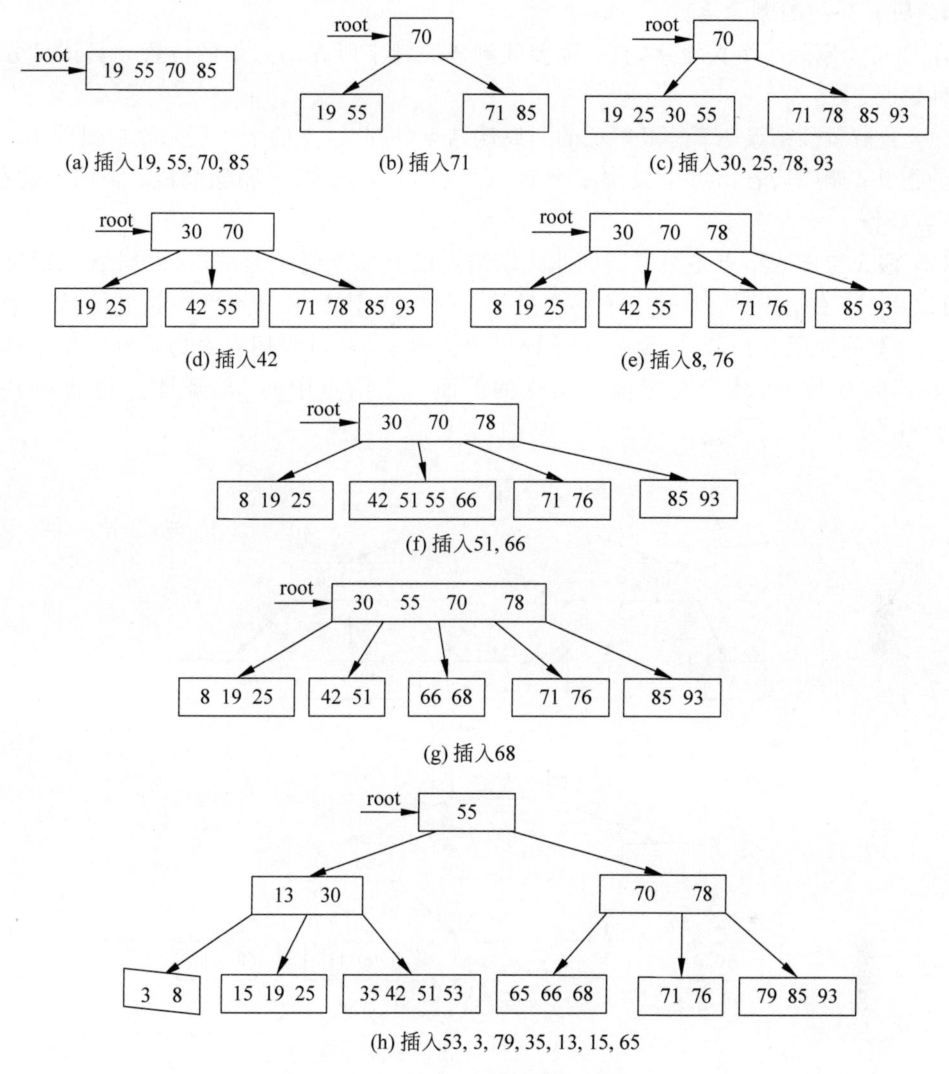

图 9-13 建立 5 阶 B-树的过程

(1) 向空树中插入关键字 19、55、70 和 85,如图 9-13(a)所示。

(2) 插入关键字 71,结点中的关键字个数达到 5,分裂成 3 部分,即(19 55)、(70)、(71 85),并将中间关键字 70 上升为双亲结点,如图 9-13(b)所示。

(3) 插入关键字 30、25、78 和 93,如图 9-13(c)所示。

(4) 插入关键字 42,需要分裂,将中间关键字 30 上升为双亲结点,如图 9-13(d)所示。

(5) 将关键字 8 直接插入。

(6) 插入关键字 76,需要分裂,将中间关键字 78 上升为双亲结点,如图 9-13(e)所示。

(7) 将关键字 51 和 66 直接插入,如图 9-13(f)所示。

(8) 插入关键字 68,需要分裂,将中间关键字 55 上升为双亲结点,如图 9-13(g)所示。

(9) 将关键字 53、3、79 和 35 直接插入;插入关键字 13,需要分裂;将中间关键字 13 上升为双亲结点,由于加入13后的双亲结点的关键字个数达到5,则要再分裂,中间关键字55上升为新的根结点;将关键字15和65直接插入。结果如图9-13(h)所示。

4. 基于B-树的删除运算

在B-树上删除一个关键字,首先需要找到该关键字所在结点中的位置。具体可分为以下两种情况。

(1) 若被删除结点 K_i 是最下层的非终端结点(即叶结点的上一层),则应删除 K_i 及它右边的指针;删除后若结点中关键字个数不少于 $\lceil m/2 \rceil-1$,则删除完成;否则要进行"合并"结点操作。

(2) 假设待删除结点是最下层的非终端结点以上某个层次的结点,根据B-树的特性可知,可以用 K_i 右边指针 P_i 所指子树中最小关键字 Y 代替 K_i,然后在相应的结点中删除 Y。例如,删除如图9-14(a)所示的3阶B-树的关键字58,可以用它右边指针所指子树中最小关键字68代替58,然后再删除叶结点的上面一层结点中的68,删除后得到的B-树如图9-14(b)所示。

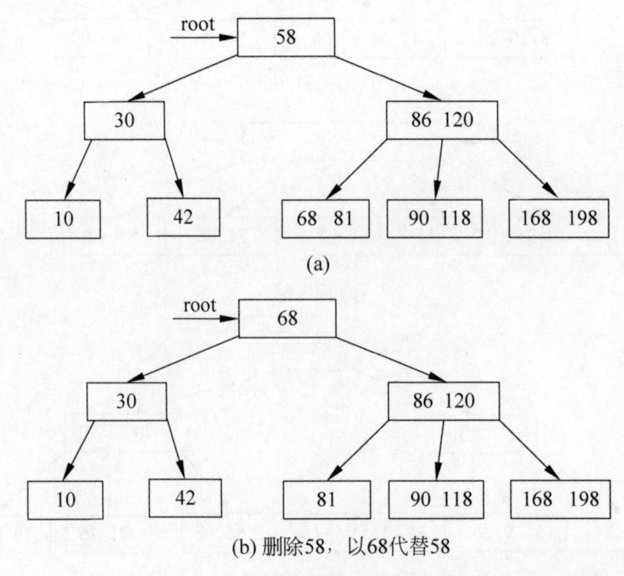

图9-14 3阶B-树的删除过程

下面主要讨论删除B-树中最下层的非终端结点的关键字的方法,具体分为以下3种情形。

(1) 被删关键字所在结点的关键字个数不小于 $\lceil m/2 \rceil$,则只需从该结点中删除关键字 K_i 和相应的指针 P_i,树的其他部分保持不变。例如:从如图9-15(a)所示的3阶B-树中删除关键字68和118,所得结果如图9-15(b)所示。

(2) 被删关键字所在结点的关键字个数等于 $\lceil m/2 \rceil-1$,而与该结点相邻的右兄弟(或左兄弟)结点中的关键字个数大于 $\lceil m/2 \rceil-1$,则需将其右兄弟的最小关键字(或其左兄弟的最大关键字)上移到双亲结点中,而将双亲结点中小于(或大于)该上移关键字的关键字下移到被删关键字所在的结点中。例如,从图9-17(b)所示的3阶B-树中删除关键字90,需将其右兄弟中的168上移到双亲结点,而将双亲结点中的120下移到关键字90所在结点,再将关键字90删除,结果如图9-15(c)所示。

(3) 被删关键字所在结点的关键字个数和其相邻的兄弟结点中的关键字个数均等于

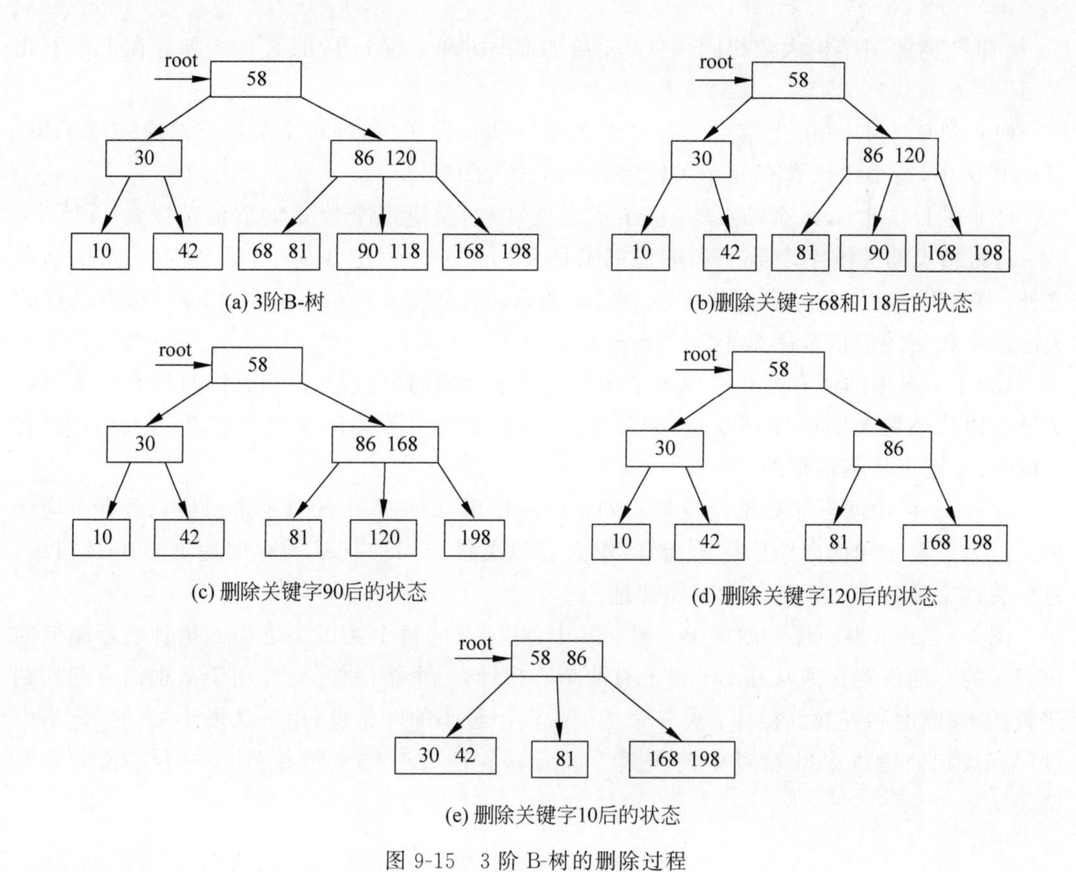

(a) 3阶B-树

(b)删除关键字68和118后的状态

(c) 删除关键字90后的状态

(d) 删除关键字120后的状态

(e) 删除关键字10后的状态

图 9-15　3 阶 B-树的删除过程

⌈$m/2$⌉−1，则第(2)种情况中采用的移动方法将不奏效，此时需将被删关键字的所有结点与其左或右兄弟合并。不妨假设该结点有右兄弟，但其右兄弟地址由双亲结点指针 P_i 所指，则在删除关键字之后，它所在结点中剩余的关键字和指针加上双亲结点中的关键字 K_i 一起合并到 P_i 所指兄弟结点中(若没有右兄弟，则合并到左兄弟结点中)。例如，从如图 9-15(c)所示 3 阶 B-树中删除关键字 120，则应删除 120 所在结点，并将双亲结点中的 168 与 198 合并成一个结点，删除后的树如图 9-15(d)所示。若这一操作使双亲结点的关键字个数小于⌈$m/2$⌉−1，则按照同样方法进行调整。在最坏情况下，合并操作会向上传播至根结点，当根结点中只有一个关键字时，合并操作将会使根结点及其两个孩子结点合并成一个新的根结点，从而使整棵树的高度减少一层。

例如，在如图 9-15(d)所示 3 阶 B-树中删除关键字 10，此关键字所在结点无左兄弟，只检查其右兄弟，然而右兄弟关键字个数等于⌈$m/2$⌉−1，此时应检查其双亲结点的关键字个数是否大于等于⌈$m/2$⌉−1，但此处其双亲结点的关键字个数等于⌈$m/2$⌉−1，从而进一步检查双亲结点的兄弟结点关键字个数是否都等于⌈$m/2$⌉−1，这里关键字 30 所在的结点的右兄弟结点关键字个数正好等于⌈$m/2$⌉−1，因此将关键字 30 和 42 合并成一个结点，关键字 58 和 86 合并成一个结点，使得树的高度减少一层。删除关键字 10 后的结果如图 9-15(e)所示。

5. B+树简介

在索引文件组织中，经常使用 B-树的一些变形，其中 B+树是一种应用广泛的变形。

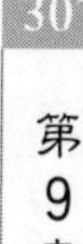

B+树和 B-树的树结构大致相同,一棵 m 阶的 B+树和一棵 m 阶的 B-树的差异在于以下几方面。

(1) 在 B+树中,每个结点含有 n 个关键字和 n 棵子树,即每个关键字对应一棵子树;而在 B-树中,每个结点含有 n 个关键字和 $n+1$ 棵子树。

(2) 在 B+树中,每个结点(除根结点之外)中的关键字个数 n 的取值范围是 $\lceil m/2 \rceil \leqslant n \leqslant m$,根结点的关键字个数 n 的取值范围是 $2 \leqslant n \leqslant m$;而在 B-树中,每个结点(除根结点之外)中的所有非终端结点的关键字个数 n 的取值范围是 $\lceil m/2 \rceil - 1 \leqslant n \leqslant m-1$,根结点的关键字个数 n 的取值范围是 $1 \leqslant n \leqslant m-1$。

(3) B+树中的所有叶结点包含了全部关键字及指向对应记录的指针,且所有叶结点按关键字值从小到大的顺序依次链接,其他非终端结点中的关键字包含在叶结点中;而在 B-树中,关键字是不重复的。

(4) B+树中所有非终端结点仅起到索引的作用,即结点中的每个索引项只含有对应子树的最大关键字和指向该子树的指针,不含有该关键字对应记录的存储地址。在 B-树中,每个关键字都对应一个记录的存储地址。

图 9-16 所示为一棵 3 阶的 B+树。其中,叶结点的每个关键字下面的指针表示指向对应记录的存储位置。通常在 B+树上有两个头指针,一个指向根结点,用于从根结点起对树进行插入、删除和查找等操作;另一个指向关键字最小的叶结点,用于从最小关键字起进行顺序查找和处理每个叶结点中的关键字及记录。所有叶结点链接成一个不定长的线性链表。

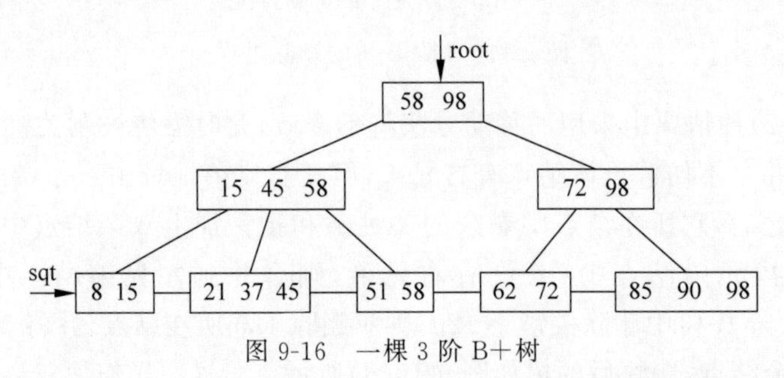

图 9-16 一棵 3 阶 B+树

在 B+树上进行随机查找、插入和删除的过程基本上与 B-树相同。在 B+树中可以采用两种查找方法,一种是直接从最小关键字开始进行顺序查找,另一种是从 B+树的根结点开始进行随机查找。后者与 B-树的查找方法类似,即在查找时,只是在非终端结点上的关键字值与给定值相等时,查找并不终止,需要继续向下查找直到叶结点,此时若查找成功,则按所给指针取出对应的记录。因此,在 B+树中,不管查找成功与否,每次查找都要走过一条从根结点到叶结点的路径。与 B-树的插入操作类似,B+树的插入也从叶结点开始,当插入后结点中的关键字个数大于 m 时,需要分裂为两个结点,它们所含关键字个数分别为 $\lfloor (m+1)/2 \rfloor$ 和 $\lceil (m+1)/2 \rceil$,同时要使它们的双亲结点中包含有这两个结点的最大关键字和指向它们的指针;若此时双亲结点的关键字个数大于 m,则需要继续分裂,以此类推。同样,B+树的删除也是从叶结点开始,若叶结点中的最大关键字被删除,则在非叶结点中的关键字值可以作为一个“分界关键字”存在;若因删除而使叶结点中的关键字个数少于 $\lceil m/2 \rceil$,则从兄弟结点中调剂关键字或将该结点与兄弟结点合并,实现过程也同 B-树的删除操作类似。

9.3.4 红黑树简介

1. 红黑树的定义与性质

红黑树，又被称为“对称二叉 B 树”，是一种自平衡的二叉查找树。在红黑树上，可以在 $O(\log_2 n)$时间内完成查找、插入和删除操作，这里 n 是红黑树中结点的个数。

红黑树是一种每个结点都带有颜色属性的二叉查找树，颜色是红色或黑色。可以把一棵红黑树视为一棵扩充的二叉树，用外部结点表示空指针。红黑树除了具有二叉排序树的所有性质之外，还具有以下 3 个性质。

(1) 根结点和所有外部结点的颜色都是黑色的。

(2) 从根结点到外部结点的所有路径上没有两个连续的红色结点。

(3) 从根结点到外部结点的所有路径上都包含相同数目的黑色结点。

图 9-17 所示就是一棵红黑树。在该树中，长方形的标有 NIL 的结点是外部结点(叶结点)，带阴影的圆形是黑色结点，不带阴影的圆形是红色结点，粗线为黑色指针，细线为红色指针。

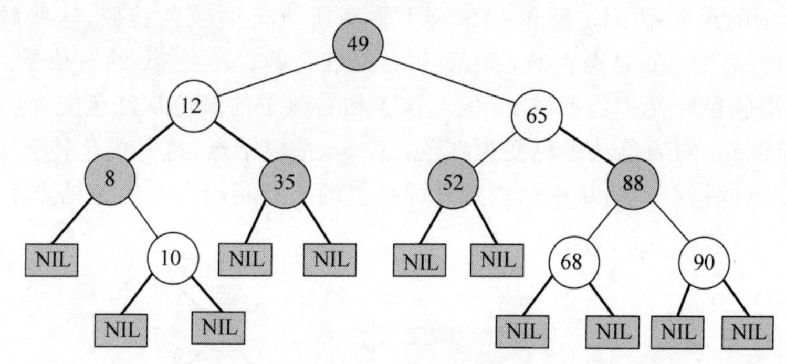

图 9-17 一棵红黑树

2. 红黑树的查找

由于每棵红黑树都是一棵二叉排序树，因此，在对红黑树进行查找时，可以采用二叉排序树的查找算法，在查找过程中不需要颜色信息。

对二叉排序树进行查找的时间复杂性为 $O(h)$，其中 h 为二叉排序树的深度，对于红黑树则为 $O(\log_2 n)$。由于在查找二叉排序树、平衡二叉树和红黑树时，所用代码是相同的，并且在最坏情况下，平衡二叉树的深度最小，因此，在以查找操作为主的应用程序中，在最坏情况下，平衡二叉树能够获得最好的时间复杂性。

3. 红黑树的插入

首先使用二叉排序树的插入算法将一个结点插入红黑树中，该结点将作为新的叶结点插入红黑树中的某个外部结点位置。在插入过程中需要为新结点设置颜色。

若插入前红黑树为空树，则新插入的结点将成为根结点，根据性质(1)，根结点必须设为黑色；若插入前红黑树不为空树，且新插入的结点被设为黑色，将违反红黑树的性质(3)，所有从根结点到外部结点的路径上的黑色结点个数不等。因此，新插入的结点必须设为红色，但这又可能违反红黑树的性质(2)，出现连续两个红色结点，故需要重新平衡。

若将新结点标为红色，则与性质(2)发生了冲突，此时红黑树变为不平衡。通过检查新

结点 u、它的双亲结点 pu 以及 u 的祖父结点 gu,可对不平衡的种类进行分类。由于违反了性质(2),出现了两个连续的红色结点,其中一个红色结点为 u;另一个必为其双亲结点,故存在 pu;由于 pu 是红色,所以它不可能是根结点(根据性质(1),根结点是黑色的),u 必有一个祖父结点 gu,而且必为黑色的(由性质(2)可知)。红黑树的不平衡类型共有 8 种。

(1) LLr 型:pu 是 gu 的左孩子,u 是 pu 的左孩子,gu 的另一个孩子为红色。

(2) LRr 型:pu 是 gu 的左孩子,u 是 pu 的右孩子,gu 的另一个孩子为红色。

(3) RRr 型:pu 是 gu 的右孩子,u 是 pu 的右孩子,gu 的另一个孩子为红色。

(4) RLr 型:pu 是 gu 的右孩子,u 是 pu 的左孩子,gu 的另一个孩子为红色。

(5) LLb 型:pu 是 gu 的左孩子,u 是 pu 的左孩子,gu 的另一个孩子为黑色。

(6) LRb 型:pu 是 gu 的左孩子,u 是 pu 的右孩子,gu 的另一个孩子为黑色。

(7) RRb 型:pu 是 gu 的右孩子,u 是 pu 的右孩子,gu 的另一个孩子为黑色。

(8) RLb 型:pu 是 gu 的右孩子,u 是 pu 的左孩子,gu 的另一个孩子为黑色。

对以上 8 种不平衡类型进行平衡处理时,其中第(1)~(4)种可通过改变颜色来进行,而第(5)~第(8)种需要进行一次旋转处理。

图 9-18 所示的是处理 LLr 型和 LRr 型不平衡所执行的颜色转变,这些颜色转变是一样的。在图 9-18(a)中,gu 是黑色的,而 pu 和 u 是红色的;gr 是 gu 的右孩子,也是红色的。LLr 型和 LRr 型颜色转变都需要将 gu 的左孩子和右孩子的颜色从红色变为黑色;若 gu 不是根结点,则需将 gu 的颜色从黑色变为红色;若 gu 是根结点,这一颜色转变不会进行。因此,当 gu 是根结点时,红黑树从根结点到外部结点的所有路径上的黑色结点个数增加 1。

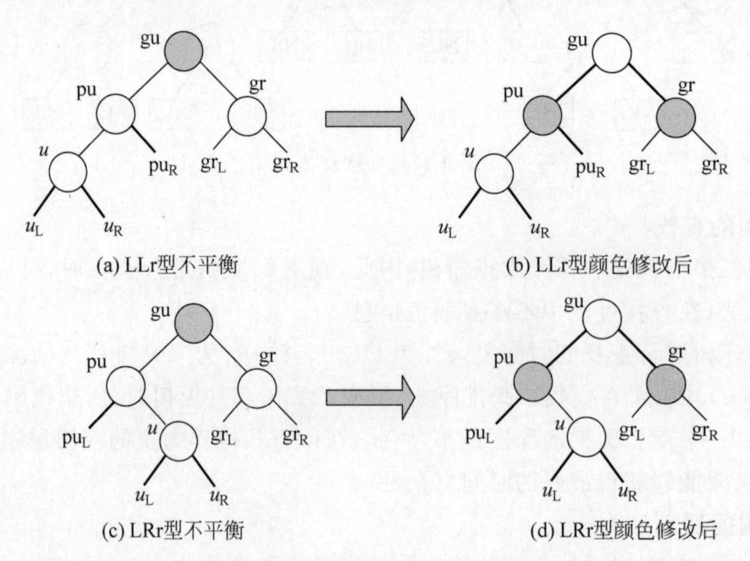

图 9-18 红黑树插入中的 LLr 和 LRr 颜色转变

若因改变 gu 的颜色产生了不平衡的现象,则 gu 成为新的 u 结点,其双亲结点变为新的 pu,其祖父结点变为新的 gu,将继续进行再平衡处理。若 gu 是根结点或者颜色的改变没有在 gu 处发生有关性质(2)的冲突,则插入算法结束。

图 9-19 所示的是处理 LLb 型和 LRb 型不平衡所执行的旋转过程。在图 9-19(a)中,u 是 pu 的左孩子,pu 是 gu 的左孩子。在这种情况下,只要做一次向右单旋转,交换一下 pu

和 gu 的颜色，就可恢复红黑树的性质，并结束重新平衡过程。在图 9-19(c)中，u 是 pu 的右孩子，pu 是 gu 的左孩子。在这种情况下，只要做一次先向左、后向右的双旋转，再交换一下 u 和 gu 的颜色，就可恢复红黑树的性质，并结束重新平衡过程。

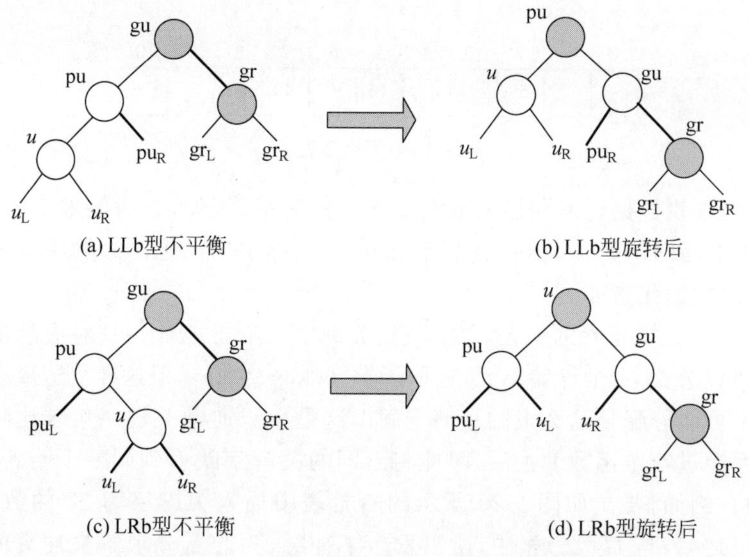

图 9-19　红黑树插入中的 LLb 和 LRb 旋转

9.4　哈希表查找

在前面章节中已介绍过的线性表、二叉排序树、平衡二叉树和 B-树等数据结构中，数据元素存储在内存空间中的位置与数据元素的关键字之间不存在直接的确定关系，也即在以上的数据结构中，若查找一个数据元素，则需要进行一系列的比较，因而查找效率取决于查找过程中进行的比较次数。那么能不能考虑设计一种查找表，该表中的数据元素的关键字与它在内存中的存储位置之间建立有某种关系，则在查找时直接由关键字获得数据元素的存储位置，从而查找到所需的数据元素。这类查找表就是哈希表。

9.4.1　哈希表的定义

哈希存储的基本思想是以关键字值为自变量，通过一定的函数关系（被称为散列函数或哈希（Hash）函数）计算出对应的函数值（被称为哈希地址），以这个值作为数据元素的地址，并将该数据元素存入相应地址的存储单元中。需要查找时，再采用相同的函数计算出哈希地址，然后直接到相应的存储单元中取要找的数据元素。

【例 9-1】　假设有一个关键字集合 $S=\{16,76,63,57,40\}$，采用哈希表存储该集合，选取的哈希函数为 $H(\text{key})=\text{key}\%m$，即用数据元素的关键字 key 去整除哈希表的长度 m，取余数（即 $0\sim m-1$ 范围内的一个数）作为存储该数据元素的哈希地址。其中，key 和 m 均为正整数，并且 m 大于或等于集合长度 n。在此例中，$n=5$，$m=11$，则得到的每个数据元素的哈希地址为：

$H(16)=16\%11=5 \quad H(76)=76\%11=10 \quad H(63)=63\%11=8$

$H(57)=57\%11=2 \quad H(40)=40\%11=7$

若根据哈希地址把数据元素存储到如图 9-20 所示的表 $H[m]$中,则此表被称为哈希表。

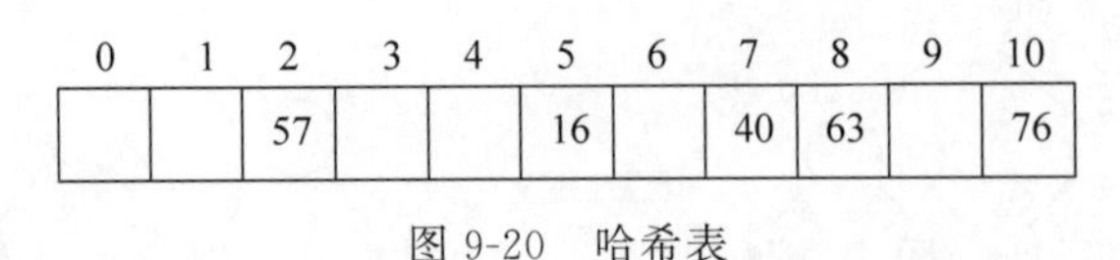

0	1	2	3	4	5	6	7	8	9	10
		57			16		40	63		76

图 9-20 哈希表

从哈希表中查找数据元素同插入数据元素一样简单,例如,查找关键字为 63 的数据元素时,只要利用上面的函数 $H(\text{key})$计算出 key=63 时的哈希地址 8,然后从下标为 8 的存储单元中取出该数据元素即可。

对于含有 n 个数据元素的集合,总能找到关键字与哈希地址一一对应的函数。若最大关键字为 m,可以分配 m 个存储单元,选取函数 $f(\text{key})=\text{key}$,但这样会造成存储空间的很大浪费,甚至不可能分配到这么大的存储空间。这是由于通常关键字集合比哈希地址集合要大得多,因而经过哈希函数变换后,可能将不同的关键字映射到同一个哈希地址上,这种现象称为冲突。例如,要在如图 9-20 所示的哈希表中插入关键字为 27 的数据元素,由于 $H(27)=27\%11=5$,与 $H(16)$相同,所以发生了冲突,为此需寻求解决冲突的方法。实际上,冲突不可能避免,只能尽可能地减少。因此,在构造这种特殊的"查找表"时,除了需要选择一个"好"(尽可能少产生冲突)的哈希函数之外,还需要找到一种"处理冲突"的方法。哈希表的具体定义描述如下。

根据设定的哈希函数 $H(\text{key})$和所选中的处理冲突的方法,将一组关键字映象到一个有限的、地址连续的地址集(区间)上,并以关键字在地址集中的"象"作为相应数据元素在表中的存储位置,如此构造所得的查找表被称为"哈希表"。

综上所述,哈希表方法需要解决以下两个问题:一是构造"好"的哈希函数。即所选函数应尽可能地简单,以便提高转换的速度;此外,由于所选函数根据关键字值计算出哈希地址,因此,这种函数应在哈希地址表中大致均匀分布,以便减少存储空间的浪费。二是制定解决冲突的方法。下面围绕这两个问题进行讨论。

9.4.2 常用的哈希函数

构造哈希函数的方法有很多,但总的原则是尽可能地将关键字集合空间均匀地映射到地址集合空间中去,同时尽可能地降低冲突发生的概率。假设哈希表长度为 m,哈希函数 H 将关键字值转换成$[0,m-1]$中的整数,即 $0\leqslant H(\text{key})<m$。一个均匀的哈希函数应当是:若 key 是从关键字集合中随机选取的一个值,则 $H(\text{key})$以等概率选取区间$[0,m-1]$中的每个值。

目前采用的哈希函数有很多,下面介绍几种最为常用的哈希函数。

1. 除留余数法

除留余数法是一种简单的哈希函数计算方法。它以一个略小于哈希地址集合中地址个数 m 的质数 p 去除关键字,取余数作为哈希地址,即:

$$H(\text{key})=\text{key}\%p \quad (p\leqslant m) \tag{9-8}$$

在除留余数法中，选取合适的 p 很重要，若 p 选择不当，在某些选择关键字的方式下，会造成严重冲突。例如：若取 $p=2^k$，则 $H(\text{key})=\text{key}\%p$ 的值仅仅是 key(用二进制表示)右边的 k 个位。若取 $p=10^k$，则 $H(\text{key})=\text{key}\%p$ 的值仅仅是 key(用十进制表示)右边的 k 个十进制位。虽然这两个哈希函数容易计算，但它们不依赖于 key 的全部位，分布并不均匀，容易造成冲突，不满足要求。因此，为了获得比较均匀的地址分布，一般要求 p 最好是一个小于或等于 m 的某个最大素数，取值关系如表 9-1 所示。

表 9-1　哈希表长度与其最大素数

哈希表长度	8	16	32	64	128	256	512
最大素数	7	13	31	61	127	251	503

2. 直接地址法

取关键字的某个线性函数值为哈希地址，即：

$$H(\text{key})=a\times\text{key}+b\quad(\text{a,b 为常数})\tag{9-9}$$

例如，有一关键字集合{200,400,500,700,800,900}，选取哈希函数为 $H(\text{key})=\text{key}/100$。假设表长为 11，则构造的哈希表如下。

0	1	2	3	4	5	6	7	8	9	10
		200		400	500		700	800	900	

直接地址法的特点是哈希函数简单，并且对于不同的关键字，不会产生冲突。但在解决实际问题时很少使用这种方法，因为关键字集合中的数据元素往往是离散的，而且关键字集合通常比哈希地址集合大，用该方法产生的哈希表会造成存储空间的大量浪费。

3. 数字分析法

对于关键字的位数比存储区域的地址码位数多的情况，可以采取对关键字的各位进行分析，丢掉分布不均匀的位，留下分布均匀的位作为哈希地址，这种方法被称为数字分析法。

例如，对以下 6 个关键字作地址映射，关键字是 7 位，要求哈希地址是 3 位。

key							$H(\text{key})$
①	②	③	④	⑤	⑥	⑦	
3	4	7	4	5	5	2	452
3	4	9	1	4	5	7	147
3	4	8	2	6	9	6	266
3	4	8	5	2	5	0	520
3	4	8	6	3	8	5	635
3	4	9	8	0	5	8	808

分析这些数字可知，第①②位均是“3”和“4”，第③位也只有“7、8、9”，第⑥位是 4 个“5”，这 4 位分布不均匀，不能使用，需要丢掉。余下第④⑤⑦位，这 3 位分布较均匀，可作为哈希地址选用。这种方法的特点是：哈希函数依赖于关键字集合，对于不同的关键字集合，所保留的地址可能不相同。所以，此方法适合于能预先估计出全体关键字的每位上各种数字出现的频度的情况。

4. 平方取中法

平方取中法是取关键字平方的中间几位作为哈希地址的方法,具体取多少位视实际要求而定。一个数的平方值的中间几位和数的每位都有关。由此可知,由平方取中法得到的哈希地址同关键字的每位都有关,使得哈希地址具有较好的分散性。平方取中法适用于关键字中的每位取值都不够分散或者较分散的位数小于哈希地址所需要的位数的情况。

5. 折叠法

折叠法是将关键字自左到右或自右到左分成位数相同的几部分,最后一部分位数可以不同,然后将这几部分叠加求和,并按哈希表的表长,取最后几位作为哈希地址。这种方法被称为折叠法。常用的叠加方法有两种。

(1) 移位叠加法——将分割后的各部分最低位对齐,然后相加。

(2) 间界叠加法——从一端向另一端沿分割界来回折叠后,然后对齐最后一位相加。

例如,假设关键字 key=26 846 358 785,哈希表长为 3 位数,则可对关键字进行每 3 位一部分的分割。因此,关键字 key 分割为如下 4 组:268　463　587　85。

用上述方法计算哈希地址:

移位叠加法:	间界叠加法:
268	268
463	364
587	587
+85	+58
1403	1277
H(key)=403	H(key)=277

对于位数很多的关键字,且每位上符号分布均匀时,可采用此方法求得哈希地址。

6. 随机数法

选择一个随机数,取关键字的随机数函数值为它的哈希地址,即 H(key)=random(key),其中 random 为随机函数。通常,当关键字长度不相等时,采用此方法构造哈希函数较好。

实际工作中需根据不同的情况采用不同的哈希函数。通常应考虑的因素如下。

(1) 计算哈希函数所需时间。

(2) 关键字的长度。

(3) 哈希表的大小。

(4) 关键字的分布情况。

(5) 记录的查找频率。

9.4.3 处理冲突的方法

在实际应用中,选取"好"的哈希函数可减少冲突,但冲突是不可避免的,本节介绍 4 种常用的解决哈希冲突的方法。

1. 开放定址法

用开放定址法处理冲突的基本思想就是当冲突发生时,形成一个地址序列,沿着这个序列逐个探测，直到找到一个“空”的开放地址，将发生冲突的关键字值存放到该地址中去。

开放定址法的的一般形式可表示为：

$$H_i=(H(\text{key})+d_i)\%m \quad i=1,2,\cdots,k(k\leqslant m-1) \tag{9-10}$$

其中，$H(\text{key})$是关键字为 key 的哈希函数，%为取余数运算，m 为哈希表长，d_i 为每次再探测时的地址增量。根据地址增量的取法不同，可得到不同的开放地址处理冲突探测方法。

形成探测序列的方法有很多种，下面介绍 3 种主要的方法。

1) 线性探测法

线性探测法的地址增量为 $d_i=1,2,\cdots,m-1$，其中 i 为探测次数。这种方法在解决冲突时，依次探测下一个地址，直到有空的地址后插入，若整个空间都找遍仍然找不到空余的地址，则产生溢出。

【例 9-2】 向例 9-1 中构造的哈希表中插入关键字分别为 27 和 50 两个数据元素，若发生冲突则使用线性探测法处理。

先看插入关键字为 27 的数据元素的情况。关键字为 27 的数据元素的哈希地址为 $H(27)=5$，由于 $H(5)$已被占用，接着探测下一个，即下标为 6 的存储单元；由于该存储单元空闲，所以关键字为 27 的数据元素被存储到下标为 6 的存储单元中。此时对应的哈希表 H 如下。

0	1	2	3	4	5	6	7	8	9	10
		57			16	27	40	63		76

再看插入关键字为 50 的数据元素的情况。关键字为 50 的哈希地址为 $H(50)=6$，由于 $H(6)$已被占用，接着探测下一个，即下标为 7 的存储单元；由于 $H(7)$仍不为空，再接着探测下标为 8 的单元，这样当探测到下标为 9 的存储单元时，查找到一个空闲的存储单元，所以把关键字为 50 的数据元素存入该存储单元中。此时对应的哈希表 H 如下。

0	1	2	3	4	5	6	7	8	9	10
		57			16	27	40	63	50	76

线性探测法所采用的就是当哈希函数产生的数据元素的哈希地址中已有数据元素存在（即发生冲突）时，从下一地址序列中寻找可用存储空间来存储数据元素。利用线性探测法处理冲突问题容易造成数据元素的“聚集”现象，即当表中第 i，$i+1$ 和 $i+2$ 的位置上已存储有某些关键字，则下一次哈希地址为 i、$i+1$、$i+2$ 和 $i+3$ 的关键字都企图填入 $i+3$ 的位置，这种多个哈希地址不同的关键字争夺同一个后继哈希地址的现象称为“聚集”。显然，这种现象对查找不利。

在线性探测中，造成“聚集”现象的根本原因是查找序列过分集中在发生冲突的存储单元的后面，没有在整个哈希表空间上分散开来。下面介绍的二次探测法和双哈希函数探测法可以在一定程度上克服了“聚集”现象的发生。

2) 二次探测法

二次探测法的地址增量序列为 $d_i=1^2,-1^2,2^2,-2^2,\cdots,q^2,-q^2(q\leqslant m/2)$。

二次探测法是一种较好的处理冲突的方法,它能够避免"聚集"现象。它的缺点是不能探测到哈希表上的所有存储单元,但至少能探测到一半的存储单元。

例如,在例9-2中,采用二次探测法解决关键字38的冲突问题。

首先计算关键字38的哈希地址为 $H(38)=5$,由于 $H(5)$已被占用,故选取地址增量 $d_1=1^2$,再计算38的哈希地址为 $H(38)=(38+1^2)\%11=6$;由于 $H(6)$也已被占用,再选取地址增量 $d_2=-1^2$,则 $H(38)=(38-1^2)\%11=4$;由于 $H(4)$空闲,则把关键字38存储在 $H(4)$中。

3) 双哈希函数探测法

$$H_i=(H(\text{key})+i*\text{RH}(\text{key}))\%m \quad i=1,2,\cdots,m-1 \tag{9-11}$$

其中,$H(\text{key})$、$\text{RH}(\text{key})$是两个哈希函数;m 为哈希表长度。

这种方法使用两个哈希函数,先用第一个函数 $H(\text{key})$对关键字计算哈希地址,一旦产生地址冲突,再用第二个函数 $\text{RH}(\text{key})$确定移动的步长因子,最后,通过步长因子序列由探测函数寻找空余的哈希地址。例如:$H(\text{key})=a$ 时产生地址冲突,就计算 $\text{RH}(\text{key})=b$,则探测的地址序列为:

$$H_1=(a+b)\%m,H_2=(a+2b)\%m,\cdots,H_{m-1}=(a+(m-1)b)\%m \tag{9-12}$$

本节仅给出用开放地址法中的线性探测法解决冲突时实现的哈希表运算,采用的存储结构描述如下。

```
#define HASHSIZE 20                    //定义最大哈希表长度
  #define M 19                         //根据哈希表长度定义除留余数法中的质因数
#define NULLKEY 0                      //定义空关键字值
#define SUCCESS 1                      //操作成功
#define HTABLEFULL -2                  //哈希表满
#define UNSUCCESS -1                   //操作不成功
typedef int KeyType;                   //关键字类型
typedef struct{
  KeyType key;                         //关键字域
  InfoType otherinfo;                  //其他数据域
}RecdType;                             //记录类型
typedef struct {
  RecdType r[HASHSIZE];                //哈希表的存储空间,静态分配数组
  int length;                          //当前哈希表中记录的个数
 } HashtTable;                         //哈希表类型
int h(KeyType key)                     //用除留余数法构造一个哈希函数
 { return key % M;}
```

在哈希表(采用开放地址法中的线性探测法解决冲突)上进行查找和插入操作的算法描述如下。

【算法9-10】 哈希表(采用开放地址法中的线性探测法解决冲突)的查找算法。

```
Status HashSearch(HashTable H, KeyType key, int &p)
//在哈希表(采用开放地址法中的线性探测法解决冲突)中查找关键字 key
//若查找成功,p 指示查找到的记录在表中的存储位置,返回 SUCCESS
```

```
//若查找不成功,p指示插入位置,返回 UNSUCCESS
 {  int i = 0;
    p = h(key);                                         //求哈希地址
    while (H.r[p].key!= NULLKEY&&key!= H.r[p].key&&i < HASHSIZE)
    { i++;                                              //采用线性探测法找下一个地址
      p = (p + i) % M;
    }
    if (H.r[p].key == key)                              //查找成功
        return SUCCESS;
    else if (i >=  HASHSIZE)                            //如果表已满
        {printf("The hashtable is full!\n");
         return HTABLEFULL;
        }
    return UNSUCCESS;                                   //查找失败
 }//算法 9 - 10 结束
```

【算法 9-11】 哈希表(采用开放地址法中的线性探测法解决冲突)的插入算法。

```
Status HashInsert( HashTable &H, KeyType key)
//在哈希表(采用开放地址法中的线性探测法解决冲突)中插入关键字 key,并返回 OK
  { int p;
    HashSearch(H,key,p);
    if (p!= HTABLEFULL&&H.r[p].key == NULLKEY) //插入成功
     {H.r[p].key = key;
      printf(" %d Insert success!\n",key);
     }
   else
     {if (H.r[p].key == key)                    //插入不成功
         printf(" %d is exist!\n",key);
      printf( " %d Insert unsuccess!\n",key);
     }
   return OK;
  }//算法 9 - 11 结束
```

2. 链地址法

链地址法也被称为拉链法,其解决冲突的基本思路是:将所有具有相同哈希地址的不同关键字的数据元素链接到同一个单链表中。若选定的哈希表长度为 m,则可将哈希表定义为一个由 m 个头指针组成的指针数组 $T[0..m-1]$,凡是哈希地址为 i 的数据元素,均以结点的形式插入以 $T[i]$为头指针的单链表中。

例如,假设有一个关键字集合(3,6,9,11,13,23),按照哈希函数H(key)=key%5 和链地址法处理冲突得到的哈希表如图 9-21 所示。

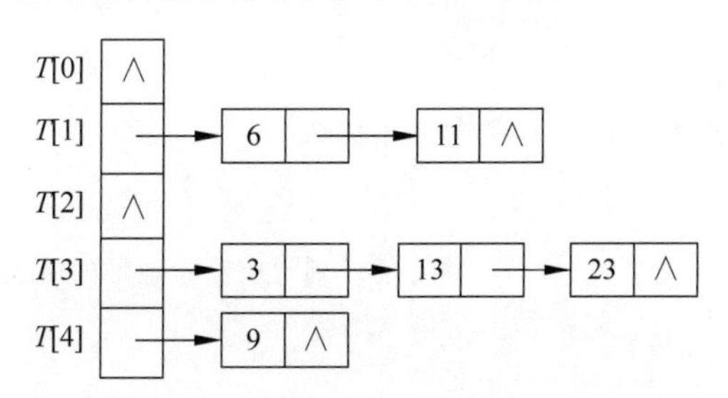

图 9-21 链地址法处理冲突示例

若以 $T[i]$ 为头指针的单链表中只有一个结点，则没有冲突，查找和删除的时间复杂度为 $O(1)$。若每次将结点插入单链表最前面，则插入操作的时间复杂度为 $O(1)$；查找成功时的平均比较次数为 $m/2$(m 为一条单链表的长度)，查找不成功时的比较次数为 m，查找和删除操作的时间复杂度为 $O(m)$。由此可知，采用链地址法解决冲突的哈希表的查找、插入和删除等操作的效率较高。采用链地址法解决冲突的哈希表的存储结构描述如下。

```
#define HASHSIZE 20                          //定义最大哈希表长度 20
#define M 19                                 //根据哈希表长度定义除留余数法中的质因数
typedef int KeyType;                         //关键字类型
typedef struct Hnode
{   KeyType key;                             //关键字域
    struct Hnode * next;                     //指针域
}Hnode, * Hlink;                             //链表中的结点类型
Hlink head[HASHSIZE];                        //静态数组,定义哈希表类型
int h(KeyType key)                           //用除留余数法构造一个哈希函数
 { return key % M; }
```

在哈希表(采用链地址法解决冲突)上进行查找、插入和删除操作的算法描述如下。

【算法 9-12】 哈希表(采用链地址法解决冲突)的查找算法。

```
Hlink LHashSearch(Hlink head[ ],KeyType key)
 //在哈希表(采用链地址法解决冲突)中查找关键字 key
 //若查找成功,函数返回指向查找到的结点的指针
 //若查找不成功,函数返回空指针
 { int i;
   Hlink p;
   i = h(key);                                          //求哈希地址
   for (p = head[i];p&&p->key!= key; p = p->next);      //沿着哈希地址对应的链表顺序查找
      return p;
} //算法 9-12 结束
```

【算法 9-13】 哈希表(采用链地址法解决冲突)的插入算法。

```
void LHashInsert(Hlink head[ ], KeyType key)
//在哈希表(采用链地址法解决冲突)中插入关键字 key
  {int i; Hlink p,q;
   p = LHashSearch(head,key);                   //调用查找函数,查找关键字 key
   q = (Hlink)malloc(sizeof(Hnode));            //生成新的结点
   q->key = key;
   q->next = NULL;
   if (p!= NULL)
    { printf(" %d is exit\n",key);
      printf(" %d insert unsuccess\n"); }       //插入不成功
   else
    { i = h(key);
      q->next = head[i];                        //将 q 插入到对应哈希地址的链表的表头
      head[i] = q;
    }
  } //算法 9-13 结束
```

【算法 9-14】 哈希表(采用链地址解决冲突)的删除算法。

```
void LHashDelete(Hlink head[],KeyType key)
//在哈希表(采用链地址法解决冲突)中删除关键字 key
{ int i; Hlink p,q = NULL,r = NULL;
  i = h(key);                                 //求哈希地址
  p = head[i];
  while(p&&p -> key!= key)
  {  q = p;
     p = p -> next;
  }                                           //沿着哈希地址对应的链表顺序查找
  r = p -> next;
  q -> next = r;
  free(p);                                    //删除结点
} //算法 9 - 14
```

与开放定址法相比,链地址法有以下几个优点。

(1) 链地址法处理冲突较简单,且无"聚集"现象,因此平均查找长度较短。

(2) 由于链地址法中各链表上的数据元素空间是动态开辟的,因而它更适合于建表前无法确定表长的情况。

(3) 在用链地址法解决冲突的哈希表中,删除数据元素的操作容易实现,只需要删除链表上相应的数据元素即可。

但是链地址法仍存在缺点,例如,该方法中使用的指针需要额外的空间,故当数据元素规模较小时,采用开放定址法解决哈希表的冲突问题更加节省空间,若能将节省的指针空间用来扩大哈希表的规模,还可以减少哈希表的冲突,从而提高平均查找速度。

3. 公共溢出区法

公共溢出区法的基本思想是: 除基本的存储区(被称为基本表)之外,另建一个公共溢出区(被称为溢出表),当不发生冲突时,数据元素可存入基本表中,当发生冲突时,不管哈希地址是什么,数据元素都存入溢出表。查找时,对给定值 key 通过哈希函数计算出哈希地址 i,先与基本表对应的存储单元相比较,若相等,则查找成功; 否则,再到溢出表中进行查找。

4. 再哈希法

采用再哈希法解决冲突的主要思想是: 当发生冲突时,再用另一个哈希函数来得到一个新的哈希地址,若再发生冲突,则再使用另一个函数,直至不发生冲突为止。预先需要设置一个哈希函数的序列: $H_i = \mathrm{RH}_i(\mathrm{key})(i=1,2,\cdots,k)$。其中,$\mathrm{RH}_i$ 表示不同的哈希函数,当发生冲突时,计算另一个哈希函数地址,直至冲突不再发生为止。这种方法不易产生"聚集",但却增加了计算的时间。

9.4.4 哈希表的查找和性能分析

在哈希表上进行查找的过程和哈希表建表的过程基本一致。给定要查找的关键字 key,根据建表时设定的哈希函数求得哈希地址,若此哈希地址上没有数据元素,则查找不成功。否则比较关键字,若相等,则查找成功,若不相等,则根据建表时设置的处理冲突的方法找下一个地址,直至某个位置上为空或关键字比较相等为止。

哈希表插入和删除操作的时间均取决于查找操作,故只需分析查找操作的性能。

哈希表查找成功时的平均查找长度是指查找到哈希表中已有表项的平均探测次数,它是找到表中各个已有表项的探测次数的平均值。查找不成功时的平均查找长度是指在哈希表中查找不到待查找的表项,但找到插入位置的平均探测次数,它是哈希表中所有可能散列的位置上要插入新的数据元素时为找到空位置的探测次数的平均值。

从哈希表的查找过程可见,虽然哈希表是在关键字和存储位置之间直接建立了映象,然而由于冲突的产生,哈希表的查找过程仍然是一个和关键字比较的过程。因此,仍需用平均查找长度来衡量哈希表的查找效率。查找过程中与关键字比较的次数取决于哈希表建表时选择的哈希函数和处理冲突的方法。哈希函数的“好坏”首先影响出现冲突的频率,假设哈希函数是均匀的,即它对同样一组随机的关键字出现冲突的可能性是相同的。因此,哈希表的查找效率主要取决于哈希表建表时处理冲突的方法。发生冲突的次数又和哈希表的装填因子有关,哈希表的装填因子 α 定义为:

$$\alpha=\frac{\text{哈希表中的记录数}}{\text{哈希表的长度}} \tag{9-13}$$

其中,α 是哈希表装满程度的标志因子。由于哈希表的长度是定值,α 与“哈希表中的记录数”成正比,所以,α 越大,填入表中的数据元素就越多,产生冲突的可能性就越大;α 越小,填入表中的数据元素就越少,产生冲突的可能性就越小。α 通常取小于 1 且大于 1/2 的数。

实际上,哈希表的平均查找长度是装填因子 α 的函数,只是不同处理冲突的方法有不同的函数。表 9-2 给出几种不同处理冲突方法的平均查找长度。

表 9-2 不同处理冲突的平均查找长度

处理冲突的方法	平均查找长度	
	查找成功时	查找不成功时
线性探测法	$S_{nl}\approx\frac{1}{2}\left(1+\frac{1}{1-\alpha}\right)$	$U_{nl}\approx\frac{1}{2}\left(1+\frac{1}{(1-\alpha)^2}\right)$
二次探测法与双哈希法	$S_{nr}\approx-\frac{1}{\alpha}\ln(1-\alpha)$	$U_{nr}\approx\frac{1}{1-\alpha}$
链地址法	$S_{nc}\approx 1+\frac{\alpha}{2}$	$U_{nc}\approx\alpha+e^{-\alpha}$

由表 9-2 可见,哈希表的平均查找长度是 α 的函数,而不是表中数据元素个数 n 的函数。因此,不管哈希表长多大,总可以选择一个合适的装填因子,以便将平均查找长度限定在一个范围内。正是由于这个特性,哈希法得到了广泛的应用。

【例 9-3】 假设哈希表的长度为 13,哈希函数为 $H(K)=K\%13$,给定的关键字序列为{32,14,23,01,42,20,45,27,55,24,10,53}。试分别画出用线性探测法和链地址法解决冲突时所构造的哈希表,并求出在等概率情况下,这两种方法的查找成功和查找不成功的平均查找长度。

解:(1) 用线性探测法解决冲突时所构造的哈希表如图 9-22 所示。

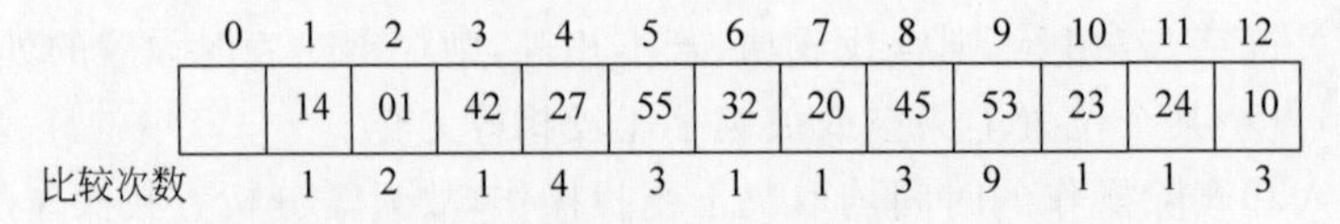

图 9-22 用线性探测法解决冲突时的哈希表

假设各个数据元素的查找概率相等，则查找成功时的平均查找长度为：

$$ASL=(1\times 6+2\times 1+3\times 3+4\times 1+9\times 1)/12=30/12=5/2$$

查找不成功时的平均查找长度为：

$$ASL=(1+13+12+11+10+9+8+7+6+5+4+3+2)/13=91/13$$

(2) 用链地址法解决冲突时所构造的哈希表如图 9-23 所示。

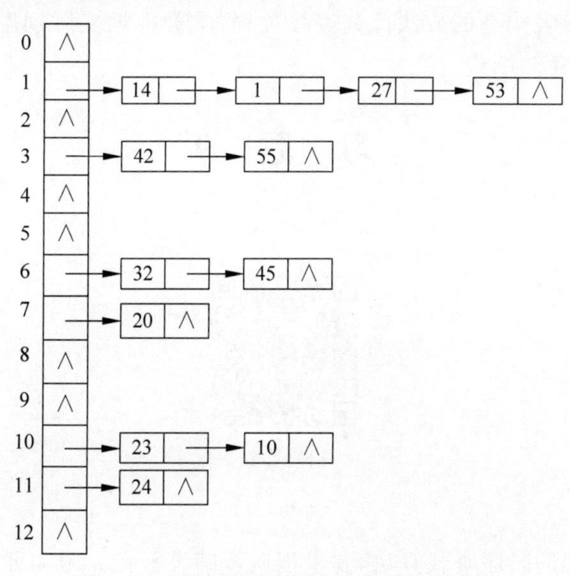

图 9-23　用链地址法解决冲突时的哈希表

假设各个数据元素的查找概率相等，则查找成功时的平均查找长度为：

$$ASL=(1\times 6+2\times 4+3\times 1+4\times 1)/12=21/12=7/4$$

查找不成功时的平均查找长度为：

$$ASL=(4+2+2+1+2+1)/13=12/13$$

小　　结

查找是数据处理中经常使用的一种运算，查找方法的选择取决于查找表的结构，查找表分为静态查找表和动态查找表。关于静态表的查找，本章主要介绍了顺序查找、二分查找和分块查找 3 种方法。顺序查找的效率较低，但是对于待查找的数据元素的数据结构没有任何要求，而且算法非常简单，当待查找表中的数据元素的个数较少时，采用顺序查找较好。顺序查找既适用于顺序存储结构，又适用于链式存储结构。二分查找法的平均查找长度小，查找速度快，但是它要求表中的数据元素是有序的，且只能用于顺序存储结构。若表中的数据元素经常变化，为保持表的有序性，需要不断进行调整，这在一定程度上会降低查找效率。因此，对于不经常变动的有序表，采用二分查找比较好。分块查找的平均查找长度介于顺序查找和二分查找之间。由于采用的结构是分块的，所以当表中数据元素有变化时，只要调整相应的块即可。同顺序表一样，分块查找可用于顺序存储结构，也可用于链式存储结构。

关于动态表的查找，本章主要介绍了二叉排序树、平衡二叉树、B-树和红黑树等方法，并分别讨论了这些树型表示的查找表的基本概念、插入和删除操作以及它们的查找过程。基于二叉排序树、平衡二叉树、B-树和红黑树等数据结构的查找表是动态查找表,其特点是可以方便地插入和删除数据元素。

上述方法都是基于关键字比较的查找,而哈希表方法则是直接计算出数据元素在内存空间中的存储地址。本章中介绍了哈希表的概念、哈希地址以及处理冲突的方法。

通过学习本章内容,希望读者能够熟练掌握静态查找表和动态查找表的构造方法和查找过程,熟练掌握哈希表构造的方法及其查找过程,学会根据实际问题的需求,选取合适的查找方法及其所需的存储结构。

习　题　9

一、客观测试题

扫码答题

二、算法设计题

1. 编写带监视哨的顺序查找算法,要求把监视哨设置在 n 号单元。
2. 编写一个递归算法,实现二分查找。
3. 编写算法,判断所给的二叉树是否为二叉排序树。
4. 编写算法,输出给定二叉排序树中值最大的结点。
5. 编写算法,求出指定结点在给定的二叉排序树中所在的层数。
6. 编写算法,在二叉排序树中以非递归方式查找值为 key 的结点。

三、综合应用题

1. 画出在递增有序表 $A[0..20]$中进行二分查找的判定树,并求其在等概率时查找成功和查找不成功的平均查找长度。

2. 从一棵空树开始,用逐个插入法依次按输入序列{28,22,52,9,57,45,36,11,93,90,78,14}创建一棵二叉排序树。要求:

(1) 画出此二叉排序树;

(2) 在等概率情况下,分别求查找成功和查找不成功时的平均查找长度。

3. 已知关键字序列{10,20,38,70,60},试构造平衡二叉树。要求:

(1) 画出构造的平衡二叉树的每一步,并标出每个结点的平衡因子;

(2) 在等概率情况下,分别求查找成功和查找不成功时的平均查找长度。

4. 已知哈希函数为 $H(\text{key})=\text{key}\%7$,用线性探测法处理冲突,将元素 8、3、17、11、22 依次插入初值为空的哈希表中,并分别求出在等概率情况下,查找成功时的平均查找长度。

5. 已知一组关键字为{26,36,41,38,44,15,68,12,6,51,25},用链地址法解决冲突,假设装填因子 $\alpha=0.75$,哈希函数的形式为 $H(\text{key})=\text{key}\%\text{p}$,回答以下问题:

(1) 构造哈希函数;

(2) 画出构造的哈希表；

(3) 等概率情况下，分别求出查找成功和查找不成功时的平均查找长度。

习题9　主观题参考答案

参考文献

[1] 刘小晶,杜选.数据结构——Java语言描述[M]2版,北京:清华大学出版社,2015.

[2] 刘小晶.数据结构实例解与实验指导——Java语言描述[M],北京:清华大学出版社,2013.

[3] 严蔚敏,吴伟民.数据结构(C语言版)[M].北京:清华大学出版社,2002.

[4] 严蔚敏,吴伟民,米宁.数据结构题集(C语言版)[M].北京:清华大学出版社,1999.

[5] 张铭,王腾蛟,赵海燕.数据结构与算法[M].北京:高等教育出版社,2008.

[6] 张铭,赵海燕,王腾蛟.数据结构与算法——学习指导与习题解析[M].北京:高等教育出版社,2005.

[7] 耿国华.数据结构——C语言描述[M].北京:高等教育出版社,2005.

[8] 陈越,何钦铭,徐镜春,等.数据结构[M].北京:高等教育出版社,2012.

[9] 李春葆.数据结构教程(C#语言描述)[M].北京:清华大学出版社,2013.

[10] 王晓东.数据结构(STL框架)[M].北京:清华大学出版社,2009.

[11] 刘怀亮.数据结构(C语言描述)[M].北京:冶金工业出版社,2004.

[12] 试题研究编写组.数据结构考研指导[M].北京:机械工业出版社,2009.

[13] Sahnis S.数据结构、算法与应用(Java语言描述)[M].孔芳,高伟,译.北京:中国水利水电出版社,2007.

[14] Drozdek A.数据结构与算法(Java语言版)[M].周翔,王建芬,黄小青,等,译.北京:机械工业出版社,2003.

[15] Lafore R. Java数据结构和算法[M]2版.许晓云,等,译.北京:中国电力出版社,2004.

[16] Weiss M A.数据结构与算法分析:Java语言描述[M]2版.冯舜玺,译.北京:机械工业出版社,2010.

[17] 希赛IT教育研发中心.全国硕士研究生入学统一考试计算机学科专业基础综合冲刺指南[M].北京:电子工业出版社,2008.

[18] 梁旭,张振琳,黄明.全国研究生计算机统一考试习题详解(2009年新大纲)[M].北京:电子工业出版社,2008.

[19] 许卓群,杨冬青,唐世渭,等.数据结构与算法[M].北京:高等教育出版社,2004.

[20] 叶核亚.数据结构(Java版)[M].北京:电子工业出版社,2004.

[21] 邓俊辉.数据结构 (C++语言描述)[M]3版.北京:清华大学出版社,2013.

[22] 邓俊辉.数据结构与算法(Java语言描述)[M].北京:机械工业出版社,2006.

[23] 朱战立.数据结构——Java语言描述[M].北京:清华大学出版社,2005.

[24] 李云清,杨庆红,揭安全.数据结构(C语言版)[M].北京:人民邮电出版社,2004.

[25] 杨晓光.数据结构实例教程[M].北京:清华大学出版社,2008.

[26] 徐孝凯.数据结构实用教程[M].2版.北京:清华大学出版社,2006.

[27] 余腊生,等.数据结构(基于C++模板类的实现)[M].北京:人民邮电出版社,2008.

[28] 刘振鹏,张晓莉,郝杰.数据结构[M].北京:中国铁道出版社,2003.

[29] 殷人昆.数据结构(用面向对象方法与C++语言描述)[M].2版.北京.清华大学出版社,2007.

[30] 王世民,朱建方,孔凡航.数据结构与算法分析(Java版)[M].北京:清华大学出版社,2005.

[31] 李春葆,喻丹丹.数据结构习题与解析[M].3版.北京:清华大学出版社,2006.

图书资源支持

感谢您一直以来对清华版图书的支持和爱护。为了配合本书的使用，本书提供配套的资源，有需求的读者请扫描下方的“书圈”微信公众号二维码，在图书专区下载，也可以拨打电话或发送电子邮件咨询。

如果您在使用本书的过程中遇到了什么问题，或者有相关图书出版计划，也请您发邮件告诉我们，以便我们更好地为您服务。

我们的联系方式：

地　　址：北京市海淀区双清路学研大厦 A 座 701

邮　　编：100084

电　　话：010-83470236　010-83470237

资源下载：http://www.tup.com.cn

客服邮箱：2301891038@qq.com

QQ：2301891038（请写明您的单位和姓名）

资源下载、样书申请

书圈

扫一扫，获取最新目录

课 程 直 播

用微信扫一扫右边的二维码，即可关注清华大学出版社公众号“书圈”。